Geschichte der Mathematik im Altertum in Verbindung mit antiker Kulturgeschichte

Max Simon

Alpha Editions

This edition published in 2022

ISBN : 9789356903951

Design and Setting By
Alpha Editions
www.alphaedis.com
Email - info@alphaedis.com

Contents

Vorwort .... - 1 -

I. Kapitel. Ägypten .... - 9 -

- Ägyptische Geschichte .... - 9 -
- Ägyptische Sprache und Schrift .... - 15 -
- Ägyptische Kultur. .... - 16 -
- Ägyptische Mathematik. .... - 23 -
- Ägyptische Arithmetik. .... - 26 -
- 4. Abschnitt. .... - 32 -
- Die quadratische Gleichung der Ägypter .... - 36 -
- Geometrie .... - 38 -

II. Kapitel. Babylonien — Assyrien. .... - 48 -

Hellas .... - 104 -

- Die Würfelverdoppelung. .... - 165 -
- Die Elemente des Euklid .... - 199 -
- Analyse der Schriften des Archimedes. .... - 225 -
- Exkurs über das elementare Rechnen der Griechen. .... - 234 -
- Ableitung des Reflexionsgesetzes .... - 275 -

Nachwort. .... - 313 -

- Ergänzung zur Lehre der Pythagoreer. .... - 317 -

Vorwort

Diese Schrift ist im wesentlichen eine Drucklegung der Vorlesung, welche ich 1903 in Strassburg gehalten habe, nur der Abschnitt über Babylon musste infolge der raschen Arbeit des Spatens in Mesopotamien stark erweitert werden. Die Vorlesung sollte der Ausführung des Satzes aus meiner Didaktik und Methodik in Baumeisters Handbuch der Erziehungs- und Unterrichtslehre dienen, dass, wie jeder Oberlehrer, so besonders der Mathematiker möglichst allgemein gebildet sein müsse.

Für Ägypten hatte ich an Wilhelm Spiegelberg einen stets bereiten Führer und Helfer, für Indien konnte ich mich auf meinen langjährigen Freund Ernst Leumann stützen. Beiden Herren hier meinen herzlichen Dank auszusprechen, möge mir erlaubt sein.

Leider hat die Universitas litterarum Argentoratensis eine empfindliche und schwer begreifliche Lücke, es fehlt der Assyriologe, und so war ich hier auf mich selbst angewiesen, da die Hoffnung sich zerschlug einen Kritiker in W. Bezold zu finden, dessen höchst anziehende Monographie »Babylon und Ninive« mich in dies Gebiet eingeführt hatte, wie Ermans klassisches »Ägypten« in jenes.

Bei der Korrektur hat mich der Dozent der Philosophie an der Universität Berlin Dr. E. Cassirer, der Verfasser des Werkes »das Erkenntnisproblem in der Philosophie und Wissenschaft der neueren Zeit« freiwillig unterstützt, wofür ich um so dankbarer bin als meine Augen nicht mehr die besten sind.

Meinem Schüler und jüngeren Freund Herrn Diplomingenieur Ernst Frank bin ich für die mühsame und schöne Federzeichnung Gudeas und eine ganze Anzahl Photographien verpflichtet, aber die meisten Photographien hat mein langjähriger Kollege der Maler und Zeichenlehrer Herr Chr. Kneer in liebenswürdigster Weise mir geliefert.

Zum Schluss ist es mir Bedürfnis, der Verlagshandlung Bruno Cassirer, für welche die Drucklegung dieses Werkes mit ausserordentlicher Mühe verknüpft war, für ihre Sorgfalt und Opferwilligkeit meinen Dank auszusprechen.

Strassburg i. E., Nov. 1908.

Max Simon

Meine Herren!

Die zusammenhängende Geschichte der Mathematik auf strenger Grundlage ist einer der jüngsten Zweige unserer Wissenschaft; sie datiert eigentlich erst seit dem grossen Werke Jean Etienne Montucla's: Histoire des Mathématiques von 1758 oder richtiger vom 7. August 1799, an welchem Tage die beiden ersten Bände der zweiten Auflage erschienen. Es liegt dies in der Natur der Sache, eine Geschichtsschreibung setzt immer einen gewissen Abschluss voraus, es müssen die ihrer Zeit treibenden Gedanken — damals die Prinzipien der Infinitesimalrechnung — ausgebeutet sein, sie müssen ihre treibende Kraft verloren haben, um einer objektiven Darstellung Raum zu gewähren. Ganz analog schrieb der Aristoteliker Eudemos sein leider grösstenteils verlornes Geschichtswerk, als die Mathematik der Pythagoreer und Platoniker ihre Kodifikation durch Eudoxos und andere gefunden hatte. Man darf auch nicht vergessen, dass die Weltgeschichte selbst erst Wissenschaft geworden ist, seitdem am Ende des 17. Jahrhunderts Leibniz auf die Urkunde, auf die Forschung in den Archiven als ihre Grundlage hingewiesen hat.

So grossartig die Leistung Montuclas war, so hat doch nur ein geringer Teil seiner Darbietungen die Kritik bestanden. Einerseits war sein Plan zu gross für einen einzelnen Menschen angelegt, er sollte nicht bloss Geometrie, Algebra, Infinitesimalrechnung umfassen, sondern auch Astronomie, Mechanik und die bis zur französischen Revolution zur Mathematik gezählten Disziplinen, Optik, Nautik, Chronologie und Gnomonik. Dann aber sind erst im 19. Jahrhundert die Quellen für die ägyptische, babylonische, arabische und indische Mathematik erschlossen worden, und selbst die Mathematik der Griechen und Römer erscheint uns heut in ganz anderem Lichte. Der Neuhumanismus von den grossen Philologen Friedrich August Wolf und Gottfried Hermann ausgehend, schuf eine Schule von Philologen, ich nenne nur Diels, Heiberg und Hultsch, welche mit einer vorher unbekannten Schärfe und ungeahntem Erfolge die mathematischen Werke der Alten, Euklid, Ptolemeus, Pappus, Heron, Archimedes, Vitruv etc. edierten.

Der grosse Aufschwung, den das Interesse für Geschichte der Mathematik im 19. Jahrhundert, besonders seit der Mitte desselben, genommen, erklärt sich aber auch allgemeiner. Mit Kants Kritik der reinen Vernunft setzt die kritische Strömung ein, die in erster Linie das Geistesleben des 19. Jahrhunderts beherrscht hat. Sie unterwarf sich durch Bolzano, Gauss, Kummer, Weierstrass, auch die Mathematik und drängte dazu, alles Überlieferte auf seine Wahrheit und seinen inneren Zusammenhang zu prüfen.

Dazu kam dann die stärkere Betonung des geschichtlichen Elements für die Ausbildung der Methode des mathematischen Unterrichts. Er hat seine Geschichte und seine Koryphäen für sich. Ich verweise auf die 2.

Auflage meiner Didaktik und Methodik des Rechnens und der Mathematik (München 1908). Aber die Lehrer begriffen doch allmählich, wie die zahlreichen l. c. erwähnten Programme, denen ich als neuestes das Programm von Dr. M. Gebhart Ostern 1908 hinzufüge, beweisen, dass für den Unterrichtserfolg der Einblick in das historische Werden durchaus nötig sei. Denn der Einblick in das historische Werden der Erkenntnis vermittelt zugleich das beste Verständnis für die gewordene. Es sei hingewiesen auf E. Cassirer, das Erkenntnisproblem in der Philosophie und Wissenschaft der neueren Zeit Bd. I 1906, Bd. II 1908.

Für den Lehrer ist dieser Einblick ganz besonders wichtig, weil nur die Geschichte Aufklärung gibt über die Schwierigkeiten, welche der Geist bei der Bewältigung der einzelnen Probleme zu überwinden hat. Dazu kommt noch ein anderer Umstand, der für die Schule ganz besonders zu betonen ist, der Hinweis nämlich auf den Zusammenhang aller Kulturarbeit, das ist kurz auf die Einheit des menschlichen Geistes. Logarithmen und Wahrscheinlichkeitsrechnung haben die Statistik und die Sozialgesetzgebung geschaffen. »Die stille Arbeit des grossen Regiomontan in seiner Kammer zu Nürnberg berechnete die Ephemeriden, welche Kolumbus die Entdeckung Amerikas ermöglichten.« (F. Rudio.)

Der kritische Geist des Jahrhunderts zeitigte noch eine Blüte, die der historischen Forschung zugute kam, so wenig erfreulich sie sonst ist. — Ich meine die Prioritätsstreitigkeiten, wobei allerdings die historische Wahrheit nicht selten durch die ebenfalls ganz moderne Ausbildung des Nationalitätsgefühls getrübt wird.

Dazu kommt noch ein weiteres wichtiges und treibendes Moment der historischen Forschung, das ist die nur historisch zu begreifende Wandlung, welche die Begriffe im Laufe der Zeit durchmachen, die Umwertung aller Werte, um mit Nietzsche zu reden. Nehmen Sie z. B. den Funktionsbegriff, den wichtigsten und weittragendsten von allen; Leibniz und die Bernoulli, die diesen Begriff zuerst als einen selbständigen ausgeprägt haben, nahmen das Wort von der gemeinsamen Bezeichnung der verschiedenen Potenzen von x her und bezeichneten y als Funktion von x, wenn ein analytischer Ausdruck, eine Gleichung vorlag, durch welche die Änderung des y an die des x gebunden wurde. Die Fourierschen Reihen, d. h. die nach dem sinus oder cosinus der multiplen eines Argumentes x fortschreitenden Reihen, welche eine einzige Darstellung für eine ganz willkürliche Veränderliche lieferten, zwangen dann Dirichlet den Begriff umzuprägen. Heute fasst man z. B. $\sqrt{x}$ nicht als Funktion von x auf, wohl aber einen Dezimalbruch, dessen x-Stellen in x-Würfen ausgewürfelt werden. Hierher gehört die ganze Lehre vom Flächen- und Körperinhalt, sowohl die Flächenvergleichung als die Inhaltsbestimmung krummlinig begrenzter Flächen, überhaupt die ganze räumliche Messung. Noch Christoffel stützte in seinen Vorlesungen die

Lehre vom bestimmten Integral darauf, dass das Integral den Flächeninhalt angibt. Er versprach zwar an dieser Stelle immer den arithmetischen Beweis dafür, dass $\Sigma(y_{K\mp1}\ y_K)\ (x_{K\mp1}\ x_K)$ eine bestimmte Grenze habe gelegentlich zu liefern, aber die Gelegenheit fand er nicht. Jahrhunderte hindurch wurde die Integralrechnung Quadratur genannt, heute wird umgekehrt der Flächeninhalt durch das bestimmte Integral definiert. Der naive Mensch verbindet mit der Strecke sofort ihre Länge, aber 1892 wurde diese Länge definiert als die bestimmte transfinite Anzahl der Linienelemente. Und die Lehre von den Polyedern und dem Eulerschen Satze! Welche Wandlung hat da schon der Begriff Polyeder durchgemacht bis C. Jordan und C. K. Becker den Zusammenhang mit der Riemannschen Zahl p, dem Geschlecht der Abelschen Funktionen, der Ordnung des Zusammenhanges erkannten. Und der Begriff der Fläche, — man denke an die einseitigen Flächen Listings und Möbius', ferner an die stetigen aber nicht differenzierbaren Funktionen, ja an den Begriff der Geometrie selber, der sich in den letzten 50 Jahren vollkommen verschoben hat. All diese Entwicklungen können nur historisch oder gar nicht erfasst werden.

Allmählich aber hat sich auch in weiteren Kreisen ein reines Interesse an der historischen Forschung als solcher entwickelt. Es gewährt eine hohe Befriedigung, das grosse Gesetz der Kontinuität, das sich wie ein roter Faden durch alle menschliche Geistesarbeit hindurchzieht und alle menschlichen Generationen verknüpft, auch in der Mathematik blosszulegen und gewissermassen diesen Faden aufzurollen.

Das Standardwerk des Säkulums ist das Riesenwerk Moritz Cantors in Heidelberg, die Vorlesung über Geschichte der Mathematik in 3 Bänden. Band 1 erschien 1880, Band 3 wurde 1899 fertig und noch ehe das Werk vollendet war, 1894, erschien die 2. Auflage des 1. Bandes, 1901 schon die des 3. Diese rasche Folge ist wohl der sprechendste Beweis dafür, wie sehr das historische Interesse unter den Mathematikern erstarkt ist. Das Werk Cantors ist eine staunenswerte Leistung und wird es bleiben, auch wenn es ihm ergangen sein wird, wie seinem Vorgänger, dem Montucla; die von diesem grossen Werke ausgehende Einzelforschung wird vieles, ja sehr vieles was im Cantor steht, berichtigen. Für indische, ägyptische, babylonische, hellenische Mathematik ist diese verdienstliche Maulwurfsarbeit bereits stark im Gange.

Wenn ich mich nun zu meinem Gegenstande wende, so ist es klar, dass ich nicht mit der Erfindung der Mathematik beginnen kann. Die Mathematik ist nie und nirgends erfunden worden und wenn die Ägypter die Erfindung ihrem Gott Thot zuschrieben, so ist damit auch nichts anderes gesagt. Mathematische Vorstellungen sind ja keineswegs auf den Menschen beschränkt; die Henne, die all ihre Küchlein, der Hirtenhund, der alle Tiere seiner Herde kennt, haben Zahlvorstellungen. Die Spinne, wenn sie ihr Netz anlegt, bedient sich ihres eigentümlich gebauten Fusses, wie eines Masszirkels, die Bienen haben beim Bau ihrer sechseckigen Zellen eine schwierige Maximumsaufgabe gelöst. Ja selbst der Regenwurm dreht den Grashalm um und schleppt ihn mit der Spitze voran in seine Röhre, und Proklus erzählt uns, dass auch der Esel in gerader Linie auf sein Futter ziele. Es ist eine lange durch ungezählte Jahrtausende fortgesetzte und durch Vererbung erhaltene Arbeit, welche von den dunkelsten Reaktionen auf Kontaktreiz etwa in den verschiedenen Wimpern der Aktinien bis zur bewussten dreidimensionalen Reaktion auf Tast- und Hautreiz führt und unsere Geometrie geschaffen hat und fortwährend an ihr schafft.

Wie überall, so geht auch der geschichtlichen Mathematik eine schier unendlich lange prähistorische Zeit voraus, in der die wichtigsten Begriffe geschaffen werden: der des Masses, der Zahl, der geraden Linie, des Abstands, der Richtung, des Winkels, des Punkts, der Fläche, des Körpers etc.; in dieses Dunkel kann höchstens die Sprachforschung einiges Licht bringen. Wir sehen, dass die Masse überall vom eigenen Körper hergenommen werden, von der Puruscha, der Menschenlänge der Inder, der Elle Mah und Handbreite der Ägypter bis zum Fusse der Griechen, Römer und Germanen. Die Finger, gelegentlich auch die Zehen bilden die natürlichen Komplexe für die Zählung; 20, 10, 5 bilden die Abschnitte. Wenn die Griechen die Ebene επιπεδον nennen, d. h. das, worauf der Fuss steht, so können wir schliessen, wie sich ihnen der mathematische Begriff Ebene aus dem der Ebenheit entwickelt hat und ευθεια, was ich als die ohne Zeitverlust darauflosgehende interpretiere und mit θυνω zusammenbringe, bezieht sich auf die Gerade als kürzeste Verbindung, wie das lateinische recta mit Richtung zusammenhängt. Sinnesreize, Sinneswahrnehmungen sind es, aus denen sich die mathematischen Vorstellungen entwickelten und man kann sich den Ursprung und die Anfangsepoche der Mathematik gar nicht grobsinnlich genug vorstellen. Die Mathematik, die Arithmetik wie die Geometrie ist eine Experimentalwissenschaft bis Archimedes gewesen. Ja sie ist es noch heute, man denke an die Seifenblasen und die Gelatineflächen, die sich Kummer herstellte, an viele zahlentheoretische Sätze Fermats und Eulers, an Gauss' Zahleninduktion; und wenn man die Mathematik rubrizieren will, so gehört sie historisch zu den Naturwissenschaften, wenn sie auch allmählich mehr und mehr den Übergang zur reinen Geisteswissenschaft vollführt, und grade die gegenwärtige, durch Veronese und Hilbert gekennzeichnete Phase einen rein logischen Charakter trägt.

Wenn aber irgendwo der experimentelle Charakter der Mathematik hervortritt, so ist es bei den Ägyptern, deren Mathematik ganz und gar auf dem Wege des Experimentes zustande gekommen ist. Heron aus Alexandrien, der Mechanikus, wie ihn Proklus nennt, der grosse Feldmesser und Ingenieur, der wahrscheinlich 100 v. Chr. gelebt hat, ist in Form und

Inhalt stark von altägyptischer Mathematik beeinflusst. In seinen 1903 von Schöne edierten Metrika sagt er: Nachdem die Körper, welche ein bestimmtes Gesetz befolgen, gemessen sind, ist es folgerichtig, auch die regellosen wie Baumstümpfe und Felsblöcke zu besprechen, da einige berichten, dass sich Archimedes dafür eine Methode ausgedacht hat. Falls nämlich jener Körper leicht transportabel wäre, sollte man eine hinlänglich grosse, vollkommen rechtwinklige Wanne machen, sie mit Wasser füllen und den unregelmässigen Körper hineintauchen. Es ist nun klar, dass soviel Wasser überfliessen wird, als jener Körper enthält. Soweit Archimedes, und nun schlägt Heron vor, den betr. schwer transportablen Körper mit Wachs oder Lehm zu bestreichen und zwar so, dass er mit der Umhüllung zu einem balkenförmigen Körper wird, dann den Lehm abzukratzen und gleichfalls in Balkenform zu kneten.

Man sieht, wie äusserst wahrscheinlich es ist, dass Archimedes, der in Alexandrien studiert hat, seine Formel über den Inhalt der Kugel auf physikalischem Wege gefunden hat.

Diesen experimentellen Charakter hat nun die gesamte Mathematik der Ägypter besessen, die ein Bauernvolk waren und sind, deren ganze Natur eine durch und durch realistische war, wie der Totenkultus und die Kunst bezeugen; waren doch ihre Säulen Nachbildungen der Lotos und Papyrosstauden, ihr Fussboden Nachahmung der Erde; ihr Leben nach dem Tode ganz nach dem Diesseits gemodelt, von allem andern zu schweigen.

Handel und Verwaltung zwangen zur Ausbildung der Rechenkunst. Der Handel wurde schon vor unvordenklicher Zeit von Staats wegen getrieben; grosse Handelsexpeditionen nach Punt (Somaliküste) und Kusch (Nubien) ausgesandt. Die Verwaltung war bis aufs kleinste organisiert. Ein Heer von Hofbeamten, ein Heer von Beamten der Lehnsbarone, sie ist in China und in Deutschland nicht bureaukratischer gewesen. Wir haben genug Denkmäler von dem Hochmut der Beamten und dem selbstverständlich noch grösseren ihrer Schreiber. Die Feldmessung aber und die Baukunst entwickelten die Geometrie. Die Baukunst, die jene Denkmäler geschaffen, vor denen der grosse Napoleon seinen Soldaten zurief: Songez que du haut de ces monuments quarante siècles vous contemplent; und die gewaltigen Kanäle, Stau- und Schleusenwerke und Nildämme, die sich bis heute erhalten haben. Die Feldmessung aber musste in hohem Ansehen stehen bei dem komplizierten auf den Landbesitz gegründeten Steuersystem und dem hohen Werte des schmalen Kulturstreifens längs des Niles. Herodot, dem wir die erste Kunde von Ägypten verdanken, berichtet, dass Sesostris — in dieser sagenhaften Figur hat sich die Erinnerung an 2 Pharaonen, den mächtigen Pharao Sen-wos ret der XII. Dynastie etwa um 2200 und Ramses II erhalten — das Land in Quadrate geteilt und wenn der Nil in seiner Überschwemmung Land ab- oder angespült hatte, Nachmessungen der staatlichen Feldmesser stattfanden, zum Zwecke der richtigen Steuerveranlagung. Daraus ist dann schliesslich bei Strabo die Erzählung geworden, dass das ganze Land, weil der Nil die Grenzzeichen jährlich fortgerissen hätte, jährlich neu vermessen wurde.

Die historische, d. h. die auf Urkunden gestützte Zeit beginnt mit den Ägyptern und Babyloniern. Wenn wir mit den Ägyptern beginnen, so geschieht es nicht deswegen, weil wir heute noch die Vorstellung haben, wie sie von den Griechen ausgehend bis weit über die Mitte des 19. Jahrhunderts geherrscht hat, dass die Mathematik sich von Ägypten aus auf die übrigen Völker etwa wie eine Art Infektionskrankheit verbreitet habe. In seiner Festrede von 1884 sagt Emil Weyr, der vor wenigen Jahren verstorbene Wiener Mathematiker: »Es muss als feststehend angenommen werden, dass jedes Volk in seinem Entwicklungsgange schon durch praktische Bedürfnisse gezwungen war, sich geometrische Kenntnisse anzueignen. Die Höhe dieser Kenntnisse richten sich nach der Grösse der praktischen Bedürfnisse, zu denen auch die religiösen gezählt werden müssen.«

Wie wesentlich, wie entscheidend diese letzteren z. B. für die indische Mathematik gewesen sind, wusste Weyr selbst nicht, als er die Worte aussprach.

Die Originalität der Ägypter ist gerade seit den letzten 30 Jahren keineswegs mehr unbestritten, in den letzten 30 Jahren ist auf den uralten Kulturzusammenhang zwischen Ägyptern und Babyloniern mehrfach hingewiesen worden, doch ist hier im einzelnen noch alles unklar. Für die Wägekunst und die Messkunst hängen die Ägypter direkt von Babylon ab. Die wunderbaren Funde von Tel Amarna zeigten uns kürzlich, dass um die Zeit des mittleren Reiches syrische Kleinkönige, die unter ägypt. Oberhoheit standen, in Asien an ihren Hof babylonisch berichteten, so etwa wie im 18. Jahrhundert unsere Gesandten französisch berichteten. Und was das Alter betrifft, so ist das ägyptische Papier, ja selbst das Leder nicht älter als die Ziegelsteine Babylons. (Die neuesten Forschungen L. W. Kings für Babylon [Chronicles Concerning early Babylonian Kings, 2. voll. 1907] und Eduard Meyers [Ägypten zur Zeit der Pyramidenerbauer, Leipzig 1908] geben allerdings dem ägyptischen Staate ein um mehrere Jahrhunderte höheres Alter.) Aber es gibt bis jetzt kein anderes Volk, für das die historische Überlieferung so wenig Lücken bietet wie das ägyptische. Erman in Berlin, der durch seine und seiner Schule Arbeit eigentlich erst die Ägyptologie auf wissenschaftliche Grundlage gestellt hat, sagt: Von der Zeit des Königs Snofru bis Alexander dem Grossen und von der griechischen Epoche her bis zum Einbruch der Araber und von diesem wieder bis auf unsere Tage liegt eine ununterbrochene Kette von Denkmälern und Schriftwerken vor, die uns die Verhältnisse dieses Landes kennen lehren.

Über 6000 Jahre können wir die Geschichte dieses Volkes und nur dieses verfolgen. Darum und nur darum beginne ich mit den Ägyptern.

I. Kapitel.
Ägypten.

Ägyptische Geschichte.

Eine genaue ägyptische Chronologie existiert zurzeit nicht, obwohl im letzten Dezennium, insbesondere durch die Ausgrabungen der deutschen Orient-Gesellschaft unter Leitung von Borchardt, wichtige Ansätze gewonnen sind. Nach dem Vorgange des ägyptischen Priesters Manetho, der in griechischer Sprache eine Königstafel gab, von der einiges erhalten ist, hat man die Geschichte bis auf Alexander in 30 Dynastien geteilt. Ich gebe hier die Epochen nach Ed. Meyer (Ägypt. Chronologie 1904, Nachträge 1907) und W. Spiegelberg, und zugleich nach diesem die der Kunstgeschichte. Der ursprüngliche Zustand in einer Zeit, die sich unserer Berechnung entzieht, ist wohl der einer Besiedlung des Landes durch einzelne selbständige Gaue gewesen; diese Gauverbände haben sich während des ganzen Altertums erhalten. Aber sehr früh muss der Riesenstrom, der nur durch vereinte Kräfte nutzbar zu machen war, namentlich in Unterägypten ein straff zentralisiertes Reich geschaffen haben, das bereits vor 4000 ein Kulturland war. Nach Meyer hat es das ägyptische Kalenderjahr geschaffen, »das vom 19. Juli 4241 an 4000 Jahr unverändert in Ägypten bestanden hat, — das älteste feste Datum, welches die Geschichte der Menschheit kennt.« Der Tag ist durch den Heliakischen Aufgang des Sothis (Sirius) festgelegt, denn das ägyptische Jahr mit 365 Tagen sollte mit diesem Aufgang beginnen, und der verschob sich alle 4 Jahre um einen Tag. Es folgten dann zwei politisch getrennte, religiös und kulturell gleichartige Reiche, Unter- und Oberägypten, von denen jenes die Fischer und Schiffer des Delta, dieses die Ackerbauer des oberen Stromlaufs umfasste, bis etwa um 3400 Menes von Thinis, mit Königsname vielleicht Namarê, Wahrheit eignet dem Re, Unterägypten unterwarf und die beiden Reiche vereinigte. Diese Vereinigung war eine wirtschaftliche Notwendigkeit; die Ackerbauer Oberägyptens mussten sich die freie Ausfuhr ihres Kornüberschusses in die Länder des Mittelmeerbeckens sichern.

Die folgende Tabelle hat W. Spiegelberg seiner Vorlesung über die ägyptische Kunstgeschichte vom Winter 1906 | 7 zugrunde gelegt und mir die Publikation gestattet. Als Zentren der Frühzeit kamen neben Hierakonpolis (äg. Nechen) noch Buto (äg. Pe) in Betracht sowie Abydos. Als Könige der Kunstblüte des alten Stils sind Sahurê und Neweserrê zu nennen (Ausgrabungen der deutschen Orient-Gesellschaft L. Borchardt; vergl. Ed. Meyers, des um die ägypt. Chronologie hochverdienten Forschers Vortrag:

Ägypten zur Zeit der Pyramidenerbauer, Leipzig, J. C. Hinrichs, 1908.) (Siehe Abb.)

Die Epochen der ägyptischen Geschichte und Kunst.

I. Prähistorische Zeit.

II. Frühzeit — Archaische Kunst. Etwa 3400–2900 v. Chr. Dynastie I–III.

III. Altes Reich — Pyramidenzeit. Etwa 2900–2500 v. Chr.

1. Dynastie IV — Die Pyramidenerbauer Cheops, Chephren und Mykerinos — Entwicklung des neuen Stils.

2. Dynastie V — Blütezeit des neuen Stils. Kunstzentrum: Memphis.

Erste Übergangsperiode — Dynastie VI–XI — Etwa 2500–2000 v. Chr. — Zerfall des Reiches in Gaustaaten.

IV. Mittleres Reich — Der klassische Stil — Dynastie XII. Um 2000–1800 v. Chr. — Sen-wosret (das Urbild des Sesostris) und der Labyrintherbauer Amenemhet-Labares (Moeris). Kunstzentrum: Fajum.

Zweite Übergangsperiode — Dynastie XIII–XVII. Um 1800–1580 v. Chr. — Hyksosherrschaft.

V. Neues Reich — 1580–1100 v. Chr. Dynastie XVIII bis XX.

1. Wiederbelebung des klassischen Stils — König Thutmosis III. und Königin Hatschepsowet. Um 1560 bis 1470 v. Chr.

2. Blütezeit — Der freiere Stil. Beziehungen zu der mesopotamischen und mykenischen Kunst. — Amenophis II. III. Thutmosis IV. — Um 1470–1370 v. Chr.

3. Sonderkunst des Ketzerkönigs Chinatôn (= Amenophis IV.) — Ausartung des freieren Stils. — Um 1375–1350 v. Chr.

4. Die Restauration — (Haremheb, Sethos I.). Um 1313–1292 v. Chr.

5. Ramessidenkunst — (Ramses II.). Impressionistische Richtung in der Architektur. — Um 1292–1100 v. Chr.

Dritte Übergangsperiode — Dynastie XXI–XXV. Um 1100–663 v. Chr.

Niedergang der Kunst und Beginn des Archaismus unter der libyschen und äthiopischen Fremdherrschaft. — Schischak. Kunstzentrum ist im ganzen neuen Reich Theben, mit Ausnahme der Regierung des Chinatôn, wo es El-Amarna ist.

VI. Die Spätzeit — Um 663–532 v. Chr.

1. Saitenzeit — Dynastie XXVI. Psammetich, Amasis, Archaismus und Renaissance. Blütezeit der Porträtkunst. — Um 663–525 v. Chr.

2. Perserzeit — Verfall der Kunst während der persischen Fremdherrschaft (Herodot). Kunstzentrum ist Sais.

3. Letzte Blüte unter den letzten einheimischen Dynastien — (XXVIII–XXX — Nektanebos) — 525–332 v. Chr. Kunstzentrum: Philä.

VII. Hellenistische Zeit — Ausleben und Erstarren der ägyptischen Kunst — 332 v. Chr.–395 n. Chr.

1. Ptolemäerzeit — 332–30 v. Chr.

2. Römische Kaiserzeit — 30 v. Chr.–395 n. Chr. Zentrum der Kunst und Wissenschaft ist Alexandria.

Die ersten 6 Dynastien bilden das alte Reich, etwa von 3400–2500. Die Hauptstadt ist Memphis, gegründet vom Könige Menes, dem Men Herodots, der lange völlig sagenhaft war, bis vor kurzem sein Grab bei Negade in Oberägypten mit der Leiche gefunden wurde. Das Grab, eine gewaltige Kammer aus Ziegelsteinen, ist eine sogenannte Mastaba, ein arabisches Wort, das eine grosse Bank bezeichnet. Das Grab, eine Nachbildung des Palastes, ist vorbildlich geworden, aus ihm sind die Gräber der Grossen und die Pyramiden, die Gräber der Könige, zunächst die der dritten und vierten Dynastie, hervorgegangen. Die Stufenpyramide von Sakkara (siehe Abb.) zeigt, wie sich die Pyramide aus aufeinandergesetzten Mastabas entwickelt hat. Nur durch ihre Höhe und Masse konnten die Gräber vor der Verwehung durch den Wüstensand geschützt werden.

Vor der Scheintür in der westlichen Mitte, aus der der Tote oder vielmehr seine Seele, der Ka, mit der Welt verkehren sollte, waren die Opfersteine und später die Opfertempel, wo die Angehörigen dem Ka ihre Gaben darbringen konnten. Die vollständige Anlage des Königsgrabes zeigten die Funde Borchardts bei Abusîr, der aus ihnen die Gräber der

Könige der V. Dynastie, des Sahurê und des Neweserrê rekonstruiert hat. Zuerst der Empfangsraum, in den die Königsleiche aus dem Kahn getragen wird, dann ein sehr langer gedeckter Gang, mit vielen Reliefs geziert, der zum Totentempel führt, in dessen Hintergrund sich der Eingang in die Pyramide, die Scheintür der Mastaba, befand. Die Pyramide enthält viele Kammern und viele Kostbarkeiten, aber Statuen, wie in den Mastabas, sind dort nicht gefunden worden. Die vielen Kostbarkeiten entwickelten eine eigene Zunft der Gräberdiebe, uns sind die Akten eines grossen Prozesses unter Ramses IX. erhalten, und durch einen sonderbaren Zufall haben Northampton, Spiegelberg und Newberry bei ihren Ausgrabungen in der Gräberstadt (Nekropole) von Theben diese Akten verifizieren können (excavations in the Theben necropolis, London 1908).

Aus Furcht vor den Dieben sind die Königsgräber später in die schwer zugänglichen Felsentäler von Biban el Moluk gelegt, deren Zugänge polizeilich überwacht wurden, trotzdem sind sie geplündert worden.

Menes hat nach der Tradition die beiden Reiche Ober- und Unterägypten vereinigt, aber die Verwaltung war noch lange getrennt, es gibt zwei Silberkammern (Reichsbank), zwei Oberrichter oder Vorsteher des Südens und des Nordens. Der König trägt die beiden Kronen von Ober- und Unterägypten. Der König ist zugleich Oberpriester, geniesst göttliches Ansehen, er ist Sohn des Amon oder des Re, des Sonnengottes, ist Horus, d. h. Frühlingsgott.

Die Verwaltung ist aufs genaueste organisiert, das Land ist in Gaue verteilt, denen Gaufürsten mit eigenem Hofstaat vorstehen. Es ist die Zeit jugendlicher Kraft, des Erblühens von Kunst und Wissenschaft, die Glanzzeit ist die der V. Dynastie; riesige Tempelbauten, Mastabas, Steinkammern, dann die Riesenpyramiden des Cheops, des Chephre und des Mykerinos; sie fallen in die IV. Dynastie. Die Bautätigkeit tritt so in den Vordergrund, dass die Prinzen den Titel eines Vorstehers der Arbeiten des Königs tragen. Um den Syenit, das vorzügliche Baumaterial, zu gewinnen, hat sich das Reich bis an die Katarakten, bis nach Syene ausgedehnt. Aber nach der VI. Dynastie, nach Pepi III. geriet die Königsmacht in Verfall. Die Gaugrafen werden selbständig und erblich, im östlichen Delta um Tanis setzen sich libysche Stämme fest. Schon zur Zeit Pepis treten neben der Totenstadt, der Nekropole, von Memphis andere Nekropolen auf, die Gaufürsten lassen sich in ihrer Heimat begraben und viele Vornehme auch auf dem heiligen Boden von Abydos neben der Grabstätte des Osiris. Es bildet sich dann in Theben eine neue Dynastie heran, die in der XI. Dynastie das Land vereinigt und es beginnt mit der XII. Dynastie das mittlere Reich, dessen erster König Amenemhet I. gründlich Ordnung stiftet. Es muss wirr genug in Ägypten ausgesehen haben als Amenemhet das Land mit seinem Heere durchzog. In der uns erhaltenen Inschrift des Chnemhôtep eines sehr hohen Beamten heisst es: Damit er die Sünde vernichte, er, der wie der Gott Atum glänzte, da musste er auch wieder herstellen, was er zerstört fand. Er trennte eine Stadt von der anderen; er lehrte jede Stadt ihre Grenze gegen die andere kennen und stellte ihre Grenzsteine fest wie den Himmel auf. Er unterrichtete sich über die Wassergebiete der einzelnen Städte aus dem was in den Büchern stand und verzeichnete sie nach dem was in alten Schriften stand, weil er die Wahrheit so sehr liebte.

Das mittlere Reich geht bis etwa 1800. Gewaltige Bauten an Tempeln und Gräbern besonders in Theben, daneben auch nützliche Arbeiten wie Nildämme und besonders das grosse Staubecken des Mörissee, von Amenemhet III. Labares, dem Erbauer des Labyrinths angelegt, das sich bis auf den heutigen Tag erhalten hat und die Landschaft Fajum erst fruchtbar machte. Zum ersten Mal wirkliche Eroberungskriege; Nubien, »Das elende Kusch«, wird der Goldminen in seiner Wüste halber nach langem Kampfe endgültig von Sen-wosret erobert, der im Herzen des Landes bei Semneh die Grenzfestung anlegt; auch mit Syrien und Arabien tritt Ägypten in Verbindung. Doch nach den 200 Jahren Blütezeit unter der XII. Dynastie zerrütten Thronstreitigkeiten, dieser Krebsschaden aller orientalischen Länder, ausgehend von den mächtigen Gaufürsten, das Land. Es erliegt dem Ansturm semitischer Nomadenstämme, den Hirtenfürsten, den Hyksos der Griechen, die von Nordosten her, von Suez eindringen und zweifelsohne von den Gaufürsten unterstützt werden.

Ihre Herrschaft nahm den Verlauf, den der Einbruch der Mongolen in das Kalifenreich und den der Germanen in das Römerreich genommen hat. Mit unwiderstehlicher Gewalt werfen die Barbaren das zerrüttete Reich über den Haufen, schaffen Ruhe und sehen dann, dass sie einen solchen Grossstaat zwar erobern aber nicht verwalten können. Die alte Regierungsmaschine arbeitet weiter und nur Garnisonen in den Grossstädten erinnern an die Fremdherrschaft. Nach einigen Generationen nivellieren sich die Fürsten und Vornehmen, und die späteren Hyksoskönige sind so gut Ägypter wie die Nachkommen Dschingis Khans gute Moslems wurden. Aber mit der Zivilisation, die sie gewinnen, verlieren die Barbarenfürsten ihre Kraft und so wurden die Hyksos allerdings nicht ohne Kampf nach etwa 300 Jahren von Theben aus durch Amose I. vertrieben.

Es beginnt das neue Reich, 1580–1100. Die Zeit der Thutmosen und Ramessiden, Ägypten wird Weltmacht. Noch der Urenkel des grossen Eroberers Thutmose III., Amenhôtep III. herrschte über Nubien, Libyen, Ägypten, Arabien, Palästina und Syrien, bis an den Euphrat und die Ramessiden behaupteten dieses Reich noch gegen die mächtige semitische Grossmacht der Chetafürsten. Aber das neue Reich ist ganz vom alten verschieden. Der Feudaladel wird systematisch vernichtet, etwa wie der französische durch Richelieu; es ist ein Militär- und Priesterstaat. Libysche und semitische und hellenische Söldner schlagen die Kriege; denn der ägyptische Bauer, tapfer wie jeder Bauer, wenn er sein Eigentum schützt, ist für Eroberungskriege nicht zu brauchen. Der König ernährt die Heere und die Priester, alles Land, soweit es nicht den Göttern gehört, d. h. den Priestern, die durch immer grössere Geschenke gewonnen werden, gehört dem König, der es den Bauern gegen eine Abgabe von 20 % des Ertrages vermietet. Aber in Wahrheit sind die Söldnerführer und der Hohepriester mächtiger als der König. Es ist die bekannte Verbindung von Thron und Altar, wobei gewöhnlich dem Altar der Löwenanteil zufällt.

Sehr lehrreich ist hierfür der grosse Papyrus Harris, über den uns Erman, Berl. Ber. XXI, 1903, aufgeklärt hat. Man glaubte vorher, dass es sich um ins Ungeheuerliche gehende Schenkungen Ramses III. an die Tempel handle, E. hat gezeigt, dass es sich um eine für die Begräbnisfeier dieses Königs in grösster Eile zusammengestellte Lobschrift handle, und dass die sogen. Geschenke die Bestätigung des Tempelbesitzes durch den König bedeuten. Aber wir erfahren auch, dass dieser Besitz mässig geschätzt ein Zehntel des ganzen Landes umfasste. Insbesondere war der Besitz und damit die Macht der Priester des Amon zu Theben ins Riesenhafte angeschwollen, daneben Heliopolis, äg. On, mit dem Tempel des Atum, der Abendsonne, und Memphis mit dem Tempel des Weltschöpfers Ptah.

Ich füge hier gleich einiges über die Religion und den Kultus an. Das ursprüngliche Negervolk hatte Fetischdienst, jeder Ort und Gau seinen Lokalgott, wie z. B. das Seenland Fajum den in Krokodilsgestalt verehrten Sokk. Mit dem Eindringen der sehr stark religiös veranlagten Semiten wurden aus den Fetischen im wesentlichen Lichtgötter, insbesondere wird die Sonne Gegenstand der Verehrung, bald als Abendsonne Atum, als Frühlingssonne Horus, als Mittagssonne Rê, als sich stetig erneuerndes Gestirn Osiris, als Lebenspenderin Amon. Mit der straffen Zentralisation des Reiches zentralisierte sich auch der Olymp, die Hausgötter der Dynastien wurden Herrscher in der Götterwelt, und werden mehr und mehr zu einer Gottheit, im wesentlichen die Sonne. Am frühesten sind Amon und Rê zum Amon-Rê verschmolzen. Längst musste die Geheimlehre der Priester monotheistisch gewesen sein, als Amenophis IV. sich entschloss, alle Machtmittel des Königs daran zu setzen, den Monotheismus zur Volksreligion zu machen. Zweifelsohne haben politische Motive mitgewirkt, der König erkannte die Gefahr, welche die Macht der Amonspriester zu Theben für die Dynastie barg, und versuchte sie zu brechen. Mit wahrhaft fanatischem Eifer bekämpfte er den Dienst des Amon, aus allen Denkmälern tilgte er den verhassten Namen, seinen eignen Namen, der Amon enthielt, änderte er in Chinatôn, »Verkörperung der Sonnenscheibe«, und seine Residenz verlegte er aus Theben nach El-Amarna. Ebendort wurde 1888 von Arabern seine Korrespondenz mit den asiatischen Tributfürsten in

Keilschrift auf Tontäfelchen gefunden, sie bewies, dass er es vorzog, Jerusalem dem Ansturm der Chabiri (Hebräer) preiszugeben und das Anwachsen der Chetamacht zu dulden als seine Truppenmacht für die Durchführung der religiös-politischen Revolution zu schwächen.

Die Macht des Chetareiches ist es wohl auch gewesen, welche bald nach Chinatôns Tode den energischen Haremheb bewog, seinen Frieden mit den Priestern zu machen und den alten Zustand rücksichtslos wieder herzustellen. Er ermöglichte es so seinen Nachfolgern Sethos I. und Ramses II. den Kampf mit den Cheta mit Erfolg aufzunehmen. Der Kult der Götter war ein Herzensbedürfnis des Volkes, im Opferzeremoniell steht der König, der der eigentliche Hohepriester ist, obenan, wie es denn überhaupt anfänglich ein Laienpriestertum der hohen Beamten gab, neben dem aber auch eine eigene Priesterkaste stand, die später den Kult ausschliesslich leitete. Der Gott bewirtet das Volk und ein grosser Teil der Einkünfte der Priesterschaft ging für Brot und Bier zur Speisung des Volkes an den Festen auf, wie uns die zahlreich erhaltenen, sehr detaillierten Tempelrechnungen beweisen. Bei Erman findet man S. 388 die Beschreibung und S. 389 die Abbildung des grossartigen Tempels der Sonnenscheibe von Tell el Amarna.

Etwa ein Jahrhundert nach der Zeit Ramses III., der als der letzte das Weltreich im vollen Umfang besass, nahm der Hohepriester von Theben den Thron ein, um 100 Jahre später dem gewaltigen Scheschonk (Schischak), dem Führer der libyschen Söldner Platz zu machen. In den Kämpfen, die das Reich zerrütten, beginnt der Vorstoss oder Rückstoss der Assyrer, nur noch einmal von 625–525 bis auf Kambyses gelingt es der libyschen Dynastie, Psammetich, Nekao, Amasis, aus Herodot uns wohlbekannt, eine kurze Blüte ägyptischer Kultur, die absichtlich an das alte Reich anknüpft, herbeizuführen. Dann wird Ägypten persisch und wird mit Persien von Alexander dem Grossen erbeutet. Nach dessen Tode regiert 300 Jahre lang die Diadochenfamilie der Ptolemäer. Die hellenistische Kultur dringt ein, berührt aber nur die Vornehmen, unter Kleopatra wird 30 v. Chr. Ägypten römische Provinz. Die Kultur dieser Zeit verwächst mit der griechisch-römischen als hellenistische.

Ägyptische Sprache und Schrift.

Die ägyptische Sprache gilt heute als verwandt mit dem Semitischen, dem Arabischen, Babylonischen und Hebräischen. Wir können sie verfolgen von 4000 v. Chr. bis 1650 n. Chr. Wir unterscheiden:

1. Das Altägyptische, die Sprache der Pyramidentexte, die als gelehrte Literatursprache bis in die römische Zeit unter Kaiser Decius fortlebt.
2. Die Volkssprache des mittleren und neueren Reiches, das Neuägyptische.
3. Das Demotische, die Volkssprache der griechischen Zeit.
4. Das Koptische, die Sprache der christlichen Ägypter.

Das Demotische knüpft unmittelbar an das Altägyptische an. Das Koptische zeigt zwar grosse lautliche Veränderungen durch den Einfluss des Griechischen, gewährt aber generaliter die beste Hilfe für die Entzifferung des Altägyptischen, denn die ersten drei Sprachen wurden ohne Vokale geschrieben.

Hinsichtlich der Schrift sind 4 Epochen zu konstatieren.

1. Die Periode der Hieroglyphen, welche von 4000 v. Chr. bis 250 n. Chr. reicht, obwohl in den letzten 1000 Jahren nur noch zu dekorativen Zwecken, wie Tempelinschriften und feierlichen Urkunden.
2. Die Periode der hieratischen Schrift, welche die Periode der Hieroglyphen von 2500, von der XI. Dynastie an, begleitet bis zu Psammetich. Sie hat sich aus Abkürzung der Hieroglyphen entwickelt. Sie ist die Geschäftssprache und Schrift und aus ihr entwickelt sich:
3. Die demotische Sprache und Schrift, welche dann aber, als nach Diokletian die ägyptische Religion dem Christentum erlag, durch
4. die koptische Schrift verdrängt wurde, die griechisch ist, bis auf einige Zeichen, die demotisch blieben, weil sie Laute bezeichnen, die das Griechische nicht hat. Das Koptische ist eine tote Sprache, es erlag dem Arabischen. Um die Mitte des 17. Jahrhunderts, genauer noch 1673 starb der nachweislich letzte Mann der Koptisch sprach, der 80jährige Muallim Athanasios. Nur noch im koptischen Kultus hat es sich als Sprache der koptischen Bibel gehalten, wie etwa das Latein in der katholischen Kirchensprache.

Ägyptische Kultur.

Meine Herren! Mit der Schätzung der ägyptischen Kultur ist es seltsam gegangen. Im ganzen Kulturgebiet des Mittelmeeres stand ägyptische

Weisheit seit der Zeit der Hellenen bis in die Mitte des 19. Jahrhunderts im höchsten Ansehen, während ihre Kunst als seltsam und barbarisch gering geschätzt wurde. Die geheimnisvolle Weisheit der Priester, die vielen Inschriften in der wunderbaren Bilderschrift der Hieroglyphen — vielleicht ein griechisches Wort, das Einmeisselung in den heiligen Stätten bedeutet —, die unentzifferbaren Papyrosrollen, der einzig dastehende Totenkult, alles das trug dazu bei, den Gedanken an tief verborgene geheimnisvolle Weisheit zu erwecken. Welchen Eindruck Ägypten auf die Hellenen gemacht, erfahren wir aus Herodot, der ersten und der besten alten Quelle. Er, der Ägypten etwa um die Mitte des 5. Jahrhunderts bereiste, schreibt: Wie der Himmel bei ihnen von sonderlicher Art, wie ihr Strom eine andere Natur hat, als die übrigen Flüsse, so sind auch fast alle Sitten und Gebräuche der Ägypter entgegengesetzt der Weise der anderen Menschen. Bei ihnen sitzen die Weiber auf dem Markt und handeln, die Männer bleiben zu Hause. Lasten tragen die Männer auf dem Kopf, die Frauen auf den Schultern. Ihre Notdurft verrichten sie in den Häusern, die Speisen aber nehmen sie auf der Strasse zu sich und sagen dazu: Im Verborgenen müsse man tun, was unziemlich sei, aber notwendig, öffentlich aber, was nicht unziemlich sei etc.

In jeder Hieroglyphe sah man ein Bild oder Symbol irgend eines tiefen Gedankens und suchte sie wie einen Rebus zu erraten. So las der bekannte viel wissende Jesuit Athanasius Kircher, der von 1601–1680 lebte und die Laterna magica u. a. erfunden hat, die sieben Zeichen:

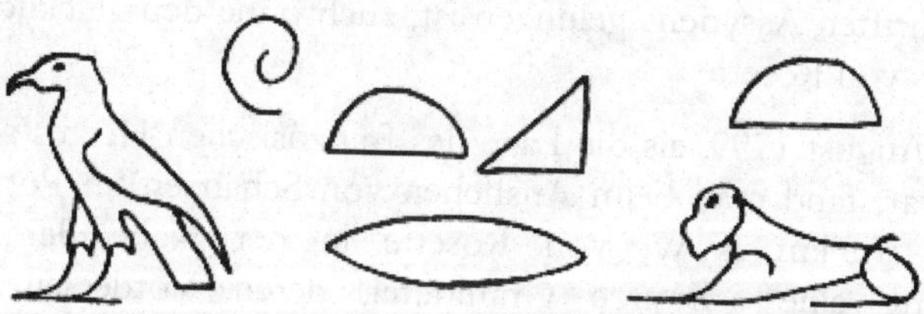

welche in Wahrheit autkrtr heissen und den Titel αυτοκρατως, Selbstherrscher, bezeichnen, der den Titel Imperator des römischen Kaisers wiedergibt, in folgender Weise: Osiris ( = a) ist Urheber der Fruchtbarkeit und aller Vegetation, (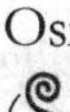 = u). Seine Zeugungskraft (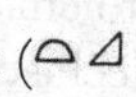 = tk) zieht aus dem Himmel ( = r) der heilige Mophta ( = tr[*]) in sein Reich, und in einem andren Falle las Kircher die 17 Buchstaben kasrs Tmitins sbsts d. h. Kaiser Domitianus Sebastos so: Der wohltätige Vorsteher der Zeugung der im Himmel vierfach mächtige übergibt durch den wohltätigen Mophta die luftige Feuchtigkeit an den Amon, der in der Unterwelt mächtig ist und durch seine Statue und geeignete Zeremonien veranlasst wird, seine Macht auszuüben. Kircher hat übrigens um die Kenntnis des Koptischen wirkliche Verdienste. Er hat zuerst das Koptische als die altägyptische Volkssprache bezeichnet (lingua aegyptiaca restituta 1645). Während Kircher metaphysische und theosophische Spekulationen in die Hieroglyphen hineinlas, fand der Abbé Pluche meteorologische Beobachtungen in ihnen und ein Anonymus sogar Davidische Psalmen.

[*] Der Löwe ist ein spätes Zeichen, das eigentlich dazu dient, r und l, die in alter Zeit das gleiche Zeichen haben, zu unterscheiden.

Meine Herren! Sie können sich denken, dass durch solche Spielereien die ganze Beschäftigung mit Hieroglyphen in Verruf kam und wir blieben für die wirkliche Kunde von Ägypten auf die griechischen Quellen, insbesondere auf Herodot, Eusebios, Horapollo, Plutarch, Diodor und die jüdischen Erzählungen in der Bibel angewiesen. Das wurde mit einem Schlage anders, als Napoleon im Jahre 1798 seinen Zug nach Ägypten unternahm, um von da aus die Engländer in Indien zu bedrohen. Grossartig wie der Plan und der Mann nahm er einen ganzen Stab hervorragender Gelehrten unter Vorsitz von Fourier mit, die mit der Erforschung des Landes beauftragt wurden, für welche Napoleon durch des Mathematikers Karsten Niebuhrs Reise in Arabien (voyage en Arabie) 1761–67 angeregt worden war. Sie haben ihre Aufgabe glänzend gelöst und ihr grosses Material in der description de l'Egypte, dem Fundament der Ägyptologie, niedergelegt. Statt der wenigen nach Rom und Byzanz verschleppten Inschriften lag jetzt eine Fülle von Texten vor und die Entzifferung wäre, wenn auch langsam, gelungen, wie die der Keilschriften Assyriens gelungen ist, auch ohne den glücklichen Zufall des Fundes von Rosette.

»Im August 1799, als die Lage des französischen Heeres schon recht misslich war, fand man beim Ausheben von Schanzen im Port St. Julien (Raschêd), 7,5 km N. W. von Rosette in der Nähe der westlichen Nilmündung eine schwarze Granittafel, deren Vorderseite mit drei Inschriften bedeckt war. Die oberste in Hieroglyphen, die mittlere in der ägyptischen Volksschrift zur Zeit der Ptolemäer, dem Demotischen, und die unterste in griechischer Schrift und Sprache. Im griechischen Text stand: Man solle dieses Dekret der Priester von Memphis zu Ehren des Königs (Ptolemäus Epiphanes, 196) in heiliger Schrift, in Volksschrift und in griechischer schreiben. Es war also kein Zweifel, dass die beiden ägyptischen Texte des Steines von Rosette die Übersetzung des Griechischen enthielten. In dem Dekret war mehrfach von König Ptolemäus die Rede, es war unwahrscheinlich, dass für diesen fremden Namen die Hieroglyphen als Symbolik dienen sollten. Die Vermutung lag nahe, dass die Hieroglyphen eine Lautschrift seien.«

Sie wurde 1816 von dem grossen englischen Physiker Thomas Young ausgesprochen, welcher an der durch die Kapitulation von Alexandria 1801 nach England gesandten Tafel i, n, p, t, f entzifferte und unabhängig von ihm kam der junge französische Gelehrte Jean François Champollion-le Jeune auf den gleichen Gedanken. Champollion muss als der eigentliche Entzifferer der Hieroglyphen angesehen werden. Wer sich genau für ihn und seine Taten interessiert, findet alles denkbare Material in dem höchst fesselnden Werke von H. Hartleben: Champollion, sein Leben und sein Werk 1906, in dem mit der ganzen liebevollen Sorgfalt, deren nur eine Frau fähig ist, und mit glänzendem Erfolg in vieljähriger unermüdlicher Arbeit alle überhaupt beschaffbaren Urkunden verwertet sind. Dass Young und Champollion Vorläufer hatten, ist selbstverständlich, so erwiesen sich z. B. die Angaben des Kirchenvaters Clemens Alexandrinus über das altägyptische Schriftsystem bedeutend zuverlässiger als die des Herodot und Diodor. Ganz bedeutend muss der Däne Georg Zoëga hervorgehoben werden, der sich von 1783 an mit Hieroglyphik beschäftigte. Zoëga, geschulter Philologe, — er war der Lieblingsschüler des berühmten Göttinger Philologen Ch. G. Heyne —, hat den Lautcharakter der Hieroglyphen erkannt. Er hat vermutet, dass der Ring: , die alphabetisch geschriebenen Namen des Königs und der Königin umschlösse und was die Hauptsache war, er hat die ägyptische Kunst richtig beurteilt. Winckelmann hatte die ägyptische Kunst als völlig stabil hingestellt. Demgegenüber zeigte Zoëga, dass es in ihr Entwicklung, Blüte und Verfall gibt, kurz Bewegung. Heute wissen wir, dass das alte Reich eine Zeit der Entwicklung durchmachte von kühner, aber technisch unvollkommener Nachahmung der Natur aufsteigend bis zu Meisterwerken wie: »der Dorfschulze, der Schreiber«, und der gewaltigen Sphinx', das Abbild der vollen Majestät des Königs (siehe Abbild.). Auf diese Zeit folgte ein Beharren und ein Stabilwerden im mittleren Reich, ein Verfall in der Hyksosperiode, bis dann im neuen Reiche die neue grossartige Kunstepoche herbeigeführt wurde dadurch, dass die aus dem Verkehr mit Syrien und Babylonien gewonnenen neuen Motive der Eigenart des ägyptischen Volkes gemäss entwickelt wurden. In dem Werke von H. Hartleben finden Sie, meine Herren, wie Champollion von frühester Jugend an die Entzifferung des ägyptischen Geheimnisses als sein Lebensziel erkannte und wie unentwegt er diesem Ziel trotz Krankheit und Not nachgestrebt. Von besonderem Einfluss ist das Interesse, das Fourier, der Verfasser der Théorie de la Chaleur, dem genialen Knaben entgegenbrachte, der 12jährig im Herbst 1802 dem Präfekten von Grenoble durch den älteren Bruder, den ebenfalls bedeutenden Gelehrten Jacques vorgestellt wurde. Aber wir sehen aus dem Buche auch, wie gross die Arbeit, wie mannigfaltig die Schwankungen und Irrtümer waren, bis es 1822 Champollion gelang, die grundlegenden Sätze auszusprechen:

1. Die drei altägyptischen Schriftformen, Hieroglyphen, Hieratisch, Demotisch, stellen im Grunde dasselbe einheitliche System dar.

2. Das System besteht aus einem Gemisch von etwa 19 teils »figurativer«, teils »symbolischer« Zeichen.

Champollion ging wie Young vom Stein von Rosette aus. Dort kam an der Stelle, wo der griechische Text von Ptolemäus spricht, derselbe Ring vor, den man von den Bildern der Tempel neben dem Haupt des durch die Doppelkrone bezeichneten Königs her kannte und in diesem Ring  finden sich die Zeichen:

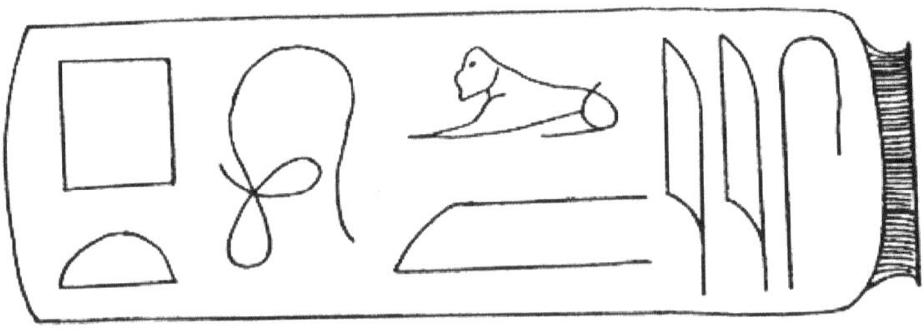

Champollion hatte bemerkt, dass auf einem Obelisken aus Philä, der wichtigen Grenzstadt in Unterägypten, neben demselben Königsring ein anderer stand, der 5 von den Zeichen des ersten Ringes enthielt. Aus der griechischen Inschrift an der Basis des Obelisken liess sich entnehmen, dass es der Name Kleopatra sei und er musste es sein, denn von den drei in der Königsfamilie üblichen Frauennamen: Arsinoe, Berenike, Kleopatra enthält nur der letzte 5 Buchstaben, die auch in Ptolemäus vorkommen. So wurden die Zeichen für die Laute a, e, l, m, o, p, r, s, t gefunden und bald fand Champollion Bestätigungen, die ihn weiter führten, so an dem Königsnamen Aleksentros, id est Alexander. Dazu kam dann bald als der schlagendste Beweis, dass, wenn man nach dieser Deutung Worte las, die phonetisch geschrieben, hinter denen aber, was sehr häufig ist, ein Deutungszeichen stand, wie z. B.

Eh und: 

erp, man auf wohl bekannte koptische Worte ehe der Ochse und erp, der Wein stiess.

Diese Determinative oder Deutungszeichen waren unentbehrlich und wurden immer zahlreicher. Dieselben beiden Zeichen konnten noch bedeuten: Weinen, dann war ein tränendes Auge dahinter ; Feld, dann war ein Markstein dahinter, wenn es Strick bedeutete . Wenn es Loben, Preisen, Rufen, kurz einen Ausruf bedeutete, ein sitzender Mann, wenn es Bedrohen, Bedrängen bedeutet, ein bewaffneter Arm: , der überall vorkommt, wo Energie ihren Ausdruck findet. Es sind diese Determinative Überreste der ältesten Zeit, wo die Hieroglyphen wirklich Bilderschrift war, wie es die chinesische Schrift noch heute ist. — Ich nehme als Beispiel die Hieroglyphe per das Haus, der rohe Grundriss eines Hauses, wie es noch heute der ägyptische Bauer bewohnt. Aber das Zeichen für Haus der ältesten Zeit wurde im Laufe der Zeit zum Zeichen der Silbe per. Dies kann dann sehr verschiedenes bedeuten: hinausgehen, hineingehen.

Als Champollion 1832 schon 10 Jahre nach seiner Entdeckung starb, war es ihm gelungen, das ganze Schriftsystem der Hieroglyphen zu entziffern. Dieser eine Mann hatte in einem Jahrzehnt das grosse Rätsel gelöst und ein ganzes Volk wieder in die Weltgeschichte eingeführt.

Nach den Hieroglyphen wurde die hieratische Schrift entziffert, die Priesterschrift, in der die meisten Papyri geschrieben sind, und die aus Zusammenziehung der Hieroglyphen, sogenannten Ligaturen, entstanden, sich zu jener verhält, wie unsere Schreibschrift zur Druckschrift und nach dieser von Brugsch das Demotische. Es konnte eine ägyptische Grammatik geschrieben werden, ägyptische Literatur gelesen werden und eine glänzende Bestätigung erhielten die Arbeiten der Ägyptologen als Lepsius, der 1842 die berühmte, so erfolgreiche, sogenannte preussische Expedition geleitet hatte und die Gräber des alten Reiches aufgedeckt hatte, 1867 auf dem Trümmerfelde der alten Stadt Tanis eine andere Trilingue fand, von sehr bedeutender Länge und ganz vollkommen erhalten: Das Dekret von Canopus, das sich auf eine Kalenderverbesserung bezog.

Aber als nun die ägyptische Literatur entziffert war, machte sich zunächst eine grosse Enttäuschung geltend. An Stelle der erwarteten tiefsinnigen Weisheit fand man eine wirre Mythologie, aus der nur die schon durch Plutarch, de Iside, bekannten Gestalten des Osiris, der Isis, des Seth oder Typhon, und des Horus oder besser Hor deutlicher sich abhoben. Man lese Erman S. 365 ff. Daneben Haarspaltereien, wie etwa die rabbinischen Untersuchungen über die Jakobsleiter, Zaubersprüche und eine tolle Dämonologie. Die Papyri entpuppten sich meist als Schülerhefte oder als Briefe, die zum Unterricht geschrieben waren und etwas mehr Inhalt boten eigentlich nur die Totenbücher, buchstäblich Reisehandbücher für den Ka, die Seele des Verstorbenen, auf seiner Reise in das Reich des Osiris, in die Totenwelt.

Die Medizin, die Herodot solchen Respekt einflösste, lernten wir aus dem grossen Papyrus Ebers kennen, eine ausserordentliche, reiche Sammlung von Rezepten, deren vornehmster Bestandteil Kot der verschiedenartigsten Tiere, überhaupt die ekelerregendsten Elemente sind. Beiläufig gesagt ist auch für die mathematische Tradition die Bemerkung nicht unwichtig, dass ein Teil dieser Rezepte noch heute unverändert einen Bestandteil der Volksapotheke in Europa bildet. — So schlug denn die Ehrfurcht in ihr Gegenteil um. Man unterschätzte die ägyptische Wissenschaft, wie man sie überschätzt hatte. Aber etwa seit 1880 trat eine Wandlung ein, die genaue Detailforschung, gefundene Briefe, Rechnungen, Steuerquittungen, Prozessakten zeigten, dass man es mit einer seit 4000 v. Chr. grossartig organisierten Verwaltung und mit einem ausserordentlich klaren und verständigen Volke zu tun hatte. In die Geschichte, in die Mythologie kam Licht, Lyrik, ein reicher Märchenschatz, wie ihn noch heute die Fellah lieben; auch die Kunst zeigte sich zum Teil auf erstaunlicher Höhe. Vergl. die kurze Kunstgeschichte von W. Spiegelberg. Man denke an die Statuen des Pepi und Ramses II., die herrlichen Statuen von Gizeh im Louvre etc. Ferner an Architekturwerke, Meisterwerke, wie die Tempel von Karnak und Luxor. Papyri, wie die älteren, auf Leder geschriebenen, z. B. der Papyrus Prisse, zeigten wirklich hohe Weisheit auf ethischem Gebiet 2500 v. Chr. Ausserordentlich früh war das Barbarentum, wie Menschenopfer, Tötung der Frauen und Sklaven, die es bei den Griechen noch im Homerischen Zeitalter gab, abgeschafft. Auch die Stellung der Frau zeigt die ethische Reife, sie war weit höher als bei irgend einem orientalischen Volke, vielleicht die Hebräer ausgenommen, selbst der Adel der Herkunft richtet sich nach der Mutter. Wir haben Kunde von der bedeutenden Rolle, welche z. B. Tye, die Mutter des Chinatôn, spielte, deren wundervoller Goldschmuck vor kurzem gefunden wurde, wir wissen von der zwanzigjährigen kraftvollen Regierung der Hatschepsowet, der Mutter des grossen Thutmosis III., welche u. a. eine grosse und erfolgreiche Expedition nach Punt sandte und dort ihre Statue aufstellen liess. Die Ehe war sehr früh im wesentlichen monogamisch, und das Familienleben ausserordentlich innig. Vielleicht hat die Schwesterehe der Ägypter zu dieser Wertung der Frau beigetragen. Anfänglich Sitte der Vornehmsten, wohl um Erbteilungen zu vermeiden, verbreitete sie sich rasch über das ganze Land, und die Ägypter haben für Schwester und Geliebte das gleiche Wort. — Die Rechtspflege war sehr früh geordnet, Richter von Fach führten die Untersuchung, die Strafen bestimmte der König, sie waren nicht grausamer, als sie bei uns bis ins 19. Jahrhundert hinein gebräuchlich waren.

Ägyptische Mathematik.

Was nun die Mathematik der alten Ägypter betrifft, so waren wir bis 1868 auf sehr dürftige Quellen angewiesen. Dass die Ägypter schon früh im Besitze nicht geringer mathematischer Kenntnisse gewesen, geht schon aus den gewaltigen Bauten hervor. Die Gräber der Grossen waren genau orientiert. Stets stand die Statue des Toten, die dem Ka, der Seele, Gelegenheit geben sollte in seinen Leib zurückzukehren, so dass sie genau nach Westen schaute. Die grossen Pyramiden waren auf das Genaueste orientiert, so dass die wunderbarsten Vermutungen, und zwar vor noch nicht langer Zeit, über ihre eigentliche Bedeutung gemacht wurden. Ich nenne nur die des Ingenieurs Price Smith über die Pyramide des Cheops. Im allgemeinen standen die Tempel im Meridian. Diese Orientierung war Aufgabe einer besonderen Priestergruppe, der Harpedonapten id est der Seilspanner. Der König selbst beteiligte sich dabei. Man vergleiche die von dem früheren Strassburger Ägyptologen Dümichen veröffentlichte Baugeschichte des Tempels von Denderah; der Tempel wird genau nach dem Eintritt der Plejaden in den Meridian orientiert. Dort ist der König abgebildet an einem Pflock stehend, und diesem gegenüber steht Săfchet, die Göttin der Wissenschaft und der Bibliotheken; beide schlagen gleichlange Pflöcke mit einer Keule in den Erdgrund und halten gemeinsam ein Seil. Die Inschrift sagt: Ich habe gefasst die Holzpflöcke und den Stiel des Schlegels, ich halte das Seil gemeinsam mit der Göttin Săfchet. Mein Blick folgt dem Gange der Gestirne; wenn mein Auge an dem Sternbilde des Siebengestirns angekommen ist und erfüllt ist der mir bestimmte Abschnitt der Zahl der Uhr, stelle ich die Pflöcke auf die Eckpunkte deines Gotteshauses. Die Stelle: wenn mein Auge usw. wird dadurch verständlich, dass die Himmelskarte so angelegt wurde, dass unter der Mitte des Himmels ein Mensch aufrecht sitzt und nun wird der Gang der Sterne angegeben. Uns sind mehrere solcher Listen erhalten. Da heisst es z. B.: Am 16. Phaopi steht in der 8. Stunde die Fingerspitze des Sternbildes Sa'h id est Orion über dem linken Auge etc. Ich will hier nur kurz bemerken, dass auch unser Kalender im wesentlichen auf die Ägypter bezw. Babylonier zurückgeht.

An Werkzeugen war ihnen schon in ältester Zeit der rechte Winkel, das Richtscheit, bekannt, das man u. a. in einer Tischlerwerkstatt gefunden hat; die Orientierung im Felde geschah durch das Spannen des Seiles mit den Knoten 3, 7, 12. Dass danach das pythagoreische Dreieck mit den Seiten 3, 4, 5 den Ägyptern bekannt war, steht unzweifelhaft fest. Auch Zirkel verschiedener Art können nicht gefehlt haben. Ein eigentümliches Instrument zum Ebenmachen, unserem Hobel entsprechend, ist ebenfalls gefunden worden. An Massstäben etc. hat es auch nicht gefehlt. Das Richtscheit kommt des öfteren auf Bildern in der Hand des Königs vor, wie etwa der Pflug in der des Kaisers von China. In der Ornamentik findet sich eine Reihe geometrischer Figuren, ihre Wagenräder verlangen die Kreisteilung, anfangs sind sie viergeteilt, später nach Zusammenstoss mit den Chaldäern oder Babyloniern sind sie sechsgeteilt. In der grossen Schenkungsurkunde des Tempels von Edfu haben wir eine ganze Reihe von Flächenberechnungen; einzelne Rechenexempel finden sich in den Papyri, aber im grossen und ganzen waren wir auf sehr dürftige Nachrichten der Klassiker, in erster Linie auf Proklus angewiesen.

Fest steht, dass Thales, der Milesier, etwa um 600 einige Kenntnisse, die ihm ägyptische Priester vielleicht wegen ihrer Geringfügigkeit mitgeteilt hatten, nach Jonien brachte, darunter den Satz von den Basiswinkeln im gleichschenkligen Dreieck, den 2. Kongruenzsatz und die Konstruktion des gleichseitigen Dreiecks. Weit länger und fruchtbarer scheint der Aufenthalt des Pythagoras, dem es allem Anscheine nach gelang in die schwierige Sprache und in das noch schwierigere Vertrauen der ägyptischen Priester einzudringen, gewesen zu sein. Pythagoras brachte vermutlich auch die Form, in welche die Ägypter Sätze und Aufgaben kleideten, nach Europa, die sich bei Euklid und Heron erhalten hat. Sicher bezeugt ist der Aufenthalt des Mathophilosophen Eudoxos und der des Oinopides, der die Konstruktion des Lotes aus Ägypten importierte. Wahrscheinlich der des Platon von Sizilien aus, sicher wiederum der des Eudemos, wahrscheinlich der des Demokrit, der sich rühmte, dass ihn im Konstruieren nicht einmal die Ägypter überträfen. Die ägyptische Reisskunst hatte den höchsten Ruf. Ägyptische Feldmesser und Baumeister waren in der ganzen Welt des Mittelmeeres bis tief in die römische Kaiserzeit die gesuchtesten. Einen hohen Ruf hatten ihre astronomischen Kenntnisse und Beobachtungen, die sehr lange fortgesetzt waren. Man muss freilich sagen, dass die eigentümlichen, ganz neuerdings von L. Borchardt erklärten Instrumente mit unseren astronomischen Präzisionsinstrumenten keinen Vergleich zulassen, ja nicht einmal mit denen der Babylonier.

Eine direkte altägyptische Urkunde sprach zum ersten Male zu uns im Papyrus Rhind, über welchen 1868 der Engländer Birch im Lepsius einen kurzen Bericht gab. 1872 erhielt August Eisenlohr in Heidelberg eine lithographische Abschrift des Textes und in fünfjähriger mühevoller Arbeit entzifferte er denselben, unterstützt von seinem Bruder, dem Mathematiker Friedrich Eisenlohr und vor allem von Moritz Cantor. Die Ausgabe ist jetzt veraltet, besonders die Namen, aber auch die Zahlworte und Masse sind falsch gelesen. So ist z. B. psd 9 mit paut Kreis verwechselt und eine neue Ausgabe vom Standpunkte der heutigen Ägyptologie wäre sehr zu wünschen.

Der Papyrus beginnt mit den Worten: »Vorschrift zu gelangen zur Kenntnis aller dunklen Dinge, aller Geheimnisse, welche sind in den Dingen. Verfasst wurde diese Schrift im Jahre 33, im vierten Monat (Mesori) der

Überschwemmungszeit unter König Raa-us lebenspendend nach dem Muster alter Schriften in der Zeit des Königs ....at vom Schreiber Aahmesu.« Der König heisst nicht Raa-us, sondern mit seinem Horusnamen Apophis, wie die furchtbare Schlange des Typhon. Es ist der Hyksoskönig mit seinem Königsnamen A-vose-re, gross ist die Macht des Re. Re, nicht Ra, ist die heisse Mittagssonne, deren Gewalt nirgends sich fühlbarer machte als in Ägypten, und deren Kult im alten und im mittleren Reich alle übrigen überbot. Der König des Musters ist Amenemhet III., etwa um 2200. Die Muster sind, wie es scheint, gefunden worden von Flinders Petrie in Kahun im Jahre 1889, die Papyri hat Griffith 1897 herausgegeben, wenigstens stimmt Papyrus Ames mit denen von Kahun genau überein.

Eisenlohr und mit ihm Cantor bezeichnen den Papyrus als ein mathematisches Handbuch der alten Ägypter, Cantor nennt es gelegentlich sogar »Vademecum eines ägyptischen Feldmessers«, dem gegenüber erklärte Eugène Revillout, der Herausgeber der Revue égyptologique, in einer Note, die Cantor, wie es scheint, entgangen ist, ist sie doch dem so rührigen und so viel jüngeren L. Borchardt entgangen, das Heft ganz kurz und klar für das Heft eines mässigen Schülers, das einige Jahrhunderte später von einem Schreiber ohne alle mathematische Bildung, und solcher gab es schon im alten Ägypten, dem Jamesu, Sohn des Mondes, abgeschrieben und an einen schlichten Landmann verkauft ist. Dieser Ansicht Revillouts schloss sich Weyr in seinem Festvortrag in der Wiener Akademie an; Borchardt, dessen Autorität sehr schwer ins Gewicht fällt, teilte gleichfalls diese Ansicht und auch ich kann ihr nur beipflichten. Das Heft wimmelt geradezu von groben Rechenfehlern, die oft vom Lehrer mit roter Tinte tout comme chez nous korrigiert, öfter nur generaliter bemerkt sind. So kommt z. B. ein Exempel vor, wo der Schüler durchgehend 14 mit 9 verwechselt hat, das war leicht möglich, die Schrift ist althieratisch, ganz ähnlich wie beim Papyrus Ebers, unserer Hauptquelle für die Geschichte der ägyptischen Medizin. Das Hieratische verhält sich, wie schon gesagt, zu den Hieroglyphen, die nur in prähistorischer Zeit wirkliche Bilderschrift waren, wie unsere Schreibschrift zur Druckschrift, es entsteht durch Ligaturen. Der Lehrer schreibt nur eine 14 an den Rand; er lässt, wenn die Exempel falsch sind, Proben machen, gibt auch gelegentlich dasselbe Exempel mit anderen Zahlen, manchmal gibt er selbst die Lösung an, die mitunter ganz anderen Gebieten der Mathematik angehörte. Daneben kommen auch Fehler genug auf Rechnung des Schreibers Jamesu.

Die Ansicht Revillouts ist schon an und für sich wahrscheinlich, da die grosse Mehrzahl der auf uns gekommenen Papyri Schülerhefte waren. Es gab schon im alten Reiche ein ausgebildetes Schulwesen. Die Schulen a-sbo waren teils staatliche, teils private. Sie waren ganz und gar realistisch. Ihr Zweck war nicht die formale Geistesbildung, an toten Sprachen abgezogen, sie übersetzten nicht ihren Julius Cäsar Shakespeares ins Lateinische, um denselben den Römern zugänglich zu machen, sondern sie hatten Fachschulen, Schulen für Ackersleute, für Baumeister, für Feldmesser, für Intendanten, für Kaufleute etc. Unser Heft entstammt einer landwirtschaftlichen Schule. Der Schreiber schliesst es mit den Worten: Fange das Ungeziefer und die Mäuse, vertilge das Unkraut aller Art. Bitte Gott Re um Wärme, Wind und hohes Wasser.

Das letzte war die Hauptsache. Ägypten, sagt Herodot, ist ein Geschenk des Niles, wurde doch die ganze straffe Zusammenfassung des Volkes unter einen König durch die Notwendigkeit dem gewaltigen Strom mit vereinten Kräften zu wehren, unabweisbar; damit das Jahr gut war, musste die Nilhöhe am Pegel von Memphis 16 Ellen, à 0,538 m, betragen. Bei 18 Ellen war es ein gesegnetes, was darüber war, war schädlich. Aber auch abgesehen von dem Spruche, bezeugt es der Inhalt des Heftes; die Beispiele sind zum weitaus grössten Teil direkt für den Gebrauch des Landmanns bestimmt. Ein nicht unwichtiges Argument für Revillouts Ansicht gab mir Herr Spiegelberg an. Der Papyrus soll nämlich vorzüglich erhalten sein, was äusserst unwahrscheinlich ist bei einem viel gebrauchten Handbuch.

Ägyptische Arithmetik.

Das Zahlensystem der Ägypter ist dekadisch. Die Ziffern sind für die Einer Striche , für die Zehner , für die Hunderter , für die Tausender , für die Zehntausender , für die Hunderttausender . Die grössere Zahl geht der kleineren vor, z. B.

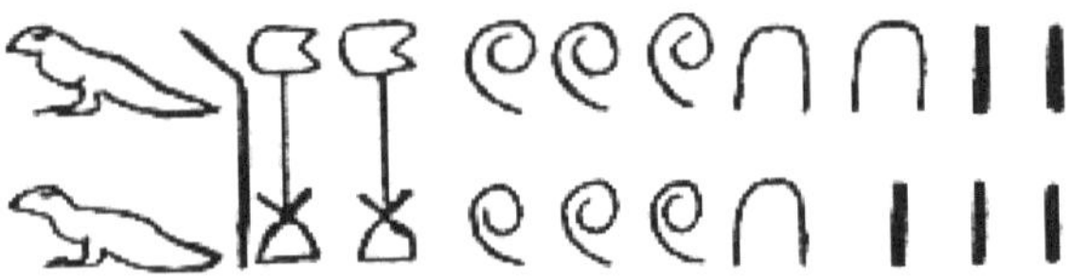

gleich 212,635.

In den Stundenangaben und Datierungen werden die Einer auch noch durch horizontale Striche bezeichnet.

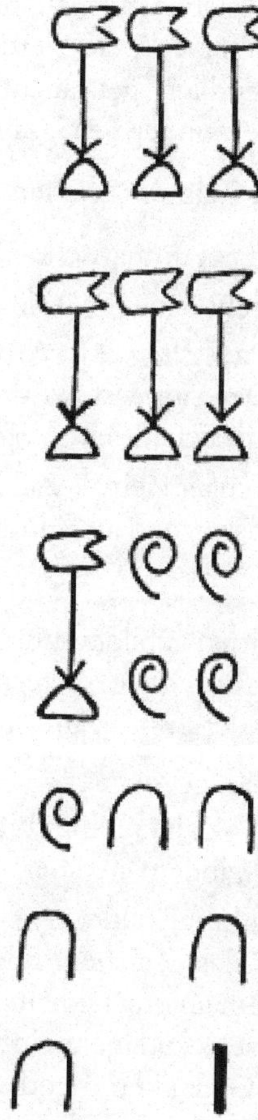

In monumentalen Einmeisselungen stehen die Zahlen auch vertikal, wie z. B. die Zahl 7551, die in der Schenkungsurkunde auf der Tempelmauer von Edfu vorkommt. Für 5 kommt auch in hieroglyphischen Ziffern ★ vor.

Die lautliche Bezeichnung, soweit sie feststeht, ist für 1 wa, für zwei meist die Dualform vom Stamme sen Bruder, nämlich der eins. Die 5, dua, heisst Hand, wie im Indischen und Mexikanischen und wird auch meist durch eine Hand determiniert. Umgekehrt wird z. B. Handwerker dargestellt durch fünf Striche, dahinter Mann und Frau. Die 10 (met) wird durch den Phallus  geschrieben, der denselben Lautwert met hat. Das Zeichen für 100 (vielleicht schent), eine Schlinge, ist vom zusammengerollten Seil von 100 Ellen hergenommen, 1000 (cha) ist die so häufige Lotosblume, deba, d. i. 10000, ist Finger, Zeichen und Wort für 100000 ist die Kaulquappe hafen, welche nach der Überschwemmung im Nilschlamme in ungeheuren Mengen vorkommt. Als der Handel im Delta ausserordentlich entwickelt war, im neuen Reiche gab es auch Zeichen für Millionen und Zehnmillionen. Die Zeichen kommen schon früher vor, sie werden dann aber meist, wie das griechische Myrioi, für unendlich gebraucht. Der Gott verspricht dem Könige nicht Millionen Jahre, sondern ewiges Leben.

Es gab seit der ältesten Zeit ein Zeichen für 0 nen, nichts.

Nen ist zugleich die grammatische Negation, die Hieroglyphen stellen vielleicht eine im Gleichgewicht befindliche Wage, vielleicht zwei gleichmässig ausgestreckte Arme, auch Schulter, Arme und abwinkende Hände. Determiniert wird nen durch das Zeichen des Bösen, richtiger des Ungemütlichen, ein Vogel, der unserem Spatz ähnelt . Ob die 0 vor der Ptolemäer Zeit als Zahl angesehen wurde, steht nicht fest, als Ziffer war sie überflüssig, und als Zahl der Zahlenreihe, wie wir gleich hervorheben, nicht möglich.

Die Ordinalzahlen werden gebildet durch Anhängen der Silbe nu an die Kardinalzahl und später durch Vorsetzen von mh vollmachen, also der die 5 vollmacht, d. i. eben der fünfte; im Koptischen die ausschliessliche Ableitung.

Zu der aufsteigenden Zahlenreihe bildeten die Ägypter auch die absteigende $^1/_2$, $^1/_3$, $^1/_4$ usw., indem sie über die Kardinalzahl die Partikel ro setzten. (Eine Ausnahme bildet $^1/_2$, welches mit Hälfte geschrieben wird.) Ro ist das Zeichen für Mund, das zur Präposition geworden ist und in etwas hinein etc. bedeutet, auch distributiv pro Tag etc. bedeutet. Im Hieratischen ist es zu einem einfachen Punkt verkürzt worden, es sind ganz ähnliche Gedanken, und wunderbarerweise auch im Hieratischen dieselbe Bezeichnung wie bei den Indern, die die absteigende Reihe als Reihe der negativen Zahlen gebildet haben. Der Ägypter fasst 3 auf als 3 × 1 und dem entspricht die Zahl, welche dreimal genommen 1 gibt. Mit dieser Auffassung der Zahlenreihe hängt die so eigentümliche und gänzlich missverstandene ägyptische Bruchrechnung, mit der der Papyrus Ames beginnt, aufs innigste zusammen. Da heisst es z. B. noch in einer grossen Abhandlung von 1895 eines um die Geschichte der Mathematik sehr verdienten Philologen, nämlich bei F. Hultsch: die Ägypter kannten keine gemeine Bruchrechnung, sondern nur eine Teilung in der Einheitsreihe. Die Rechnung war für die Ägypter erst zu Ende geführt, wenn sie den Quotienten in Zahlen ihrer Zahlenreihe, d. h. in ganze Zahlen oder Stammbrüche aufgelöst hatten. Ihre Zahlenreihe war ihnen so geläufig, wie uns die unsrige und wie wir scheinbar immer mit Brüchen, mit konstantem Nenner 10 rechnen und die Resultate nur übersehen, wenn sie uns in Dezimalbruchform vorliegen, so rechneten die Ägypter scheinbar nur mit Brüchen, mit dem konstanten Zähler 1. Dass aber dem Ägypter gemeine

Bruchrechnung samt Generalnenner, reduzieren, erweitern etc., völlig vertraut war, geht aus den Papyri Ames, denen vom Kahun, von Achmin aufs klarste hervor. Sie scheuten nicht einmal vor Doppelbrüchen. — Eine Ausnahme bildet der Bruch 2/3, der auch bei den Griechen sein eigenes Zeichen hat. Er heisst neb  oder . Griffith fasst ihn als 1/1½. Hier war die Zusammensetzung aus ½ und 1/6 eben jedem ägyptischem Kinde geläufig. Aber ich bin hier schon bei der Division. Die Addition wird bezeichnet durch vorwärtsschreitende Beine , die Subtraktion durch 2 rückwärtsschreitende Beine , es werden auch verba gebraucht, die addieren, hinzulegen, hinzufügen bezw. zurückkehren, ausgehen bedeuten; bei mehreren Summanden wird die Summe durch eine eigene Hieroglyphe bezeichnet: , eine Papyrusrolle, das Determinativ für alles Abstrakte.

Arithmetik der Ägypter, Abschnitt 1 des Papyrus Ames.

Die Multiplikation wird durch das Wort uah = vervielfältigen, eingeleitet; die Division durch nis = teilen, richtiger künden, klarmachen. Die Division war wie die unsrige ein Einschliessen in Grenzen und wird durch Multiplikation und Kenntnis des 1 × 1 erleichtert. Die 1 × 1-Tabelle kommt im Ames nicht vor, sie wird als bekannt vorausgesetzt. Hultsch hat das kleine 1 × 1 nach den Andeutungen des Ames rekonstruiert. Der Papyrus lehrt zunächst die Bruchrechnung und beginnt mit der Zerlegung der Brüche von 23 bis 299 in Stammbrüche inklusiv 23.

Regeln werden weder hier noch sonst irgendwo im Buche angegeben; eine Ausnahme macht nur die eine Regel in N. 61a: 23 zu machen von einem Bruch (gebrochenen Teil). Wenn dir gesagt ist: Was ist 23 von 15, so nimm seine Hälfte und seinen 6. Teil, das ist sein 23: Also ist es zu machen in gleicher Weise für jeden gebrochenen Teil, welcher vorkommt. Cantor hat den Schlusssatz missverstanden, er meint, er bezieht sich darauf, dass 23 durch irgend einen andern Stammbruch ersetzt werden könne, während die Verallgemeinerung sich auf 15 bezieht, C. sieht hierin die allgemeine Vorschrift 2u, wo u eine ungerade Zahl ist, zu zerlegen in $1({}^{u}/_{2} + {}^{1}/_{2}) + 1({}^{u}/_{2} + {}^{1}/_{2})u$, die unzweifelhaft, darin hat er recht, zur Zeit des Papyrus bekannt war. Aber es werden auch andere Formeln für das an sich unbestimmte Problem benutzt, z. B. wenn p und q ungerade Zahlen sind, also 12(p + q) eine ganze Zahl n: 2p·q = 1pn + 1qn. Meist wird dafür gesorgt, dass der erste Bruch einen geraden Nenner hat, weil dies die nötige Zusammenfassung bei grösseren Dividenden als 2 erleichtert. Die Tabelle enthält nur ungerade Zahlen, weil eben den Ägyptern die Reduktion völlig bekannt war.

Zerlegung in Partialbrüche.

Ferner wird möglichst dafür gesorgt, dass die Zahl der Stammbrüche so klein als möglich. Im Papyrus Ames werden als Anfangsnenner ausser 2 und 3 nur teilbare Anfangsnenner der Reihe zugelassen, nur einmal kommt 5 vor. Im Papyrus von Achmin ist diese Beschränkung aufgehoben, um die Zahl der Stammbrüche zu verkleinern. Jede Zerlegung ist von einer Probe, smot — der Beweis genannt, begleitet. Der Beweis, d. h. die Probe, zeigt hier schon, wie völlig die Beherrschung der Bruchrechnung war, z. B. 217 (Anfang der 2. Kolumne) nis son chent, d. h. mache deutlich 2 durch, z. B. 17, hieroglyphisch: (nis son chent met sefech)

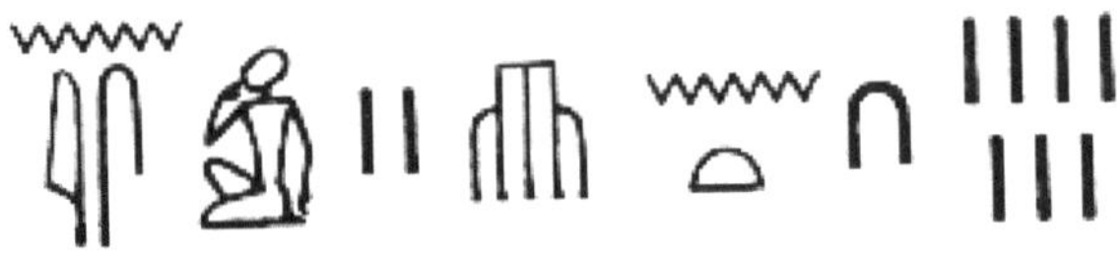

Verdeutliche 217: 112 151 168

smot 113 112 13 14 (NB. 1712 i. 113 + 112)

Der Beweis — smot  genannt —, besteht darin, dass gezeigt wird, dass 112 der 17te Teil von 113 112 oder 114 16 ist und von dem was noch an 2 fehlt, nämlich 13 + 14, der 17te Teil 151 und 168 ist.

Abschnitt 2: Zerlegung in Zehn-Teile.

Es folgen dann als 2. Abschnitt die Dezimalteilungen der Zahlen von 1–9, eingekleidet als Verteilung von Broten; die Dezimalteilung war besonders für die Feldteilung wichtig, 1 3 6 7 8 9 werden geteilt, da 210, 410 und 510 schon in der vorigen Tabelle vorkommen. Nur das letzte der Beispiele ist vollständig erhalten: Geben Brote 9 an Personen 10. Verfahre wie geschieht, vervielfältige 23 15 130 mit 10.

Brot hot statt t . Um mit 10 zu multiplizieren wird mit 2 multipliziert, das zweifache mit 2, und das wieder mit 2 und das zweifach und achtfache addiert.

/.. (123 110 130 als zweifaches von 23 15 130)

(4.) 3 12 110

/ (8.) 7 15

Zusammen 9 Brote, welche es sind; für zusammen -

M. H. es dauert eine ganze Weile bis wir die Zerfällungen in 2 und 4 ausführen. Der Ägypter zerlegt 43 in 113 und 25 + 115 = 13 + 215 und 215 = 110 + 130.

Die Ägypter wussten in ihren Tabellen vorzüglich Bescheid, genau wie wir mit unserm Einmaleins. Wenn man sich übt, findet man, dass der Unterschied mit unsern Methoden keineswegs so gross ist.

3: Sequem- oder Ergänzungsrechnung.

Die Tabelle verlangt nun vielfach Subtraktion einer Anzahl von Brüchen und Division einer Zahl durch eine Summe von Brüchen. Dazu dient die im 3. Abschnitt gegebene Sequemrechnung — von quem = vollenden — das Causativ also: Vollende, ergänze; quem allein kommt auch vor in No. 21 b, 22 b, 37 e 1.

Ich greife die beiden letzten Beispiele heraus, No. 22:

sequem mā neb ro sa em uā

(30 ist m' b  ;
statt mā ist richtiger mi)

Ergänze 23 130 zu 1.

20 1

(zu ergänzen ist der gemeinsame Nenner 30, die Ägypter beherrschten die Bruchrechnung vollständig, samt Gleichnamigmachung, Kürzen etc.) lege zu seinen Unterschied, nämlich 9; Zeichen des Unterschieds ist 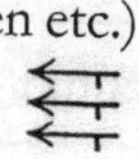 gelesen chomt, vervielfältige die Zahl 30 zu vollenden 9.

30

110 3

15 6

---

zusammen 9

Es sollen hier 23 und 130 zu 1 ergänzt werden; es sind auf den Nenner 30 gebracht 20 und 1 Dreissigstel; es fehlen also 9 und 930 sind dann zerlegt in 110 und 15 womit das Resultat eben aussprechbar, d. h. deutlich für den Ägypter gemacht ist.

No. 23:

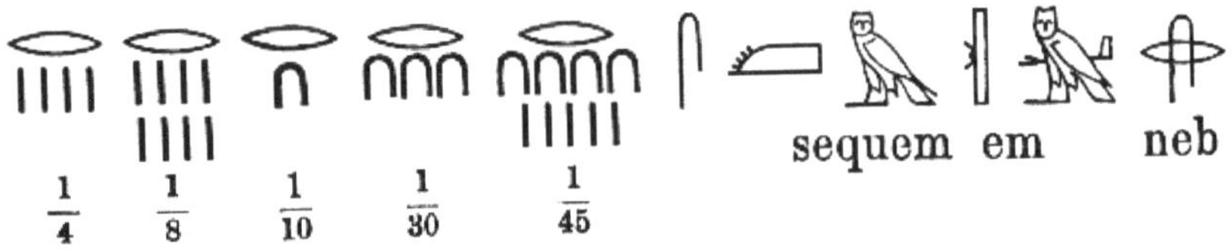

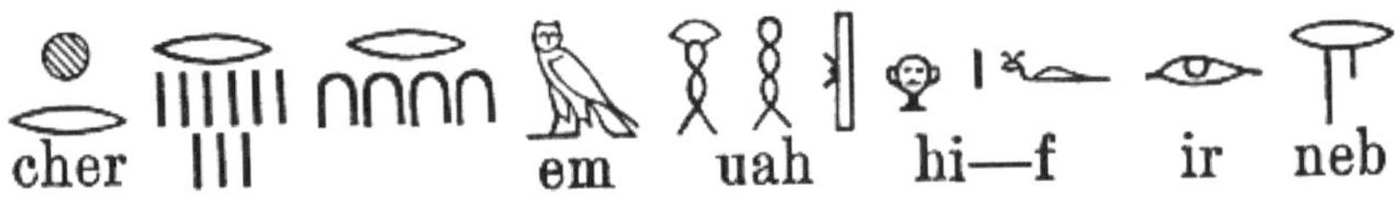

und 19 140 im Hinzufügen zu ihm macht 23.

Als Generalnenner wird 45 gewählt und die Zähler der Doppelbrüche werden in Stammbruchform geschrieben, wobei noch 18 hinzugefügt wird.

14	18		19	110	130	140	145	13	-	1
1114	512	18	5	412	112	118	1	15	macht	1

4. Abschnitt.

Abschnitt 4: Gleichung ersten Grades (Hau-Rechnung).

Die Haurechnung oder die Lösung von Gleichungen ersten Grades. No. 24–38.

Die Nummern 24–34 sind Zahlengleichungen; die vier letzten Aufgaben beziehen sich auf Teilung des Getreidemasses auit. Die Unbekannte heisst hau, d. h. Haufen, also eine unbestimmte Menge, analog dem cosa irgend ein Ding der italienischen Mathematiker der Renaissancezeit. Über die Lösung der Gleichungen entstand ein Streit zwischen J. Rodet, dem bekannten französischen Orientalisten, speziell Sanskritisten und M. Cantor, in dem, wie so häufig beide recht und beide unrecht haben. Rodet meint, die Ägypter hatten die regula falsi benutzt, Cantor sagt, sie hätten gerade so wie wir operiert. C. selbst bemerkt ganz richtig, dass bei den Gleichungen ersten Grades beide Methoden schwer zu unterscheiden sind. Ich nehme das erste Beispiel:

Haufe, sein Siebentel, sein Ganzes, es macht 19; also x7 + x = 19. Es ist schwer zu sagen, rechnet der Ägypter x(17 + 1) = x 87 = 19; x7 = 198 · x = 198 · 7 oder setzt er probeweise für x 7, wonach er als Summe 8 statt 19 bekommt und somit den Proportionalitätsfaktor 198 erhält und damit seinen Probewert multipliziert.

Die Rechnung sieht so aus:

/ .7 . 8 / 14 2 /. 214 18 (n. b. 198 das ist der Proport.-Faktor)

/ 17 1 /.. 16 / 18 1 /.. 412 14

12 4 / 4. 912

nun kommt die stehende Formel:

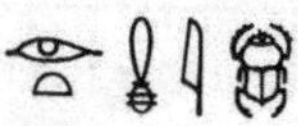 ȧrt mȧ cheper, tue wie folgt:

Der Hau 1612 18 (Probe) 17 : 214 18  (zusammen) 19.

Vom Beispiel No. 28 an kann man aber nicht mehr gut von einem unmittelbaren Probieren reden zum Beispiel No. 32: Es wird 1 13 14 multipliziert bis das Ergebnis 2 ist, d. h. es wird x ausgeklammert und mit 1 13 14 in 2 dividiert.

Unter den Beispielen sind einige recht komplizierte, z. B. No. 28 und sie liefert zugleich ein Beispiel für die Schwierigkeit der Entzifferung. Die Aufgabe lautet:

neb em iw ro chomt em ān met uta

23 im hinzugehen 13 im weggehen 10 sind aufzubewahren.

Gemeint ist: (x + 23x) - 13(x + 23x) = 10.

Die Rechnung ist falsch, das Resultat 9 ist richtig; die Probe zeigt, wie die Aufgabe gemeint ist. Noch komplizierter ist No. 29. Ein wahres Muster von Kompliziertheit und nicht minder von ägyptischer Bruchrechnung sind No. 31 und 33: Haufe sein 23, sein 12, sein 17, sein Ganzes, es beträgt 37. Es wird die Division mit 1 23 12 17 ganz direkt durchgeführt.

Die Aufgabe 30 übersetze ich abweichend von Eisenlohr und Cantor:

Wenn dir der Schreiber (id est Lehrer) sagt: 10 ist das Ergebnis von 23 und 110, lass mich den Grund hören.

Um die Division von 10 durch 23 + 110 auszuführen, wird dies zunächst mit 13 multipliziert, das gibt 92930; man muss dann noch 130 dividieren und findet zum Schluss 13123 als sogenannten Hau.

No. 35: Um die Masseinheit zu erreichen, bin ich dreimal genommen und 13 von mir zu mir, dann bin ich zur Einheit vervollständigt. Diese Aufgabe 3x + 13 x = 1 ist das textliche Vorbild zu einer Menge von eingekleideten Gleichungen, die sich noch bis heute in den Rechenbüchern finden. Die Einheit ist das Hequatmass. Die Verteilungsaufgaben der Fruchtmasse bedurften sämtlich einer genauen Revision, die durch Erman 1902 und Schack-Schackenburg 1904 vollzogen ist.

Arithmetische Reihe (Tunnu-Rechnung).

Es folgen dann zwei Aufgaben, die als »Tunnu«-Rechnung bezeichnet werden, zu denen sich sachlich noch Aufgaben aus einem späteren Abschnitt gesellen, der eine Anzahl praktischer Beispiele enthält und vielleicht einem zweiten Schülerheft entnommen ist. Von besonderer Bedeutung ist No. 40: Brode 100 an Personen 5; 17 der 3 ersten an die 2 letzten Personen, was ist der Unterschied? Die Rechnung lautet: Tue, wie folgt: (die stehende Formel) der Unterschied 512 / 23, 1712, 12, 612, 1 - zusammen 60. Vervielfältige diese Zahlen 23, 1712 etc. mit 123, das gibt dann 3813, 2816 ... zusammen 100.

Hier haben wir a) Gleichungen mit mehreren Unbekannten, b) die arithmetische Reihe, c) unzweifelhaft regula falsi. Ist der Tunnus d und der Anteil des letzten a, so bekommen die Personen 4d + a, 3d + a, 2d + a, d + a, a, und es ist: 9d + 3a = 7 (d + a); also 2d = 11a; d = 512 a. Es wird nun als falscher Ansatz a = 1 gesetzt, also d = 512 und da 100 = 60 + 23 · 60 ist, mit dem Proportionalitätsfaktor 123 multipliziert.

Hierhin gehört No. 64, die darauf hinausläuft eine arithmetische Reihe von 10 Gliedern zu bilden, deren Summe 10 und deren Differenz 18 ist. Es wird wieder zuerst das höchste, das letzte Glied bestimmt. Wir haben aus den bekannten Formeln:

s = n2(a + u) und u = a + (n-1)d; u = sn + (n - 1)d2,

d. h. also um das letzte Glied zu bestimmen, muss man den Durchschnittswert sn bilden und dazu (n-1) · d2 addieren, und ganz genau so verfährt der ägyptische Rechner.

Ich teile in der Mitte, gibt 1; ziehe 1 von 10 ab Rest 9, halbiere den Unterschied: 116, nimm es 9 mal, gibt 12, 116, lege es hinzu zum Durchschnittswert, gibt für u 1 12 116 etc. Ja, m. H. hier ist jeder Zweifel an der Kenntnis der allgemeinen Formeln ausgeschlossen.

Geometrische Reihe.

Und das gleiche gilt von der geometrischen Reihe. Der fünfte und zugleich letzte Teil enthält unter No. 62–84 eine Sammlung praktischer Beispiele, welche sich auf Landwirtschaft beziehen, Aichung von Bierkrügen, Futterverbrauch auf dem Geflügelhof und in Stallungen, Mehlverbrauch beim Backen, Lohnzahlung etc. Solche Aufgaben kommen auch in Tempelrechnungen sehr vielfach vor, denn die ägyptischen Priesterschaften hatten wie die mittelalterlichen Klöster grosse Ausgaben um das Volk an den Festtagen zu beköstigen. Mitten hinein schneit dann die Aufgabe 19. Die Aufgabe war nach Eisenlohr völlig rätselhaft. Es ist von einer Sutek (vielleicht Leiter? unsre Skala) die Rede, deren Sprossen

7, 49, 343, 2401, 16807

sind, und bei diesen Zahlen stehen Worte, welche bedeuten: Person, Katze, Maus, Gersten, Ähre, Mass.

Eisenlohr meinte, dass dies die Namen der 5 ersten Potenzen seien, während doch erst ganz vor kurzem bei Heron dynamo-dynamis für die 4. Potenz konstatiert ist.

Die Rechnung sieht so aus:

		7
/.	2801	49
/..	5602	343

/... 11204 2402

_ 19607 16807

_ 19607

Das Rätsel hat Rodet in der schon erwähnten Abhandlung gelöst. Er fand dieselbe Aufgabe bei Leonardo Pisano um 1200 in dem epochemachenden Liber abaci, das aus Afrika stammt, aus Bugia, einer Pisaner Handelsstation, der westlichsten von Nordafrika.

Die Aufgabe heisst: 7 Personen haben je 7 Katzen, jede Katze frisst 7 Mäuse, jede Maus 7 Ähren Gerste, jede Ähre bringt 7 Mass ? ist die Summe, und sie ist berechnet nach der richtigen Formel:

$$a^n - 1a - 1 \cdot a, \text{ da } 7^5 - 17 - 1 = 16806 : 6 = 2801 \text{ ist}$$

wo also die Multiplikation mit 7 gut ägyptisch vollzogen ist und durch Addition geprüft wird. Nicht vielleicht, wie Cantor meint, sondern unzweifelhaft war die Summenformel der geometrischen Reihe um 2000 v. Chr. bekannt. Wir sehen über 3000, wahrscheinlich über 4000 Jahre hat sich die Aufgabe in den Schulen Afrikas gehalten, ein Seitenstück zur Bruchrechnung.

Aber die arithmetischen Kenntnisse der alten Ägypter gingen noch weit darüber hinaus, was Cantor freilich auch bei der 2. Auflage vom Dezember 1893 nicht wissen konnte. In den von Griffith 1897 herausgegebenen mathematischen Papyri der Funde Petries in Kahun fand sich das erste Beispiel einer quadratischen Gleichung.

Die quadratische Gleichung der Ägypter.

Als Griffith die Petriepapyri 1897 herausgab, fand sich dort das erste Beispiel einer quadratischen Gleichung auf Tafel 8 des Papyrus. 1900 hat Schack im Berliner Papyrus 6619 ein zweites gefunden. Der Papyrus ist vermutlich aus dem mittleren Reiche und lautet folgendermassen: Ein ferneres | Beispiel der Verteilung einer gegebenen Fläche auf mehrere Quadrate | wenn dir gesagt wird | 100 Quadratellen auf zwei unbekannte Grössen zu verteilen und | 34 der Seite der | einen Grösse für die andere | zu nehmen | bitte gib mir | jede der unbekannten Grössen an |.

Die Ausrechnung geschieht mit der regula falsi, der Verfasser drückt sie so aus: Mache ein Rechteck von immer 1 (d. h. also ein Quadrat) und nimm 34 | der Seitenlänge | der einen für die andere | dies gibt 34 |. Multipliziere dies mit 34 das gibt 916. Wenn so die eine Grösse zu 1 die andere mit 34 genommen ist, so vereinige diese beiden Grössen, das gibt 2516. Nimm die Quadratwurzel daraus, das gibt 54. Nimm die Wurzel der gegebenen von 100 das gibt 10. Teile 10 durch 54, der Quozient ist 8 (Zeichen:  auch Zeichen der Differenz). Der Rest ist zerstört, doch ist noch soviel zu erkennen: Nimm 34 von diesen 8 das gibt 6. Hier haben wir also

$$x^2 + y^2 = 100; x : y = 1 : 34.$$

Das Beispiel des Kahun Papyrus bezieht sich darauf, 120 kubische Ellen in 10 Körper von der Höhe einer Elle so zu zerlegen, dass die Grundflächen Rechtecke sind, deren Seiten sich wie 1 : 34 verhalten.

Hier würde die Anwendung der regula falsi auf die irrationale Quadratwurzel aus 34 führen. Der Verfasser verfährt also ganz anders. Er geht davon aus, dass der Inhalt des Rechtecks mit 43 multipliziert das Quadrat der grossen Seite gibt.

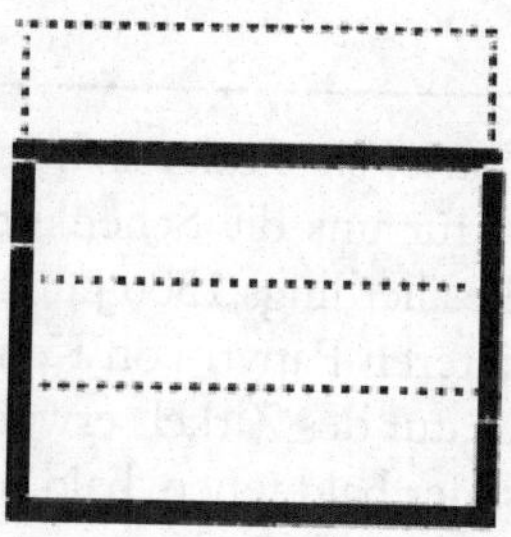

Die Rechnung lautet: Dividiere 1 : 34, das gibt 113, multipliziere 12 mit 113, das gibt 16, die √ ist 4, das ist die Länge der einen Seite. Nimm 34, das ist 3. Hier haben wir also xy = 12xy = 1 : 34. Man sieht, beide Male haben wir das Dreieck 3, 4, 5 bezw. 6, 8, 10, das also schon um 2200 den Ägyptern bekannt war.

Das dritte Beispiel hat Schack 1903 aus demselben Papyrusfragment entziffert.

Es handelt sich um:

$$x : y = 2 : 112 \text{ und } x^2 + y^2 = 400.$$

Wird dann probeweise x = 2, y = 112 gesetzt, so gibt es 614, die √ ist 212, dies ist 18 von 20, also ist x = 16, y = 12

$$[16, 12, 20 \sim 3, 4, 5 \sim 8, 6, 10]$$

Das Zeichen der Quadratwurzel ist dem unsrigen nicht unähnlich  To-Erdreich, Grund, auf dem etwas ruht?

In Mitteilungen zur Gesch. der Med. u. Naturw. vom 18. April 1908 p. 337 wird diese Hieroglyphe als Gnomon erklärt, und den alten Ägyptern damit eine Kenntnis des Quadratwurzelausziehens nach der Formel $(a + b)^2$ supponiert. Einem Sprachforscher von Fach wäre die äussere Ähnlichkeit, ich verweise auf Max Müller, ein Grund das Zeichen nicht vom Gnomon abzuleiten. Es ist bisher auch keine Spur einer Ausziehung von Wurzeln aus Nicht-quadratzahlen bei den alten Ägyptern gefunden, so wie die Babylonier haben sie die Quadratwurzeln (tabellarisch?) durch Multiplikation von 1×1, 2×2 etc. gefunden.

Es ist nicht unwahrscheinlich, dass der Pythagoras den Ägyptern schon um jene frühe Zeit bekannt war.

Geometrie.

Geometrie der Ägypter.

Ich komme zur Geometrie, sie findet sich im Abschnitt 3 und 4 des Papyrus Ahmes, daneben ist für uns die Schenkungsurkunde des Tempels von Edfu von Wichtigkeit, die allerdings 1500 Jahre nach Ahmes zu datieren ist; aber auch die 500 Jahre älteren Papyri von Kahun kommen in Betracht. Vor allem muss ich die Quadratur des Zirkels erwähnen, No. 41, No. 48 und No. 50. Sie setzen den Kreis, der bald teben, bald paut, bald k d heisst gleich einem Quadrat, dessen Seite 89 des Durchmessers, d. h. sie setzten π gleich $25681 = 3{,}1605$; eine Übereinstimmung mit dem alten indischen $\sqrt{10} = 3{,}162$, die zu denken gibt. Die Frage, wie sie zu diesem erstaunlich genauen Näherungswert gekommen sind, scheint mir unschwer zu beantworten.

Quadratur des Zirkels.

Sie nahmen einen Zylinder mit der Höhe h und dem Durchmesser d des Grundkreises und gossen Wasser hinein und dieses Wasser in ein balkenartiges Gefäss mit dem Grundquadrat a^2. Das Wasser stieg bis zur Höhe η, dann hatten sie $xd^2h = a^2\eta$ und $x = a^2d^2 \cdot \eta h$, falls $a = d$, $x = \eta h$ und fanden für das Verhältnis ηh, oder x den Wert 6481.

Wie selbstverständlich es war, dass man das Volumen eines Gefässes von konstantem Querschnitt seiner Höhe proportional setzte, das kann man bei Heron lesen. Der Begriff des (rationalen) Verhältnisses war ihnen, wie schon die Rechenaufgaben des Ahmes zeigen, völlig geläufig.

Volumenbestimmung.

Die Geometrie beginnt mit der Bestimmung des Volumens von Fruchtspeichern mit kreisförmiger, bezw. krummliniger und rechteckiger Grundfläche, z. B.: Ein rundes Fruchthaus von 9 Ellen Höhe in der grössten Ausdehnung und 6 Ellen Breite, wieviel Getreide geht hinein? Es wird, wenn statt 9 l und statt 6 h gesetzt wird, gerechnet nach der Formel

$$(43 \cdot 89\ l)^2 \cdot 23\ h.$$

Halbkugel.

Es lässt sich mit diesen Beispielen nicht allzuviel anfangen, die Abbildungen fehlen und alle näheren Angaben über die Beschaffenheit der Haufen. Aber schon Eisenlohr bemerkt: sollte unserm Rechner die zur Bestimmung der Halbkugel nötige Formel $\pi r^2\ 23\ r$ vorgeschwebt haben?

Ich komme damit auf die Berechnung der Kugel, bezw. Halbkugel.

Im ersten Hefte der Kahunpapyri auf Tafel 8 ist eine Figur gezeichnet, die der Herausgeber der Petriepapyri Griffith richtig umschrieben und gelesen hat, deren Deutung er aber nicht gefunden zu haben bekennt. Er sagt, es scheint sich um den Inhalt eines kreisförmigen Fruchthaufen zu handeln, dessen Höhe 12 und dessen Durchmesser 8 ist. Er hat sich durch eine Zahl 12, welche über der Figur steht, und die zur Rechnung gehört, täuschen lassen, sonst wäre er wohl selbst darauf gekommen, dass wir hier die Zahlenrechnung zur Ermittelung eines halbkugelförmigen Getreideschobers von 8 Ellen Durchmesser vor uns haben. Die Figur zeigt einen Kreis, neben dem links 8, der Durchmesser in Ellen, steht, und in dem 136513 der Inhalt zu lesen ist.

		12				
	[1]	1365 13	/ 1 .	256	In unserer Rechnung:	
	8		2 ..	512	8 . 32 =	12
	23	8	/ 4 .	1024	12 . 43 =	16
/	13	4	/ 13 .	8513	16 . 16 =	256
zusammen		16		136513	256 . 513 =	136513
/	1	16				
/	10	160	Heute $d^3\pi 12$ = 134,041 Kubikellen = 1340,41.			

/ 5 80

zusammen 256

Abgesehen von dem Fehler für π ist also der Inhalt in 110 Kubikellen ausgedrückt. Was dieses Mass betrifft, so ist es eine ganz natürliche Übereinheit. Das Haupthohlmass ist das Hin; die Kubikelle = 320 Hin, die Elle = $0{,}526^{m}$ ergibt für das Hin 0,455 Liter, 32 Hin sind 14,61 Liter, ungefähr 12 Scheffel. Das Hin wurde geteilt in 12 14 18 116 132, es ist also 32 Hin als Übereinheit durchaus gerechtfertigt.

Die Rechnung ist:

$$(d\ 32\ .\ 43)^2\ .\ 23\ d = 32d^3 12.$$

Ausmessung eines grossen Haufens durch kleines Mass.

Der Fehler bleibt unter 2%, für π ergibt sich 3,2. Dies ist ungenauer als im Handbuch, wo π = 3,16 ist, aber Borchardt, der Erklärer, setzt ganz richtig hinzu: Dies Resultat ist durch häufiges wirkliches Ausmessen solcher halbkugeligen Haufen gewonnen worden. Dabei waren viele Beobachtungsfehler unvermeidlich. Die mathematische Form der Haufen war kaum herzustellen, die Hohlmasse (32 Hin) waren recht ungleich gefüllt und endlich lassen sich von einem grossen Getreidehaufen infolge des grösseren Druckes und dadurch veranlassten dichteren Lagerung in seinem Innern in praxi mehr kleinere Hohlmasse füllen als man theoretisch rein nach der Volumenvergleichung erwarten sollte, da sich im kleineren Masse die Körner naturgemäss loser lagern.

Die Aufgabe zu ermitteln, wieviel kleine Masse sich aus einem gegebenen grossen füllen lassen, gibt so gefasst noch unsern heutigen Mathophysikern Rätsel auf. Davon können Sie sich überzeugen, wenn Sie z. B. die Correspondence Quetelet nachlesen, wo das Problem öfter behandelt wird. Daher ist es gar nicht zu verwundern, dass die Ägypter sie nicht aufs Haar lösen konnten. Ich weise aber noch auf einen Umstand hin, der mir ganz besonders wichtig scheint: der Näherungswert 3,2 für π passt vorzüglich für die Übereinheit 32 Hin.

Ausmessung der Dreiecke und Trapeze.

Der 3. Abschnitt des Ahmes, der eigentlich geometrische Teil, handelt von der Ausmessung der Felder, kreisförmiger, dreieckiger, trapezförmiger, und solcher, die in Dreiecke und Trapeze zerlegt werden. Eisenlohr fasst auf Grund der Autorität M. Cantors und des grossen Ägyptologen Rich. Lepsius, was mir beinahe unfassbar ist, die Dreiecke und Trapeze als gleichschenklige, und vindiziert den Ägyptern den groben Fehler, das gleichschenklige Dreieck zu bestimmen als halbes Produkt der Grundlinie und des Schenkels, und das Trapez als Produkt der Mittellinie mit dem Schenkel statt der Höhe, und diesen Fehler sollten sie bis nach Christi, hunderte von Jahren nach Euklid und Heron begangen haben, und Cantor hat mit dem Starrsinn des Alters an seiner Auffassung festgehalten, trotz der Kritik Revillout's in der Revue égyptologique von 1882 und der davon ganz unabhängigen Borchardt's, die darauf hingewiesen haben, dass die Figuren ganz rohe Handzeichnungen sind, wie Sie z. B. bei Nr. 48 (Figur) sich überzeugen können, wo statt des Kreises ein rohes Achteck gezeichnet ist. Die Dreiecke sind (Figur), wie Sie ebenfalls sehen, mindestens so gut rechtwinklig wie gleichschenklig.

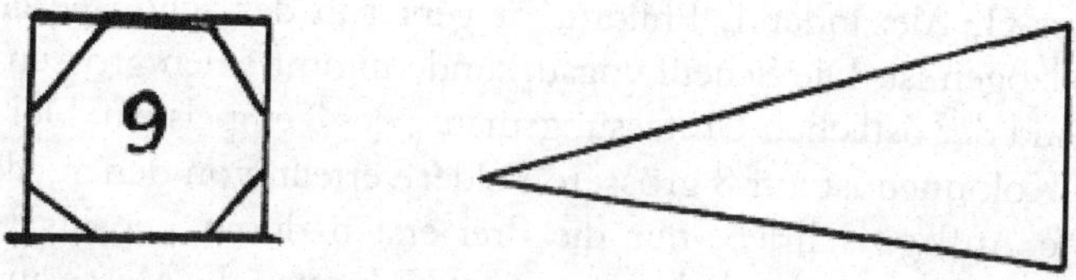

M. H., es ist an sich unwahrscheinlich, dass die Ägypter solche groben Fehler begangen haben. Aus den von Wilke mit unendlichem Fleiss gesammelten Ostraka, d. s. im wesentlichen Steuerquittungen auf dem billigsten Material, auf Tonscherben, wissen wir, dass es eine eigene Steuer gab. περι γεομετριας.

Widerlegung der Lepsius-Cantor'schen Formel.

Die Ägypter besassen nachweislich im alten Reich eine Reichsbank, sie hatten eine Plankammer, sie hatten statt des Tabakmonopol das Ölmonopol. Jedes Fleckchen, wo ein Ölbaum stand, wurde vermessen, jedes Stückchen Weizenland, von dem eine Naturalabgabe für die Ernährung der Truppen erhoben wurde, desgleichen. Sie haben von den jährlichen Nachmessungen unter Sesostris gehört; und dann sollen solche groben Irrtümer begangen worden sein! Ich kann Ihnen für Revillouts und Borchardts Auffassung einen schlagenden Beweis geben; hier sehen Sie die Figur im Codex konstantinopolitanus, der 1903 von Schöne edierten Metrica des Hero, da haben Sie zwei Figuren zur Ableitung des sogenannten erweiterten Pythagoras. Die Höhen sind gefällt und die Winkel der Figur weichen vom rechten Winkel weit erheblicher ab als die des Ahmes. Man kann gegen die Ostraka einwenden, sie stammen grösstenteils aus der Zeit der Ptolemäer; ja, m. H. wer den Charakter der Ägypter kennt, und nicht nur den der Ägypter, dem wird klar sein, dass die Steuergesetzgebung so wenig wie der Totenkult und das Erbrecht geändert werden konnte.

Wenn Alexander sich zum Sohn des Amon machen liess, so tat er es wahrlich nicht aus Grössenwahn, sondern genau so wie vor ihm die Hyksoskönige, weil das Volk seinen Pharao nur als Sohn des Gottes anerkannte.

Und was die Steuern betrifft, als wir 1870 die elsässische Verwaltung einrichteten, sagte der Oberpräsident von Möller die Fenstersteuer, das Enregistrement, das ganze Steuersystem ist miserabel, aber wir rühren nicht daran, die Leute sind daran gewöhnt.

Cantor stützte sich bei seinem Widerstand, ich möchte sagen ausschliesslich, auf die Schenkungsurkunde des Tempels von Edfu, dessen Grundlegung, wie Dümichen nachgewiesen am 23. Aug. 237 v. Chr. von Ptolemäus XI, Alexander I, Philometor genau in der schon geschilderten Weise vollzogen ist. Die Schenkungsurkunde nimmt einen grossen Teil der Aussenwand der östlichen Umfassungsmauer des Tempels ein. Der gesamte Text 164 Kolonnen ist auf 8 grössere Felder verteilt, von denen, als Cantor seine erste Auflage schrieb, nur die drei ersten durch Lepsius publiziert waren. Es werden von den Feldern von 60 Kolonnen die Masse angegeben, z. B.

22 + 23   4 + 4 oder 90 etc.

15 + 15   312 + 212 14 116 132 oder 4712 18 116.

(nicht stimmend 47, 12 . 116 164) richtiger Wert 47,566425.

Lepsius-Cantor'sche Formel.

Lepsius hat nun gefunden, dass diese Vierecke nach der Formel a + b2 · c + d2 berechnet wurden, wo a und b das eine Paar Gegenseiten, c und d das andere Paar ist. Es kommen, wie es scheint, ein ganzer Teil Rechtecke vor, ein anderer Teil sind Trapeze, dazwischen Dreiecke, die als Vierecke, deren eine Seite 0 ist, aufgefasst werden. In dieser Auffassung liegt soviel von der Philosophie der Null, die hier als Grenzbegriff gefasst ist, dass ich Cantor nicht zustimmen kann, wenn er sagt: an eine Zahl 0 ist in keiner Weise zu denken.

0 als Grenze.

Gewiss, eine Ziffer 0 hatten sie nicht, brauchten sie auch nicht; aber dass sie mit 0 rechneten, dass ihnen der Zahlencharakter der Null bekannt war, samt dem Grenzbegriff und dem sogen. Arbogast'schen Prinzip, das geht doch zur Evidenz aus der Urkunde hervor. Als Cantor aber seine zweite Auflage schrieb, da waren schon die übrigen 98 Colonnen durch Brugsch Pascha publiziert, und da stellt sich die Sache sehr anders; die Lepsius'sche Formel, welche übrigens schon für das zweite Beispiel, das sich bei Lepsius findet, nicht passt, ist häufig genug nicht angewandt. Sieht man näher zu, so bemerkt man, dass es sich um angenäherte Quadratwurzelausziehung handelt. Ich habe fast alle nachgerechnet, die Fehler sind sehr gering und alle Angaben etwas zu gross z. B. auf Tafel 6: 2 + 112; 1 + 0 als Inhalt 78, während der richtige Inhalt noch nicht 68 ist. Natürlich, der König hatte ja ein Interesse daran dem Gott, oder was dasselbe ist, seinen Priestern die Schenkung möglichst gross darzustellen. Ich bemerke, dass nach meiner Erkundigung nicht nur die römischen Agrimensoren, wie Cantor angibt, sondern auch unsere heutigen, und zwar gerade diejenigen, welche über mathematische Bildung verfügen, sich das Wurzelziehen tunlichst sparen, indem sie z. B. für:

$$\sqrt{\alpha^2 + \varepsilon} \quad \alpha + 12\cdot\varepsilon\alpha \text{ setzen.}$$

Aus dem Text der ägyptischen Aufgabe hat Revillout die Unwahrscheinlichkeit der Cantor'schen Auffassung nachgewiesen, die mit allen Traditionen des Altertums in Widerspruch steht. Ägyptische Baumeister wurden in der ganzen Welt des Mittelmeeres geholt, und als Augustus das römische Reich vermessen liess, nahm er dazu ägyptische Feldmesser.

Ägyptische Trigonometrie.

Ich komme nun zu dem Bedeutsamsten und zugleich zu dem Seltsamsten, was sich im Papyrus Ahmes (2. Schülerheft) und, muss ich leider sagen, bei Cantor-Eisenlohr findet. Der 4. Teil des Papyrus enthält die ägyptische Trigonometrie: Aufgabe Nr. 56–60, Aufgabe 59 ist doppelt. In den fünf ersten Aufgaben heisst die Pyramide, die stets quadratische Grundfläche hat, mr (nicht smr) in der 6. Aufg. Nr. 60, die von einer viel steileren Pyramide handelt — Borchardt vermutet einen Monolithen — heisst sie in. Es kommen zwei Abmessungen in Betracht, in den Aufgaben 56–59;

a) die Pir—m—s Pirems, woher vielleicht der Name Pyramide.

b) die ucha—tebet.

und in Nr. 60 a) k^3y —n—h r w. b) Snti: Das Verhältnis zwischen 12 b : a heisst überall Sqd.

Z. B. Nr. 56. Berechnung einer Pyramide. Die uchatebet ist 360, ihre Pirems 250. Lass mich ihren Seqd wissen. Nimm die Hälfte von 360, macht

180, dividiere mit 250 in 180 macht 12 + 15 + 150 von einer Elle. Eine Elle hat 7 Spannen, multipliziere mit 7: ihr Skd ist 515 Spannen.

Nr. 57. Eine Pyramide, 140 ist die uchatebet, 514 Spannen ihr Skd,? die Pirems. Antwort: 9313.

Nr. 58. Pirems 9313, uchatebet 140,? Sqd. — Antwort: 514 wiederum. Die Rechnung enthält wieder einen groben Fehler des Schreibers.

Nr. 59 a. Pirems ist 12, uchatebet 8? Sqd. Antwort wieder 514.

und Nr. 59 b. Kontrollaufgabe, uchatebet gefragt, ganz verworren abgeschrieben. Resultat 4 statt 8, wenn die eine Linie 12 und der Sqd 514.

Nr. 60. Ein In von 15 Ellen an seinem Snti und 30 an seinem k^3y—n h r w. Lass mich seine Skd. wissen. Multipliziere 15; 12 davon ist 712, multipliziere 712 mit 4 um 30 zu erhalten. Sein Rhi ist 4.... Das ist sein Skd.

Eisenlohr bemerkt Rhi ist unklar, was jedoch ohne Einfluss auf die Rechnung ist.

Eisenlohr und Cantor erklären nun die Pir—m—us als die Seitenkante und die ucha tebet als die Diagonale des Grundquadrates, während sie durch das Koptische gezwungen sind die Kaienharu als die Höhe und die snti als die Grundlinie aufzufassen; sie erklären also den Sekt in den fünf ersten Aufgaben als den Cosinus des Neigungswinkels der Kante und Grundfläche und in der letzten als die Cotangente des Böschungswinkels!

Dagegen wenden sich nun ganz unabhängig voneinander Revillout und Borchardt und schon Weyr trat ihnen bei, beide zunächst vom Standpunkt des Steinhauers und Architekten; beide bemerken, dass der Neigungswinkel für den Steinhauer ganz wertlos.

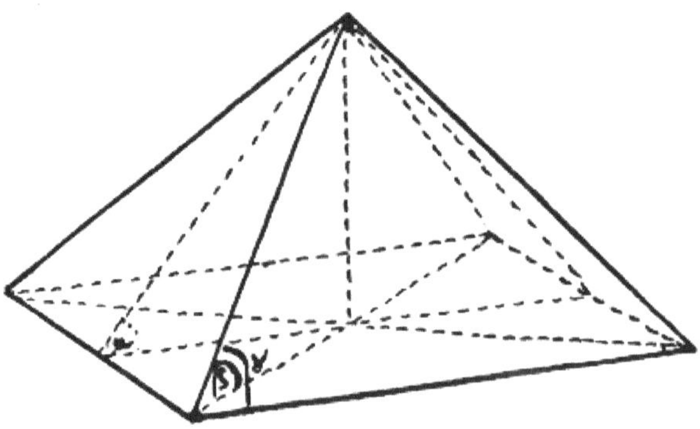

Die Pyramide wurde in geraden Absätzen gebaut, die dann mit mächtigen Steinplatten ausgefüllt wurden. Kannte der Arbeiter den Böschungswinkel, der an allen Quadern derselbe, dann konnte er jedes Stück richtig behauen; der Neigungswinkel ergab sich dann ganz von selbst. (Figur.)

Eisenlohr erklärt Piremus als die aus der Säge heraustretende und seqet leitet er von qd — ähnlich machen — ab und übersetzt es mit Ähnlichkeit, besser wäre wohl Verhältnis. Revillout sagt, piremus bedeutet hinausgehen in die Breite oder aus der Breite und beides passt für die Höhe der Pyramide, die Linie, welche die Spitze mit der Mitte der Grundlinie verbindet; uchatebet ist die Basis, und beide Worte sind Synonyma für Kainharu und senti. Cantor noch in dem Brief an Weyr und in der 2. Auflage mutet den Ägyptern die Ungeheuerlichkeit zu zwei verschiedene Funktionen mit demselben Namen bezeichnet zu haben. Revillout und Borchardt sagen, es sei stets die Cotangente des Böschungswinkels und nun erinnern Sie sich daran, dass Ägypten aus zwei verschiedenen Ländern mit verschiedener Sprache zusammengewachsen ist. Synonyma sind häufig, wie wir aus analogen Gründen die ähnliche Erscheinung im Englischen haben. Die Pyramide heisst smr und in, der Kreis Deben und kd, der Vater heisst if und atef, der König bjty und hk^3 usw.

Koordinaten.

Die Höhe ist als Summe der Schichtenhöhen, ev. auch aus der Schattenlänge und die Seite des Grundquadrats ganz direkt messbar. Die Diagonale muss aber berechnet werden, und zwar mit dem Pythagoras.

Eisenlohr hat die Winkel der Pyramiden γ und β (siehe Figur S. 50) berechnet aus

cos β entweder 514 Sp oder 5125 und damit

cos β = 34 oder = 126175 = 1825

und sie stimmen so ziemlich mit den Winkeln der erhaltenen Pyramiden, was für den, der weiss, wie oft grobe Fehler der Schüler geringe Fehler im Resultat geben, nicht wunderbar ist.

Aber Borchardt hat die Neigungswinkel aus der Cotangente berechnet. Es sind dies Winkel von 54° 14' 16"; 53° 7' 48" (kommt 4 mal vor) und in No. 60, 75° 57' 50".

Von diesen Neigungswinkeln gleicht der erste genau bis auf die Sekunde dem Winkel an der südlichen Steinpyramide von Daschur (untere Hälfte), der zweite stimmt, ebenso haarscharf mit dem von Petrie an Ort und Stelle gemessenen Winkel der zweiten Pyramide von Giseh überein und der letzte ist ebenso genau der von Petrie 1892 nachgewiesene Winkel aus der Mastaba von Meidum. Und dass die Werkleute wie die unsrigen nach solchen Vorschriften, sogenannten Leeren, arbeiteten, das zeigen die von Petrie aufgedeckten Winkelmauern an den Ecken der Mastaba No. 17 zu Meidum.

Diese Eckwinkelmauern zeigen wie die Erbauer der Mastaba sich die anzulegende Neigung der Winkel genau nach der in No. 60 gegebenen Vorschrift aufgezeichnet haben. Damit ist die Seqtfrage entschieden. Sekt ist die Cotangente, rhi vermutlich nichts anderes als die Tangente, die also den Ägyptern auch schon bekannt war.

Das Wort seqd aber leitet Revillout von kd — bewegen ab und aus dem hapt — Richtscheit, das ein unentbehrliches Werkzeug war; seine aufrechtstehende Kathete ist 1 Elle, die untere ist in 7 Spannen und 4 Finger geteilt, und eine Schnur wurde nach dem unteren beweglichen Punkte geknüpft und gab dem Arbeiter damit durch den sekd unmittelbar den Winkel, nach dem er seinen Stein zurichtete.

Ein ganz entscheidendes Moment liegt aber in der Natur der Sache; der königliche Bauherr der Pyramide der sagt einfach, meine Pyramide soll so und so viel im Geviert haben und so und so hoch soll sie sein, die Ausführung überlässt er seinem Architekten.

Dass die Ägypter aber mit der Proportionalitäts- und Ähnlichkeitslehre ganz vertraut waren, das zeigen ihre Abbildungen. Sie teilten die Wand durch Linien in ein Netz von Quadraten, ganz wie unsere Ingenieure ihr Zeichenpapier, und trugen in die einzelnen Quadrate die Figuren in entsprechendem Massstab ein. In dem sogenannten Grabe Belzoni zu Biban el Moluk ist ein solches Coordinatensystem erhalten in einer unfertig gebliebenen Grabkammer König Sety I., des gewaltigsten der Bamessiden nächst seinem Sohne Ramses II.

Darstellende Geometrie bei den Ägyptern.

Nun zeigen die Bilder und Inschriften, ähnlich wie die japanischen, keine Perspektive, und man nahm an, dass den Ägyptern die Perspektive unbekannt gewesen sei. Aber vor etwa 10 Jahren wurden in Fayum, vom trockenen Wüstensand geschützt, eine grosse Anzahl Totenmasken, Porträts der Verstorbenen, gefunden, allerdings aus hellenistischer Zeit, die meisten Handwerksarbeiten, aber auch eine ganze Anzahl Kunstwerke ersten Ranges, die unsern besten Porträts nicht nachstehen. Und dazu noch eins, was ich Ihnen nicht vorenthalten darf, oben auf dem Pylon des Isis-Tempels von Phile, den Ptolemeus IX. Euergetes II. 150 v. Chr. erneuert hat an der Stelle, von wo der Werkmeister seinen Bau am besten übersehen konnte, sind in Stein geritzt zwei Zeichnungen erhalten.

M. H. Nicht Menge, nicht Lambert, nicht Dürer sind die Urheber der darstellenden Geometrie, hier sehen sie eine Werkzeichnung in dem Sandstein der Plattform des Pylon, welche Borchardt 1878 aufgenommen hat, mit beigeschriebenen Massen, Grundriss und Aufriss, und noch steht die Säule, welche genau danach gearbeitet ist.

Résumé.

Resumieren wir die ägyptische Mathematik so weit wir jetzt davon wissen.

In der Arithmetik hatten sie eine entwickelte Fingerrechnung und Rechenbretter, auf denen sie mit Steinen rechneten, kannten alle vier Spezies mit ganzen und gebrochenen Zahlen, wussten mit Gleichungen 1. und 2. Grades, arithmetischen und geometrischen Reihen Bescheid und hatten Näherungsmethoden für die Ausziehung der Quadratwurzeln.

In der Geometrie war ihre Konstruktions- oder Reisskunst hoch entwickelt. 420 v. Chr. rühmte sich der grosse Demokrit, dass ihn in der Reisskunst nicht einmal die ägyptischen Harpedonapten überträfen; sie hatten eine sehr achtenswerte Quadratur des Kreises, kannten Symmetrie und Proportion, waren mit der Kreisteilung vertraut, hatten Ähnlichkeitslehre und Anfänge der Trigonometrie und Elemente der darstellenden Geometrie.

II. Kapitel.
Babylonien — Assyrien.

Ich wende mich nun dem Zuge der semitischen Völkerwanderung folgend nach dem uralten Kulturland, zwischen den grossen Strömen Euphrat und Tigris, zum Zweistromland, dem mâtu Pur Pur, nach Mesopotamien, Babylonien, Assyrien. Hier kam zu den schon für Ägypten fliessenden Quellen noch Berossos hinzu, und die Bibel in weit reichlicherem Masse. Berosus, ein Babylonischer Priester des Bel der im 3. Jahre v. Chr. in griechischer Sprache schrieb, hat sich als mit den Traditionen seines Volkes in Mythos und Geschichte sehr vertraut erwiesen, und es ist zu bedauern, dass von seinem grossen Werke nur Fragmente durch Alexander Polyhistor und danach von Josephus und Eusebios erhalten sind. Verdanken wir doch Berossos die Kunde von dem Babylonischen Weltschöpfungsmythus, die Sintflut eingeschlossen, der Quelle des mosaischen, eine Kunde, welche durch die Funde von Kujundschik-Ninive so glänzend bestätigt und erweitert wurde. Aber auch die Bibel hat sich als eine nicht zu unterschätzende Geschichtsquelle erwiesen, und unter dem Einfluss der Ausgrabungen in den letzten 30 Jahren ist »Babel und Bibel« (P. Delitzsch) zu einem Schlagwort geworden. Aber erst im letzten Drittel des 19. Jahrhunderts gelang es durch Entzifferung der rätselhaften Keilschrift, die Geschichte Vorderasiens auf urkundliche Grundlage zu stellen. So bedeutend aber die Leistungen der Schüler Eberhard Schraders im letzten Dezennium gewesen sind, so sagt doch einer der berufensten unter ihnen P. Jensen: »Ein jedes Werk von Assyriologen auch der besten ist und wird auf lange noch vergleichbar bleiben einem Feld mit Hopfenstangen, von denen sehr viele zwar annähernd oder durchaus korrekt und gerade, viele aber, nach allen Richtungen hin, schief stehen.«

Im Gegensatz zu Ägypten, wo wir ein und dasselbe Volk bis zum heutigen Tage vor uns haben, sind im Zweistromland zwei der Rasse nach verschiedene Völker zu unterscheiden, die beide langsam kulturell zusammengeschmolzen sind. Vom Nordosten her, möglicherweise vom Altai und dem Pamirplateau kamen als Nomaden in einzelnen Schwärmen die Sumerer, ein Volk, das bis dato für sich steht, die sich vorzugsweise in Südbabylonien in Sumer ansiedelten, vielleicht vom Meere aus in die Mündungen des Euphrat und Tigris eindringend. Vom Nordwesten her in gleicher Weise die Semiten, die sich, zugleich oder früher, vorzugsweise in Nordbabylonien, Accad (Agade) festsetzten. Naturgemäss mussten beide Völker zusammenstossen, und in hin und her schwankenden Kämpfen drangen Sumerer in Accad und Accader in Sumer ein, bis seit Chammurabi die Sumerer endgültig den Semiten unterlagen, die an den Beduinen Arabiens immer frischen Nachschub hatten. Gehörte doch nach Ed. Meyer, welcher sich dabei stützt auf Ranke, Early Babyl. personal names (p. 33, Band VI, 1 des grossen Hilprecht'schen Sammelwerkes über die Amerik. Ausgrabungen in Nippur) und noch mehr auf die Monumente, Chammurabi selbst einem solchen frischen Schwarm Amoriter Beduinen an.

Sumerische Frage.

Die sogen. Sumerische Frage gehörte zu den dunkelsten; während anfangs der Siebziger die Sumerer als die Kulturträger, die Semiten als rohe Nomadenhorden hingestellt wurden, hat später ein so bedeutender Semitologe, wie Halévy, die ganze Existenz der Sumerer geleugnet und ihre Schrift und Sprache für eine Art Stenographie der Semitisch-Babylonischen erklärt. Gestützt auf die genaue Untersuchung der ihm zugänglichen plastischen Denkmäler, hat Eduard Meyer in seiner Abhandlung »Sumerier und Semiten in Babylonien« [Abh. d. Kön. Preuss. Akad. d. W. 1906 phil-hist.] die Frage aufgehellt. An der Existenz der Sumerischen Sprache konnte, wie Meyer mit Fug bemerkt, nach der Auffindung der griechischen Übersetzungen bilinguer Syllabare, das sind Listen von Schriftzeichen mit Angabe ihrer Sumerischen und Assyrischen Silben- und Wortwerte, nicht mehr gezweifelt werden. Man vgl. die Abhandlung von T. G. Pinches in den Proc. Bib. Arch. 24, p. 108 und A. H. Sayce ibid. p. 120, in denen die Aspiration des p, k und t durch die Griechische Übertragung konstatiert ist.

Sumerer und Semiten.

Die Rassenfrage wurde durch die bildlichen Darstellungen im wesentlichen auf Grund der Ausgrabungen de Sarzecs, die von Heuzey vortrefflich ediert sind, und denen von Nippur, die seit 20 Jahren ununterbrochen fortgesetzt sind, unzweifelhaft zugunsten eines selbständigen Volks der Sumerer entschieden, wie es Bezold, Winkler, Hilprecht etc. angenommen hatten. Abgesehen von der Kleidung, dem sumerischen Mantel und dem semitischen bunten Plaid, sind scharfe und stereotype Unterschiede vorhanden. Zunächst zeichnen sich die Semiten wie noch heute durch üppig wucherndes Bart- und Haupthaar aus, während die Sumerischen Köpfe bis auf die Augenbrauen völlig ohne Haar sind. Die Nase ist von der semitischen scharf verschieden, ebenso Mund, Backe und Stirn. Auch die Frauenköpfe aus Tello sehen durchaus nicht semitisch aus. »So lehren die Denkmäler mit unwiderleglicher Evidenz, dass es zwei verschiedene Rassen in Babylonien gegeben hat, eine semitische [vorzugsweise] im Norden, und eine nicht semitische [vorzugsweise] im Süden, [die Sumerer]. Zu diesen beiden Rassen kamen dann als drittes Element die Beduinischen Westsemiten Chammurabis, die das Haupthaar kurz schneiden und die Lippen rasieren.«

Anteil der Sumerer und der Semiten an der Kultur.

Die dritte Frage, die von Meyer naturgemäss nicht so entscheidend, wie die beiden ersten beantwortet wird, ist die Frage nach dem Anteil der beiden Rassen an der Kultur. Da hat nun Meyer nachgewiesen, dass die Sumerer der Zeit Gudeas (etwa um 2600), ihre Götter nicht mit ihrem eignen sumerischen Typus, sondern in Gesichtsbildung, Bart, Haar und Gewandung als Semiten gebildet haben. Danach haben auf religiösem Gebiete die Semiten entschieden die Führung gehabt, wenn naturgemäss auch ihre Religion durch die der Sumerer beeinflusst ist, bis sich eine einheitliche Religion heranbildete. Meyer glaubt die Sagen von Gilgamesch, dem Herkules der Babylonier, der Sintflut etc. den Semiten zuweisen zu können, während besonders die Verbindung der Götter mit den Sternen, insbesondere die Astrologie, der Hexen- und Dämonenglauben sumerisch seien, der sich ja von Babylon aus insbesondere durch das spätere Judentum und das Christentum über die ganze Welt verbreitet hat.

Die Semiten scheinen auch auf dem Gebiet der Kunst die Führenden gewesen zu sein, und sehr früh haben sie eine hohe Stufe der Kunst erreicht, wie die unübertroffene Siegesstele des Naramsin (s. u.) beweist (vgl. Abbildung).

Siegesstele des Naramsin.

Über einen Punkt aber herrscht unter den Assyriologen volle Übereinstimmung, die Erfindung der Babylonischen Schrift, der Keilschrift, ist Eigentum der Sumerer. Zwar ist die von Hilprecht als sumerisch angesprochene vorsargonische Periode Nippurs schriftlos, und wir haben aus der Zeit wo in dieser Stadt, dem uralten Stammesheiligtum der Babylonier, der Sumerische Sturmgott En-lil, dessen Idiogramm später als Bel gelesen wird, seinen Kult hatte, keine Tafeln mit Schriftzeichen gefunden, aber der Beweis liegt darin, dass die semitischen Silbenzeichen ursprünglich sumerische Worte bedeuten. Meyer weist mit Recht darauf hin, dass die Semiten als Erfinder der Schrift, alle Konsonanten ihrer Sprache bezeichnet hätten, und weist auf den entscheidenden Einfluss hin, den die sumerische Schrift und Sprache auf das Semitische der Babylonier für Phonetik und Satzbau geübt hat.

Gudea und die Fürstpriester von Telloh.

Durch die Ausgrabungen de Sarzecs wissen wir, dass nach dem Tode der grossen Semitischen Fürsten Sargon und Naramsin die Sumerer auch in

Accad vorübergehend zur Macht gelangten in dem Königreich von Sumer und Accad der Fürsten von Ur; wir kennen durch die so erfolgreichen Ausgrabungen E. de Sarzecs aus wunderbaren Statuen, denen leider der Kopf fehlte (vgl. Abbildung) und einer Reihe von Schriften, genauer Vertonungen ihren König oder richtiger Fürstpriester, pateïssi, denn nie nennt er sich König, Gudea; nach Winkler war er Vasall des Urengur von Ur, König von Sumer und Accad, und Gudeas Vorgänger Urnina, Entemena etc. Ihre Residenz war Schirpurla auch Lagasch, heute Telloh geheissen; und die Urkunden aus jenen ältesten Zeiten sind für die Entwicklung der Schrift ganz besonders wichtig. Der Plan und der Massstab Gudeas (vgl. Abb. S. 62) ist für die Metrologie beinahe unschätzbar; wie die p. 105 besprochene Arbeit Borchardts beweist, ist er zirka 3000 Jahr in Gültigkeit geblieben, und stimmt nach der Borchardt'schen Messung mit Lehmanns Hypothesen (p. 106) vortrefflich.

Gudea mit Plan und Massstab.

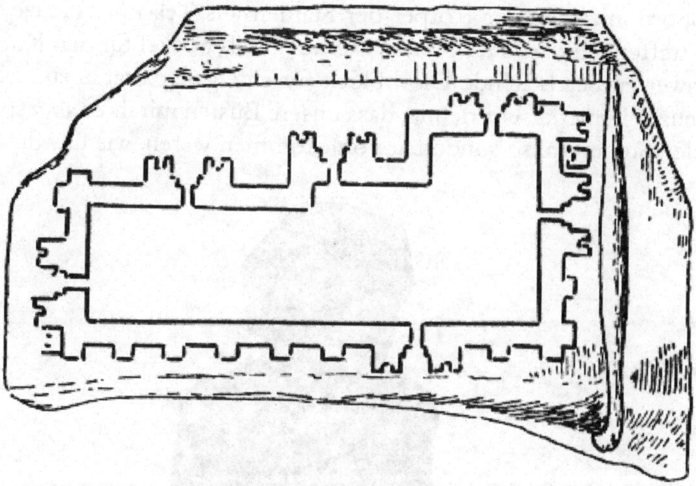

Plan der Gudeastatue, $^1/_2$ der nat. Grösse.

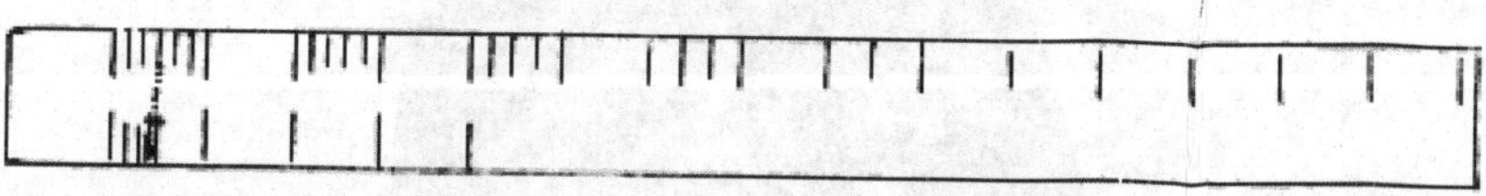

Massstab der Gudeastatue, $^1/_2$ der nat. Grösse.

Statuen des Gudea.

Durch einen merkwürdigen Zufall ist uns jetzt auch der Kopf Gudeas bekannt geworden. Der Nachfolger de Sarzecs in den Ausgrabungen von Tello (Sirpurla), der Kapitän G. Cros, fand unweit der Stelle, wo jener einen prächtig gearbeiteten Kopf aus Diorit ausgegraben hatte, eine kleine ganz disproportionierte Statue ohne Kopf, die laut Inschrift als die der Gudea bezeichnet wurde, von ihm seinem speziellen Schutzgott, dem er auch den neuen Tempel in Tello gebaut hatte, dem Ningiszida, dem Sohn des Nin-a-zu (nach Meyer ein anderer Name für den Götterkönig Anu, den Himmelsgott) gewidmet. Léon Heuzey, der ausgezeichnete Leiter der Assyrischen Abteilung des Louvre, bemerkte, dass die Brüche des Kopfes und des Torso zu einander passten, er setzte den Kopf auf den Torso und ohne jeden Kitt sass er fest (vgl. Rev. d'Assyr. Bd. VI, 1907 p. 19). Dadurch besitzen wir jetzt 4 Köpfe des Gudea, darunter der von Hilprecht in seinem Vortrag über die Ausgrabungen im Bêl-Tempel zu Nippur S. 52 wiedergegebene »Marmorkopf von feinster Arbeit«. Die Köpfe tragen sämtlich die sogenannte Kappe der Sumerischen Fürsten, die wir bei Chammurabi (s. u.) wiederfinden, und drei davon den Turban, der also uralt sumerischen Ursprungs ist. Die scheinbare Plumpheit und

Disproportioniertheit der Körper der Statuen aus Tello hat Heuzey m. E. sehr zutreffend erklärt. Der Körper diente nur als Sockel für den Kopf, falls der schwer zu bearbeitende Dioritblock für eine ganze Statue zu klein war, und Heuzey bemerkt sehr richtig, dass unsere Büsten mit ihrer abgespalteten Brust den Sumerern, so sonderbar vorgekommen waren, wie uns die ihren.

Kopf des Gudea, Federzeichnung nach dem Funde des Cap. Cros.

Semitische Einwanderung in Vorderasien.

Und von der entgegengesetzten Seite her, wie heute ziemlich feststeht, von Nordafrika her, drangen nomadische Semitenschwärme, in verschiedene Volksstämme, richtiger Clane gespalten in das reiche Zweistromland, und siedelten sich in der 13 Meridian breiten, paradiesisch fruchtbaren Ebene an. Delitzsch versetzt geradezu das Paradies in die Gegend von Babylon, den Euphrat und Tigris nennt die Bibel selbst und die beiden andern Ströme erklärt er für Kanäle, was nicht unmöglich, da die Babylonier für Kanal und Fluss dasselbe Wort nâru haben. An der jetzigen grauenhaften Verödung dieses Paradieses erklärt Delitzsch die Türken für unschuldig, und sicher haben Beduinen und Islam vor den Türken die Versandung der Kanäle und damit die Verödung des Landes auf dem Gewissen. Wir hegen die begründete Hoffnung, dass die deutsche Bagdadbahn und das deutsche

Kapital in wenig mehr als einem Menschenalter die jetzige Wüste wieder zu einem grossen Garten umgeschaffen haben wird.

Sargon und Naramsin.

Die Unterwerfung der Sumerer gelang um so leichter, als sie keinen Grossstaat hatten, sondern nur einzelne grosse Städte, in denen sich nach und nach die Semiten ansiedeln. Die Städte standen unter sogenannten Fürstpriestern, Pateissi, die sich gegenseitig unter einander befehdeten, wie wir aus den Inschriften Gudeas erfahren, und aus dem von Cros vor kurzem ausgegrabenen Bericht über die Verwüstung Tellos durch Lugalzaggissi, den Pateissi der Nachbarstadt Gishu, bis sie unter die Oberherrschaft Semitischer »Grosskönige« gerieten, wie Tello unter die des grossen Semitenfürsten Sargon I., Besitzer von Argade (Accad), der von Nordbabylonien, dem Lande Accad aus, auch Südbabylonien (Sumer) unterwarf. Sargons und seines ebenfalls bedeutenden Sohnes Naramsin Existenz war lange sagenhaft, — die Moses-Mythe wird auch von Sargon erzählt — bis Nabonahid und die Funde der Amerikaner in Nippur, dem Sitz eines uralten Tempels des Bêl, ihre historische Existenz bewiesen. Dort ist sogar der Stempel des Sargon (vgl. Abb.) mit seinen altertümlichen Schriftzeichen gefunden worden.

Nabonahid, der letzte König von Babylon, war das, was wir heute einen Romantiker nennen würden, seine Interessen wurzelten in der Vorzeit, er wollte den uralten Dienst des Schamasch, der Sonne, und des Sins, des Mondes, wiederherstellen und geriet so in Konflikt mit der mächtigen Priesterschaft des Marduk-Bel in Babylonien, deren Unterstützung Cyrus mehr für seinen Erfolg verdankte als der Macht seiner Waffen. Im Grundstein des Tempels von Sippar, den Nabonid erneuern wollte, fand er die Urkunde Naramsins, des Sohnes des Sar-u-ukin. Die Gelehrten des Königs berechneten nach den Königslisten die Regierungszeit des Naramsin auf 3200 Jahre früher, wodurch Sargon auf 3800 v. Chr. gerückt wurde, und mit ihm Gudea. Trotz mancher Bedenken, welche gegen dieses hohe Alter geltend gemacht wurden, insbesondere von H. Winkler und C. F. Lehmann, nahm doch noch Bezold 1903 diese Daten als richtig an. Aber der Fund der neuen Königsliste von Nippur, aus dem Ende des 3. Jahrtausend der Schrift nach, durch Hilprecht 1906 im XX. Bd. der Berichte publiziert und interpretiert, bewies, dass Lehmann mit seiner Vermutung, dass die Gelehrten des Nabonid sich um etwa 800 Jahre geirrt hatten, im Recht war und die neue Chronologie von L. W. King (Chronicles conc. early Babyl. kings 2 vol 1907) setzt Sargon von Akkad auf 2500 v. Chr. auf Grund der Arbeiten H. Rankes.

Babylonisch-Assyrische Chronologie.

Über die Chronologie sei gleich hier bemerkt, dass der Hang der Babylonier zum genauen Datieren, insbesondere auch die zahllosen Geschäftsurkunden, die wir von Gudea bis Nabonid besitzen, uns über die Chronologie der Assyrer weit besser als über die der Ägypter unterrichtet haben. In Kürze werden uns die Ausgrabungen, besonders die der Pennsylvania Universität in Nippur bis ins 4. Jahrtausend hinein eine völlig gesicherte Zeitfolge der Geschichte gewähren, von Chammurabi bis Kyros, von 2000 bis 539 steht sie schon jetzt auf sicherem Boden. Vom 15. Jahrhundert bis zum Jahr 1000 können wir uns auf die sogen. synchronistische Geschichte stützen. Nach H. Winkler (die Keilinschr. u. das alte Test. 3. Aufl. 1903 p. 47) ist es ein Dokument, in welchem Adad-nirari III. von Assyrien (812–783) die Vereinigung Assyriens und Babyloniens als im Interesse beider Völker hinstellt, nach Bezold ein Staatsvertrag beider Länder. Jedenfalls wird darin in Kürze die Geschichte beider Länder chronologisch erzählt. Die synchron. Geschichte ist immerhin nicht ganz einwandfrei, sie enthält gewissermassen den persönlichen Fehler Adad-niraris. Von diesen sind für Assyrien die Eponymenkanones, für Babylonien die Königslisten frei. Das Jahr wurde von Adad-nirari II., etwa um 900 an, zunächst nach dem die Regierung antretenden Herrscher und dann der Reihe gemäss, nach den höchsten Beamten benannt, wie in Athen nach den Archonten. Beide Listen sind Chroniken zum Zweck genauer Datierung von Rechtshandlungen. Die Vergleichbarkeit des Kanons mit unserer

Zeitrechnung wurde möglich durch Erwähnung der Sonnenfinsternis im Monat Sivan bei Gelegenheit eines Aufstands gegen Assur-daja. Die Astronomische Berechnung ergab den 15. Juni 763. Eine weitere Kontrolle ergab dann der völlig zuverlässige Kanon des grossen Astronomen Ptolemaios (vgl. Hellas), der uns hilft bis zur Seleuciden-Ära (Berossos), deren Beginn zwischen 312 und 311 schwankt und die Arsaciden-Ära von 248, welche neben der Seleucidenära hergeht.

Die Semiten überschwemmten ganz Westasien, längs der Küste des Mittelmeeres zogen die Phönizier, besser Kanaanäer, zu denen die Chabiri, die wir jetzt als Hebräer bezeichnen, gehören, die, wie es scheint, noch im Anfange der historischen Zeit nicht sesshaft waren, und erst zur Zeit Chinatôns ihre Stammesgenossen angriffen.

Arvat, Byblos und vor allem Sydon und Tyrus sind Städte der Phönizier. Die zweite Sammelgruppe der Beduinenschwärme bilden die Aramäer, mit dem Hauptzweig der Syrer, die südlich von den Kanaanäern hielten und sich weit nach Norden und Osten vorschoben. Hier kam es nur in Damaskus, der alt berühmten noch heute blühenden Handelsstadt zu einer Staatenbildung. Am ausgedehntesten war die Wanderung des an Zahl stärksten dritten Zweiges, der Babylonier und Assyrer, die sprachlich und genealogisch nahe verwandt sind. Doch sind nach den Abbildungen die Babylonier weit stärker mit den Sumerern blutgemischt als die Assyrer.

Geschichte der Babylonier und Assyrer.

Die Assyrer sind sprachlich und auch dem Rassentypus nach mit den Babyloniern so nahe verwandt, dass die Annahme ihrer Abzweigung von diesen, etwa um 1150, nach einem siegreichen Einfall der Elamiten, sehr wahrscheinlich ist. Sie waren ein Krieger- und Herrenvolk, das den Priestern einen weit geringeren Einfluss einräumte als die Babylonier. Ihre Kämpfe, wie die der Babylonier, gelten, wie leicht begreiflich ist, dem Bestreben, sich die grossen Handelsstrassen nach Indien und nach dem Kulturzentrum, dem Mittelmeerbecken offen zu halten. Wird ihnen, durch das Aufkommen einer nicht semitischen Grossmacht ein Handelsweg im Westen verlegt, so erkämpfen sie sich einen neuen im Osten. Sehr bald gingen sie gegen Babylonien aggressiv vor, und der grausame aber tüchtige Assurnassirpal bringt Babylon völlig unter seinen Einfluss. Der eigentliche Begründer der Assyrischen Weltmacht Tiglat Pileser III. besteigt dann 744 unter dem Namen Pulu (Phul der Bibel) den Thron Babels und nennt sich König von Sumer und Accad. Diese Glanzzeit Assyriens hält unter Sargon II. und seinem Sohn Sanherib an, aber kurz nachdem Sanherib Babylon zerstört hatte (689) und nach der erfolgreichen Regierung Assurbanipals (Sardanapal) wird auch Ninive, die Residenz seit Sanherib von den Medern unter Kyaxares zerstört und zwar weit gründlicher als Babel.

Bis an die Hochebene Mediens in Nordosten, Elams oder Susa in Südosten, im Süden bis an die Sümpfe der Mündung des Euphrat und Tigris in den persischen Busen drangen die Semiten, auch hier zunächst kein Grossstaat, sondern Städte, die das Stammesheiligtum bargen als Zentren des Kultus, des Marktverkehrs und Sitz der Fürsten. Nach Agade und Sirpurla nenne ich Kis, Ur (deren Fürsten sich seit Urengur Könige der vier Weltgegenden nannten und Nordbabylonien in Abhängigkeit brachten), Nippur, Larsam und Babel, die mehr oder minder zentrale Bedeutung gewannen bis Chammurabi (vielleicht der Amraphel der Bibel) Babel zur Hauptstadt des Grossstaats Babylon machte, der nun Nordbabylonien (Accad) und Südbabylonien (Sumer) durch Eroberung von Larsam im Süden und Absetzung des dortigen Königs einte.

Babel war eigentlich eine Doppelstadt, an einem Ufer Babel — das Tor Gottes, am andern Borsippa (Birs) — die Stadt des Mondgottes Sin, dessen Kult in Sumer, insbesondere in Ur blühte, während in Nordbabylonien der Dienst der Sonne (Schamasch und Marduk) in den Vordergrund trat.

Ḫammurabi empfängt von Schamasch seine Gesetze.

Chammurabi.

Wir kennen Chammurabi wie wenige Fürsten des Altertums, und wenige Regenten dürften ihn in alter und neuer Zeit an Kraft und Weisheit, und wenn wir seinen Gesichtszügen (s. Abb.) und den zahlreichen Rechtsschriften Glauben schenken, auch an Gerechtigkeit und Milde übertroffen haben. Was er für die Stadt Babel getan, berichtet er uns selbst sumerisch und babylonisch: »Chammurabi, der mächtige König, der König von Babylon, der König der vier Weltgegenden, der Begründer des Landes, der König, dessen Taten dem Fleische des Gottes Schamasch und des Gottes Marduk wohltun, bin ich. Die Spitze der Mauer von Sippar habe ich mit Erdreich wie einen Berg erhöht, mit Rohrgeflecht habe ich sie umgeben. Den Euphrat grub ich ab gen Sippar zu und liess einen Damm dafür aufwerfen. Chammurabi, der Begründer des Landes, dessen Taten etc. wohltun, bin ich. Sippar und Babel habe ich auf immerdar zu behaglichen Wohnstätten gemacht. Chammurabi, der Günstling des Gottes Schamasch, der Liebling des Gottes Marduk bin ich. Was seit uralten Tagen kein König dem Herrn der Stadt (dem Schutzgott) gebaut hat, das habe ich für Schamasch, meinen Herrn, grossartig ausgeführt.«

Chammurabi.

Codex des Ḫammurabi.

Hatte C. Bezold in Ninive und Babylon schon Chammurabi in der eben zitierten Weise gewürdigt, so wurde die Gestalt dieses grossen Fürsten in noch weit helleres Licht gerückt durch die Erfolge der französischen Ausgrabung unter G. de Morgan in Susa, der Hauptstadt von Elam. In drei Stücken wurde dort im Dezember 1901 und Januar 1902 die Standsäule mit der Gesetzsammlung Ḫammurabis gefunden, welche 1903 von V. Scheil zum ersten Male ediert und in französischer Sprache erklärt wurde und 1904 von H. Winkler deutsch und von R. Harper englisch ebenfalls 1904, und vom juristischen Standpunkt von J. Köhler und E. Peiser 1904. Der Codex Hammurabis steht auf einer ethischen Höhe, welche dem mosaischen vom Sinai nichts nachgibt, und ist das erste uns erhaltene Corpus juris. Sie genoss, Winkler zufolge, viele Jahrhunderte das höchste Ansehen — wie die Gesetze des Moses sind sie von Gott gegeben, das Bild der Säule zeigt, wie der König die Gesetze von Schamasch empfängt, leider ist das Antlitz des Königs, der Kappe und Stab trägt, verstümmelt, der Sonnengott ist mit Turban und Faltenrock bekleidet — sie hat das griechische Recht, dieses das römische und dieses das unsrige in hohem Grade beeinflusst. Die Strafe ist natürlich wie bei den Hebräern und Römern Vergeltung, bei Sittlichkeitsvergehen Abschreckung. Im Zivilprozess spielt der Eid, grade wie bedauerlicherweise noch heute, eine hervorragende Rolle. Die Sammlung weist der Frau eine rechtliche Stellung an, welche sie noch heute in der Türkei nicht errungen hat, sie schränkt die väterliche Gewalt, ich nenne nur § 168, die Ausweisung des Sohnes betreffend, erheblich ein, und das Erbrecht ist in sehr zu billigender Weise geregelt, denn auch hier ist die Frau und die Tochter geschützt. Das Handelsrecht hat er wohl kaum modifizieren können, denn das war ja zugleich international, aber das sogenannte Sumerische Familienrecht zeigt, dass dieser Schutz der weiblichen Familienglieder so recht dem eigenen Sinn des grossen Königs entsprungen ist. Und so können wir den Worten, mit denen er auf der Säule sich seiner Taten nach orientalischer Sitte rühmt — Einleitung und Schluss — wohl Glauben schenken. Die Stele kam nach Susa als Trophäe zugleich mit anderen wichtigen steinernen Urkunden im 12/11 Jahr v. Chr., als die Elamiten unter Sutruk-Nahunte Sippar und Babylonien erobert hatten. Es sei hier auch erwähnt, dass von dem Kampfe Abrahams zur Befreiung Lots auch eine Urkunde Chammurabis berichten soll. Die Stele mit der Gesetzsammlung zeigt am Anfang das Relief, welches die Übergabe des Codex an den König durch Schamasch schildert, das Relief ist verstümmelt; (Abbild. S. 69) die Legende ist um so deutlicher.

Babylonisch-Assyrische Kultur.

Die Geschichte Babyloniens und Assyriens kann ich hier nicht erzählen, sie ist z. T. in der Bibel und bei Herodot und später bei Arrian, Diodor, und vor allem bei Berossos etc. wenigstens von 2000 ab erzählt; sie ist jetzt bis 4000 v. Chr. so ziemlich aufgehellt; sie wurde in grossen Zügen durch die verschiedenen Schichten der einwandernden nomadischen Semitenschwärme und durch die geographische Lage im einzelnen bedingt. Nach Westen und Südosten Kämpfe mit den Aramäern und weiter nördlich mit den Kanaanäern, Phöniziern und Hebräern, die an dem nahen Ägypten Rückendeckung hatten. Im nördlichen Syrien auch Kämpfe mit dem uralten vermutlich von Kappadocien her eingedrungenen vielleicht indogermanischen Stamm der Cheti oder Hetiter, die sich später mit den Hebräern vermischt haben und mit den Mitani, die noch ziemlich rätselhaft sind. Im Norden, Osten oder Südosten ist es die indogermanische Wanderung, die unausgesetzt das babylonisch-assyrische Reich bedroht; im Norden zusammengefasst als Skythen, im Osten die Meder, in Südosten die Elamiter mit der Hauptstadt Susa. Im Süden wieder hemmten die Chaldäer, die im sogenannten neubabylonischen Reiche nach jahrhundertelangen Kämpfen schliesslich die Herrschaft an sich rissen. Und hinter den Medern und Elamitern wieder Indogermanen, deren bedeutsamster Stamm, die Perser, das ganze babylonische Reich zerstörten.

Grotefend und die Entzifferung der Keilschrift.

Die Erschliessung der babylonisch-assyrischen Kultur verdanken wir in erster Linie dem Lehrer am Gymnasium zu Göttingen: Georg Friedrich Grotefend. Aus den Ruinen von Persepolis, der von Alexander dem Grossen in der Trunkenheit in Brand gesteckten Hauptstadt Persiens, waren im Laufe der Zeit einige Inschriften in eigentümlichen keilförmigen Zeichen bekannt geworden, und Carsten Niebuhr, der Vater des berühmten Historikers hatte 1770 äusserst sorgfältige und ausführliche Kopien mitgebracht, welche die allgemeine Aufmerksamkeit auf die Keilschrift lenkten; er hatte auch schon bemerkt, dass die Inschriften drei verschiedenen Schriftsystemen angehörten und von links nach rechts zu lesen waren. Zufällig wurde Grotefend auf einem Spaziergang im Juli 1802 veranlasst, sich mit der Entzifferung zu beschäftigen und schon am 4. September 1802 legte er die Resultate seiner Forschung der Göttinger gelehrten Gesellschaft vor. Er ging davon aus, dass die in drei verschiedenen Keilschriften und also auch wohl in drei verschiedenen Sprachen verfassten Inschriften von den Erbauern der Paläste, den persischen Achämeniden Darius, Xerxes, Artaxerxes etc. herrührten; dass also vermutlich die erste der drei Sprachen die persische, dass die Texte wahrscheinlich auch die Namen der Könige enthielten, dass endlich die Schrift des ersten Systems wegen der geringen Anzahl der Zeichen eine Buchstabenschrift sein musste; danach verglich Grotefend die ihm aus der Bibel und den Klassikern und aus der Zendsprache in den heiligen Büchern Zarathustras bekannten Namen dieser Könige auf ihre Länge und die Wiederkehr gewisser Zeichen und kam zu folgendem Schluss: Eine häufig wiederkehrende Gruppe von Zeichen musste König oder verdoppelt König der Könige bedeuten, und in den dieser Gruppe vorangehenden Zeichen war der Name des Königs enthalten; so fand er Darius oder vielmehr die altpersische Form Dārheūsch, und ein zweiter Name liess sich als Xerxes-Khschêrsche, ein dritter als Hystaspes-Gôschtaspähe deuten und ebenso bekam er das Wort Sohn heraus. Die Göttinger gelehrte Gesellschaft verfuhr mit der Abhandlung Gr. ähnlich wie die dänische mit der Kaspar Wessels über die geometrische Darstellung der Complexen Zahlen und die Pariser Akademie mit Abels grösster Arbeit: sie lehnte es ab, die Abhandlung zu veröffentlichen. »Erst neunzig Jahre später (1893) ist seine Originalabhandlung von Prof. Wilhelm Meyer in Göttingen wieder aufgefunden und in den »Gelehrten Nachrichten« der Akademie veröffentlicht worden.« (H. V. Hilprecht, die Ausgrabungen in Assyrien und Babylonien 1904).

Aber die Entdeckungen Grotefends wurden vor dem Schicksal der Wessel'schen und Abel'schen bewahrt, dadurch dass sie Aufnahme fanden in das s. Z. epochemachende Werk von A. Heeren, Ideen über Politik, den Verkehr und den Handel der alten Welt 4. Aufl. I, 2 S. 345. So war die Grundlage geschaffen, auf der dann die anderen, ich nenne Benfey, Hinks, Oppert, Spiegel weitergebaut haben, so dass jetzt die bisher bekannten derartigen Texte, mit voller Sicherheit gelesen werden.

In der zweiten Schrift entdeckten Norris und Oppert eine aus Silbenzeichen und einigen Wortzeichen konstruierte Schrift, in der, wie heute feststeht, die susische oder elamitische Sprache ausgedrückt wurde; sie enthält gegen 100 Zeichen.

Weit grössere Schwierigkeit bot das dritte System, das über 300 verschiedene Keilschriftzeichen enthielt. Die Entzifferung war schwer möglich und sie gelang Grotefend nicht. Da entdeckte James Rich, ein geborener Franzose, aber Resident der ostindischen Kompagnie in Bagdad im Jahre 1820–21 gegenüber der blühenden Handelsstadt Mossul (Musselin) auf dem linken Tigrisufer die Ruinen von Ninive und fand zahlreiche Inschriften des dritten Systems. Bemerkenswert ist es, dass schon im 12. Jahrhundert der spanische Rabbi Benjamin von Tudela den Ort von Ninive bestimmt bezeichnete.

Fast gleichzeitig wurde die sogenannte grosse Dariusinschrift, eine sehr lange dreisprachige Inschrift am Felsen von Behistun, einer 100 Meter steilen

Felswand, an der Grenze des alten Mediens gefunden und 1835 von Henry Rawlinson vermittelst hoher Leitern auf ungeheueren Papierabklatschen aufgenommen unter grosser Lebensgefahr —, man nennt die Dariusschrift den Babylonischen Stein von Rosette —. Von nun ab wuchs die Menge der ausgegrabenen Inschriften rapide, besonders durch die Arbeiten von Sir Henry Layard und Rassam, im Auftrage des British Museum, in Nimrud, 25 Kilometer von Mossul, die alte Residenz Kelach.

Die wichtigsten Ausgrabungen.

Im Jahre 1881 entdeckte Hormuz Rassam die Ruinen von Sippar. R. hatte schon 1878 in Balawat, die für die assyrische Kunst- und Kulturgeschichte gleich wichtigen Bronzetüren Salmanassars II. gefunden. Von grösster Bedeutung sind die Ausgrabungen der Franzosen in Tello gewesen, schon dadurch dass die wunderbaren Funde E. de Sarzecs Franzosen, Engländer, Amerikaner, Deutsche, ja selbst die hohe Pforte zu weiteren Arbeiten anspornte. Vor de Sarzec hatten schon im Auftrage der französischen Regierung Botta und Place in Korsabad den Palast Sargons II. gefunden und mit Glück gearbeitet, und den Grund zu der grossen Sammlung im Louvre gelegt.

De Sarzecs »Découvertes en Chaldée« von Léon Heuzey 1868 auf Kosten der Regierung herausgegeben, wie schon die Prachtwerke, welche über Bottas und Places Arbeiten berichteten: Monument de Ninive découvert et décrit par E. Botta, mesuré et dessiné, par E. Flandin, Paris 1846–50 und V. Place, Ninive et l'Assyrie 1866–69, haben der modernen Assyriologie den stärksten Impuls gegeben. Die Franzosen setzen die Ausgrabungen von Tello bis heute fort, daneben hat die Expedition nach Elam (Susa) unter De Morgan, deren Resultate der hochverdiente V. Scheil mitgeteilt hat, u. a. den Kodex des Chammurabi aufgefunden. Die Engländer ihrerseits haben fleissig unter Budge und King in Kujundschik, das Layard seinerzeit den Franzosen weggenommen, gearbeitet. Die Deutsche Orientgesellschaft arbeitet seit 1899 unter R. Koldwey und L. Borchardt mit grossem Erfolg in Babylon und besonders in Assur. Aber mit den Riesensummen, welche der Staat Pennsylvanien und seine Universität Philadelphia auf die Ausgrabungen in Nippur verwandt hat, ist keine Konkurrenz möglich. Von den Leitern J. P. Peters, H. V. Hilprecht, J. H. Haynes ist besonders der Deutsche Hilprecht der eigentliche Assyriologe, unter dessen Leitung die Excavations in Assyria and Babylonia die Resultate der seit 1879 bis jetzt fortgesetzten Ausgrabungen der Mit- und Nachwelt zugänglich machen.

Die Keilschrift.

Es gelang vier grossen Forschern Rawlinson, Oppert, De Saulcy und dem scharfsinnigen Irländer Hinks die dritte Schrift und die Sprache zu entziffern. Die Schrift war eine Verbindung von Wort und Silbenzeichen, die Sprache eine der arabischen und hebräischen nahe verwandte, es war die babylonisch-assyrische Sprache. Die Schrift war ursprünglich eine ziemlich rohe Bilderschrift, zeigt aber schon in ihren ältesten Formen das Bestreben, Bogen durch Striche zu ersetzen, aus denen sich dann die Keilschrift entwickelte. So sind z. B. die ältesten Formen für »Stern«, »Sonne«, »Rohrpflanze«:

 für 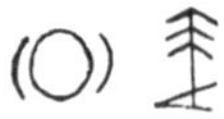, später 

und weiterhin vereinfacht:

und analog haben sich aus den Bildern  für Fuss und Weib die betreffenden Keilschriftzeichen entwickelt.

Diese Keilschriftzeichen lassen sich im wesentlichen auf drei Grundelemente: den horizontalen Keil , den vertikalen Keil  und den schrägen Keil  zurückführen, selten sind die umgekehrten Keile, der Winkelhaken  ist wohl aus Vereinigung zweier Keile hervorgegangen. Die Keile konnten durch Wiederholung, Neben- und Übereinanderstellung und Kreuzung zu den mannigfachsten, oft äusserst komplizierten Gruppen vereinigt, sowohl Worte als Silben im Assyrischen bezeichnen. Dabei zeigte sich aber eine anfangs äusserst rätselhafte Erscheinung, die sogenannte Polyphonie. Dasselbe Zeichen bedeutet sehr oft ein oder mehrere Worte und daneben noch ein oder mehrere Silben. So bedeutet das Zeichen 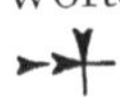 nicht nur »Stern«, assyrisch Kakkabu, sondern auch Himmel schami und Gott ilu und hatte die Silbenwerte an und il. Das Zeichen  hatte nicht nur die Wortbedeutungen »Land« (matu) »Berg« (schadu), erreichen, erobern Kaschādu; aufgehen (von der Sonne, napāchu), sondern konnte auch ausserdem als Silbenzeichen in seinen verschiedenen Zusammenstellungen mit andern Zeichen noch kur, mad, mat, schad, schat, lat, nad, nat, kin oder gin gelesen werden.

Das Rätsel löste sich mit einem Schlage als Rawlinson aus einer Anzahl sehr alter Keilschrifttexte eine neue Sprache in genau derselben Schrift entdeckte, die Sprache der Sumerer.

Die Beduinenhorden der Babylonier hatten sich mit dem Lande zugleich der Schrift der Sumerer bemächtigt, der Himmel hiess sumerisch an, hoch und wurde im Babylonischen Zeichen für den Begriff Himmel und für die Lautsilbe an, Wortzeichen und Determinativ für Gott und ebenso wurde Land; Berg, sumerisch kur als Wortzeichen und Determinativ für Land und Berg und Silbenzeichen gebraucht.

Diese Erklärung wurde später durch die Auffindung einer grossen Menge zweisprachiger Texte, babylonisch und sumerisch, in derselben Schrift bestätigt. (E. Bezold: Ninive und Babylon, Monographien zur Weltgeschichte XVIII 1903.)

Entwicklung der Keilschrift nach Delitzsch.

Über die Entwicklung der Schrift oder den Ursprung der Keilinschriften hat Fr. Delitzsch, dem wir Wörterbuch und Grammatik des Assyrischen verdanken, 1897 ein Werk veröffentlicht, das, mögen auch Einzelheiten verbesserungsfähig sein, die Prinzipien völlig einleuchtend festlegt, nach denen die Sumerischen Priesterfürsten die Schrift als Verbindung von Wortzeichen — Idiogrammen — und Silbenzeichen geschaffen haben. Und wenn die Schrift planmässig mittelst weniger aber wirksamer Grundgedanken aus der Bilderschrift entstanden ist, so wird damit auch meine Ansicht, dass das Zahlsystem eine planmässige und mit Überlegung ausgeführte Schöpfung derselben Gelehrten ist, im höchsten Grade wahrscheinlich. Gestützt auf die Formen der Schrift aus Telloh und die noch älteren aus Nippur, die Geierstele, die Vase Entemenàs, die Vase Lugat-šug-engur, welche sicher bis gegen 4000 (3700) heraufreicht, und, anknüpfend an des grossen 1905 verstorbenen Jules Oppert Expédition en Mésopotamie 1859 Kap. I, schied D. zunächst 37 Urzeichen aus, welche sich aus 21 Urbildern und 16 Urmotiven zusammensetzen. Ich gebe hier die wichtigsten an: Stern etc., Sonne, aufgehend, Tag, Licht, hell sein, untergehende Sonne, schwach werden, niedergehen. Zunehmender Mond (Horn), zunehmen, voll werden, schwinden, zurückkehren (abnehmender Mond), penis = Mann, männlich, Mann, Diener, (volva) = Weib, Auge aus ; Hand, (Fuss) gehen, stehen. Herz, Ochse, Werkzeug zum Öffnen, daher öffnen, auflösen, Tod, Netz, Geflecht, Gefüge, Umschliessung, Raum, Kreis (aus), das Richtungsmotiv, dessen Ecken die 4 Kardinalpunkte und dessen Axe die

Nord-Südlinie verbildlicht;  oder  Spitze, daher  Gebirge,  Kopf,  Bogen, Kurve etc.

Aus diesen Grundelementen werden dann durch Zusammensetzung gleicher oder verschiedener Zeichen beliebig viele neue Wortzeichen abgeleitet, welche sich häufig als Definitionen der dargestellten Begriffe erweisen und auf die Psyche und die Kultur des Volkes der Sumerer ein so helles Schlaglicht werfen, dass D. daraufhin den Versuch wagen konnte, ihren Kulturzustand zur Zeit der Schrifterfindung zu rekonstruieren.

Die Verdoppelung, im Altbabylonischen auch als Kreuzung sichtbar gemacht, dient zunächst als Pluralzeichen und Iterativum wie das hebräische Piël, dann aber auch zu Neubildungen. Aus  geben wird durch  hinzugeben, addieren tab, dap; aus  gross (nun-rabû) wird  Herr d. i. Grösster (Grossmann der Hottentotten), mit doppelten Zeichen des Umschliessens wird die Summe bezeichnet:  entwickelt zu . Für die Zusammensetzung ungleicher Zeichen greife ich aus den Beispielen von D. die folgenden heraus: berufen, erwählen = Auge + werfen, König = gross + Mensch, Hirt,  bei Gudea = Stab + Träger. Fügte man in das Zeichen für Mund das Zeichen für Brot ein, so erhielt man: essen, und das eingefügte  (Wasser) ergab trinken und tränken. Die »Schlacht« wird dargestellt als »Handwerk des Kriegers«, der Regen als  gleich Wasser des Himmels, die Tränen als Wasser des Auges ; Vater als Schützer des Hauses zu erklären unter Hinweis auf das entsprechende lateinische pater familias scheint allerdings zweifach fehlerhaft, insofern das Zeichen im Haus den Feind bedeutet und das sanscrit paṭar schützen mit piter Vater gar nichts zu tun hat. Die Verkürzung des a zu i in Jupiter und der Komposition (z. B. suscipio) ist eine ganz spez. lateinische Eigentümlichkeit. Eins der schlagendsten Beispiele ist Mond oder Monat, das durch Tag und 30 bezeichnet wird; und also .

Die Gunierung.

Ein ebenso einfaches wie weittragendes Mittel der Weiterbildung ist die von den Babylonisch-Assyrischen Grammatikern gunû, d. i. Beschwerung, genannte Steigerung. Sie besteht in der Hinzufügung von 4 Strichen oder Keilen, d. h. also Paare von Paaren, die aus Rücksicht auf den Raum mitunter auf drei reduziert werden. So wird aus Wohnung, Wohnraum durch

Gunierung Palast, Residenz, Grossstadt, und damit das Determinativ für die Sitze der Pateissi. Aus dem Bilde des Unterschenkels mit Fuss, das zugleich gehen, stehen, stellen etc. bedeutet, wird durch Gunierung »Fundament«. Zu den von den Babylonischen Grammatikern, insbesondere von dem so äusserst wichtigen Syllabar b der Bibliothek Sardanapals (s. u.) gegebenen hat D. eine ganze Reihe neuer Gunû Idiogramme abgeleitet, von denen ich erwähne das Schwert als grosser Dolch; der Vollmond ist der gunierte Mond, d. h. der grosse, volle, Mond, die Monatsmitte, die vom Neulicht (s. u.) gezählt wurde und dann Mitte schlechtweg, archaisch , und das Neulicht selbst wird als der grosse Eingang des Tages oder als Anfang einer Tagesreihe guniert geschrieben. Es ist D. gelungen, für einen sehr grossen Teil der Idiogramme meist recht einleuchtende Ableitungen zu geben, auf Grund derer er es eben wagen konnte ein Bild des Kulturzustandes der Sumerer nach Erfindung der Schrift zu geben. Und selbst Erklärung wie die des Zeichen für Mensch als des auf das Antlitz geworfenen Knechts oder »Hundes« der Götter sind in Anbetracht, dass es Priester waren, welche die Schrift erfanden, nicht unglaubwürdig, und recht einleuchtend ist die Erklärung für Ehemann oder Frau als Verbindung von und durch das Vereinigungszeichen p. 161 (vgl. Abb.).

Die Determinative und das phonetische Komplement.

Die Schwierigkeiten, welche die Vieldeutigkeit der Wort- und Silbenzeichen boten, wurden durch zwei Mittel wesentlich vermindert, erstens durch die Determinative, welche wie im Ägyptischen nicht mitgelesen wurden, und zweitens durch das sogenannte Phonetische Komplement (Delitzsch Grammatik 1907, § 33 a). Die gebräuchlichsten Determinative sind  ilu Gott sum. an, das nur vor An(u) fehlt, dem Himmelsgott, der ja selbst mit an bezeichnet ist,  vor Ländern und Gebirgen, Fluss Kanal  (Euphrat), Baum , Gerät altertümlich Holz . Mitunter wurden die Determinative wie bei den Ägyptern nachgesetzt, so hinter Städten Ki und hinter Fischen ḫa.

Das phonetische Komplement besteht in der Hinzufügung einer oder auch zwei Silben »um durch Bestimmung der Schlusssilbe (n) die richtige Lesung zu sichern. Das sumerische Silbenzeichen  für kur bedeutet als Wortzeichen Berg šadu, Land mâtu, erobern kaṣadu etc. Folgt auf kur, u, a, i, plur-e. — Pluralzeichen nachgesetztes , vielleicht gunierte eins — so sichert dies šadu — a — i, etc., während Kur-ti, Kur plur-ti auf mâti, mâtati (Länder) und Kur-ud auf aksud (ich eroberte) hinführt.«

Babylonisch-Assyrische Ausgrabungen.

In unerwarteter Weise haben wir über die Kultur, der diese Sprache diente, Aufschluss erhalten durch die Ausgrabungen einer ganzen Anzahl von Tempelbibliotheken. Im Jahre 1854 entdeckten Rassam und Layard im Trümmerhügel von Kujundschik, einem Dorf gegenüber Mossul, die Bibliothek Assurbanipals, das ist Sardanapal, in dem Nordpalast dieses vielleicht grössten assyrischen Fürsten zu Ninive, dessen Regierung von 668–626 fällt. Über 22000 sorgfältig gebrannte Tontäfelchen oder Stücke solcher Tafeln sind allein im British Museum geborgen. Es sind Tafeln, deren Fläche von 37 × 22 und 2,4 × 2 variiert bei einer mittleren Dicke von 2,4. Vorder- und Rückfläche, ja vielfach auch die Seitenwände sind mit sorgfältiger Schrift beschrieben; die Tafeln enthalten Löcher zur Aufnahme kleiner Holzpflöcke, mit denen die Tafeln zu Büchern aufgereiht wurden. Die Zusammensetzung ist vielfach dadurch ermöglicht, dass, ähnlich wie bei unsern Akten, das letzte, für sich stehende, Wort einer Tafel das Anfangswort der folgenden ist. Eine Anzahl Tafeln ist durch ein mit Adresse versehenes Kuvert, natürlich aus Ton, geschützt; wir haben hier den Ursprung unserer Briefkuverts. Es ist die älteste eigentliche Bibliothek, d. h. absichtliche Sammlung zur

Bewahrung der Literatur und zu wissenschaftlichen Zwecken. Sehr vielfach sind sorgfältige Abdrücke älterer Schriften erhalten.

Die Ausgrabungen von Nippur.

1874 fanden Araber in Babylon mehr als 3000 beschriebene Tontafeln geschäftlichen Inhalts, 1881 entdeckte Rassam die Ruinen von Sepharwaim und fand bei Ausgrabungen des Sonnentempels das Archiv, das aus Tonzylindern und über 50000 allerdings sehr schlecht gebrannten Tontafeln bestand. Und die Ausgrabungen der Pennsylvania Universität Philadelphia von 1889 an haben bereits zwei grosse Bibliotheken in Nippur zutage gefördert, wo das älteste grosse Landes-Heiligtum des Bel matâti, des Herrn der Länder, ekur, das Haus des Berges, stand. Die bedeutendere über 3 Jahrtausende v. Chr. alte, ist durch den schon erwähnten Einfall der Elamiten gewaltsam zerstört, während die jüngere auf schlecht gebrannten Tafeln, neubabylonisch, allmählich in Verfall geraten ist. Über 23000 Tafeln sind geborgen und dabei sind erst 80 Zimmer oder etwa $^{1}/_{12}$ der Bibliothek ausgegraben worden. Aus einer Reihe von Anzeichen im Boden schliesst Hilprecht, der Leiter der Ausgrabungen, dass in der untersten Schicht der Hügel noch eine ältere vor Sargon, d. h. vor 3000 entstandene Bibliothek verborgen liegt. Hilprecht bezeichnet die Bibliothek geradezu als Universität, die sogar nach Fakultäten gegliedert war; eine Anzahl Säle enthielt die philologische Abteilung, eine andere die astrologisch-astronomische, wieder eine andere die technische etc. Im untersten Grund des Tempelturmes fand Hilprecht vorzüglich erhalten aus dem 5. oder 4. Jahrtausend v. Chr. eine Kanalisations-Einrichtung, die die unseren beschämt. In mächtigen Tonnengewölben, die noch den Römern unbekannt waren, eingebettet in eine Art Zement, zwei Tonrohrleitungen mit Knie- und T-Stücken, so dass jede Reparatur ohne Belästigung des Publikums vorgenommen werden konnte.

Turm zu Borsippa.

Tempelanlage, Priesterausbildung.

Eine solche Tempelanlage bestand aus dem in Terrassen gelegentlich auch mit Rampen in 7 Etagen aufgeführten hohen Turme; ich erinnere an den Turm zu Borsippa (vgl. Abbildung), zu Babel, den Esagila, auf dessen Höhe der Gott wohnt, in dessen Mitte die Menschen verkehrten und der unten mit der Unterwelt zusammenhing. Daran schloss sich der Palast der Priesterfürsten und die besonderen Gebäude der Unterrichtsanstalten, das Archiv, die Verwaltungsgebäude. Ein solcher Tempel war nicht nur Kultstätte, nationales Heiligtum, Sitz der Fürsten, sondern Landgut und Fabrik, Bank, Archiv und Handelshaus. Die Tempel waren stets nach den 4 Himmelsgegenden genau ausgerichtet, daher bedeutet das Richtungszeichen (s. o.) auch Tempelfundament und das gunierte Zeichen die Erde selbst als das grosse Fundament, da nach der Babylonischen Weltschöpfungssage die Erde nach den 4 Kardinalpunkten ausgerichtet ist.

Tonnengewölbe der Kanalisation von Nippur.

Wie sorgfältig der Unterricht war, und wie mühsam die Vorbereitung eines jungen Priesters, davon können wir, die über Überbürdung klagen bei unserm bisschen Unterricht, uns kaum eine Vorstellung machen. Schrift und Sprache allein würden kaum von uns heutigen bewältigt; hunderte von Schriftzeichen, die zusammen in mehr denn 12000 verschiedenen Anwendungen gebraucht wurden, die alle den Adepten geläufig sein mussten; das Schreiben selbst schon so viel umständlicher. — Zu den wichtigsten Entdeckungen gehören auch die bei Ägypten besprochenen Funde von Tell Amarna 1888.

Hochrelief Urnina, König von Telloh und seine Familie.

Babylonisch-Assyrische Kunst.

Die Kunst zeigt ganz analoge Entwicklung wie die ägyptische. Von naturalistischen Anfängen wo die Kalamones, das Rohrgeflecht der Euphrat- und Tigrismündung als Vorbild dienten, eine rasche Entwicklung; dann ein Sinken, und wieder ein Emporblühen. Die erste Blütezeit entwickelt sich etwa in 200 Jahren; altsumerisch bezeichnet den Anfang etwa das Hochrelief Urnina, König von Telloh etwas vor 3000, und seiner Familie; der verhältnismässig riesengrosse König, links, trägt auf dem Kopf in einem Korbe Erde zum Bau seines Tempels herbei (vgl. Abb.). Die genauere Erklärung bei E. Meyer l. c. p. 77 ff. Die nächste Stufe wird verdeutlicht durch die berühmte Geierstele (vgl. Abb.), welche den Sieg eines Vorgängers von Gudea, des Eannatum über die feindlichen Nachbarn von Gishu darstellt, vgl. Meyer p. 82. ff. Es wird die Hilfe des Lokalgottes von Telloh, des Ningirsu, verherrlicht, das Relief zeigt grosse Fortschritte, sowohl in der Komposition als in der Technik des Hochrelief. Unter semitischem Einfluss erhebt sich die Kunst zu der Höhe, welche sie unter Sargon und Naramsin erreicht, wofür die herrliche Siegesstele des Naramsin, von den Franzosen unter de Morgan in Susa gefunden, der vollgültige Beweis ist, vgl. Meyer p. 10 ff. Diese Blüte semitischer Kunst beeinflusst auch die sumerische, wofür die Fundstücke aus der Periode Gudeas zeugen. Im Gegensatz zu dem Mangel an Proportionen bei den Sumerern sind die Gestalten schlank und proportional, und die Technik des Relief steht auf grösster künstlerischer Höhe.

Rückseite der Geierstele.

Vorderseite der Geierstele.

Relief von den Bronzetüren aus Balawat.

Diese Blüte hält an bis auf Chammurabi und seine nächsten Nachfolger, die Könige von Sumer und Accad. Aber mit dem Sinken der Macht dieses altbabylonischen Reiches sinkt auch die Kunst, um dann unter der Assyrischen Macht neu emporzublühen, etwa von Nebukadnezar I., von 1150 an, sie erreicht unter Sargon II. und Sanherib ihre Höhe, und hält sich auf dieser bis Sardanapal bis etwa 600. Ich führe als Beispiel hier die Bronzetüren Salmanassar II. aus Balawat (vgl. Abb.), ferner den Urkundenstein Kudurru, aus dem Berliner Museum, der die Belehnung des Magnaten Bel-ache-irbâ seitens des Königs Mardukbaliddin II. 715 darstellt (vgl. Abbildung). Meyer findet in diesem Stein den semitischen Typus am reinsten ausgeprägt. Dazu die Dämonen (vgl. Abbildung), Engel- und Tierkolosse, die wunderbaren Mosaiken der Fussböden in den Palästen von Khorsabad (vgl. Abb.), und vor allem die herrlichen Tiergestalten in bunter Mosaik aus der Zeit Nebukadnezar II., Sargons etc.

Mosaik aus dem Palaste Sargon II.

Babylonisch-Assyrische Wissenschaft.

Wie es mit der Wissenschaft steht, bleibt noch zu untersuchen. Von der Rechtswissenschaft wissen wir, dass sie sich bedeutend entwickelt hatte, insbesondere das Handelsrecht stand auf einer Höhe, die dem römischen nichts nachgibt. Wir kennen die Siegel und Namen grosser Handelsfirmen wie Egibi und Söhne am Euphrat zur Zeit Nebukadnezars und die Firma Maraschi Söhne zu Nippur zur Zeit Ezras und Nehemias. Wir wissen, dass sie Filialen in allen Grossstädten hatten, und dass der Schekverkehr, unsere neueste Errungenschaft, bei den babylonischen Grossfirmen gang und gäbe war.

Belehnung des Belacheirba durch König Mardukbaliddin II.

Medizin, Mathematik.

Aus den Beiträgen zur Kenntnis der assyrisch-babylonischen Medizin von F. Küchler (Assyrische Bibliothek von Delitzsch und Haupt XVIII 1904) sehen wir, dass die Priesterärzte, abgesehen von den üblichen Beschwörungen, Omina etc. über eine sehr ausgedehnte Pharmazie geboten. Es ist bekannt, dass die griechische Heilkunst stark von der babylonischen beeinflusst ist, und auf Hippokrates geht unsere Medizin zurück. Unser altes Apothekergewicht Gran, Skrupel geht auf Babylon zurück (vgl. Küchler S. 84 ši'u). Geht doch auch Stab und Ring unserer Bischöfe auf altbabylonische Götterdarstellungen zurück (Winkler, die Gesetze Hammurabis 1904 p. VI).

Eine neue Ausgabe des Theophrast ist in Vorbereitung und hoffentlich wird man auf dem Umweg über die Griechische einigen Aufschluss über die Babylonische Pharmakologie erhalten.

Wenden wir uns nun zur Mathematik der Babylonier, so müssen wir sagen, dass von reiner Mathematik bis jetzt verhältnismässig wenig entziffert ist. Das wichtigste sind die sogenannten Tafeln von Senkereh (Larsa) aus dem 3. Jahrhundert v. Chr., de facto eine in zwei Stücke zerbrochene Tafel; die astronomischen Bücher aus der königlich Sardanapalschen Bibliothek und die 1 × 1 Tabellen von Nippur. Hilprecht sagt: »in geradezu staunenswerter Weise wurde das 1 × 1 geübt.«

Dämon mit Flügeln.

M. H. In unserer Kulturgeschichte wird es als hohes wissenschaftliches Verdienst des Petrus de Dacia, Rektors der Sorbonne vom Jahre 1328 gerühmt, das 1 × 1 bis zu 50 × 50 fortgesetzt zu haben, und Hilprecht versichert, dass er in der im 3. Jahrtausend zerstörten Bibliothek Tafeln des 1 × 1 bis 1350 in der Hand gehabt hat. Das kleine 1 × 1 ging bis zur 60 (s. p. 113 ff.).

Bruchstücke der Geierstele, Vorderseite.

Münz-, Mass- und Gewichtssystem.

Uns sind zwei Zahlsysteme bekannt; das eine ist rein dekadisch, das andere, ältere, ist sexagesimal und hängt auf das genaueste mit dem babylonischen Gewichts-, Münz- und Masssystem zusammen, dessen Einteilung uns in der Tafel von Senkereh und in zahlreichen griechischen, römischen und jüdischen Quellen enthalten ist. Es ist ja die Bibel erst nach der babylonischen Gefangenschaft redigiert und zeigt in allen Namen der Masse und Gewichte babylonischen Einfluss. Seit der grosse Philologe August Boeckh das Münz- und Gewichtssystem der Römer erschlossen und in der vergleichenden Betrachtung der Masse ein wichtiges Mittel erkannt hat um den Handels- und sonstigen Verkehr der Völker zu erkennen, haben eine Reihe von Forschern, ich nenne Brandis, Ginzel, Lehmann und vor allen Boeckh selbst dargetan, dass die Wiege der Messkunst in Babylon steht, und die Masse der Babylonier in ausgedehntester Weise bis zum Metersystem Gültigkeit hatten, ja, zum Teil heute noch gelten. (cf. C. F. Lehmann, das altbabylonische Mass- und Gewichtssystem als Grundlagen des antiken Gewichts-, Münz- und Masssystem. 8. intern. Orient. Kongress, Bastiansche Zeitschrift für Ethnologie 1889. Verh. der Berl. anthrop. Gesellschaft 1889. Als selbst. Schrift Leiden 1893.)

Gewicht in Löwenform.

Die Babylonier hatten vor 5000 Jahren ein geschlossenes Masssystem, das in seiner Anlage unserm metrischen System sehr ähnlich war. Wie bei uns das Zehntel des Meters die Kante des Würfels bildet, der ein Liter fasst und der mit destilliertem Wasser von 4° C. gefüllt bei der Wägung das Kilogramm gibt, so ist das Zehntel der babylonischen Doppelelle die Basis des Hohlmasses, dessen Wassergewicht die Mine gibt. Es sind uns künstlerisch geformte Gewichte in Eisen- und Bronzearbeit mit Entenform und Eberköpfen und besonders in Löwenform und ausserdem einige justierte Gewichte erhalten.

a) Früher Eigentum des Dr. Blau: Ein sehr harter dunkelgrüner Stein sehr sorgfältig geglättet, oval, der in altbabylonischer Keilschrift und in sumerischer Sprache (die ja auch idiographisch als babylonisch-assyrisch gelesen werden kann) die Inschrift hat:

12 ma na gina — gal (mulu) dingir igi ma na

Mensch Gott Auge Mine

d. h. 12 Mine richtig, der Diener des Gottes, der das Auge auf der Mine hat.

Metrologie.

Die Masse unterstanden göttlichem Schutz; in Athen waren die Normalmasse auf der Akropolis; in Rom auf dem Kapitol und im Tempel der Juno moneta verwahrt (Generalaichamt).

b) In der Vorderasiatischen Abteilung des Berliner Museums aus demselben Material 16 Mine, Inschrift unentzifferbar.

c) Das Gewicht der amerikanischen Wolfe Expedition 1885 (Americ. Orient. Soc. Proceedings at New York 1885), das die bei den sogenannten Zylindern mit Bau- und Weihinschriften übliche Fässchenform hat, aus gleichem Material, es wiegt fast genau doppelt soviel wie b, ist also 13 Mine und das bestätigt die Inschrift:

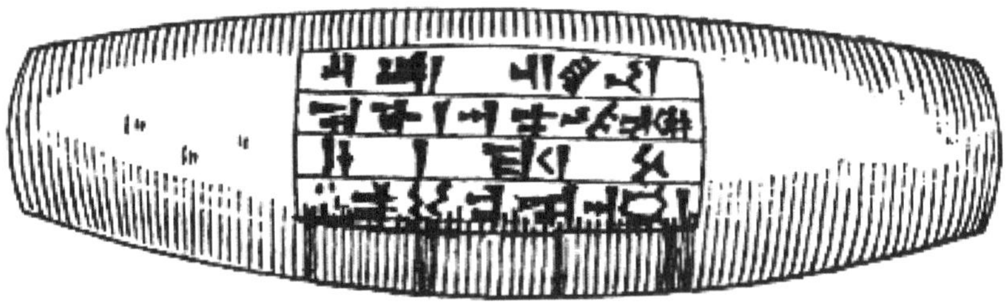

1) 13 Ṭu gina, 2) e—kal^{m} Nabû — sum — esir (?), 3) abli^{m} Da—lat (?), 4) .... pāte—is—si ili Marduk

d. i. 13 [Mine in] Schekel [n] [ausgedrückt] Palast des Nab., Sohnes des D., Fürstpriester des Marduk (Lehmann, Verh. der Berl. anthrop. Gesellschaft 1891; J. Oppert, L'étalon des mesures assyr., Extrait du journal asiat. Paris 1875).

Die Gewichte in Entenform sind erheblich ungenauer, aber als Durchschnittsgewicht ergibt sich 491,2 Gramm für die leichte Mine, 982,4 für die schwere. Indem man die Kubikwurzel aus 982,4 zieht, ergibt sich für die 10fache Wurzel, das ist die Doppelelle 992,35 mm. Nun ist die Länge des Sekundenpendels für den 31. Breitengrad 992,35 mm, und nach der Hypothese Lehmanns, welche Helmholtz plausibel erschien, hatten die Babylonier zur Zeit Gudeas den Gedanken Huygens, die Länge des Sekundenpendels als natürliches Längenmass zu verwerten, schon vorweggenommen. Als Bestätigung der von Lehmann gegebenen sogenannten »gemeinen Norm« dient dann eine Ende des Jahres 1893 in Babylon zum Vorschein gekommene ganze Mine, die nach ihrer Legende eine Kopie aus der Zeit Nebukadnezar II. 607–561 nach einer Mine aus der Regierungszeit Dungis ist, des ältesten erreichbaren Königs eines grossen Teils von Babylon etwa um 3200; die Mine, welche sich jetzt im British Museum befindet, hat ein Gewicht von 979,2 Gramm.

Die meisten und wichtigsten antiken Gewichte sind direkte Abkömmlinge der babylonischen gemeinen Norm, bezw. der daraus gebildeten Silbermine, welche 109 der Gewichtsmine ist.

			schwer	leicht
Teilbetrag	6060;	Gewichtsmine	982,4	491,2
"	5060;	Goldmine	818,6	409,3
"	5045;	babyl. Silbermine	1091,5	545,8
"	100135;	phöniz. Silbermine	727,6	363,8
		ägypt. Goldmine		409,31

babyl. Silbermine = 6 ägypt. Pfund à 10 Lot.

Die römisch-athenische Elle = 109 der babylonischen gemeinen Elle, der Fuss = 23 Elle und der Schritt = 5 Fuss = 123 Elle = 112 babylonischen Elle.

Wir rechnen heute 114 Schritt in der Minute für die deutsche Armee, die Babylonier 120 Schritt = 180 Ellen, also auf die Doppelminute **360 Ellen**.

J. Brandis: das Münz-, Mass- und Gewichtssystem in Vorderasien bis auf Alexander den Grossen, Berlin 1866. Brandis setzt das Wertverhältnis des Goldes zu Silber bei den Babyloniern wie 40:3 = 360:27 (wie Jahr:Monat).

Die Tafel von Senkereh und das Zahlsystem.

Die Tafel von Senkereh.

Im Jahre 1854 fand der Ingenieur W. K. Loftus in den Ruinen von Larsam beim heutigen Senkereh eine leider stark verstümmelte Tafel, die aber doch für die Kenntnis des Zahl- und Masssystems von grösster Wichtigkeit geworden ist.

Die Tafel von Senkereh enthält auf der Rückseite drei Kolonnen: a) die Zahlen von 1–39 mit ihren Quadraten, b) die Zahlen der Quadrate mit ihren Wurzeln 1–39, c) die Kubikzahlen von 1–39. Zu b ist in Kujundschik, der Residenz Salmanassars eine Ergänzung gefunden, welche die Quadrate der

Zahlen von 44–60 enthält. — Auf der Vorderseite ist, stark verstümmelt in Kolonne I und II eine Tabelle, die nach Finger, Ellen und deren Vielfachen bis zu 2 Kaspu fortschreitet; Kol. III und IV enthält dann eine Tabelle, die zwei Masssysteme vergleicht, deren erstes die gewöhnlichen Bezeichnungen des Längenmasses trägt, während die zweite nur in unbenannten Zahlen fortschreitet.

Zahlsystem.

Ehe ich auf die Erklärung der Tabelle eingehe, muss ich über das babylonische Zahlsystem sprechen. Es sind zwei Zahlsysteme in Gebrauch, das eine dekadisch, das andere ältere sexagesimal, das bei Massen und in der Astronomie sich erhalten hat. Es ist möglich, dass die dekadisch Zählenden die Semiten, und die Sexagesimalen die Sumerer waren. Nach Lehmanns Angaben über die sumerischen Zahlzeichen, die z. B. 7 als 5 + 2 wiedergeben, kann ein Fünfer-System das ursprüngliche der Sumerer gewesen sein, und das Sexagesimalsystem sich von den grossen wissenschaftlichen Zentren aus als ursprünglich gelehrte Schöpfung zunächst auf die Gebildeten und die Priester verbreitet haben, aus denen sich die Schreiber (Staatsbeamten) und Handelsherren rekrutierten.

Sie hatten nur zwei Ziffern, den einfachen Keil für eins, istan, isten als Zahlwort ist, aus dessen Häufung die Einer gebildet werden, und  10 esru, Plural esrit; dazu kommt später das gemeinsame semitische (auch ägyptische) Zahlwort me 100 geschrieben .

 ist eins und die Einer werden durch den betreffenden Haufen von Keilen gebildet; z. B.  si-ba sibista, die Zehner durch eben solche Haufen der Zahl 10  esru esertu, eserte esrit, also 11  isten ésrit.

1 isten, 2 sina, 5 hamsu, 100 mê , 1000 für das wir bislang kein Zahlwort haben als 10 · 100 . Dies ist aber zu einem eignen Zahlzeichen geworden,  ist nicht 2000 sondern 10 · 1000 = 10000 und  würde 100000 sein.

Das zweite System hat zur Einteilungszahl 60 und seine Übereinheiten wie 60^2, 60^3, seine Untereinheit ist 160, deren Untereinheit 160^2, die Eins wird, wie sie bei uns als 10^0, so hier als 60^0 angesehen. Alle diese Zahlen drückt dasselbe Zeichen aus, der einfache Keil, und die Bedeutung ergibt sich wie in unserm sogn. indisch-arabischen System durch Position.

Die 60 heisst sussu (Schock), σωσσος der Hellenen, soss assyrisch, , die 60^2 heisst Sar, Saros der Hellenen .

Daneben gibt es Einheiten II. Klasse, wie sie Lehmann nennt.

60^3 60^2 60 160 160^2

36000 sar 600 10 16 1360 121600

oder

ner 6

für 600 ist ein eignes Zahlwort  ner durchaus belegt und volkstümlich gewesen; so ist

 = 672 = 11 · 60 + 12.

Das magische Quadrat.

Als interessantestes Beispiel altchaldäischer Rechnung gebe ich Ihnen die Bildung des Quadrats von 653 nach einer von J. Oppert edierten magischen Tafel, welche aus der gleichen Zeit stammt (Zeitschrift für Assyriologie 1903 Bd. 17 pag. 60). Die Zahl 653 ist unter dem Namen Sulbâr = Ewigkeit die magische Zahl κατ' εξοχὴν;

5 · 653 = 3265 ist die Phönixperiode; 653 ist gleich 292 + 361 und 5 · 292 = 1460 ist die Sothisperiode; 5 · 361 = 1805 ist die Lunarperiode. Ich bemerke, dass die hohe Wertung der Zahl 653 ein Argument für ein ursprüngliches Fünfersystem (wie bei den Azteken) ist.

Die Rechnung gestaltet sich wie folgt:

1) 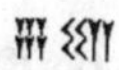 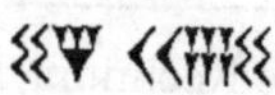

6 Soss 40 idem (400^2) 44 Sar 26 Soss 40 = 160000

2)  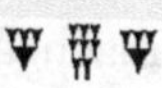

2 Soss 2 · 2 Soss 2 = 122^2 4 Sar 8 Soss 4 = 14884

3)  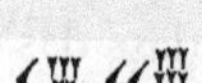

30 $^{30}/_{60}$ · 30 $^{27}/_{60}$ 15 Soss 29 = 929

4)  

1 Soss 54 · 14 Soss 24 — 27 Sar 21 Soss 36 = 98496

5)  

6 Soss 30 idem — 42 Sar 15 Soss = 152100

6)  

Summe 2 Soss minus 2 Sar 2 Ner 6 Soss 49 — von welcher Zahl ist es das Quadrat.

Also: $118 \cdot 60^2 + 2 \cdot 600 \cdot 6 \cdot 60 + 49 = 426409$.

7) 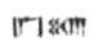

(Von) 6 5 3 — (ist es das) Quadrat.

Also: $653^2 = 426409$ ist zerlegt in:

$$400^2 = 160000$$

$$122^2 = 14884$$

$$3012 \cdot 30920 = 929$$

$$114 \cdot 864 = 98496$$

$$390^2 = 152100$$

Die Tafel von Senkereh.

Ehe ich diese Rechnung weiter bespreche, möchte ich Ihnen die Tafel von Senkereh in 4facher Vergrösserung aus dem grossen und kostbaren Rawlinson'schen Werke vorführen und Sie auf gewisse Eigentümlichkeiten der Tafel aufmerksam machen. Leider steht mir nur die erste Auflage und nicht die wesentlich veränderte zweite Auflage zur Verfügung. Sie sehen in der Tabelle No. 2 die Tafel der Quadrate der Zahlen von 1–60 mit einer Lücke von 25–44, so dass das Quadrat voransteht, d. h. also die Tabelle ist zum Wurzelziehen eingerichtet und daneben zum Quadrieren. Die Tabelle, welche die Überschrift Reverse trägt, ist eine Tafel der Kubikzahlen von 1–32. Die wichtigste Tafel, die (irrtümlich) die Überschrift Obverse trägt, ist die rechte Tabelle, die für die Metrologie von entscheidender Bedeutung geworden.

Nun sehen Sie, bitte, mal hier 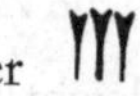 (3) und dort  (121) und bedenken Sie die 4fache Vergrösserung, dann werden Sie sehen, welche Übung und Schärfe nötig war um die, wie Sie schon an dem Beispiel 653 gesehen haben und wie bei der Besprechung der Astronomie noch deutlicher hervorgehen wird, recht komplizierten Rechnungen auszuführen mit einem System von 2 Ziffern; es ist klar, dass sehr ausgedehnte Tabellen diesen Rechnern völlig geläufig sein mussten. Kritisch würde die Sache bei 61 sein, aber ich vermute, denn die Zahl ist m. W. nicht gefunden, sie würden ebenso wie sie dort  120 sehen, ganz ruhig geschrieben haben  und es dem Scharfsinn des Lesers überlassen haben darin 60 + 1 oder 1 + 1 zu sehen.

Die magische Rechnung.

Ich komme nun auf unsere magische Tafel und die Rechnung zurück. Berossus und Eusebios von Cäsarea berichten uns, dass die Chaldäer ihre heroische Zeit auf 60 · 653 geschätzt haben, die Bibel gibt von Erschaffung der Welt bis auf Abraham 292 Jahre und von Abraham bis zum Ende der Genesis 361, macht 653 Jahre. Gerade diese beiden Bestandteile der Zahl sind das, was sie zur magischen Zahl gemacht hat. 5 · 292 = 1460 ist die Sothisperiode, die Anzahl der Jahre, die vergeht bis der Anfang des bürgerlichen Jahres zu 365 Tagen mit dem heliakischen (heliakisch = Aufgang in der Morgendämmerung) Aufgang des Sirius zusammenfällt und 1805 oder 5 · 361 Jahre ist die Lunarperiode, die Zahl der Jahre, nach welcher der Mond immer wieder die gleiche Stellung einnimmt sowohl im Vergleich zu den Jahreszeiten als auch in seinem Abstand von der Sonne (Phasen), in bezug auf das Eintreten der Finsternisse als auch in seiner Beziehung zu den Sternen.

Nimmt man das tropische Jahr der Babylonier zu 365^{d} 2475, so sind:

$1805^{a} = 659271^{d}$ ferner:

22325 synod. Monate = 659270^{d} (Neulicht zu Neulicht)
24227 draconische Mon. = 659271^{d} (Rückkehr zum Knotenpunkt)
24130 Siderische Mon. = 659271 (Rückkehr d. Mondes z. Fixstern).

Ich will auf das Exempel noch weiter eingehen, es ist nach Oppert ein klassisches Beispiel altchaldäischer Zahlenmystik, die unter dem Namen der Kabbala bis in die neueste Zeit, ja noch heute unter den Juden Galiziens im Schwange ist. Die Zahl und Rechnung spielten im Kulturleben der Babylonier eine enorme Rolle, jeder Gott hat seine eigene Zahl, z. B. Bel das

Symbol , d. h. Gott, dem die 20 zukommt, Marduk als Stier des Tierkreises repräsentiert die , die Zahl der Zeichen die er anführt. Sin des Mondes Gott hat die  vielleicht weil er in ältester Zeit der Hauptgott, wahrscheinlich wegen des Monats von 30 Tagen, die Engel-Brüche etc. Die Horoskope, die ja auch babylonischen Ursprungs sind, sind ein Ausfluss solcher Zahlenmystik, die sich von Babylon aus über die ganze Welt verbreitet hat. Wer unter Ihnen bibelfest ist, wird sich an die Kabbala im Daniel erinnern (s. u. Pythagoräer).

Wir haben bereits eine grosse Anzahl solcher magischer Tafeln und sehen, wie wir auch an unserm Beispiel nachweisen können, darin die Anfänge der wissenschaftlichen Zahlentheorie, man vergleiche Astronomie und Astrologie.

Unter den wenigen aus Khorsabad geretteten Inschriften haben wir glücklicherweise die Angabe des Sargon II. über die von ihm gegründete Stadt Dar Sarkim- (Khorsabad von E. Botta 1842–45). Die Mauer war rechteckig, sie hat 1647 auf 1750^{m}. Keine Halle, kein Zimmer, kein Stadtplan durfte aus religiöser Scheu rein quadratisch sein; dies scheint als eine Verletzung der Ehrfurcht gegen den Gott gegolten zu haben, bei dem Allerheiligsten war eine sehr enge Annäherung an das Quadrat gestattet. In der Inschrift von Khorsabad gibt Sarkin nun an, dass der Umfang der Mauer die Zahl seines Namens sei; dieser Name ist sar Fürst und kin das wir allenfalls mit mächtig wiedergeben können; sar entsprach der Zahl 20 und kin 40; und misst man den Umfang aus, so findet sich, dass er $20 \cdot 3265 + 40 \cdot 1460$ Spannen, d. h. also die Stadt sollte 20 Phönix- und 40 Sothisperioden überdauern.

»In unserer Tafel haben wir es nun mit einem zyklischen Flächenraum zu tun, 653^2, und dies ist in Quadrate zerlegt bis auf 99425, das in zwei Rechtecke zerlegt ist, das ist auffallend, da doch

$99425 = 311^2 + 52^2; 305^2 + 80^2; 292^2 + 119^2; 284^2 + 137^2; 280^2 + 145^2; 247^2 + 196^2$

und keine dieser Möglichkeiten den Chaldäern unbekannt sein konnte, die mit der Zerlegung von Quadraten vollkommen vertraut waren.« Ich halte es für äusserst wahrscheinlich, dass der Pythagoras bereits den Chaldäern bekannt war und von ihnen nach Indien gekommen ist. Die Ausschliessungen aller der Zerlegungen muss also ihren guten Grund gehabt haben.

Die Zahlenmystik auf Tempel-Grundrisse angewandt.

Es handelt sich um ein schwieriges arithmetisches Problem: »Ein heiliges Quadrat von 653 so zu zerlegen, dass der Umfang der Figur eine Zahl von Phönix- und Sothisperioden und die Tiefe eine ganze Lunarperiode darstellt.« Demgemäss würde der Tempel folgendermassen angelegt (nach Oppert). Ein Vorhof von 400 Ellen im Geviert, mit einer Öffnung von 16 Ellen, einer Vorhalle desgleichen von 122, eine kleine heilige Stelle von 3012 auf 30920, danach ein langer Gang von 869 auf 114, eine quadratische Endhalle von 390. Die Tiefe ergibt 1806, was unmerklich von 1805, der Lunarperiode, abweicht, den Umfang findet Oppert, mittelst der Öffnung zu 5086 = 6 · 653 + 4 · 292. Meine Berechnung ergibt aber nur 5071 und für das gesamte Mauerwerk 5429. Die erste Zahl kann mit 2 Öffnungen hinten und vorn auf die Summe von 5 Phönix- und 6 Sothis-Perioden reduziert werden, wodurch die heilige Zahl des Marduk ihre Ehrung findet, die letztere (unwahrscheinlichere) auf 1 Phönix- und 3 Sothisperioden mit Zusatz von 8 Ellen für einen Eingangsvorbau.

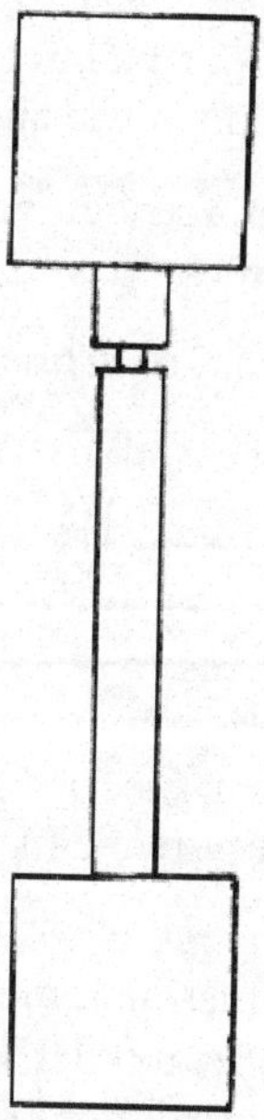

Tempel-Grundriss des Sargon.

Als sehr interessantes Beispiel der Zahlenschreibung hebe ich Zeile 6 aus der von J. Oppert 1903 behandelten magischen Quadrattafel hervor, wo sich vorne das von Oppert ergänzte Summenzeichen tab 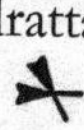 findet, die 118 sar geschrieben werden als 120 - 2, mit dem Minuszeichen lal, die beiden ner nicht  sondern  wiedergegeben sind, und das Wortzeichen für Ibdi, Quadrat, , welches selbst in seiner neuassyrischen Form deutlich die Kombination von Zusammenfassung und Zwei bekundet, wie das Zeichen von Kubus, Badie, sich durch drei innere Striche kennzeichnet.

Über das Vorkommen der 0; Entstehung des Sexagesimalsystems.

Es drängt sich hier die Frage auf nach der 0, denn das ist ja noch das einzige, was für die Inder zu retten wäre, da der Gedanke die Potenzen der Grundzahl durch den Stellenwert der Ziffer zu kennzeichnen, wie Sie gesehen haben, altbabylonisch ist und auf die ältesten Zeiten der Völker von Sumer und Accad zurückgeht. Da geben nun die Tafeln von Senkereh keinen Aufschluss, denn weder unter den Quadratzahlen noch unter den Kubikzahlen der Tafel kommt eine Zahl vor, welche die 0 in der Mitte verlangte. Aber in den Stimmen von Maria Laach haben die beiden Patres S. J. Strassmaier und Epping eine sehr schöne Arbeit veröffentlicht »Astronomisches aus Babylon« oder »Das Wissen der Chaldäer über den gestirnten Himmel«; hier kommt der Fall der 0 des öfteren vor, da ist nun meist die 0 aus der Lücke zu erkennen wie auch sonst, aber es kommt auch dafür das Zeichen , genannt der Trenner, vor. Mit diesem Zeichen für die Null ist die Möglichkeit näher gerückt, dass die 0 babylonisch ist. Es spricht allerdings wieder manches dagegen, so schreibt der Babylonier 2 meist  und nicht  und 61 wird durch (soss) d. h.  wiedergegeben und z. B. 120 kommt bis dato nicht in der Form  vor, statt  oder .

Ursprung des Sexagesimalsystems.

Nun, meine Herren, lassen Sie uns die allerinteressanteste Frage berühren: wie ist das Sexagesimalsystem entstanden?

Da waren nun bis vor kurzem alle Autoritäten, vor allen M. Cantor darin einig, dass es vom Himmel stamme, d. h. nicht bildlich sondern physisch, und dass es auf das Engste mit der Teilung des Kreises in 360 Teile, die als altbabylonisch feststeht, zusammen hänge. Nach dem Vorgang eines Italieners Formaleoni von 1788 nahm auch M. Cantor 100 Jahre später an, die Quelle der Kreisteilung in 360 sei ein uralter grober Irrtum der Babylonier über das Sonnenjahr gewesen. Diese schärfsten aller Himmelsbeobachter, deren ganzes Leben seit uralter Zeit unter dem Einfluss der himmlischen Konstellationen stand, deren ganzer Kult ein Kult der Sonne, des Mondes und der Sterne, der Naturerscheinungen insgesamt war, die hätten einen

Irrtum, der so grob war, dass er in 8 Jahren 42 Tage betrug, nicht eher gemerkt, als bis sie ihr ganzes Mass-, Münz- und Gewichtssystem darauf zugeschnitten. Cantor meint nun, sie seien zur 60 gekommen von der Kreisteilung aus, auf der Suche nach einer passenden Untereinheit hätten sie den Radius als Sehne in den Kreis getragen und dabei gefunden, dass er $^{1}/_{6}$ des Kreises gleich 60 Grad spanne, und da hätten wir ja glücklich die 60!

Wenn Letronne, Journal des savants étrangers 1817 diese Hypothese aufstellte, so konnte man diesen Versuch anerkennen.

Bis etwa 1900 nahmen die Assyriologen diese Erklärung gedankenlos hin; sie hatten so viele schwierige Probleme, dass sie das geringe mathematische Material zunächst beiseite liessen. Wurde doch das Sexagesimalsystem erst nach 1854 von E. Hincks entdeckt. In dem von ihm behandelten Mondtäfelchen (Irish academy) handelt es sich um die in 15 auf den Neumond folgenden Tagen sichtbar werdenden Teile des Mondes.

Es seien, heisst es, an diesen 15 Tagen der Reihe nach sichtbar:

	5		10		20		40	1	20
1	36	1	52	2	8	2	24	2	40
2	56	3	12	3	28	3	44	4	

Hincks nahm an, dass die Mondscheibe in 240 Teile zerlegt gedacht sei und die weiter nach links stehende Zahl 1.60 2.60 etc. bedeutete und die Beobachtungszahlen in den ersten 5 Tagen einer geometrischen, in den folgenden 10 Tagen einer arithmetischen Reihe folgen. Nebenbei bemerkt ist es nicht unwichtig hier eine Kreisteilung in 4 Quadranten und jeden Quadranten in 60 Teile geteilt zu finden, denn damit ist der astronomische Ursprung des Grades verurteilt. Die Erklärung Hincks wurde dann zuerst 1854 durch die Tafeln von Senkereh und dann immer mehr bestätigt. Um 1900 wendeten sich gleichzeitig drei Assyriologen Mahler, Ginzel, Lehmann gegen den Ursprung des Systems aus der Jahresbewegung. Mahler machte höchst zutreffend darauf aufmerksam, dass das Jahr sich überhaupt nicht zum Massentnehmen eigene, die Babylonier schon so lange die Denkmäler reichen mit der Zahl 365,2(4) der Tage vertraut waren und wie auch die Ägypter ein eigenes Fest der 5 Extratage feierten. Er wies darauf hin, dass die tägliche Bewegung den Lichttag als Hälfte und Vor- und Nachmittag einen Vierteltag ergäbe.

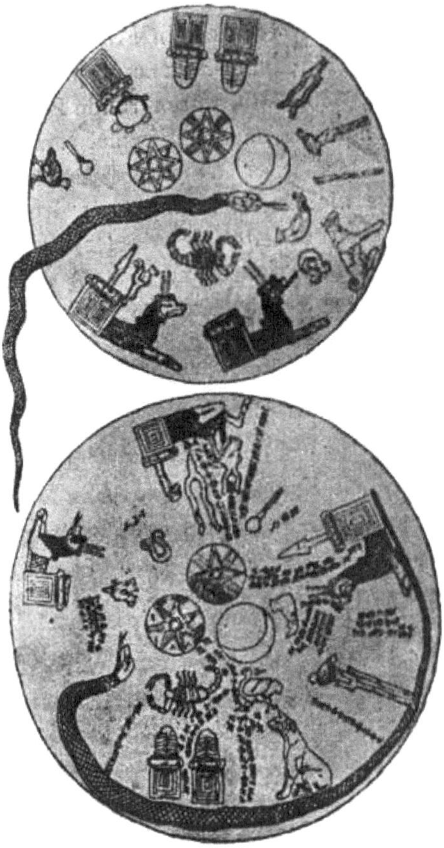

Noch ansprechender war die Hypothese Lehmanns, dass die Babylonier beobachtet hätten, dass der Sonnendurchmesser 1720 der Ekliptik und jedes Tierkreisbild 112 und damit das Verhältnis 160 gewonnen sei. Leider stimmt die Sache nicht. Die Wasseruhr war den Babyloniern bekannt und mit ihrer Hilfe wurde der Sonnendurchmesser zu 32' 6" bestimmt. Nebenbei bemerkt, ist die genaue Bestimmung eines der diffizilsten astronomischen Probleme, man vgl. die Arbeiten Auwers in den Berliner Sitzungsberichten.

Der Tierkreis ist allerdings unzweifelhaft babylonischen Ursprungs; Sie sehen hier in der schon erwähnten Arbeit Eppings Abbildungen. Die Gleichheit aber der 12 Zeichen ist nicht ursprünglich. Lehmann fand auch in der Festsetzung der Gold- und Silberwährung 40 : 3 etwas Himmlisches, nämlich das Verhältnis der Tage des Jahres 360 und deren des Monats 27. Alles dies wäre sehr schön, wenn es nur richtig wäre. Das Verhältnis des Sonnendurchmessers zum Vollkreis ist ungefähr 1673, das des Jahres zum Monat keineswegs 40 : 3. Auch die 12 Monate zu 30 Tagen stimmen nicht, denn nie hat ein Monat volle 30 Tage. Das erlösende Wort hat 1904 wieder ein Lehrer der Mathematik, diesmal ein pensionierter, gesprochen, Kewitsch in Freiburg. Er hat den, man sollte meinen, selbstverständlichen Satz ausgesprochen: erst Zählen, dann Messen; 6, 60, 360, 3600 waren runde Zahlen bei den Babyloniern und sind von ihnen an den Himmel versetzt, in die Natur hineingelegt.

Damit ist freilich die Frage wie die 6 und die 60 zu Grundzahlen wurden, nicht gelöst. Kewitsch leitet sie von der Fingerrechnung ab; er gibt zwei Wege an; den ersten hält er selbst für nicht sehr wahrscheinlich; dem zweiten zufolge sollen sie, nachdem alle fünf Finger benutzt, noch einmal die Hand mit weggestrecktem Daumen als 6 gezählt haben und in Verbindung mit den 10 Fingern zu 6 · 10 = 60 als Grundzahl gelangt sein. Kewitsch führt den Umstand, dass das Zeichen für Hand ursprünglich 6 Striche gehabt hat, als Beweis an: Quat-Hand , später ; andrerseits ist die natürliche Stellung der ausgestreckten Hand doch die, dass der Daumen nicht angedrückt wird. Ausserdem scheint mir Kewitsch einen Umstand nicht beachtet zu haben, nämlich den, dass das Sexagesimalsystem der Sumerer ein durchaus künstliches ist, das mit einer ausserordentlichen Übung im Rechnen mit grossen Zahlen verknüpft ist und dass das Zählen an den Fingern bei Entwicklung dieses Systems ein längst überwundener Standpunkt gewesen ist. Ausserdem ist die älteste Form des Idiogrammes für Hand, (s. o.), ein ganz deutliches Bild der 5 Finger mit der Handwurzel und zugleich Name für fünf.

Ich halte die Frage für nicht geklärt und wage nur Vermutungen wie die, dass es sich um eine ganz bewusste von den Gelehrten, d. h. den Priestern ausgehende Wahl der 6 als teilbar durch 2 und 3 gehandelt haben kann. Diese Teilung war auch technisch leicht durchführbar, man vergleiche die Elle des Gudea bei Borchardt (Berliner Berichte 1888, I); diese Wahl kann sehr wohl astronomisch beeinflusst gewesen sein. Die 60 empfahl sich als Grundzahl, weil sie durch die ersten 6 Zahlen teilbar ist und sich sowohl ins Fünfer- als Zehner- als Zwölfer-System einfügt. In den Mondtafeln von Hincks kommen so ziemlich alle Faktoren von 60, sogar die Mandel vor.

Die Beobachtung der Gestirne durchdrang das ganze Leben des Volkes, denn vom Himmel holten sie die Omina, die Vorbedeutungen, nach denen sie ihre Handlungen einrichteten. Ein Wechsel des Beobachters alle 4 Stunden, später alle 2 Stunden ist durchaus praktisch; (lösen wir doch unsere Posten alle 2 Stunden ab) und wir wissen jetzt, man vergleiche Epping, dass vom Anbeginn an bis in die Seleuciden- und Arsacidenzeit die Chaldäer den vollen Tag in 6 Teile oder Kas. pu geteilt haben, und die eigentliche Bedeutung des Wortes Su-su (Schock) ist 16. Die Unterteilung der Doppelstunden in 10 Teile ist dann zu genauer Ortsbestimmung durchaus praktisch, und die Zehnteilung ist am System unserer Finger vorgebildet. Erst später trat die Halbierung der Doppelstunde und damit die Stunde als 24stel des Tages ein. Der Tag, d. h. die Dauer der Rotation ist und bleibt die einzige wirklich in der Natur gegebene Masseinheit, und selbst wenn die Achsendrehung der Erde nicht völlig konstant ist, sind wir ausserstande die kleinen Schwankungen zu konstatieren. Nachdem die 360-Teilung des Tages durchgeführt, lag es nahe zur Erleichterung des Geschäftsverkehrs das Geschäftsjahr, wie auch heute auf 360 Tage und den Monat auf 30 Tage abzurunden. Sie wissen ja, dass noch heute unsere Soldaten für den 31. keinen Sold bekommen.

Die Tafeln von Senkereh.

Ich komme nun auf die Tafel von Senkereh zurück, von der wir erst seit 1870 durch Georg Smiths wissen, dass wir darin Zahlentabellen haben, und die erst Hincks, wohl des geistig bedeutendsten Keilschriftentzifferers Entdeckung des Sexagesimalsystems bestätigte. R. Lepsius, der grosse Ägyptologe, hat die Tafel 1877 in der Berliner Akademie in einer längeren Arbeit behandelt. Abgesehen davon, dass ihm die mathematische Bildung mangelte um einzusehen, dass eine Tabelle der Quadratzahlen zugleich eine der Wurzeln ist, hat er in der Tabelle, deren linke Kolonne benannte, deren rechte unbenannte Zahlen enthält, einen Vergleich sumerischer und assyrischer Längenmasse gesehen. In seiner Arbeit: Beiträge zur alten Geschichte, 1902, hat C. F. Lehmann nachgewiesen, dass es sich hier um eine Vergleichung von Zeitmass und Längenmass handelt und dass wir hier strikte Durchführung des Sexagesimalsystems vor uns haben. Lehmann hat nachgewiesen, dass während wir 114 Schritt auf die Minute rechnen, Römer und Babylonier 120 Schritt à 112 Ellen, also 180 Ellen, und somit auf die Doppelminute 360 Ellen und auf den Zeitgrad, auf 1360 Tages, 360 Doppelellen gehen. Dass aber die Doppelelle das ursprüngliche Längenmass ist, das zeigen uns die beiden Massstäbe der Gudea, von denen ich hier Ihnen ein Exemplar vorführe.

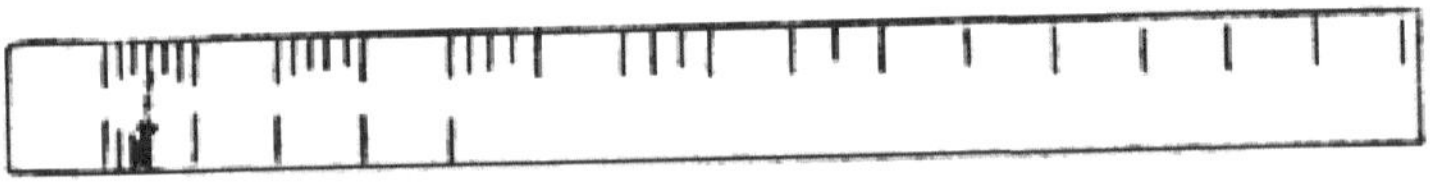

Massstab der Gudeastatue, 1/2 der nat. Grösse.

Ich gebe nun die Tafel von Senkereh in Umschreibung wieder:

Kolonne III.

Zeit	**Zeit-Doppelelle**	**Grade**	**Zeiteinheit**	**Raumdoppelelle**

1 Zeit-Finger	160	121600	190	Sek.	160
5	112	14320	118	"	112
1 Elle	12	1720	13	"	12
12 Gar	3	1120	2	"	3
1 Gar	6	160	4	"	6
5 Gar	30	112	20	"	30
1 Soss = 60 Gar	360	1	4	"	360
1 Kas-pu = 30 Soss	10800	30	2	Std.	10800
2 Kas-pu	21600	60	4	"	21600

Darin scheint nun Lehmann recht zu haben, dass die Zeiteinteilung die ursprüngliche gewesen und dass die experimentelle Beobachtung, dass zirka 480 Schritt auf den Taggrad kommen, bezw. 120 auf die Minute, dahin geführt hat, das Längenmass auf die Länge des Sekundenpendels zu gründen.

Astrologie.

Welche ausserordentliche Rolle die Astrologie und die sich aus ihr entwickelnde Astronomie für das religiöse und praktische Leben der Babylonier spielte, darüber belehren uns schon die jetzt entzifferten Denkmäler auf das genaueste. In dem schon erwähnten Werk Sargons I., das nach seinen Anfangsworten genannt wird: »Wenn der Bel-Stern,« sind bereits 66 ganze oder gebrochene Tafeln und teilweise in mehreren Exemplaren bekannt. Wir haben ein anderes Werk: »Wenn der Mond bei seinem Erscheinen;« hunderte von Tafeln mit astrologischen Berichterstattungen meist an den König sind im British Museum. Ich gebe ein paar Beispiele:

1) Am 15. Tage des Nisan (März-April) halten sich Tag und Nacht die Wage; sechs Doppelstunden war Tag, sechs Doppelstunden Nacht. Mögen Nebo und Merodach meinem Herrn König gnädig sein. Nebo, Gott der Weisheit, Sohn von Merodach, der als Gott der Frühlingssonne Sohn Bêls, des Gottes der Luft gedacht wird. Merodach wurde zum Hauptgott in Babylonien und verschmolz mit Bêl.

2) An den König, meinen Herrn Ischtarnadinapal, der oberste der Astronomen der Stadt Arbela; Friedensgruss dem König (Salem aleikon)

meinem Herrn. Ischtar (Astarte, Aphrodite) von Arbela sei dem Könige, meinem Herrn gnädig; am 29. Tag machten wir eine Beobachtung, aber die Sternwarte war umwölkt und wir sahen den Mond nicht. Am 1. Tag des Monats Schebat (Januar-Februar) im Eponymat (s. u. S. 66) des Bilcharranschadua.

3) Der Mond ist sichtbar am 1. Tag wie am 28.: Unglück für das Westland. Der Mond ist am 28. Tage sichtbar: Glück für das Land Akkad (Babylonien), Unglück für das Westland; Bericht des Oberastronomen.

Babylonische Kosmologie.

Aus derselben Zeit etwa dem 8. Jahrhundert stammen auch mehrere Fragmente von Festkalendern, welche für jeden einzelnen Tag des Monats Angaben enthielten, welchem Gott der Tag geweiht und welche Opfer in den Tempeln dargebracht werden sollten. Diese Fragmente lassen uns erkennen, dass damals ein ausgebildeter Kalender in Assyrien bestand, und wenn wir damit den Eponymenkanon in Verbindung bringen, so ist der Schluss berechtigt, dass dieser Kalender bis zum Anfang dieses Kanons heraufreicht, d. h. bis in das 10. Jahrhundert v. Chr. Aus der Astrologie hat sich die Astronomie der Babylonier entwickelt, wie aus der Kabbala, den magischen Rechnungen, die Anfänge der Zahlentheorie. Der Hauptstern ist der Nordpol der Ekliptik, der dem Anu (Himmel) geweiht war. Als Gegenpol ist der Ea-Stern (Ozean) = η Argus. (?)

Die drei Regionen des Himmels, welche vom Nordpol ausgehen, sind die Region des Anu: Stier, Zwillinge, Krebs und Löwe, und, beginnend mit dem Aldebaran, die Regionen des Bel (Luft): Jungfrau, Wage, Skorpion, Schütz; die Regionen des Ea (Ozean): Steinbock, Amphora (Wassermann), Fische, Widder.

Die Milchstrasse, mit ihren beiden Verzweigungen wird als Euphrat und Tigris aufgefasst. Die Ekliptik ist die Furche des Himmels; die Milchstrasse erscheint auch unter dem Begriff des Hirtenzeltes, woher auch unser poetisches »Himmelszelt«. Entstanden ist der babylonische Tierkreis zu einer Zeit als der Frühlingspunkt, der jährlich etwa um 50" zurückweicht, im Stier lag; also etwa 3000–4000 v. Chr., der dann im Laufe der Zeit mannigfache Veränderung erlitt bis die völlige Gleichteilung durchgeführt wurde. Besonders wichtig ist die Untersuchung der alten Grenzsteine (Kudurru) geworden, von denen Hommel 14 untersucht hat. Die Abbildung des Tierkreises auf diesen Steinen geschah vielleicht zum Zweck Konstellationen zur Datierung festzuhalten. Auf keinem der Steine fehlt die grosse Schlange als Bild der Milchstrasse und schon auf dem ältesten, der auf

1070 datiert ist, sind die 12 Zeichen. Die Bilder sind die bei den Griechen und zum Teil noch heute üblichen.

Das neueste Werk über diese Grenzsteine ist A new Boundary Stone of Nebuchadnezzar I. von W. M. J. Hinke, Bd. IV der Serie D des grossen Hilprechtschen Sammelwerks the Babylonian Expedition of the Univ. of Pennsylvania 1907. Hier ist auch der Zusammenhang mit dem tibetanischen und indischen Tierkreisen besprochen.

Astronomie.

Die Untersuchung der Namen etc. zeigt, dass der Tierkreis babylonisch-sumerischen Ursprungs ist und sich von den Babyloniern zu Ägyptern, Griechen, Indern, Chinesen und zu uns verbreitet hat. Das gleiche gilt von den Mondstationen oder Häusern, ihre Zahl schwankte zwischen 24–36, und sie haben sich ebenfalls nach China, Indien (naxatra) und Arabien verbreitet. Die helleren Sterne waren ihnen in sehr alter Zeit bekannt. Aus der Arsakidenzeit der Jahre 122 v. Chr. und 110 sind uns vollständige Ephemeridentafeln, Bestimmungen der Abstände der Sterne von festen Sternen der Ekliptik, erhalten. Sie hatten ganz bestimmte Regeln für die Berechnung des Neumondes und Neulichtes, die von J. Epping, S. I. unter Beihilfe des Assyriologen Strassmaier, S. I. 1889 in den Stimmen aus Maria Laach unter dem Titel: Astronomisches aus Babylon mitgeteilt sind; es finden sich darin auch Tabellen des heliakischen Auf- und Untergangs der Planeten und einer Anzahl von Fixsternen, vor allem des Sothis, id est Sirius und des »Kakkab mišre« des Orion. Sie kannten die Periodizität der Finsternisse und konnten deren Sichtbarkeit für Babylon annähernd vorausbestimmen. Sie hatten Instrumente, die unserem Astrolabium und Planetarium entsprechen; sie kannten die mittlere Geschwindigkeit des Mondes, d. h. den Bogen, den der Mond durchschnittlich während eines Tages in der Ekliptik beschreibt, die grösste Geschwindigkeit des Mondes, ebenso die der Sonne und das Gesetz, nach dem die Geschwindigkeit der Sonne in der Ekliptik sich ändert, sie kannten die Jahresdauer, die Durchschnittsdauer des Monats von Neumond zu Neumond, also des sogenannten mittleren synodischen Monats, den sie nur um 0,4 Sekunden länger als wir ansetzten, sowie die Durchschnittsdauer von einer Erdnähe des Mondes zur andern, d. i. also den sogenannten mittleren anomalistischen Monat, den sie nur um 3,6 Sekunden zu lang ansetzten. Dabei ist erst ein kleiner Teil des aufgefundenen Materials entziffert und dieser aufgefundene ein verschwindender Teil des vorhandenen. Hilprecht berechnet die Zeit, die für Nippur nötig ist bei 400 Arbeitern auf etwa 100 Jahre!

Über die Instrumente, deren sich die Babylonier zu ihren Beobachtungen bedienten, ist wenig bekannt; wir wissen, dass sie die Zeit durch die Wasserwage massen und durch die Sonnenuhr, mittelst des Gnomon und aus der Schattenlänge die Meridiane, bezw. den längsten und kürzesten Tag bestimmten. Aus dem 3. Jahrhundert v. Chr. sind aber durch Kugler eine ganze Reihe sehr feiner Positionsbestimmungen festgestellt worden, die nur mit Hilfe von Instrumenten wie der sogenannten Armillarsphäre, dem Diopter etc. möglich war. Der Diopter setzt dann allerdings die Ähnlichkeitslehre für rechtwinklige Dreiecke, kurz eine Sehnenrechnung voraus und damit wird es wahrscheinlich, dass die Sehnenrechnung, die bis dato dem Bessel des Altertums, Hipparch von Rhodus zugeschrieben wurde, babylonischen Ursprungs ist. Soviel steht fest, wenn auch anfangs die Astrologie zur Himmelsbeobachtung insbesondere der Sonnen- und Mondfinsternisse trieb, seit etwa 300 Jahren v. Chr. gab es an den Sternwarten eine vollkommen wissenschaftliche Astronomie, und die Beobachtungen der Babylonier sind oder werden für unsere Mondtafeln noch wertvoll.

Kugler hat seiner »babylonischen Mondrechnung« von 1900, der pietätvollen Vollendung des Strassmeier-Eppingschen Werkes, 1907 den ersten Band seines grossen auf 4 Bände berechneten Werkes »Sternkunde und Sterndienst in Babel« folgen lassen, unter dem Titel »Entwicklung der Babylonischen Planetenkunde von ihren Anfängen bis auf Christus.« Wenngleich, wie Oefele (Mitteilungen zur Gesch. d. Med. u. Naturw. 29. Juni 1908) schon hervorgehoben hat, dieser Titel nicht glücklich gewählt ist, so ist das Buch doch reich an wichtigen Resultaten: Der unbezweifelbare Nachweis des Babylonischen Ursprungs des Tierkreises und seiner 12 Zeichen, die Kenntnis der Namen für die Planeten und die Masisterne, die hellen Sterne der Ekliptik, welche zur Positionsbestimmung dienten, in Fortsetzung der Leistungen P. Jensens aus seinem Hauptwerke, die Kosmologie der Babylonier 1890, die Kunde der technischen Sprache der Babylonischen Astronomie, die Tatsache der Ekliptikkoordinaten, die Feststellung des Bogenmasses und der Richtungen, Festsetzung des Bogens von 22° 3' zwischen dem festen Koordinatenanfangspunkt 0° arietis der Babylonier und dem 0-Punkt, dem Frühlingsäquinoktium von 1800 n. Chr., die Planetenephemeriden infolge Auffinden von grossen und kleinen Perioden, z. B. für Mars 71 und 41 Jahre, für Venus 8 Jahre (Fehler nur 3' 13,3") etc. Freilich hebt Kugler hervor, dass im 2. Jahrh. v. Chr. die wissenschaftliche Astronomie der Babylonier sehr grosse Fortschritte gegen die früheren Zeiten aufweist, und wie weit dabei hellenischer Geist insbesondere der grosse Hipparch in Betracht kommt, müsste erst noch untersucht werden.

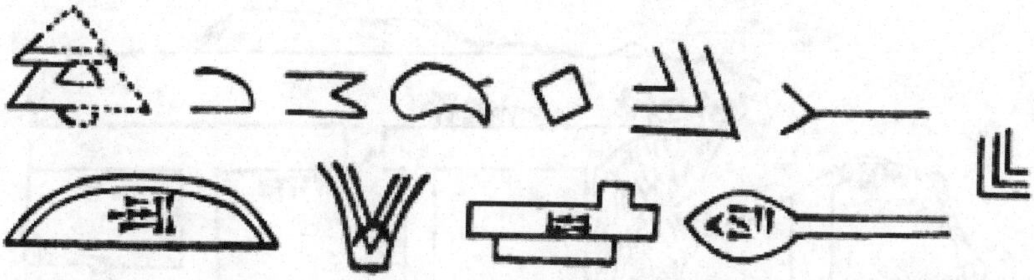

Geometrie.

Über die Geometrie der Babylonier müssen wir uns zurzeit kurz fassen bis grösseres Material vorliegt. Ein Bauplan, eine Tempelanlage von so vorzüglicher Ausführung wie der von L. Borchardt l. c. veröffentlichte, in dem die Türleibungen und die Mauerstärke berücksichtigt ist (siehe Fig. auf S. 112), Beobachtungen, wie die von Kugler mitgeteilten, sind nicht ohne bedeutende geometrische Kenntnisse möglich, aber was uns direkt übermittelt ist, beschränkt sich auf ganz wenige Zeichnungen wie die bei Cantor abgedruckten aus A. H. Sayce Abhandlung: Babylonian augury by means of geometrical figures. In der hier beigegebenen Kopie scheinen mir mehrfach alte Idiogramme wie N 15 etc. vorzuliegen. Bezold bemerkt (Z. A. XVII p. 95), dass ein grosser Teil z. B. der in Kujundschik gefundenen Figuren analoge Bedeutung besitzen, wie die Oppert'sche Konstr. s. Fig. S. 100 und sich auf kabbalistische Rechnung beziehen z. B. 10 und 3.

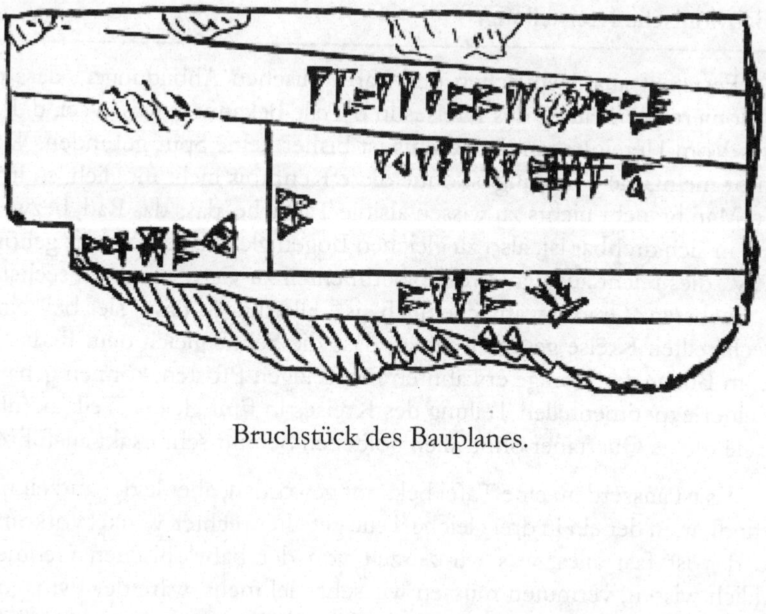

Bruchstück des Bauplanes.

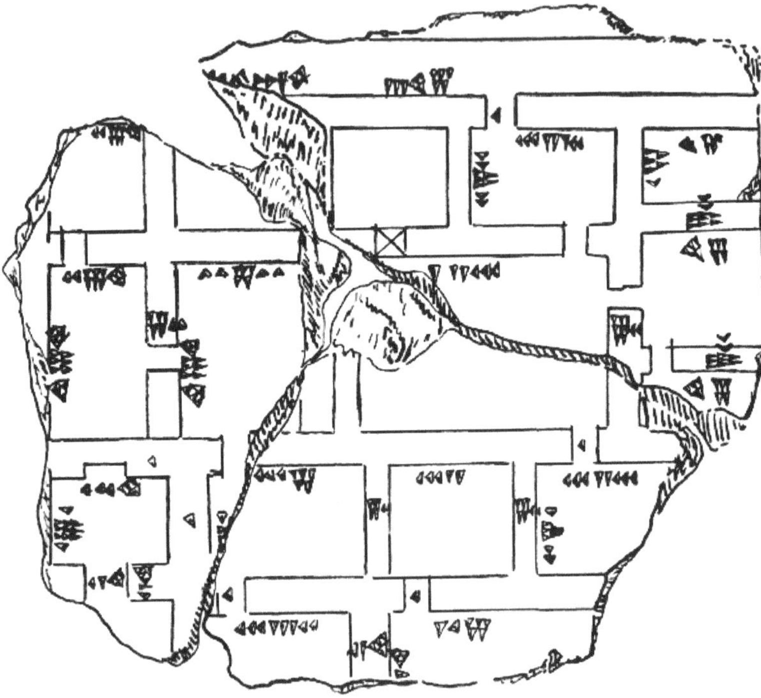

Borchardt'scher Bauplan.

Babylonische Kreisteilung.

Feststeht aus ägyptischen und babylonischen Abbildungen, dass den Babyloniern die Teilung des Kreises in 6 Teile bekannt gewesen sei, d. h. de facto. Vom Hereintragen des Radius ist bisher keine Spur gefunden. Wenn Cantor meint, die 6-Teilung ist ohne diese Kenntnis nicht möglich, so irrt er sehr. Man braucht nichts zu wissen als die Tatsache, dass das Rad, bezw. der Kreis in sich drehbar ist, also zu gleichen Bogen gleiche Sehnen etc. gehören, u. v. v., dies reicht aus den Kreis experimentell zu vierteln und zu sechsteln. Im höchsten Grade wahrscheinlich ist allerdings, dass sie bei einem gesechsteilten Kreise gesehen haben, dass die Sehne gleich dem Radius ist. Die im Buche der Könige erwähnten fünfeckigen Pfosten, können genau so auf einer experimentellen Teilung des Kreises in fünf gleiche Teile beruhen, wie sie meine Quartaner ohne allen goldenen Schnitt sehr exakt ausführen.

Es ist ausserdem eine Tafel bekannt geworden, aber leider zurzeit nicht auffindbar, in der ein in drei gleiche Teile geteilter rechter Winkel vorkommt, und das ist fast alles, was wir zurzeit von der babylonischen Geometrie wirklich wissen; vermuten müssen wir sehr viel mehr; wäre der Pythagoras, was nach den Beispielen der quadratischen Gleichungen ganz gut möglich, den Ägyptern bekannt gewesen, so wäre er sicher den Babyloniern nicht unbekannt geblieben, aber hier heisst es abwarten.

Babylonische Rechentabellen.

Von grosser Bedeutung für die Auffassung der Babylonischen Arithmetik ist Band XX part. 1 Serie A des Hilprechtschen Werkes The Babyl. Expedition of the Univers. of Pennsylv. 1906 (mir erst vor kurzem zugänglich geworden). Es sind hier, abgesehen von Wiederholungen, 31 math. Tafeln veröffentlicht; Multiplikationstafeln, Divisionstafeln, Tafeln von Quadratzahlen und -Wurzeln, eine geometrische Progression. Auf Tafeln, welche dazu dienen, die Rechnungsresulate rasch in das Sexagesimalsystem einzureihen, hat H. hingewiesen, deren eine (s. Bild) er schon in seinem Vortrag von 1903 Bild 45 veröffentlicht hat. Es hat nun Hilprecht bemerkt, dass sämtliche bis jetzt bekannten 46 Multiplikationstafeln sich auf Divisoren der Zahl 60^4 beziehen, inkl. der 2 aus Sippar und Kujundschik, und zwar gehen sie bis 180000×1. Dazu konstatierte er das Multiplikationszeichen A-R A z. B. 2×1 (=) 2: 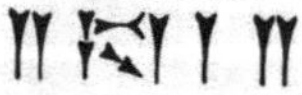, Plan 1, N. 1, das wie das unsrige, oft weggelassen wird, das Divisionszeichen Igi-Gal, habend Auge gelegentlich mit hinter dem Quotienten folgenden Distributivzeichen a-an»je«. Hilprecht konstatierte, dass alle diese Divisionstabellen sich wiederum auf 60^4 beziehen, es sind Tafel N. 20, 21, 24, auf denen das Divisionszeichen fehlt, und Tafel 22 obv., wo es gesetzt wird. Mit Hilfe der wichtigsten Tafel 25 ergänzt H. Tafel 22:

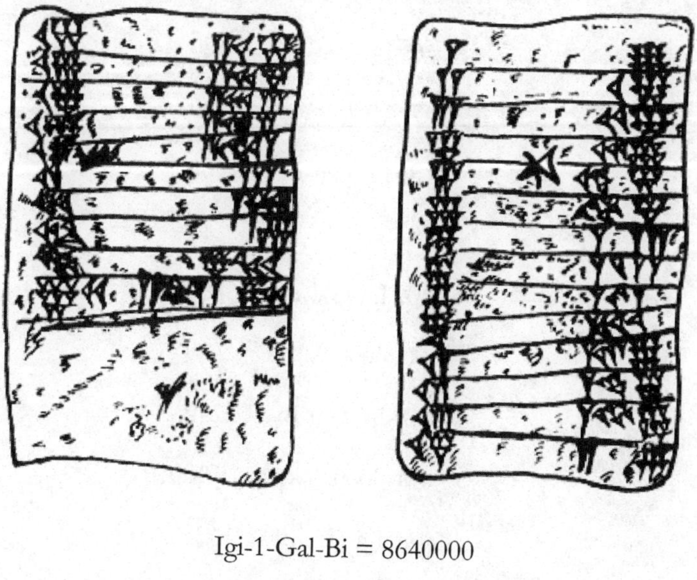

Igi-1-Gal-Bi = 8640000

Igi-2-Gal-Bi = 6480000

Igi-3-Gal-Bi = 4320000

etc., das »Bi« »dessen« bezeichnet den gemeinsamen Dividend 60^4. Ich gebe hier als Beispiel die Multiplikationstabelle 15 (Obv. und Bev.), das 1×1 mit 540, es ist zunächst eingerichtet wie die anderen, d. h. es fehlt das Zeichen, und es enthält 1a bis 20a, und dann 30a, 40a, 50a, so dass also 23a berechnet wird als 20a + 3a, wofür es ja auch Tabellen gab. Diese Tafel ist aber besonders interessant, weil sie eine derjenigen ist, in denen die Zweideutigkeit durch die Zusatzlinie am Schluss gehoben wird. Die Tafel lässt es zweifelhaft, ob man es mit dem 1 × 9 oder 1 × 9.60 zu tun hat, die Schlusszeile (colophon) gibt die nächstniedrige Tabelle der Serie an und lautet hier 8.60 + 20 mal 1 ist 8.60 + 20 id est 500 × 1 = 500, somit ist die  in unserer Tafel 9.60. Sehr bedeutsam ist die Tabelle 25, welche in Hilprechts Übertragung lautet:

Linie	1:	125	720
	2:	Igi-Gal-Bi	103680
	3:	250	360
	4:	Igi-Gal-Bi	51840
	5:	500	180
	6:	Igi-Gal-Bi	25920
	7:	1000	90
	8:	Igi-Gal-Bi	12960
	9:	2000	18
	10:	Igi-Gal-Bi	6480
	11:	4000	9
	12:	Igi-Gal-Bi	3240
	13:	8000	18
	14:	Igi-Gal-Bi	1620

15: 16000 9

16: Igi-Gal-Bi 810

Babylonische Divisionstafeln.

H. erkannte darin unschwer Divisionen von 60^4 durch eine aufsteigende Reihe von Divisoren, für die Bedeutung der Zahlen 720; 360 etc. bis 9 wandte er sich an Mathematiker, diese brachten heraus dass, wenn man die Divisoren in die Form a šar + b ner + r schreibt, dann 60^2r diese Zahlen ergibt. Hiernach erscheint es allerdings als im hohen Grade wahrscheinlich, dass wir es hier mit einer kabbalistischen Rechnung zu tun haben, und wir sehen dass hier wieder 60^4 seine Rolle spielt. Hilprecht selbst zitiert aus dem Literaturverzeichnis von Bezold: »Die Mathematik stand bei den Babyloniern-Assyriern, soviel wir bis jetzt wissen, vornehmlich im Dienste der Astronomie und letztere wiederum in dem einer Pseudowissenschaft, der Astrologie, die wahrscheinlich in Mesopotamien entstand, sich von dort aus verbreitete.«

Die goldene Zahl des Platon.

Ich möchte aber doch bemerken, dass wie der Mangel an beglaubigender Unterschrift der Tafeln aus Nippur beweist, und nicht minder die zahlreichen Fehler, dass wir es auch hier, ähnlich wie in Ägypten, vielfach mit Schülerübungen zu tun haben. Ebenso sorgfältig wie das Schreiben und Lesen, wurde auch die Elementarkunst des Rechnens geübt, selbstverständlich vorzugsweise an »heiligen« Zahlen, von denen 60^4, wie es scheint, im Vordergrund stand. H. hat sicher mit Recht auf die Abhängigkeit Platons von Babylon hingewiesen. In die Stelle Republik VIII, 546 B-D hat zuerst der grosse, kürzlich verstorbene Philologe Fr. Hultsch, der Herausgeber des Pappos, Licht gebracht, er hat, Schlömilch XXVII hist. lit. Abt. S. 41, in der sehr dunkel beschriebenen Zahl des Platon die Zahl 60^4 erkannt und hervorgehoben, dass ihre Teiler von glückbringendem Einfluss auf die Geburten und Schicksale der Menschheit sein sollten, wie denn tatsächlich die nach der kürzesten Fötalperiode von 216 Tagen geborenen 7 Monatskinder bessere Lebenschance besitzen als die 8 Monatskinder. Wesentlich ist hier der Nachweis des Einfluss Babylonischer Kultur auf die Hellenische, den übrigens m. W. niemand mehr bestreitet. Gegenüber Hommel führe ich an, dass die Babylonische Phönixperiode 653 Jahre und nicht 500 betrug, und gegenüber Hilprecht, dass nach Censorinus, wie Hultsch erwähnt, Plato das Alter der Menschen nicht auf 100, sondern auf 81 setzte. Dass dabei 36000 eine Rolle gespielt hat, ist nicht unwahrscheinlich, denn noch Ptolemäos gibt in der μεγαλη συνταξις 36000 als Cyclus der Präzession an, und Berosus dieselbe Zahl als altbabylonische Präzessionszahl.

Dass aber nicht nur die Inder, wie bekannt, in Riesenzahlen schwelgten, sondern auch die alten Babylonier, beweist die von Hilprecht mit Glück restaurierte Tafel Bezold, Katalogue Kujundschik Vol. I N. 2069, von denen Bezold l. c. die folgenden 4 Zeilen (2 bis 5 der Tablette) veröffentlicht hat:

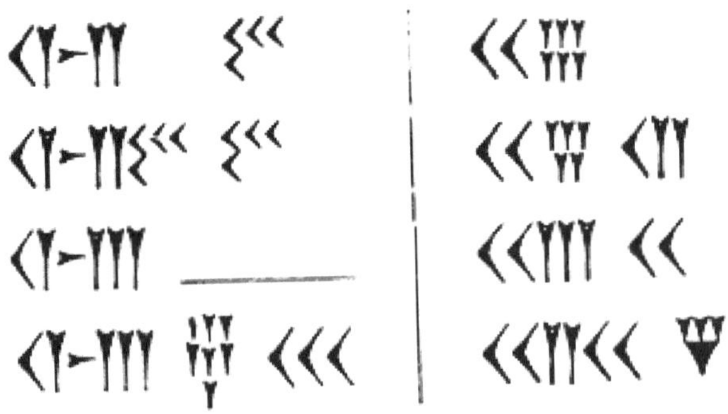

Babylonische Riesenzahlen; Quadratwurzeln.

H. hat überzeugend nachgewiesen, dass diese Tafel aus der Bibliothek Asurbanipals mit ihren 28 Zeilen dieselbe Bedeutung hatte wie die Tabellen No. 20, 21, 22, 24 Hilprecht's auf S. 21, es ist eine Divisionstabelle, aber Divisoren und Quotienten beziehen sich auf  — — — — — — — — d. h. auf $60^8 + 10.60^7$ id est 195,955,200,000000 also 195 Billionen 955200 Millionen! Zu dieser Erkenntnis wurde H. in den Stand gesetzt durch die Bemerkung, dass die längste Zahl links vorn Teilungsstrich vor  drei Ziffergruppen von je zwei Ziffern hat, also mit 60^3 zu multiplizieren ist, und die längste Zahl rechts hat hinter ihrer Ziffergruppe vier andere, ist also mit 60^4 zu multiplizieren.

Tabellen von Quadratzahlen bezw. Wurzeln sind ziemlich zahlreich in Nippur gefunden, die Quadrierung ist teils durch das A-Ra »mal«, teils durch das Idiogramm für Ibdi das aber etwas von der Rawlinsonschen Tafel IV, 40 abweichende Gestalt hat. Am leichtesten lesbar ist Pl. 16, No. 28, Quadrate der Zahlen von 31–39, die dadurch interessant ist, dass sie sich an die Tafel des Berliner Museums genau anschliesst. H. hat aus ihr die Kenntnis der Formel für $(a + b)^2$ gefolgert, da diese Formel in Indien bekannt war, vgl. S. 161, so ist sie höchst wahrscheinlich auch den Babyloniern-Assyriern bekannt gewesen. Ein irgendwie zwingender Beweis ist aber, da mir die Resultate gegeben werden, nicht erbracht.

Sehr dürftig ist wenigstens die bisherige Ausbeute für die Geometrie, der Inhalt des geraden Prisma und des geraden Zylinders ist zu allen Zeiten ohne weiteres als Grundfläche mal Höhe angenommen worden. Das einzige was von Interesse, ist, dass nach einer Veröffentlichung von Thureau-Dangin schon unter der 2. Dynastie von Ur, also rund 3000 v. Chr. man in Babylonien den Inhalt des Trapezes als Mittellinie mal Höhe berechnen konnte.

Vase mit geometrischer Zeichnung.

Wie hoch entwickelt aber schon in unvordenklicher Zeit die geometrische Zeichenkunst war, beweist die von Kapitän Cros 1903 in Telloh gefundene Vase, mit deren Bild ich diesen Abschnitt schliesse.

Hellas

Unser Werdegang müsste uns nun eigentlich nach Indien und China führen, aber die Kultur der Inder und Chinesen ist so abhängig von Babylon, oder, was richtiger ist, ganz Asien bildete von 4000 v. Chr. bis etwa 100 n. Chr. ein einziges Kulturgebiet, Ägypten bis zum Nil eingeschlossen, dass wir uns zunächst gleich nach Hellas wenden. Die Hellenen sind das erste Volk, das die Wissenschaft um der Wissenschaft willen getrieben hat, das Volk, von dem man wohl sagen kann, dass ihm an Begabung für Kunst und Wissenschaft kein anderes je gleichgekommen ist, und unter ihnen erwuchs im 6. Jahrh. v. Chr. aus den Handwerksregeln ägyptischer und babylonischer Priester die reine Mathematik als Wissenschaft.

Wohl steht seit den Ausgrabungen Heinrich Schliemanns fest, dass die Hellenische Kultur und Kunst sich unter starkem orientalischen Einflusse, Ägypten eingeschlossen, entwickelt hat, aber schon für Kreta, ja selbst für Cypern ist auch die selbständige Entfaltung Hellenischen Geistes deutlich. Die Aufeinanderfolge ist wohl diese. Cypern fast völlig unterm Einfluss Babyloniens (Phöniziens); Kreta: Ägypten und Babylon vereint. Für Kreta sind epochemachend die Ausgrabungen von Evans zu Knossos, Annalen der brit. Schule in Athen 1899 ff. bes. 1902 (Bd. 8) u. ff. Daneben die der Italiener in Phaistos, Acad. dei Lincei Bd. XII (1902) ff. Das von Evans in Knossos gefundene herrliche Kunstwerk des becherkredenzenden Epheben (Jüngling, Page) geht über die Orientalischen Vorbilder schon hinaus, auch Architektur und Kleinkunst, z. B. die polychromen Vasen (sogen. Kamaris-Stil) ist selbständig.

Es folgt dann die durch Schliemanns Ausgrabungen in Mykene, Tyrinz, Troja zeitlich früher bekannte »Mykene-Periode«. Auch sie bekundet starken Verkehr mit dem Orient durch kretische Vermittlung, aber sie zeigt auch Kreta gegenüber eigenartige Entwicklung. Die Palastanlage ist ganz verschieden, sie ist genau die von Homer beschriebene. Was die Kleinkunst betrifft, so genügt es an die Becher von Vaphio zu erinnern. Für die Mykeneperiode verweise ich auf C. Schuchhardts Wertung der Schliemann'schen Funde (2. Aufl.). Die Beziehung zwischen Mykene und Kreta ist zurzeit eine brennende Streitfrage. Dörpfeld, kret. u. hom. Paläste, Athen. Mitteilungen Bd. 30 (1905 p. 257), unterscheidet für die kretischen Paläste zwei Perioden, a) eine ältere genuin-kretische, b) eine jüngere, in der Mykenische Eroberer ihre Paläste auf den zerstörten Resten der älteren erbaut hätten. Gegen Dörpfeld hat Mackenzie, Annals of brit. School XI u. XII die Einheitlichkeit und Selbständigkeit der kretischen Paläste mit triftigen Gründen behauptet. Dörpfeld hat 1907, Athen. Mitt. 32 p. 576

erwidert. Die Herkunft der altkretischen Schrift ist zurzeit noch nicht entschieden, möglicherweise ist sie hetitisch.

Die politische Geschichte der Hellenen und die Geschichte der Hellenischen Kunst zu schildern, muss ich den Historikern und Archäologen von Fach überlassen.

Mathematikerverzeichnis des Proklos.

Die wichtigste Stelle für die Geschichte der hellenischen Mathematik ist das sogenannte Mathematikerverzeichnis bei Proklos. Es ist vermutlich ein bei Geminus, einem Schriftsteller des ersten Jahrh. v. Chr. erhaltener Auszug aus der Geschichte der Mathematik des Eudemos, von der leider nur wenige Fragmente, z. B. in dem Kommentar des Simplicius zu Aristoteles uns erhalten sind.

Thales von Milet.

Beginnen wir also mit Thales von Milet. Herodot sagt in seinem ersten Buch, dass Thales von phönizischer Abkunft gewesen, unzweifelhaft lebte er im 7. Jahrh. v. Chr. und war ein Zeitgenosse des Krösos und Solon. Proklos gibt p. 250 der Friedlein'schen Ausgabe an, dass er den Satz von der Gleichheit der Basiswinkel im gleichschenkligen Dreieck gefunden habe und zwar habe er die Winkel nicht ἴσας sondern ὁμοιας genannt; p. 299 Satz von der Gleichheit der Scheitelwinkel; p. 157 Satz, dass die Durchmesser den Kreis halbieren, und p. 352 sagt Proklos, nach Eudemos, dass Euclid I, 26 der sogenannte 2. Kongruenzsatz von Thales herrühre, der sich seiner notwendig bedienen musste bei seiner Methode die Entfernung der Schiffe im Meere zu bestimmen.

Marcus Junius Nipsus, ein römischer Agrimensor, gibt (M. Cantor) folgende alte Methode, die so ziemlich die einzige sein kann, die mit den geringen Kenntnissen, welche nach Proklos dem Thales zur Verfügung standen und zugleich mit der Angabe des Eudemos stimmt:

Die Dreiecke ASD und DCB (s. Fig.) sind nach den 2 Congr. congruent und damit ist CB die gesuchte Entfernung.

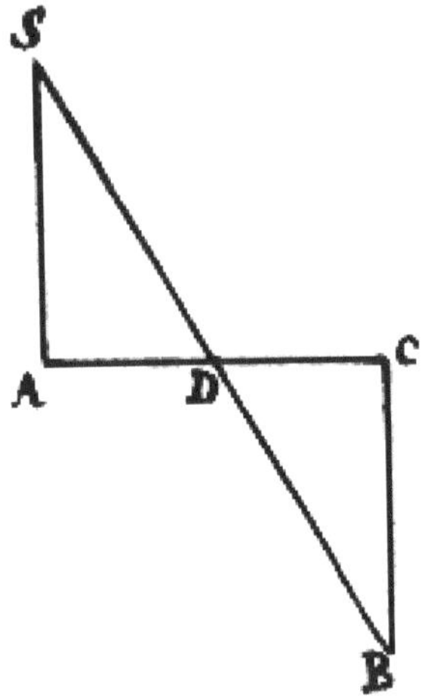

Ausser Proklos haben wir Angaben von Plutarch (100 n. Chr. Neuplatoniker, ziemlich zuverlässig), in septem sapient. conviv., wonach Thales die Höhe der Pyramide durch Messung ihres Schattens bestimmt habe; aber die Quelle dieses Berichtes ist nach Diogenes Laertios (Kompilator des 3. Jahrh. n. Chr.) Hieronymos von Rhodos, welcher sagt, er mass die Pyramiden aus dem Schatten, wenn der Schatten der Pyramidenhöhe gleich, d. h. bei einer Sonnenhöhe von 45°. Noch weit unsicherer ist die Angabe bei Diogenes Laertius: Pamphila (Ende des 1. Jahrh. n. Chr.) erzählt uns, dass er als der erste, den Halbkreis in den rechten Winkel einschrieb, und dass er bei dieser Gelegenheit einen Ochsen opferte. Andere, z. B. Apollodoros, der Rechenmeister, schreiben diesen Zug den Pythagoräern zu. Da Proklos den Satz ausdrücklich erst den Pythagoräern zuschreibt und eine bei Eutokios erhaltene Stelle dies bestätigt, so verliert die Nachricht der Pamphila ihren Wert.

Auch als Astronom wird Thales gerühmt; im Theätet des Platon p. 174 lesen wir die Anekdote, dass, als er, den Blick nach oben gerichtet um den Himmel zu schauen, in den Brunnen fiel, eine thracische Magd ihn verspottet habe: das was am Himmel vorginge, wäre ihm bekannt, aber was vor seinen Füssen läge, das sähe er nicht. (Socrates setzt bekanntlich hinzu, dass man mit diesem Spott noch immer gegen die ausreiche, die in der Philosophie leben.) Die von ihm vorausgesagte Sonnenfinsternis ist, wie Herodot berichtet, die vom 28. Mai 585 bei der Schlacht zwischen Medern und Lydern. Nach Eudemos hat er auch die Ungleichheit der Jahreszeiten gekannt. Beides würde auf babylonische Bildungsquellen deuten; und das wird ganz sicher durch ein Missverständnis des Diogenes Laertius, er habe die Sonne als 720 mal Mond angegeben, während der eigentliche Autor Apulejus klar und deutlich sagt, er habe den Sonnendurchmesser als 1720 der Ekliptik gefunden. Soviel steht fest durch das einwandfreie Zeugnis von Herodot, Platon, Aristoteles, Eudemos und wohl auch von Xenophanes, des zeitlich ersten Eleaten: sein Ruhm war sehr bedeutend, er steht stets an der Spitze der sieben Weisen, und nach Aristoteles ist er der Begründer der ionischen oder physikalischen Philosophenschule, des (fälschlich) sogenannten Hylozoismus. Aristoteles sagt, dass Thales im Wasser die eigentliche Urmaterie gesehen habe und setzt hinzu, er vermute, dass er dazu durch die Beobachtung geführt sei, dass die Nahrung aller Tiere feucht ist und dass alles aus Samenfeuchtigkeit entstehe.

Thales von Milet, Anaximander.

Aristoteles (περί Ψυχής, de anima) fügt hinzu, Thales habe vielleicht angenommen, dass alles voll Götter sei; beispielsweise habe er gesagt, dass der Magnet eine Seele habe. Noch müssen wir seinen Schüler oder wohl richtiger jüngeren Stadtgenossen Anaximander erwähnen, obwohl das Mathematikerverzeichnis ihn nicht nennt. Anaximander markiert in der Geschichte des Erkenntnisproblems die Stelle, in der das Mathematisch-Unendliche auftritt. Er lehrte, der Weltstoff müsse unendlich sein, damit er sich nicht in der Erzeugung erschöpfe. Er darf daher nicht unter den empirisch gegebenen Stoffen gesucht werden, und es bleibt nur das Merkmal der zeitlichen und räumlichen Unendlichkeit übrig. Daher sagte er αρχη εστι το απειρον. Anaximander erklärte also die sinnliche Welt durch ein Gedachtes, er sagt: απειρον ist αιδιον, und ist somit ein Vorläufer der Pythagoräer, und er hat auch eine Vorstellung davon, dass gegen das Unendliche die Endliche Anzahl verschwindet.

Pythagoras.

Die dem Thales zugeschriebenen Schriften sind alle Fälschungen; der nach ihm von Proklos genannte Mamerkos samt seinem Bruder, dem Dichter Stesichoros, sind spurlos verschollen, nicht aber der zu dritt genannte Pythagoras, der einzige Mathematiker, der in den ganz und halb gebildeten Schichten aller Kulturnationen populär geworden ist. Und doch ist in dem Fabelmeer, in dem er geradezu ertrunken ist, sehr wenig wirklich festes Land zu finden.

E. Zeller sagt: »Unter allen Philosophenschulen, welche wir kennen, ist keine, deren Geschichte von Sagen und Dichtungen so vielfach umsponnen und fast verhüllt, deren Lehre in der Überlieferung mit einer solchen Masse späterer Bestandteile versetzt wäre wie die der Pythagoräer.«

Pythagoräer.

Die Schriftsteller vor Aristoteles erwähnen des Pythagoras und seiner Schüler nur selten. Aus dem 5. Jahrh. haben wir einzelne Angaben von Xenophanes, Heraklit, Empedokles, Jon aus Chios, Herodot, Demokrit; aus dem 4. Jahrh. von Platon, Isokrates, Anaximander II, Andron, Heraklid, Eudoxos, Lyko, dem Pythagoräer. Platon, der doch in die Schule der Pythagoräer ging, ist sehr zurückhaltend mit historischen Nachrichten. Aristoteles hat zwar die pythagoräische Philosophie in eigenen Schriften behandelt; was uns erhalten ist, ist wenig und besonders was die Zahlenlehre betrifft, nicht frei von Unklarheiten. Pythagoras selbst spielt dabei nur eine geringe Rolle. Unter den Schülern des Aristoteles beginnt schon die Sage das Leben des Pythagoras zu umspinnen, aber erst in der Zeit des Neupythagoreismus vom 1. Jahrh. v. Chr. ab sind Romane wie die des Apollonios von Thyana und des Porphyrios und des Jamblichos entstanden.

Feststeht durch das Zeugnis Herodots, IV., 95, der ganz beiläufig dort den Pythagoras erwähnt, dass er als Sohn des Mnesarchos in Samos geboren, feststeht, dass er um die Mitte des Jahrhundert, etwa von 580–500 gelebt hat, als reifer Mann 530 etwa nach Unteritalien ausgewandert ist, in Kroton eine Kongregation, die etwa nach Art der Freimaurer organisiert war, gegründet hat, und hochbetagt in Metapont gestorben ist. Vorher soll er zu seiner Bildung lange Jahre Reisen in so ziemlich alle Länder des orbis terrarum gemacht haben, und dies scheint nicht unwahrscheinlich. Ganz besonders lange soll er in Ägypten verweilt haben; aber dann wäre es im höchsten Grade auffallend, dass Herodot, der etwa 100 Jahre nach ihm Ägypten bereist hat, und der den Spuren des Hellenentums dort sehr sorgsam nachgegangen ist, kein Wort davon erwähnt.

Der Bund der Pythagoräer war ein religiös ethischer; er sollte eine Pflanzschule der Mässigkeit, der Tapferkeit, der Ordnung, des Gehorsams gegen Obrigkeit und Gesetz, der Freundestreue, überhaupt aller jener Tugenden sein, die zum griechischen und insbesondere zum dorischen (Spartaner) Begriff eines wackeren Mannes gehören. Neben den religiösen Beweggründen, die sich aus dem Walten der Götter und vor allem aus des Stifters Lehre von der Seelenwanderung für das sittliche Ideal ergaben, wurde von ihm auch als Bildungsmittel in erster Linie auf die Beschäftigung mit Mathematik, Musik, auch auf Diätetik und Beschwörung mittelst Zahl und Musik zur Heilkunst hingewiesen. Da der Bund seiner ganzen Natur nach sehr bald politisch oligarchisch wurde und die Regierungsgewalt in den grossen unteritalienischen Kommunen Kroton, Tarent, Metapont etc. an sich riss, so richtete sich die demokratische Strömung gegen ihn und in den Kämpfen, die um die Wende des 5. Jahrh. die Aristokratie der Städte stürzten, wurde der Bund gesprengt, ein grosser Teil der Pythagoräer getötet, darunter vielleicht Pythagoras selbst, die andern vertrieben.

Diese Vertreibung hatte eine Wirkung, die wir mit der durch die Eroberung von Constantinopel geweckten Renaissance vergleichen können. Die mathematischen, philosophischen, naturwissenschaftlichen Kenntnisse, die bisher auf einen kleinen Kreis beschränkt waren, wurden nach Griechenland, Kleinasien, Sizilien verbreitet und bewirkten dort das Aufblühen der mathematischen Wissenschaften.

Von den Lehren der Pythagoräer ist am bekanntesten die Lehre von der Seelenwanderung (Metempsychose) und die Anschauung, dass das Wesen der Dinge die Zahl sei, dann ihre Kosmologie mit der Ordnung der Sphären, dem Zentralfeuer, der Sphärenmusik, und dann die Harmonielehre gestützt auf die Auffindung der Intervalle mittelst des Monochords. Ihre ganz hervorragende Pflege der Mathematik ist unbestreitbar und ebenso, dass sie zuerst das Bedürfnis nach Systematik und wirklichen Beweisen empfanden und befriedigten. Wie weit aber die Kenntnisse der Pythagoräer selbst reichten, ist ganz unmöglich zu bestimmen und schwierig ist es auch den Stand des Wissens in der Schule der Pythagoräer, die wir bis zu Platon und Archytas rechnen, zu skizzieren.

Philolaos.

Die ersten wirklichen Nachrichten über die Lehre des Pythagoras rühren von Philolaos her, einem älteren Zeitgenossen des Sokrates und Demokrit, der nach der Vertreibung aus Unteritalien sich nach Theben geflüchtet hatte. Es scheint, dass Platon seine Schrift von den Erben in Sizilien gekauft und daraus seine Kunde des Pythagoreismus und auch viele Anregung für seine eignen mathematischen und philosophischen Gedanken geholt hat. Sein Neffe und Nachfolger in der Leitung der Akademie, Speusippos, hat die Schrift geerbt und dessen Bibliothek hat Aristoteles gekauft, der das Werk veröffentlichte, d. h. mehrfach abschreiben liess. Nicht unbedeutende Fragmente dieses Glaubensbekenntnisses der Pythagoräer haben sich erhalten und Aug. Boeckh hat ihre Echtheit dargetan. Ausserdem besitzen wir eine geringe Anzahl echter Bruchstücke des Archytas und haben an guten Quellen die Dialoge des Platon: Philebos, Theätet, Timäos, der ganz besonders wichtig ist, und die Physik und Metaphysik des absolut zuverlässigen Aristoteles, sowie einige Stellen des Eudemos, die uns besonders durch Proklos erhalten sind.

Philolaos bezeichnet die Zahl als das Gesetz und den Zusammenhalt der Welt, als herrschende Macht über Götter und Menschen, die Bedingung aller Bestimmtheit und Erkenntnis. Das Begrenzende aber und das Unbegrenzte, diese zwei Bestandteile der Zahlen, sind die Dinge, aus denen alles gebildet sei. Die Zahl ist nicht bloss die Form, durch welche der Zusammenhang der Dinge bestimmt wird, sondern auch die Essenz, das Wesen, (nicht etwa die Materie), aus welcher sie bestehen, oder vielleicht richtiger das Gesetz, welches die Dinge erschafft. In Fortbildung des auf Naturerkenntnis gerichteten Gedankengangs der Ionier erkannten sie die Bedeutung der Zahl, insbesondere der relativen Zahl, für eben diese Erkenntnis. Philolaos braucht die Ausdrücke ουσια, Wesen, und αρχη, Grundlage. Aristoteles und Philolaos selbst geben als Grund an, dass alle Erscheinungen nach Zahlen geordnet sind, dass namentlich die Verhältnisse der Sphärenharmonie und der Töne, alle ästhetischen, alle räumlichen Bestimmungen, von gewissen festen Zahlen und Zahlenverhältnissen beherrscht sind. (Symbolische Rundzahlen z. B. 40. Kabbala der Chaldäer), und dass unsre Erfahrung nur in der Feststellung der Zahlenverhältnisse besteht (vgl. Diels, Fragmente der Vorsokratiker p. 250).

Die Zahlen zerfallen in gerade und ungerade und die gerad-ungeraden 2 (2n + 1). Eins, die unteilbare monas, steht ausser oder richtiger über den Zahlen; in der reinen Eins, die geradezu mit der Gottheit identifiziert wird, sind die Gegensätze vereinigt, und so wird auch die Eins als gerad-ungerad bezeichnet.

Zunächst möchte ich die scheinbaren Widersprüche, die sich bei Aristoteles in seinem Bericht über die Grundlagen der Pythagoräischen Philosophie finden, rechtfertigen. Zwischen der »phantastisch orakelnden, grossartig erhabenen« Sprache des Philolaos und der Darstellung bei Archytas, dem grossen Mathematiker, sind sicher nicht bloss zeitliche, sondern auch sachlich bedeutende Differenzen. Ich zweifle gar nicht, dass Archytas der Pythagoräer gewesen, dessen einfache Klarheit Dionysios von Halikarnassos rühmt (Boeckh l. c. p. 43). Und zwischen beiden gab es sicher zahlreiche Nuancen. Übrigens interpretiere ich die Stelle Metaph. XIII, 8, 1083b so: »Die Körper bestehen auf Grund von Zahlen (Verhältnissen).« Auf chemische Ideen der Pythagoräer habe ich schon in meinem Aufsatz »Über Mathematik«, Bd. II, Heft 1 der Cohen-Natorp'schen Hefte hingewiesen. Die Pythagoräer haben die Tonempfindungen durch den Monochord in Zahlenverhältnisse umgewandelt, und so sind sie es gewesen, welche zuerst den Schritt von ungeheurer Tragweite getan, Qualitäten in Quantitäten umzusetzen und so die Welt der äusseren Erscheinungen, die Physik, in die Welt der inneren Verknüpfungen, die Mathematik, umzuwandeln. Und so kommen sie naturgemäss darauf als ουσια, als Substanz, nicht als ὑλη, Materie, der Dinge, das Bleibende in der Vergänglichkeit, die Zahl zu setzen, d. i. das math. Gesetz. Als Belag für diese Auffassung genügt es auf die von Boeckh p. 141 angeführte Stelle aus Stobäos zu verweisen; Boeckh hat sie frei in dem eben angeführten Sinne übersetzt, und den Vergleich mit dem Gnomon meisterhaft interpretiert:

»Das Erkannte (die Dinge) wird von dem Erkennbarmachenden (der Zahl) umfasst und ergriffen, wobei eine ursprüngliche Übereinstimmung und Anpassung, wie des Gnomon um sein Quadrat herum vorausgesetzt wird.«

Das Gnomon ist die ungerade Zahl $2a + 1$, welche durch ihr Hinzukommen aus a^2 das Quadrat von $(a + 1)$ liefert und zwar in der geometrischen Form des Winkelhaken.

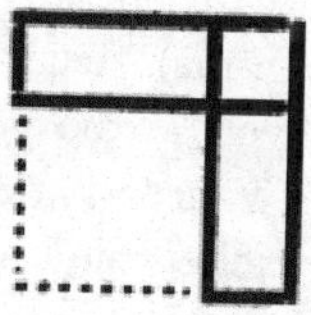

Eine nähere Ausführung zeigt die Analogie mit den Chaldäern noch deutlicher, die Zuordnung von Zahlen an die Planeten und an bestimmte Begriffe. Die Gerechtigkeit z. B. entsprach dem ισακις ισος, dem Gleichmal gleichen, d. h. der 4 oder der 9, als der ersten geraden, bezw. ungeraden Quadratzahl; 5 als Verbindung der ersten männlichen mit der ersten weiblichen Zahl gleich Ehe, die Einheit Vernunft, weil sie unveränderlich, die 2 Meinung, weil sie veränderlich etc.

Das Männliche und Weibliche bezieht sich auf die bekannten 10 Gegensätze des Philolaos: 1) Grenze und Unbegrenztes. 2) Ungerade und Gerade. 3) Einheit und Vielheit. 4) Rechts und Links. 5) Männliches und Weibliches. 6) Ruhendes und Bewegtes. 7) Gerades und Krummes. 8) Licht und Finsternis. 9) Gutes und Böses. 10) Quadrat und Rechteck.

Aristoteles berichtet uns auch in der Metaphysik über das dekadische System. Die Zahlen über 10 sind nur Wiederholungen der ersten 10. (Eine Art arithm. Kongruenzidee.) Die Dekas umfasst alle Zahlen und alle Kräfte der Zahlen; sie heisst daher bei Philolaos gross, gewaltig, alles vollbringend, Anfang und Führerin des göttlichen wie des irdischen Lebens, sie gilt ihm nach Aristoteles als das Vollkommene, welches das ganze Wesen der Zahl einschliesst. Wir danken es nur ihr, dass uns ein Wissen überhaupt möglich ist.

Eine ähnliche Bedeutung hatte die 4heit nicht als 2^2, sondern weil $1 + 2 + 3 + 4 = 10$, so wird in der Tetractys, dem Schwur der Pythagoräer, die Zehn, d. h. die Zahl selbst als Wurzel und Quelle der ewigen Natur gefeiert.

Auch von den anderen Zahlen hat jede ihre eigene Wesenheit, z. B. 3 ist die erste vollkommene, denn sie hat nur Anfang, Mitte und Ende (| | | älteste Zahlenschreibung); 6 die zweite gleich der Summe ihrer Teiler

1 + 2 + 3; 3, 4, 5 sind die Zahlen des vollkommensten rechtwinkligen Dreiecks.

Sie sehen in dieser »Zahlenspielerei« den Ernst der Zahlentheorie, und wenn Aristoteles uns erzählt, dass der Pythagoräer Eurytos die Bedeutung der einzelnen Zahlen dadurch beweisen wollte, dass er die Figuren der Dinge, denen sie äquivalent gesetzt wurden, aus der entsprechenden Zahl von Steinchen (Kinderspiel: Pythagoras) zusammensetzen wollte, so sehen Sie hier die Richtung gewiesen, welche die griechische Arithmetik (nicht die Logistik, die Rechenkunst) während der ganzen klassischen Epoche eingehalten hat; man vergleiche die Kapitel des Hauptarithmetikers Nikomachos von Gerasa über die figurierten Zahlen.

Ich komme damit auf die Anwendung der Zahlenlehre auf die geometrischen Figuren. Aristoteles sagt, sie haben die Linie durch die Zahl 2 erklärt. Philolaos nennt 4 die Körperzahl, Platon scheint die 3- und 4-Zahl als Flächen- und Körperzahl von Philolaos entnommen zu haben. Die Pythagoräer setzten die Einheit den Punkten gleich, weil die μόνας (Leibniz' Monade) unteilbar; die gerade Linie als 2, weil sie durch 2 Punkte bestimmt sei, das Dreieck durch 3 Punkte, der einfachste Körper durch 4 Punkte bestimmt seien.

Der Körper besteht ihm zufolge auf Grund der ihn umschliessenden Linien und Flächen, wie die Linien und Flächen durch Punkte und Linien determiniert werden. Von den 4 Elementen weisen sie nach Philolaos der Erde den Kubus, dem Feuer das Tetraëder (eine Ableitung von Pyramide), der Luft den Oktaëder, dem Wasser den Ikosaëder zu, dem fünften alles umfassenden Element, dem Äther, den Dodekaëder, d. h. sie nahmen an, dass die kleinsten Teile dieser Elemente die betreffende Form hätten. (Hier haben wir also schon den Grundgedanken der Stereochemie, nur kommt der Tetraëder dem Feuer statt der Kohle zu.) Daher heissen diese Körper oft die kosmischen, und, da sich Platon im Timäus von Philolaos diese Zueignung angeeignet hat, so heissen sie auch oft die platonischen.

Es scheint nicht unglaubhaft, dass der fünfte Körper, der Dodekaëder, eine Entdeckung der Pythagoräer gewesen und im Zusammenhang damit steht die Konstruktion des regelmässigen Fünfecks und damit des goldenen Schnittes.

Boeckh's Interpretation des Philolaos.

In der Geschichte des Erkenntnisproblems, das die eigentliche Geschichte der Kultur ist, bezeichnen die Pythagoräer einen grossen Fortschritt gegenüber den Ioniern, da sie zum ersten Mal nicht in religiöser sondern in philosophischer Form die Erkenntnis haben, dass die sinnliche Erscheinung der Welt nicht das letzte, sondern dass ein geistiges Prinzip dahinterstehe. Sie fanden es in der Mathematik, die ja auch Plato als zwischen den Dingen und den Ideen stehend auffasst; und nicht weil sie sich mit Mathematik beschäftigten, sahen sie in der Zahl die Substanz der Dinge, sondern umgekehrt, weil sie nach einem die Erscheinungswelt beherrschenden Gesetz der Vernunft suchten, fanden sie dies in Mass und Zahl. Das Hauptwerk für die Philosophie der Pythagoräer ist neben Brandis und Zeller, die Geschichte der Phil. von Ritter 1828, wozu die Kritik von Ernst Reinhold (Jena) im Jahrb. für wiss. Kritik 1828 p. 358 zu vergleichen ist. Am tiefsten scheint mir der grosse Philologe August Boeckh in den Geist der Pythagoräer eingedrungen zu sein in seiner Schrift: Philolaos des Pythagoräers Lehren etc., Berlin 1819. Gegenüber Zeller, dem Klassiker der griechischen Philosophie, der aber auch m. E. nach den Pythagoräern nicht gerecht geworden ist, ist W. Kinkel in seiner Geschichte der Philosophie als Einleitung in das System der Philosophie Bd. 1, 1906 neben eigenen Auffassungen vielfach auf Ritter und Boeckh zurückgegangen. Bei dieser Sachlage sei mir ein näheres Eingehen auf den Kern des Pythagoreismus gestattet.

Auch über den dunkelsten Punkt der Lehre des Philolaos hat Boeckh mit bewunderungswürdig genialem Instinkt Licht verbreitet: Es ist die Stelle Metaphysik I, 5 des Aristoteles: Του δε αριθμού στοιχεια το τ' αρτιον και το περιττόν, τούτων δε το μεν πεπερασμενον το δε άπειρον, το δ' ἐν εξ αμφοτέρων ειναι τουτων [και γαρ αρτιον ειναι και περιττον], τον δ' αριθμον εκ του ἑνος. »Grundlegungen der Zahlen sind das Gerade und das Ungerade, das erste begrenzt, das andere unbegrenzt. Die Eins besteht aus beiden. Die Zahl aber stammt aus der Eins.« Was zunächst die Gegensätze begrenzt (bei Philolaos und Platon richtiger begrenzend oder Grenze) und Unbegrenztes, und Gerade und Ungerade, wie überhaupt die 10 Gegensatzpaare der Pythagoräer betrifft, so stimme ich Ritter bei, dass sie den einen Heraklitischen Gedanken verkörpern, der Streit (id est die Polarität) ist der Vater der Dinge. Gerade in der Ausgleichung dieser Gegensätze besteht nach Philolaos die pythagoräische Harmonie. Dann aber hat Boeckh es hervorgehoben, dass hier in andrer Form in der Bildung der Zahl aus Grenze und Unbegrenztem, auch Unbestimmtem, eigentlich schon von den Pythagoräern genau dasselbe ausgedrückt wird, was ich 1884 chemisch rein von Kenntnis des Pythagoreismus auf S. 1 meiner »Elemente der Arithmetik als Vorbereitung auf die Funktionentheorie«, sub 4, d gesagt habe: »d) wird die erzählte Zahl als Anzahl des abgezählten Komplexes erhalten durch eine eigne Tätigkeit, welche den Zählprozess abschliesst (begrenzt).« Und 1906 fügte ich hinzu: Hierin haben wir die erste Äusserung des so entscheidend wichtigen Grenzbegriffs (Meth. der elem. Arithm. p. 9 u.). Und ganz analog dem was bei Boeckh S. 55 über 1 und die unbestimmte Zweiheit, die erst durch

Anwendung der begrenzenden Eins zur zwei wird, gesagt wird, habe ich l. c. gesagt, dass zwei im Grunde die einzige Zahl sei, und die Drei eine neue Zwei. In diesem doppelten Zusammentreffen sehe ich wieder eine Bestätigung meines Lieblingssatzes: Nie hat irgendwer irgendwas gefunden.

Der Grund, weshalb in sekundärer Weise die ungeraden Zahlen dem Begrenzenden zugeordnet werden und die geraden dem Unbegrenzten, scheint mir darin zu liegen, dass aufgelöst in Einheiten die ungeraden Anfang, Mitte und Ende haben, die geraden nur Anfang und Ende, und die Mitte unbestimmt ist. Ausserdem hat Boeckh wohl auch darin recht, dass im Volke eine Bevorzugung der ungeraden Zahl herrscht: (Aller guten Dinge sind 3, 1001 Nacht etc.).

Auch der Zusammenhang der Zahl mit der Zeit findet sich angedeutet. Zeit und Raum verlegen sie an die Peripherie der Welt, von wo aus sie in die Welt eintreten, und indem sie sich mit der schöpferischen Eins verbinden die Erzeugung des Seienden bewirken. Hier liegt, wenn auch bildlich verschleiert, die Ahnung von Zeit und Raum als Bedingung der Erfahrung vor und zugleich davon, dass die Kategorie Zeit mittelst der Kategorie Zahl die Welt der Erscheinungen realisiert d. h. begreiflich macht.

Kosmogonie und Pantheismus der Pythagoräer.

Die Kosmogonie der Pythagoräer ist von Boeckh l. c. und in seinen Arbeiten zum Timäos des Platon erschöpfend behandelt, sie ist voll tiefer Gedanken und der des Aristoteles entschieden überlegen. Aber die gewaltige Autorität des Aristoteles, dem sich Poseidonios anschloss, hat die Entwicklung heliozentrischer Ideen wie sie sich schon bei Philolaos und noch mehr bei Hiketas finden auf Jahrtausende gehemmt, bis infolge der Renaissance Kopernikus auf die Pythagoräer zurückging.

Nur noch ein paar Bemerkungen, welche für die Frage nach der Priorität des Pythagoräischen Satzes wichtig sind. Der bei Philolaos (vgl. Boeckh und Ritter) scharf ausgesprochene Pantheismus und die Weltseele weisen deutlich auf Indien, wie die Zahlenmystik, das grosse Weltjahr auf Babylon. Wie die Babylonier den einzelnen Göttern einzelne Zahlen zuordnen, so werden hier den einzelnen Göttern, d. h. den Personifikationen von Kräften des Einen einzelne Winkel zugeordnet. Möglicherweise können auch die Orphiker mit ihrer Geheimlehre die Vermittler zwischen dem Orient und den Pythagoräern gewesen sein.

Mathematische Kenntnisse der Pythagoräer.

Nach diesem Exkurs fahre ich in dem Bericht über die rein mathematischen Kenntnisse der Pythagoräer fort.

Es ist sehr glaubhaft, dass ihnen das Sternfünfeck, das Pentalpha oder pentagramma bekannt gewesen und dass sie sich desselben als Symbol für »sei gesund« bedienten, wofür die bekannte Stelle aus Lukianos (pro lapsu in salut.) angeführt wird (s. Fig.).

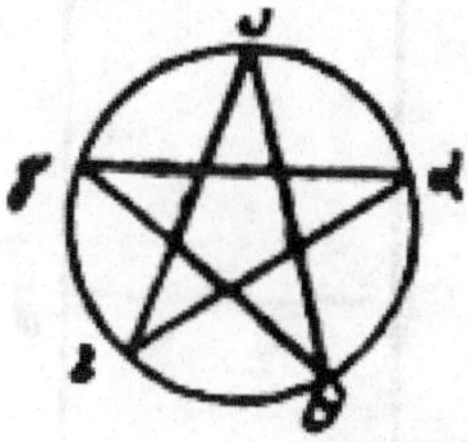

Das Θ statt des Diphtonges ει, die Figur als Anfang der Briefe statt des sonst üblichen: »sei gegrüsst«.

In Verbindung damit steht die Kenntnis von den Proportionen, der arithmetischen a - b = c - d, der geometrischen a : b = c : d, und der Spezialfälle a - b = b - c, a : b = b : c, d. h. des arithmetischen und geometrischen Mittels, dem sie als drittes das harmonische Mittel anreihten: a - bb - c = ac; (2b = 1a + 1c); harmonisch, weil die Seitenlängen des Grundtones c der Quinte g der Oktave C 1, 23, 12 diese Proportion bilden, denn 1 - 23 : 23 - 12 = $1^1/_2$. Dass sie diese Verhältnisse kannten, bezeugt Philolaos ausdrücklich und ebenso Eudemos, und sie fanden sie auch am Würfel anschaulich vor.

In der Geometrie schuldet man ihnen nach dem Zeugnis des Eudemos bei Proklos den Beweis des Satzes von der Winkelsumme im Dreieck durch Ziehen der Parallele und den Satz von den Wechselwinkeln.

Nach der durch Geminos, dem Eudemos vorlag, verbürgten Notiz im Kommentar des Eutokios zu den Kegelschnitten des Apollonios bewiesen »die Alten den Satz für jede besondere Form des Dreiecks einzeln, zuerst für das gleichseitige aus der Sechsteilung des Kreises, dann für das gleichschenklige und zuletzt für das ungleichseitige.«

Diese Notiz ist für die Geschichte des Parallelenaxioms von grösster Bedeutung, sie beweist, dass der vielleicht neueste Weg das Axiom zu begründen, von der Sechsteilung des Kreises aus, zugleich der älteste ist.

Wir haben ferner das Zeugnis des Eudemos, Proklos I prop. 44, dafür dass die Pythagoräer sich schon mit den drei Aufgaben beschäftigten, welche die Grundlage der Kegelschnitte enthalten: An eine gegebene Strecke einen gegebenen Flächenraum zu entwerfen (παραβαλειν) bezw. die Aufgabe (Euclid 1, 44 Eucl. 3, 28, 29) so zu verallgemeinern, an eine gegebene Strecke AB einen gegebenen Flächenraum als Rechteck Aγ so anzulegen, dass ein

Quadrat By übrig bleibt (ελλειψις) oder überschiesst υπερβολή. Man sieht in der Tat (s. Fig.), wir haben: $ax = y^2$; $ax - x = y^2$; $ax + x^2 = y^2$.

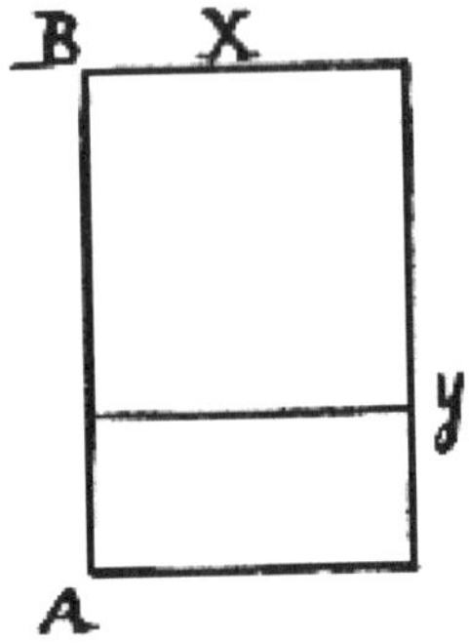

Das Irrationale bei den Pythagoräern.

Nehmen wir dazu noch die Kenntnis der Pythagoräer von der Irrationalität der $\sqrt{2}$ und damit die Entdeckung des Irrationalen, oder, wie es zuerst weit passender genannt wurde, des ἄρρητον, so fehlt uns nur noch der Pythagoräische Lehrsatz selbst.

Von der ungeheueren Revolution, die diese Entdeckung des Irrationalen in den Köpfen der griechischen Mathematiker hervorbrachte, haben wir noch deutliche Spuren. Es wird uns erzählt, dass sie diese Kenntnis als das Hauptgeheimnis behandelten und dass ein Pythagoräer, der es unter die Leute gebracht, zur Strafe ertrunken sei. Man denke sich nur den Eindruck! Die Zahl, die das Mass aller Dinge, die Grundlage aller Ordnung und damit Erfahrung, hier versagte sie, und Grössen, deren Verhältnis in der Potenz, ἐν δυνάμει, im Quadrat, das denkbar Einfachste, haben in der Linie kein Verhältnis. Die ganze Grundlage des Gebäudes wankte, alle Satze, wie z. B. die Streckenteilung, mussten neu geprüft werden. Aristoteles hat uns den mutmasslich ältesten Beweis erhalten:

»Wenn eine $\sqrt{2}$ existierte, so müsste Gerades gleich Ungeradem sein.«

Wir wissen aus dem Theätet, dass dann geometrische Beweise gegeben sind; der für 2 ist im Euclid erhalten, der für ist vermutlich der, den Bretschneider und ich selbst unabhängig von ihm gegeben, für 5 ist er selbstverständlich. Theätet erzählt bei Plato, dass der Pythagoräer Theodoros von Schritt zu Schritt bis zu 17 solche einzelnen Beweise gegeben und dann den allgemeinen auf arithmetischer Grundlage, indem er die Zahlen in Quadratzahlen und in Rechteckzahlen geteilt, d. h. in solche die nicht in zwei gleiche Faktoren zerlegt werden können. Der Beweis war also arithmetisch:

$n = p^2q, \sqrt{n} = \lambda, \lambda^2 = p^2q, \lambda = p\sqrt{q}, \sqrt{q} = \nu, q = \nu^2$ gegen die Voraussetzung.

Resumieren wir, so waren den Pythagoräern im wesentlichen die geometrischen Sätze bekannt, die auf Gleichungen ersten und zweiten Grades führten; das erste und zweite Buch des Euclid, ein grosser Teil des dritten und des zwölften; und ihre Ausläufer insbesondere Archytas und Hippokrates haben schon die Probleme dritten Grades in Angriff genommen.

Der Pythagoräische Lehrsatz.

Ich wende mich nun zu dem Satz, der den Namen des Pythagoras seit über 2 Jahrtausenden trägt.

Über diesen grossen Satz, den magister matheseos, auf den die Flächenrechnung und die Trigonometrie sich stützen, drückt sich Proklos sehr vorsichtig so aus: »Wenn wir auf die, welche alles erzählen wollen, hören, so finden wir, dass sie diesen Satz auf Pythagoras zurückführen und sagen, bei der Auffindung habe er einen Ochsen geopfert.« Der erste Schriftsteller, welcher ganz bestimmt Pythagoras nennt, ist der römische Architekt Vitruv, und nur in Verbindung mit der Hekatombe wird die Sache erzählt. Hankel sagt: »Doch möchte ich nicht so weit gehen, den Satz dem Pythagoras abzusprechen, obwohl keine einzige nur einigermassen glaubwürdige Nachricht darüber vorhanden ist.« Cantor plädiert für Pythagoras selbst, und er hat darin wohl recht, dass die Schule durch den Meister den Satz kennen gelernt; den Satz selbst aber hat Pythagoras aus Asien und mit ausserordentlicher Wahrscheinlichkeit aus Indien. Auf Babylon weist die Zahlenmystik, die Symbolisierung der Begriffe in Zahlen, und auf Indien der Lehrsatz und die Lehre von der Seelenwanderung.

Die Geometrie der Inder.

M. Cantor hat noch in der 2. Aufl. die indische Geometrie als nicht original erklärt, er hat es wiederholt, dass wir die Geometrie nur auf indischer Grundlage nicht begreifen können, ja, er hat sie von Heron von Alexandria, dessen Blüte zwischen 100 v. Chr. und 100 n. Chr. schwankt, abhängen lassen, und das, obwohl er die Existenz der Sulba-sutras, d. i. der Schnurregeln, der Zimmermannsregeln für die Herstellung der Opferstätte aus Thibauts schöner Arbeit in der Asiatic society of Bengal von 1875 kannte. Dabei hat 1884 der Sanskritist Leopold v. Schröder ein Buch geschrieben: »Pythagoras und die Inder,« in welchem er bereits ziemlich entscheidende Beweise für die Beeinflussung der Pythagoräer durch die Inder beigetragen hat.

Ich schiebe hier einiges aus meinem Vortrag im mathem. Kolloquium vom 2. Febr. 1903 ein. — Als ich für die Enzyklopädie den Artikel Pythagoras abschliessen wollte, machte mich unser Indologe Leumann auf die damals gerade erschienene Arbeit von A. Bürk über das Apastamba Sulba-sutra (Zeitsch. d. Deut. Morgenl. Ges. Bd. 55, 1901, p. 543) aufmerksam. Leumann gab mir auch die Schrift L. v. Schröders »Pythagoras und die Inder« Dorpat 1884. Auf Grund dieser Arbeiten inkl. Thibauts trat ich den Ansichten Schröders und Bürks, dass der Pythagoras bei den Indern weit älter als bei den Hellenen und vermutlich von den Indern her entlehnt sei, bei und machte die Mathematiker auf die Arbeit Bürks aufmerksam, Hoffm. Ztsch. 33, S. 183, 1902. Wie Bürk legte auch ich besonderen Wert auf das Auftreten des Satzes vom Gnomon, d. i. von der Gleichheit der Ergänzungsparallelogramme, bei den Indern. Etwa ein Jahr später erschien, auf Verlangen Cantors beschleunigt, im Archiv ein Artikel desselben, in dem er ebenfalls von der Arbeit Bürks Notiz nahm. Aber statt dass nun Cantor die Selbständigkeit oder wenigstens die relative Selbständigkeit der Inder, d. h. die Unabhängigkeit ihrer Geometrie von den Griechen zugegeben, drückt er sich äusserst gewunden aus, ja selbst seine Heron-Hypothese gab er nicht auf, indem er sie hinter der zweifelnden Frage am Schluss versteckt, ob nicht am Ende in den Sulba-sutras verhältnismässig moderne Einschiebsel seien. Das Auftreten von Stammbrüchen bei den erstaunlich genauen Näherungswerten von $\sqrt{2}$ sollte auf Heron und Ägypten hinweisen; aber sieht man näher zu, so liegt gerade hier ein entscheidender Unterschied. Während bei den Ägyptern die gemeinen Brüche als Summe von Stammbrüchen erscheinen, haben wir bei den Indern auch Differenzen oder genauer Aggregate; und die Stammbruchform rechtfertigt sich als Bruchteilung der Massschnur.

Kulturzusammenhänge bezweifle ich so wenig wie jeder der sich nicht bloss mit der Kultur eines einzigen Volkes beschäftigt hat. Angesichts der babylonischen Zahlenzerlegungen und der quadratischen Gleichungen der Ägypter glaube ich persönlich, dass der Pythagoras Babyloniern wie Ägyptern vielleicht schon vor 3000 v. Chr. bekannt war. Aber Glauben ist kein Beweis.

Und was den Einschub in das Sulba-sutra nach Apastamba betrifft, so wäre der gleiche Einschub bei Taittirīya, Baudhāyana, Maitrāyana, Katyāyana und Mānava, und im Satapatha-Brāhmana gemacht worden!

Als ich Heft 9 des Bühler'schen Grundrisses der Indo-Arischen Philologie, Astronomie, Astrologie und Mathematik von G. Thibaut las, wunderte ich mich, wie befangen sich dieser hervorragende Kenner des indischen Wissens auf dem Gebiet der exakten Wissenschaften der Autorität Cantors gegenüber zeigte. Derselbe Mann, der 1875 so treffend geschrieben hatte: »Was nur immer fest mit altindischer Religion verknüpft ist, muss betrachtet werden, als bei den Indern selbst entsprungen, wenigstens so lange bis das Gegenteil erwiesen«, der liess sich verblüffen durch Argumentationen von solcher Ungeheuerlichkeit, wie die rhetorische Frage: »Kann unmittelbare Anschauung zur Erfindung neuer Satze führen?« Ich sehe von Jakob Steiner ganz ab, von dem es ja notorisch ist, wie viele seiner Sätze, gelegentlich auch unrichtigen, er der unmittelbaren Anschauung verdankt, sondern weise nur auf E. E. Kummer hin, gewiss ein reiner Mathematiker wie nur einer, und doch der eigentliche Urheber der Modellgeometrie für Flächen. Herr Bürk hat sich dann auch nicht geniert, die Schwäche der Cantor'schen Argumente auch bezüglich der Seilspannung beim Tempel von Edfu — nebenbei bemerkt erst 237 v. Chr. — aufzudecken, und er wies mit Recht auf H. Hankel hin, dessen dünnleibige Fragmente von einem fast prophetischen, wahrhaft genialen Verständnis für die Seele der Völker zeugen. Angesichts einiger Bemerkungen möchte ich hier sagen, dass ich von Bewunderung für die beinahe übermenschliche Arbeitsleistung Cantors erfüllt bin, aber die betreffenden Äusserungen in meiner Entwicklung der Elementargeometrie aufrecht halte. Das Recht zur Kritik, das mir Weierstrass zugestand, lasse ich mir von niemandem und niemand gegenüber rauben, und wenn an irgend einer Stelle, so gilt für die Wertung der indischen Mathematik durch Cantor das Horazische:

Interdum bonus dormitat Homerus,Nec semper arcum tendit Apollo.

Übrigens ist die indische Verwandlung des Rechtecks in ein Quadrat ohne eine schulgerechte Analyse unmöglich, und bei der Ausmessung der Saumiki vedi findet sich derselbe Beweis, den wir heute noch für die Flächenformel des Trapezes geben.

Erklärlich wird das Verhalten Cantors durch sein Dogma, dass die Hellenen speziell für Geometrie, die Inder für Arithmetik, insbesondere für Rechnen begabt waren. Leider ist dies in dem Umfange, wie es Cantor annimmt, falsch. Der leitende Gesichtspunkt der Entwicklung der griechischen Mathematik war ein rein arithmetischer. Sie haben erst die Gleichungen ersten Grades in Form der Proportion gelöst, dann die der zweiten vermöge der Satzgruppe des Pythagoras und dann die Gleichungen dritten Grades angegriffen, wie man absolut deutlich aus den beiden sogenannten Delischen Problemen, der Verdoppelung, bezw. Vervielfachung des Würfels und der Trisektion des Winkels erkennt, an die sie sich unmittelbar nach der im zweiten Buch des Euclid ausführlich behandelten Lösung der quadratischen Gleichungen machten. Und die Inder, welche im Anfang ihrer Geschichte in der Astronomie und damit in der Rechenkunst durchaus abhängig von Babylon waren, haben höchst wahrscheinlich ihre Geometrie infolge ihres Kultus selbständig entwickelt.

Abhängigkeit der Pythagoräer von den Indern.

Für die Abhängigkeit der Pythagoräer von den Indern hat v. Schröder auf die Lehre von der Seelenwanderung hingewiesen; sie war ein Hauptbestandteil der Pythagoräischen Lehre, unzweifelhaft, schon Xenophanes berührt sie; Philolaos trägt sie vor; Aristoteles bezeichnet sie als pythagoräisch; Plato hat seine poetische Darstellung von dem Zustand nach dem Tode den Pythagoräern nachgebildet. Philolaos sagt, die Seele sei an den Körper zur Strafe gefesselt und gleichsam im Körper begraben. Diese Anschauung hat Platon in dem durch und durch von Philolaos beeinflussten Timäos angenommen, im Gegensatz zu seiner früher z. B. im Phädon aufgestellten Ansicht.

Herodot, der die Seelenwanderung als durchaus unhellenisch bezeichnet, schreibt sie den Ägyptern zu, aber die Denkmäler der Ägypter, soviel sie sich auch mit dem Tode und dem Leben nach dem Tode beschäftigen, weisen keine Spur der Metempsychose auf. Und was für einen Zweck hätten dann die riesigen Opfer, welche die Ägypter für die Behaglichkeit des Kha brachten, ihre Pyramidenbauten, ihre Einbalsamierung gehabt? Ein einziges ägyptisches Märchen, das von den drei Brüdern, könnte allenfalls herangezogen werden, doch das gehört unzweifelhaft in den Kreis der Osirissage.

Altindischer Kulturzustand.

Aber in Indien da beherrschte und durchdrang gerade um diese Zeit die Lehre von der Seelenwanderung das ganze Volk. Wir wissen mit Bestimmtheit, dass gerade um diese Zeit der Buddhismus hereinbrach, als dessen Ziel einzig und allein die Befreiung von dem Kreislauf der Geburten, von der Wanderung der Seelen durch immer neue Existenzen bezeichnet werden muss. Und nicht Buddha Gautama war der erste (Oldenberg 1881, Buddha, sein Leben, seine Lehre, seine Gemeinde), sondern vor und mit ihm durchzogen schon Asceten, Mönche, Wanderpriester teils einzeln, teils schon Orden und Kongregationen bildend das Land, um in Busse das Ziel der Erlösung zu suchen.

Buddhas Erfolg beruht gerade darauf, dass er den Zug nach Erlösung von der sich immer wiederholenden Qual des Sterbens durch seine Lehre befriedigte.

Der Rigveda und der Yajurveda.

Die Lehre von der Seelenwanderung entwickelte sich in Indien naturgemäss im Zusammenhange mit der Lehre vom All-Einen, deren

Wurzeln schon in dem Rigveda, der Sammlung der uralten heiligen Lieder, die die Inder zum Teil beim Einwandern aus Afghanistan mitbrachten, zu finden sind. Wohl sind auch ein paar weltliche Lieder dabei, aber sie finden sich erst im 10. Buch des anerkannten Textes, der Redaktion der Çakalaschule, das erst etwa um 1000 v. Chr. den übrigen 9 Büchern oder mandala zugefügt ist, wenngleich ihr Ursprung natürlich viel älter ist. Wenn wir uns den Kulturzustand der Inder, der Arya zurzeit der Entstehung des Rigveda vergegenwärtigen wollen, so brauchen wir nur die Germania des Tacitus zu lesen, nicht einmal der Spieltrieb fehlt, wie 10, 34 bekundet: »Nach seinem Weibe greifen fremde Hände, indes mit Würfeln er auf Beute ausgeht.« Auch hier ein freies Volk, der König eigentlich nur Herzog, d. h. Heerführer im Kampfe, der Hausvater, der Sippenälteste, Herr und König in seinem Hause und zugleich auch Priester. Eine eigentliche Priesterkaste, ein Bramanentum gab es noch nicht, überhaupt kein Kastenwesen, auch keine Witwenverbrennung. Das alles hat sich erst in der folgenden Periode entwickelt und hängt mit der Ausbildung des Opferrituals eng zusammen. Wohl spielt auch im Rigveda das Opfer, insbesondere das des Agni und noch mehr des Soma eine bedeutende Rolle, aber im Vordergrund steht doch der Hymnus. Übrigens ist die Periode des Rigveda nicht mehr die altindogermanische, wie aus dem Zurücktreten des indogermanischen Lichtgottes Djaus, Zeus, des Tiu der Germanen, angerufen als Djaùs-pitar, Griech. Ζευ πατερ, umbrisch Dispiter, Lat. Jupiter (vgl. A. Kaegi, der Rigveda Anm. 112), des Lichtgottes, des Himmelsvaters, und der Gäa, der Mutter Erde, Prithivi, hervorgeht.

Auch die Götter des Rigveda müssen in der Brahmanen-Periode dem Dreigestirn Brāhman, Vishnu, Çiva weichen. Der erstere eine priesterliche Abstraktion der Weltseele, die beiden anderen, in den Veden erwähnt, aber doch erst später hervortretend gegen Varuna, den Himmel, und Indra, den Kriegsgott, den eigentlichen Nationalgott des Rigveda. Namentlich der Kult des schrecklichen Zerstörers Çiva entstammt so recht eigentlich dem Grund der einheimischen Volksseele, welche die Gewalt der Naturmächte oder Götter als schwer versöhnliche Feinde der Menschheit empfindet. Im übrigen sei für die altindische Kultur zur Vedenzeit auf H. Zimmers klassisches Werk: Altindisches Leben (1879) verwiesen.

Die Bedeutung des Opfers.

In der auf die Rigvedazeit folgenden Periode, der des Yajurveda, der Lehre vom Opfer, und der Brāhmana-Texte, der Kommentare der einzelnen hervorragenden Weisen, nimmt der Zug nach Erlösung von der Qual des Wiedersterbens seinen Anfang. Und auf der andern Seite in der Flucht der Erscheinungen bildet nur eins den ruhenden Pol, der Kern aller Wesen, der Atman Brahman, der in allem ist, die heilige Weltseele. Seelen, die in der

Hölle der Existenz wandern, werden durch Busse erlöst zu einem seligen Sein auf dem Monde, aber die gleiche Vorstellung findet sich bei den Pythagoräern, nur dass an Stelle des Mondes die Sonne tritt, wie im Satapatha Brāhmana die seligen Seelen als Sonnenstäubchen erscheinen.

Gemeinsam ist auch in der Buddha- und Pythagorassage die Erinnerung an den früheren Seelenzustand.

v. Schröder sagt in Pythagoras und die Inder:

»Wer nun mit dieser durch mehrere Jahrhunderte sich erstreckenden Epoche der indischen Kulturgeschichte vertraut ist, der nur eigentlich vermag es ganz zu ermessen, welch eine Rolle zu jener Zeit das Opfer mit seinen unzähligen Details im Geistesleben der Inder spielte. Das gesamte Sinnen und Trachten des hochbegabten Volkes ist in diesem Jahrhundert auf das Opfer, seine Vorbereitung und Ausführung gerichtet. Die umfangreiche Literatur, die als Zeuge jener Zeiten zu uns redet, handelt vom Opfer und immer nur vom Opfer. Dem Opfer in allen seinen Einzelheiten wird die höchste Bedeutung beigelegt, die Kraft Götter und Welten zu zwingen, Natur und Menschen zu beherrschen. Wunderbar übernatürliche Macht wohnt ihm inne und selbst die Kosmogonie geht auf das Opfer zurück. Aus Opfern sind alle Welten und Wesen, alle Götter und Menschen, Tiere und Pflanzen entstanden. Das Zeremoniell des Opfers, wie schon die Yajurveden zeigen, ist ein ungeheuer kompliziertes und die kleinste Äusserlichkeit wird mit einem Nimbus von Wichtigkeit umgeben, der für uns nicht selten das Lächerliche streift. Die Vorbereitung zum Opfer, die Fertigstellung des Opferplatzes etc. spielt hier eine hervorragende Rolle. Dabei ist natürlich die Konstruktion der Altäre von allerhöchster Bedeutung. Jede Linie, jeder Punkt, jedes Formverhältnis war hier von entscheidender Wichtigkeit und konnte nach dem indischen Glauben jener Zeit, je nachdem es ausgeführt war, Segen oder Unheil bringen. Über die Gestalt und Grösse der Altäre, ihr Verhältnis zueinander und zu ihren einzelnen Teilen, zu den mannigfachsten abstrakten Begriffen, ihre symbolische Bedeutung und die richtige, nicht bloss gottgefällige, sondern selbst Götter zwingende Art ihrer Herstellung haben Generationen eines hochbegabten, für Spekulation und Abstraktion und namentlich für rechnerische Leistung sehr beanlagten Volkes gegrübelt und immer wieder gegrübelt.«

Und Bürk und Leumann stimmen dem zu.

Es mussten daher die Inder schon in jener sehr frühen Zeit gezwungen werden, wenigstens auf dem Opferplatze eine Feldmesskunst auszubilden. Cantors Ansicht ist um so unbegreiflicher als er selbst sagt, dass die Sulbasutras Schriften von geometrisch-theologischem Charakter sind; wie sie abgesehen von einigen ägyptischen Inschriften in keiner Literatur sich wiederfinden.

Konstruktion der Opferstätten und Altäre.

Wenn nun Pythagoras in Indien war, so konnte er nicht nur, so musste er von dort den Satz über das Quadrat der Hypotenuse mitbringen. Selbst Cantor hat sich dem, wie erwähnt, nicht ganz verschliessen können.

Das Apastamba-Sulbasutra, die Lehre von der Messschnur nach Apastamba, gehört in den Ausgang der Brāhmana-Literatur, der Zeit, die auf die Veden folgt.

Die Veden, von Veda (Lehre, Wissenschaft), enthalten die ältesten religiösen Satzungen: den Rigveda, soweit sie sich in Liedern formulieren, und den (schwarzen und weissen) Yajurveda, der vom Opfer, seiner Zurüstung, den Zeremonien etc. handelt. Die Veden sind kurz und dunkel. Die riesige Brāhmana-Literatur bestand in Kommentaren zu den Veden, die die Veden selbst als bekannt voraussetzen. Gehören die Veden der Zeit von 1200–1000 an, so gehen die Brāhmanas bis etwa 600, der Zeit vor dem Auftreten Buddhas.

Die Sulba-sutras bilden in den verschiedenen Lehrbüchern der Schulen ein Kapitel der Kalpa-Sutras oder Çrauta-Sutras, deren Aufgabe es ist das Opferritual übersichtlich darzustellen, und ihr Sulba-Sutra gibt die Regeln für die genaue Abmessung des Opferplatzes, der verschiedenen Altäre etc.

Diese Schulen entsprechen den Babylonischen Tempelhochschulen, und wie die Fürstpriester Babylons stehen die altindischen Weisen, die rishi, an genialer Begabung für religiöse und philosophische Spekulation keinem Platon und Aristoteles nach.

Die Anfänge des indischen Opferwesens reichen bis in die Zeit des Rigveda zurück; schon in ihm werden die Altar-Stätten (vedi) und der dreifache »tri-schadhastha« Sitz des Agni, des Feuers (= lat. igni-s), des sozusagen irdischen Gottes im Rigveda, die drei geschichteten Altäre erwähnt: der Altar des Hausherrn, der garhapatya — der ahavanīya — Opferaltar — und der daksinagni — Südaltar. Nach den Angaben des Yajurveda handelte es sich bei dieser Dreiteilung um Quadrate, Kreise und Halbkreise, die von gleicher Fläche sein mussten.

Altindische Geometrie.

Das Verfahren wird selbstverständlich in dem Rigveda, den wir auf 1200 v. Chr. setzen, nicht erwähnt, doch heisst es: »kundige Männer massen den Sitz des Agni aus.« Die eigentliche Blütezeit des indischen Opferwesens war die Periode der Brahmanas, welche nach Leumann sich bis ins 7. Jahrhundert vor Chr. erstreckt. L. v. Schröder sagt in »Pythagoras und die Inder«, was Bürk und Leumann akzeptieren: »Auf Grund dieser Sulba-Sutras und unter Berufung auf noch bedeutend ältere Werke wie die Taittirīya-Samhita (Sammlung) und das so hochbedeutende Satapatha-Brāhmana (die hundertpfadige Lehre) lassen sich nun die geometrischen Kenntnisse bestimmen, welche die Konstruktion der Altäre erforderte,« und ich werde hier also Gelegenheit nehmen auf die altindische Geometrie näher einzugehen.

Bei den Altären unterscheidet man die vedi, d. h. das Altarbett, und den Agni, d. h. den beim Agni-Opfer und beim Soma- (dem heiligen Trank-) Opfer aus meist quadratischen Backsteinen geschichteten Feueraltar. Das Somafest wurde zu Ehren Indras, des Kriegsgottes, gefeiert. Der Gott und die Krieger sollten sich berauschen an dem Somatrank, der aus einer stark milchsafthaltigen Pflanze bereitet wurde. Es hatte so hohe Bedeutung, dass der Somatrank selbst zum Gott gemacht wurde.

I. Vedi. Die Inder legten grossen Wert auf genaue rechtwinklige Herstellung ihrer Altäre, und Apastamba lehrt zu diesem Zwecke bei der Vedi für das Somafest mehrere **ganzzahlig** rechtwinklige Dreiecke anzuwenden, deren Masse zum Teil schon im Taittirīya- Text und im Satapatha-Brāhmana vorkommen. Und auf diese bei der Saumiki vedi gelehrte Methode der Ausmessung weist er bei einer Reihe andrer Vedis zurück. Unter diesen ist erstens noch die Vedi der Sautramani-Zeremonie hervorzuheben, welche nach einer alten Vorschrift 13 der Saumiki vedi messen soll (Thibaut). Es handelt sich dabei um das Opfer für Indra Sutrāman (Ζευς σωτηρ). Ihre Konstruktion geschah entweder mit Hilfe der tri-karani oder trtīya-karani (der drei oder 13 machenden), d. h. entweder mittelst der geometrischen Konstruktion von $\sqrt{3}$ oder $\sqrt{1/3}$, und das geht nicht ohne Pythagoras (denn $\sqrt{1/3} = {}^1/_3\sqrt{3}$). Apastamba Kap. II, 2 steht die Figur (s. S. 158), natürlich ohne Buchstaben. Ferner die vedi beim asvamedha (Rossopfer); da diese doppelt so gross als die Saumiki vedi sein soll, wird sie mit der dvi-karani; der $\sqrt{2}$, ausgemessen.

Grundriss des Normalaltar.

Damit ist auch die trtīya-karani erklärt: das Quadrat über der tri-karani ist in 9 Teile zu teilen (Fig. S. 158).

Nur wenn die Vedi genau den Vorschriften entsprach, war das Opfer Gott wohlgefällig, im andern Fall eine Beleidigung. Die genannten Arten der Vedi und die meisten andern hatten die Form eines Achsentrapez; dies musste zuerst in ein Rechteck verwandelt werden (Ap. V, 7), dessen Berechnung, z. B. Ap. S. V 7 und 9 gelehrt wird.

II. Agni — geschichteter Feueraltar. Alle in den Brāhmanas und Sutras vorkommenden Vorschriften beziehen sich, wenn nicht anders angegeben wird, auf den catur-asra syena-cit, auf den viereckig falkenförmigen. Der atman (Wesen, Seele, Körper) des Altars, der die Gestalt eines Falken in rohen Umrissen nachahmte, bestand aus vier Quadraten über dem purusa (Menschenlänge) und der Schwanz und jeder Flügel aus einem Quadrat-purusa; um der Gestalt des Vogels noch näher zu kommen wird jeder Flügel um 1 aratni (Elle = 15 purusa) und der Schwanz um 1 pradesa (= 110 purusa) verlängert (s. Fig.). Gemäss seiner Zusammensetzung heisst dieser Altar auch agni saratni-pradesa saptavidha (z. B. Ap. Sulb. s. XV, 3.).

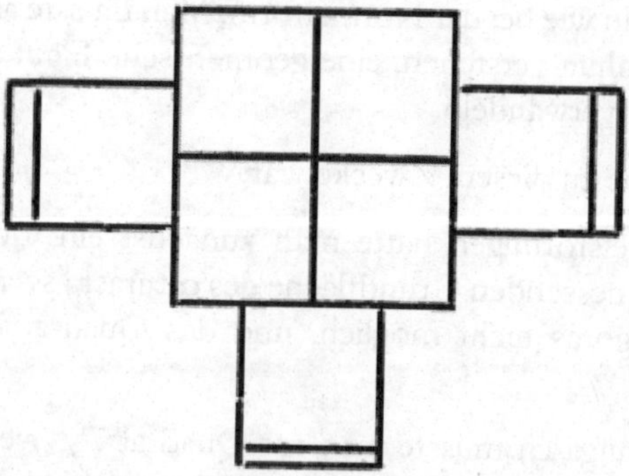

Altindische Geometrie zur Konstruktion der Altäre.

Bei der Anlage der Grundfläche handelt es sich nun um die Konstruktion von Quadraten, wofür Apastamba zwei Methoden überliefert. Die erste Ap. VIII, 8 bis IX, 2 beschrieben, ist höchst altertümlich und primitiv (Fig. 2), sie ist älter als die bei Thibaut beschriebene von Baudhāyana zum caturasra-karana. Für alle vier Quadrate sieht sie aus wie Fig. 3, aus der sich dann die von Baudhāyana beschriebene Fig. 4 entwickelt hat.

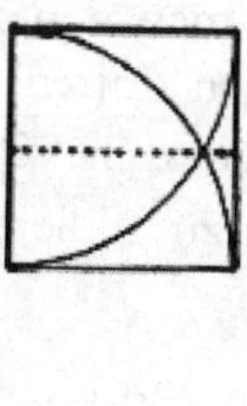

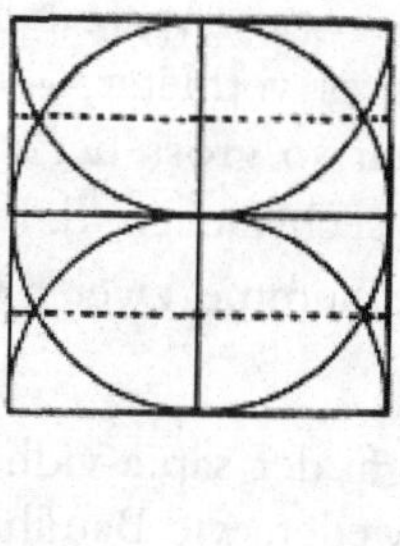

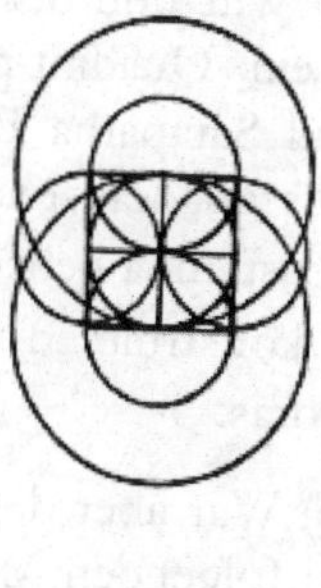

Die zweite jüngere ist die mittelst des visesa, d. h. mit einem Rest, d. h. der Näherungswert $^{17}/_{12}$ (Thibaut) für die $\sqrt{2}$, also 1,417, Fehler $< 0{,}003$; sie setzt den Pythagoras voraus für den Spezialfall. (Ap. Sulba sutra IX, 3), bei Apastamba 577408 = 1,4142156; der Bruch ist auf 5 Dezimalen richtig

$$1 + {}^{1}/_{3} + {}^{1}/_{3\cdot 4} - {}^{1}/_{3\cdot 4\cdot 34};\ \sqrt{2} = 1{,}414213;\ \text{Fehler} < {}^{3}/_{10^6}.$$

Wenn der Inder durch das Opfer besondere Wünsche erzielen wollte, so traten an die Stelle der Normalform die Kamyas, d. h. es gibt besondere agnis für solche Zwecke. Dahin gehört der agni in Gestalt eines Falken mit eingebogenen Flügeln und ausgebreitetem Schwanze, der in Form eines gleichschenkligen Dreiecks praüga-cit, vordere ochsenjochförmig, eines Doppeldreiecks, eines Wagenrads, rathacakra-cit, eines Troges etc. Aber so mannigfach die Gestalten der Kamyas waren, so musste die Grundfläche genau so gross sein wie bei der Normalform. Man musste also schon zur Zeit der Taittirīya Samhita verstehen, eine geometrische Figur in eine andere ihr flächengleiche zu verwandeln.

Die Aufgabe zu diesem Zwecke war:

1. Beim kreisförmigen hatte man zunächst ein Quadrat = der $7^{1}/_{2}$ Quadrat-purusa messenden Grundfläche des caturasra syena-cit zu zeichnen, was ohne Pythagoras nicht möglich, und das Quadrat in einen Kreis zu verwandeln.

2. Beim praüga-cit musste man das Quadrat $7^{1}/_{2}$ verdoppeln, also die dvi-karani konstruieren; die Hälfte des Quadrats über der $\sqrt{2}$ gab dann das gesuchte gleichschenklige Dreieck. Nun kommt das für die Geometrie eigentlich Wesentlichste: Nach Satapatha-Brāhmana, Baudhāyana Sulb. Sutra; Ap. S. und Ap. Sulba S. war der agni, wenn er das zweite Mal konstruiert wurde, um einen Quadrat-purusa grösser als beim ersten Mal, ebenso beim dritten um einen Quadrat-purusa grösser als das zweite Mal und so fort. Also mussten die Inder spätestens schon zur Zeit der Sat. Brāh. verstehen eine Figur zu konstruieren, die einer gegebenen ähnlich ist und zu derselben in bestimmtem Verhältnis steht.

a) War nun der erstmals konstruierte agni der »einfache« (eka-vidha) gleich ein Quadrat-purusa — was Apastamba nebenbei noch zulässt, während Satapatha Brāhmana es verbietet — so hatte man den zweiten ebenfalls quadratischen doppelt so gross herzustellen, den dritten dreimal und Apastamba geht bis zum sechsfachen, d. h. der Reihe nach $\sqrt{2}$ $\sqrt{3}$ bis $\sqrt{6}$ zu konstruieren, d. h. die Summe zweier Quadrate zu addieren, also Pythagoras.

b) War aber der erste agni der sapta-vidha wie meist, so konnte man bei den folgenden Malen entweder, wie Baudhāyana vorschreibt, alle Teile der Normalform proportional vergrössern und dann das, was hinzukam zunächst in 15 gleiche Teile teilen, oder, wie Apastamba nach älterer Tradition lehrt, nur die 7 purusas, nicht aber auch die beiden aratnis und den pradesa des caturasra syena-cit zunehmen lassen und dann den Zuwachs in 7 gleiche Teile teilen. Ein solches Siebentel musste dann, wenn es zunächst als Rechteck gezeichnet war, in ein Quadrat verwandelt werden (Apast. S. S. II. 7) und hierbei tritt bei Apastamba die Subtraktion von Quadraten als Hilfskonstruktion auf, und dieses Quadrat musste dann mit jedem der sieben zu einem neuen Quadrat vereinigt werden.

3. Beim asva-medha musste der sapta-vidha von vornherein mit 3 oder 21 multipliziert werden, und beide Vorschriften sind nach Angabe des Baudhāyana Sulba Sutra durch Brāhmana-Stellen belegt.

Pythagoras bei den Indern.

Wir sehen also, dass der Pythagoras und seine Satzgruppe eine geradezu prominente Rolle beim indischen Opferkult spielt.

Wir kommen nun zu der Frage, wie alt ist der Pythagoras?

Ausgesprochen ist der Satz bei Baudhāyana, Katyāyana, Apastamba, z. B. Ap. Sulba S. I, 7: Die Diagonale eines Rechtecks bringt beides hervor, was die längere und die kürzere Seite desselben jede für sich hervorbringen, und I, 5: Die Diagonale eines Quadrates bringt eine doppelt so grosse Fläche des Quadrates hervor samasya dvi-karani (die das Doppelte hervorbringende). Der Satz ist also jedenfalls so alt als die genannten Sulba Sutras. Die des Apastamba bildeten den 24. Prasna (Buch) des Srauta Sutra, und dieses kann nach der Untersuchung der Sanskritisten nicht nach dem Anfang des 4. Jahrh. v. Chr. entstanden sein. Damit ist die Heron-Hypothese Cantors ohne weiteres beseitigt.

Aber der Pythagoras ist den Indern, musste den Indern viel länger bekannt sein. Zunächst ist das Baudhāyana S. S. wahrscheinlich mindestens 200 Jahre vor dem Apastamba Sulba Sutra redigiert; und dann ist klar, dass die Vorschriften selbst weit älter sind als ihre schriftliche Fixierung. Insbesondere scheint das Apast. Sulba Sutra durchaus die ältere Tradition festgehalten zu haben. Dann aber finden sich Vorschriften über die Vergrösserung z. B. des Asvamedha- und Sutrāmani-Altars und über die Konstruktion der Kamyas in der Taittirīya Samhita und über die Vergrösserung des falkenförmigen Normalaltars im Satapatha-Brāhmana, die ohne Pythagoras unmöglich sind. Nun ist die Taittirīya S. noch etwas älter als das Satapatha, und beide gehören zu einer Klasse von Werken, von denen Oldenberg (Buddha 3. Aufl. S. 19) sagt: »Wir werden schwerlich fehlgehen, wenn wir ihre Entstehung vom 10.-8. Jahrh. setzen.« Übrigens wird dieses

Minimal-Alter durch Bürk l. c. nachgewiesen mittelst zweier Stellen, je eine aus der Taitt. Samh. und aus dem Sat. Brāh. Taitt. Samh. 6. 2, 4, 5 heisst es von der Vedi für das Somaopfer: Die westliche Seite ist 30 padas lang, die praci 36; die östliche Seite 24, und genau dasselbe sagt die Stelle im Satapatha-Brāhm. 10, 2, 3, 4.

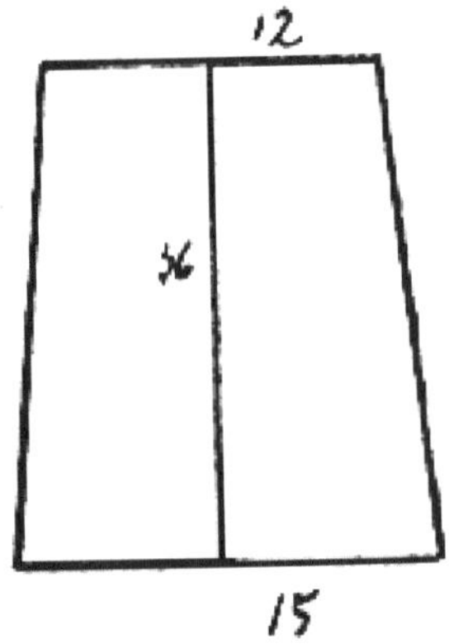

Bei Baudhāyana erscheint der allgemeine Pythagoras an zweiter Stelle, und er setzt hinzu: diesen zweiten Fall erkennt man aus den Rechtecken mit den Seiten 3 und 4, aus 12 und 5, aus 15 und 8, aus 7 und 24, aus 12 und 35, aus 15 und 36, und Cantor selbst sagt 2. Aufl. S. 398: »Das ist nun offenbar der Pythagoräische Lehrsatz, erläutert an Zahlenbeispielen.« Das Fehlen der Hypotenuse darf nicht auffallen. Die Taittirīya- und die anderen Srauta-sutras sind die Yajurveden in der Redaktion der betreffenden Schule und diese enthalten »diejenigen Sprüche oder Verse, welche der die eigentliche Opferhandlung verrichtende Priester, der Adhvaryu, zu sprechen oder zu murmeln hatte.«

Auch die Brāhmanas bieten keine fortlaufende Darstellung des Opfers, sondern vielmehr Erläuterungen zu demselben. Im Sulba Sutra bei Apastamba, da wird die wirkliche Konstruktion gegeben und da tritt denn auch z. B. beim Dreieck 30 : 15 die ganzzahlige Hypotenuse 39 auf.

Das Alter des Pythagoras bei den Indern.

Somit ist der Pythagoras bei den Indern aus dem 8. Jahrh. sicher konstatiert, aber höchst wahrscheinlich den Indern schon viele Jahrhunderte vorher bekannt gewesen. (H. Hankel.) — »Was nun das Alter der Sulba-Sutras betrifft, so weiss jeder, der sich mit indischer Literatur beschäftigt hat, dass jedes Erzeugnis nach seinem Zusammenhange mit der ganzen Literaturgruppe, zu der es gehört, beurteilt werden muss.« (E. Leumann.) Da kann nun kein Zweifel darüber sein, dass die Sulbas, sie mögen niedergeschrieben sein wann sie wollen, zur Yajurveden-Literatur gehören, d. h. zum Opferkult, sie bilden ein durchaus nötiges Kapitel des Srauta Sutra, der bis aufs i-Pünktchen detaillierten Lehre vom Opferzeremoniell und damit ist entschieden, dass ihr Inhalt bis etwa 900 v. Chr., vielleicht sogar noch höher hinaufreicht, und insbesondere zeichnen sich die Apastamba- wie die Taittirīya-Schule durch Bewahrung alter Tradition aus. Nun sind noch zwei Punkte zu besprechen. Indische Manuskripte sind verhältnismässig jung. Baumrinde kann sich an Dauerhaftigkeit nicht mit Papyrus, noch weniger mit gebrannten Tontafeln messen, zudem tritt die Schrift im eigentlichen Sinne bei den Indern verhältnismässig spät auf und ist nicht original. Dasselbe würde ja auch für das gewaltig umfangreiche Heldengedicht des Mahabharata gelten. Aber abgesehen davon, dass Zeichen analog den Runen der Germanen vermutlich auch bei den Indern uralt waren, so war das Gedächtnis eben durch den Mangel an Schrift enorm entwickelt. Leute, die täglich ein Kapitel auswendig lernten, etwa wie die arabischen Geistlichen die Suren des Koran, die kannten bald ganze Werke auswendig, und auch heute sind solche Gedächtniskünstler nicht selten unter den Brahmanen.

Ein zweiter Einwand klingt einleuchtender. Die erstaunlich verklausulierten Vorschriften der Kalpasutras sollen Zeichen der Erstarrung und des Verfalls sein. Ganz abgesehen davon, dass die Indologen von Fach die Blüte des detaillierten Opferkults zwischen 1000 und 800 setzen, ist darauf folgendes zu erwidern: Das richtig vollbrachte Opfer hat die Macht, die Götter unter den Willen des Opferers zu beugen; ich habe ja schon bei Babylon darauf hingewiesen, dass die Arier sich der Gottheit nicht annähernd so knechtisch gegenüberstellten wie die Semiten. Ein durch Germanen, Hellenen und Inder, kurz durch die ganze Arische Welt hindurchgehender Zug ist das Misstrauen gegen die Götter, die Furcht vor ihrem Neide, die Teufelslehre knüpft hier an, und der Stammbegriff des Wortes Teufel ist das Sanskritische Wort für Gott. Grade aus der ältesten Zeit tiefster Religiosität stammt dies Gefühl und jene Genauigkeit ist grade ein Zeichen der naiven Periode, es darf dem Gott auch nicht die leiseste Handhabe geboten werden, seinem Unwillen über den auf ihn ausgeübten Zwang Ausdruck zu verleihen.

Ich glaube nicht, dass irgend ein heutiger Indologe bezweifeln wird, dass das Alter der Sulba-Sutras dem Inhalt nach bis mindestens 1000 heraufgeht, und dass sich die indische Geometrie auf dem Boden der Opferlehre, des Aufbaues der Altäre entwickelt hat.

Der Satz vom Gnomon.

Was aber die Entlehnung des Pythagoras von den Indern seitens des Pythagoras noch viel sicherer macht, das ist das Auftreten des sogenannten Gnomon, des Satzes von dem Ergänzungsparallelogramm. Schon Bretschneider sagt, dass die Kenntnis dieses Satzes dem Pythagoras mutmasslich zur Auffindung des Satzes gedient hat, und Hankel sagt l. c. mit ahnungsvollem Scharfblick, diese Herleitung erscheine wahrscheinlich. Aber eben dieser Gnomon war den Indern auch bekannt. Baudhāyana geht mittelst desselben vom Quadrat mit der Seite 16 zu dem mit der Seite 17; er sagt z. B.: Wenn man aus 256 quadratischen Backsteinen ein Quadrat gebildet habe, so soll man nun 33 Backsteine hinzufügen. Und Apastamba sagt II, 7, es folgt nun eine allgemeine Regel: Man fügt: 1. das [Rechteck], welches man mit der jedesmaligen Verlängerung (und mit den Seiten des gegebenen Quadrates) umzieht [d. h. herstellt], an den zwei Seiten des Quadrates, nämlich an der östlichen und an der nördlichen hinzu, und 2. an der nördlichen Ecke das Quadrat, welches durch die Verlängerung hervorgebracht wird; dazu die Figur und das ist klipp und klar

$$(a + b)^2 = a^2 + 2ab + b^2.$$

Der Satz konnte ihnen, da sie meist mit Backsteinen arbeiteten, gar nicht entgehen.

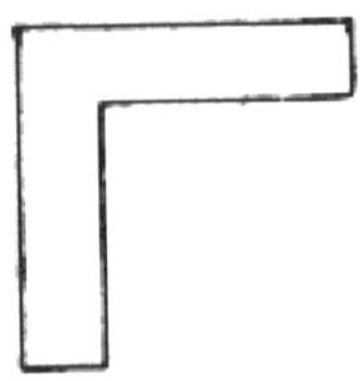

Die Pythagoräischen Dreiecke bei den Indern.

Dass die Inder den Satz gefunden haben, ist natürlich nicht bewiesen, aber so lange babylonische und ägyptische ältere Quellen uns nicht zur

Verfügung stehen, sind sie diejenigen, die am frühesten nachweisbar den Satz besessen haben und die Auffindung kann ganz gut so wie Bürk es angibt, geschehen sein; sie kann aber auch ganz leicht direkt erfolgt sein, zunächst für das Dreieck 3, 4, 5 durch Drehen der Schnur, was ja eine ihnen ganz geläufige Operation war. Es kommen im Apastamba Sulba-Sutra 5 »erkennbare«, d. h. ganzzahlige rechtwinklige Dreiecke vor, die Inder sagen: Rechtecke.

3 4 5

5 12 13

7 24 25

8 15 17

12 35 37

15 36 39 , letzteres

das wichtigste für die Vedi. Davon fallen die ersten 3 auch unter die von Proklos ausdrücklich dem Pythagoras, bezw. seinen Schülern zugeschriebenen Formeln $2a + 1$; $2a^2 + 2a$; $2a^2 + 2a + 1$; die beiden folgenden sind platonisch $2a$; $a^2 - 1$; $a^2 + 1$.

Das letztere ist dem zweiten ähnlich; aus Apastamba V, 4 folgt, dass diese Ähnlichkeit ihm völlig klar war. Angesichts von Thibauts Darstellung in Bühlers Grundr. ist es nicht uninteressant an der Hand der Sulba-Sutras nachzusehen, was den Indern jedenfalls um 800 v. Chr. an geom. Kenntnissen zur Verfügung stand. Ich benutze Thibauts Übersetzung des Baudhāyana und Bürks Übers. des Ap. S. S. im 56. Bande der Zeitschrift der D. Morgenländischen Gesellschaft. Das Werkzeug, dessen sie sich für ihre Konstruktionen bedienten, war die Schnur (sulba oder rajju), und gelegentlich auch ein Bambusstab. Ich beginne mit der Konstruktion des einfachen Quadrats, Ap. Kap. VIII, 5–10, IX, 1.

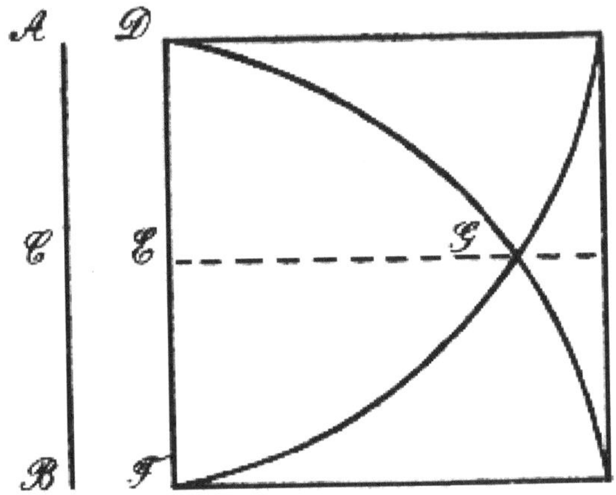

»Man schneide an einem Bambusrohr in einer Entfernung gleich der Höhe des Opferers mit emporgehobenen Armen (der purusa, Menschenlänge, später war das Mass die babylonische Doppelelle) zwei Zeichen (A und B) ein, und in der Mitte ein drittes (die Mitte wird durch die zusammengelegte Schnur bestimmt). Man lege das Bambusrohr westlich von der Grube des Opferpfostens längs der prsthya (d. i. Rückenlinie, die schon zuvor ein für allemal von Westen nach Osten prak gezogen war, daher sie auch oft praci heisst). Schlage an den Einschnitten Pflöcke ein (D, E, F), mache (das Rohr) von den beiden westlichen (Pflöcken E und F) los und beschreibe (von F aus) in der Richtung nach Südosten einen Kreisbogen bis zu dem (östlichen) Ende (des zu konstr. Quadrats).« Entsprechend verfährt man von F aus, legt das Rohr von E über G nach H, schlage in H einen Pflock ein, befestige in H das mittlere Zeichen des Rohrs, lege die beiden andern an die Enden der beiden Linien und schlage in die beiden Zeichen zwei Pflöcke.

Altindische Geometrie.

Hier haben wir die Konstruktion des Lotes mittelst der Symmetrieachse, und die gemeinsame Tangente zweier Kreise im speziellen Falle und die Quadratkonstruktion, die wir mit 4 Kreisen ausführen, zugleich eine Art mechanischer Konstruktion, die bei den Hellenen Neusis heisst (s. unter Apollonius).

Diese Methode gilt als die älteste für die »Quadratmachung«, das Catur-asra-karana, älter als die des Baudhāyana, welche die Figur auf S. 148 zeigt. Von der einfachen Quadratform war dann der Agni vom einfachen bis zum 6fachen des Grundquadrats, es musste also mittels Pythagoras das Quadrat mit 2, 3, 4, 5, 6 multipliziert werden. Dann kam der Saratni-pradesa saptavidha, d. h. also der caturasra syena-cit, der viereckig falkenförmige, und dann die Vorschrift: Was beim 8fachen und den folgenden von den 7 verschieden ist, teile man in 7 Teile, und lasse in jedes purusa einen Teil eingehen, weil die Veränderung der Gestalt nicht schriftgemäss wäre. Auch hier hat Apastamba weitaus die ältere Methode, während B., wie oben gesagt, die Zunahme auf alle 10 Flächen gleichmässig verteilt, da auch paksa und puccha, Flügel und Schwanz, berücksichtigt werden, was schon recht komplizierte Teilungs- und Messungsoperationen voraussetzt. A. geht bis zum 101fachen des Quadratpurusa.

I, 2 Konstruktion der Achsentrapez-förmigen Opfergrube, Vedi, mittelst des rechtwinkligen Dreiecks 36, 15, 39.

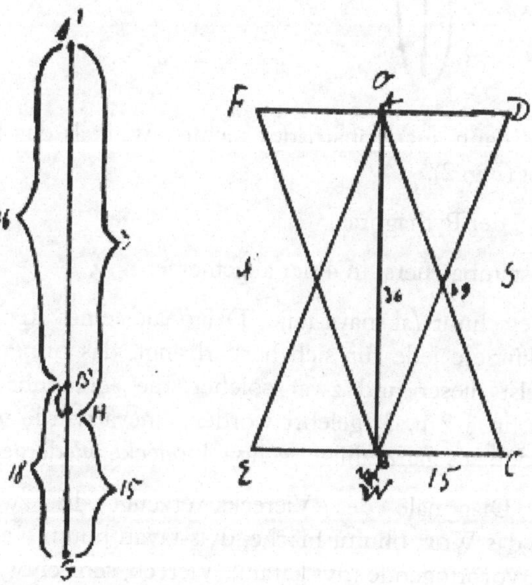

Man nimmt eine Massschnur (pramāna, $A^1B^1 = 36$, Fig. 1), verlängert sie um ihre Hälfte (bis G), macht dann am westlichen Drittel (d. h. also von G aus) weniger $^1/_6$ desselben ein Zeichen (H). Man befestigt die beiden Enden (der verlängerten Schnur) an den Enden der prsthya, zieht an dem Zeichen nach Süden (daksina), ebenso verfährt man im Norden (uttara), und nachdem man vertauscht hat, nämlich die in A und G befestigten Enden, nach beiden Seiten (im Osten). Denn die Fertigstellung durch diese wird eine Verkürzung oder eine Verlängerung (12, 17) herbeiführen.

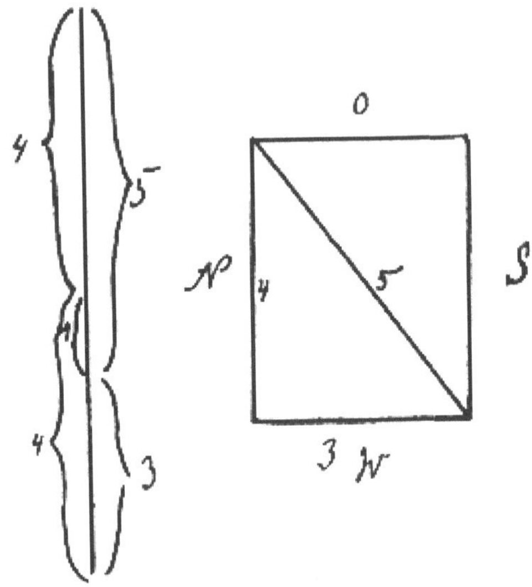

I, 3 wird dann zur Konstr. des rechten Winkels das Dreieck 3, 4, 5 analog benutzt (Fig. 2).

I, 4 und 5 der Pythagoras.

Bei Apastamba zuerst in 4 der allgemeine:

Die Querschnur (aksnaya-rajju, Diagonale) eines Rechtecks, was die längere und kürzere jede für sich hervorbringt, das bringt sie zusammen hervor. Mittelst dieser und zwar solcher, die »erkennbar« sind, ist die Konstruktion (in § 2 u. 3) gelehrt worden. (jneya würde wohl besser mit »feststellbar« d. h. als ganzzahlige rechtw. Dreiecke wiedergegeben.)

5. Die Diagonale des Vierecks erzeugt die zweifache Fläche (ausdrücklich das Wort bhumi Fläche, dvis-tāvati bhumi), sie des Quadrats Doppeltes hervorbringende (dvi-karani). Viereck, schlechtweg catur-asra, ist wie das griechische τετραγωνον das Quadrat, um aber ganz deutlich zu sein, wird es im Nachsatz sama »das mit gleichen Seiten« genannt. Katyāyana unterscheidet sogar die beiden Arten gleichseitiger Vierecke.

Wurzel aus 2.

6. Konstruktion des besseren Näherungswertes der $\sqrt{2}$.

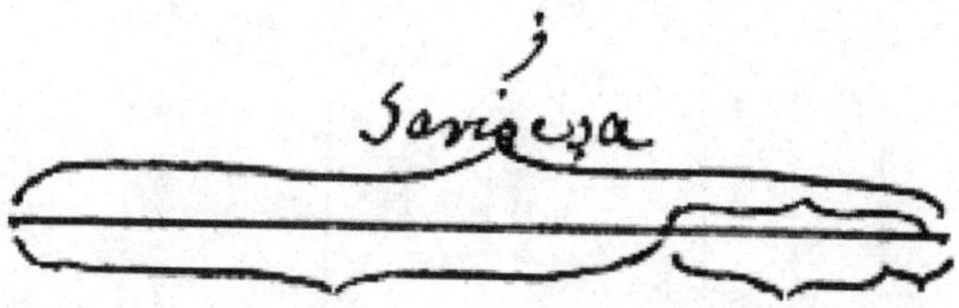

Man verlängere das Mass A B um seinen dritten Teil und diesen wieder um seinen vierten Teil weniger einem 34stel dieses vierten Teils (Fig. 3). Die $\sqrt{2}$, die dvi-karani von karana »machen«, heisst (sa-visesa) d. h. die Zahl mit dem Rest. Die Verlängerung ist der visesa; $\sqrt{2}$ ist also 1 + 13 + 13·4 - 13·4·34 = 577408 = 1,4142156; da $\sqrt{2}$ = 1,414213, so ist der Fehler kleiner als 3 Einheiten der 6. Dezimale. Der Näherungswert des Baudhāyana ist 1712 = 1,417, also genau bis auf 0,003. G. Thibaut hat ganz richtig (bis auf einen kleinen Rechnungsfehler) angegeben, wie sie zu beiden Näherungswerten gekommen sind. Sie suchten zunächst nach einem Quadrat, das doppelt so gross wie ein anderes sei, und fanden, dass $2 \cdot 12^2$ annähernd gleich 17^2, und setzten daher $\sqrt{2}$ = 1712, wodurch der Gott ja nicht zu wenig erhielt. Da sie aber genauer verfahren wollten, so setzten sie $(17 - x)^2 = 288$. Dass ihnen der Satz vom Gnomon bekannt, wird gleich aus dem Text nachgewiesen werden. Das ergab $34x - x^2 = 1$, und indem sie das ersichtlich sehr kleine x^2 vernachlässigten, setzten sie 34x = 1, also x = 134 und somit die Dvi-karani (rajju) gleich 1712 - 112 · 134, was ja immer noch eine Zugabe enthielt.

Hervorzuheben ist hier zunächst die intuitive Erfassung der Ähnlichkeit. Sodann setzt die Konstruktion die Teilung der Strecke im vollen Umfang voraus, aber auch Ansatz und Lösung einer Gleichung. Ausserdem geht aus der Bezeichnung der $\sqrt{2}$ als der Zahl mit dem Rest hervor, dass sie sich bewusst waren, die $\sqrt{2}$ zwar geometrisch, aber nicht arithmetisch genau konstruieren zu können, d. h. also, dass sie bis zu einem gewissen Grade in diesem einen Falle die Erkenntnis der Irrationalen hatten. Ob sie den Begriff des Areton, des Alogon gehabt haben, bleibt freilich durchaus zweifelhaft; aber, und darauf ist der Hauptwert zu legen, diese Näherungskonstruktion kann keine Frucht des Zufalls sein, sondern sie musste eine Folge zielbewusster Tätigkeit sein.

Kap. II, 1 wird dann die eben konstruierte Savisesa-Grösse zur Konstruktion des Quadrats benutzt. Sehr hübsch ist das Sama-caturasra-karana in I, 7, wo gleich alle 4 Quadrate des Atman des Falkenförmigen konstruiert werden mittelst der Raute, die aus zwei gleichseitigen Dreiecken besteht. (Euklid I, prop. 1. Die Figur wird wohl genügen.)

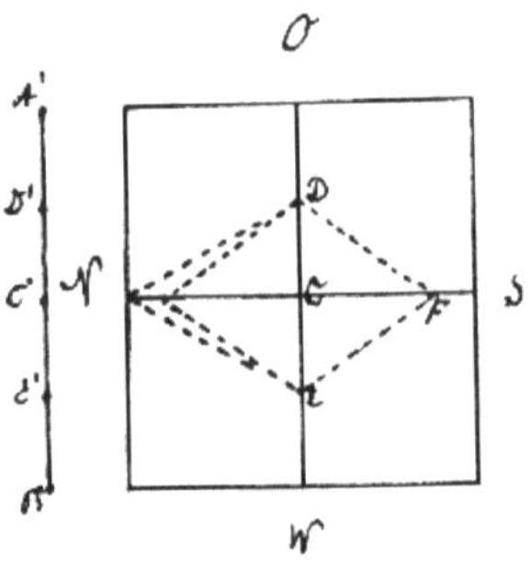

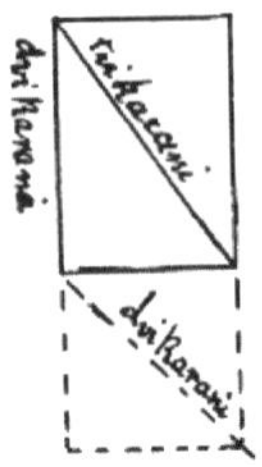

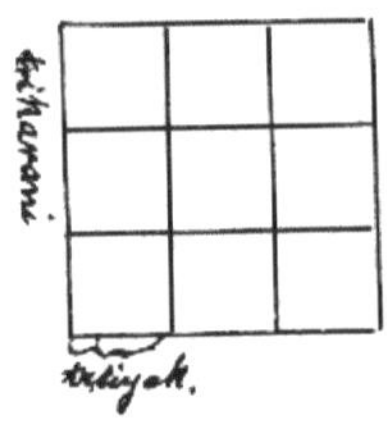

II, 2 wird dann, wie schon oben S. 156 beschrieben, die dvi-karani und mit ihr nach I, 4 die tri-karani und mittelst ihrer in II, 3 die $\sqrt{1/3}$ als $^{1}/_{3}\sqrt{3}$ konstruiert.

Anwendungen des Pythagoras.

II, 4 wird der Pythagoras zur Addition zweier Quadrate verwandt, II, 5 dann zur Subtraktion; es wird ein regelrechter Beweis in N 6 mittelst des Pythagoras gegeben. Wir sehen, dass die Bedeutung des Pythagoras für die Flächenrechnung vollkommen klar erkannt ist; es wird systematisch multipliziert, addiert, subtrahiert und dann dividiert, wozu es erforderlich ist, ein Rechteck in ein Quadrat zu verwandeln; dies lehrt I, 7. Das Rechteck heisst dirgha-caturasra, directum quadrangulum, die Aufgabe das sama-caturasra-cikirsana. Wünscht man das Rechteck in ein Quadrat zu verwandeln, so schneide man mit der kürzeren Seite ab, teile den Rest, füge an beiden Seiten hinzu, fülle den leeren Platz mit einem zugefügten Stück, dessen Subtraktion gelehrt worden ist.

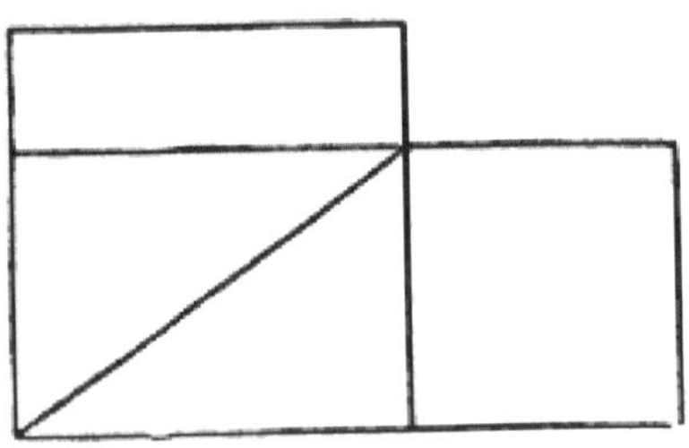

Addition zweier Quadrate.

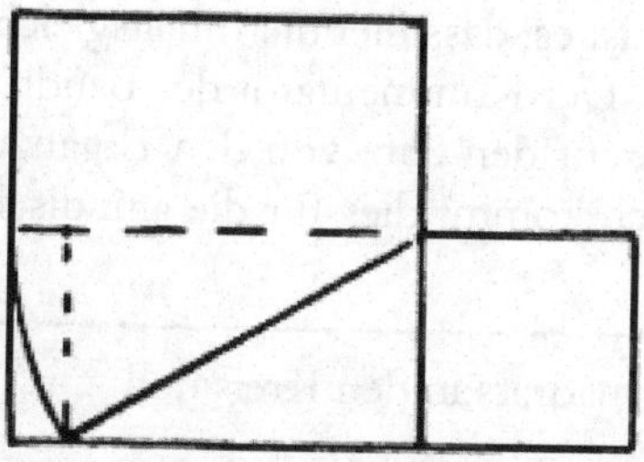

Subtraktion zweier Quadrate.

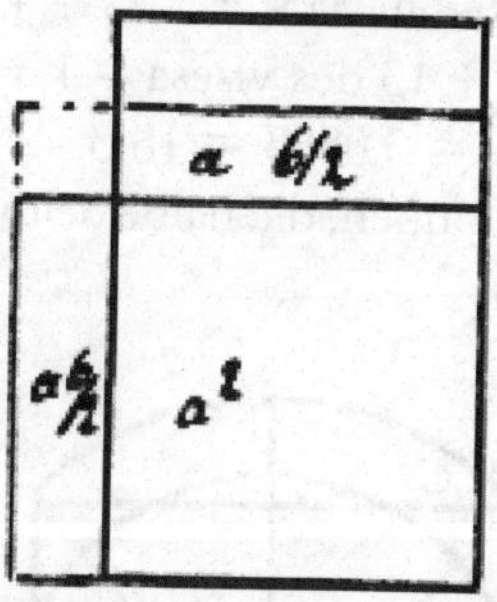

M. H. Diese Verwandlung setzt notwendig die Analysis voraus $a(a + b) = a^2 + ab = a^2 + 2\ ab2 = a^2 + 2\ ab2 + (b2)^2 - (b2)^2 = (a + b2)^2 - (b2)^2$.

Sie kommt m. W. bei den Hellenen nicht vor.

III, 1. Will man ein Quadrat in ein Rechteck verwandeln, so mache man eine Seite so lang als man das Rechteck wünscht. (Es ist ganz klar, dass hier die Rechnung $xy = a^2$ die Analyse gibt, und dass sie wissen, dass eine Seite unbestimmt bleibt, also »so lang sein kann als man wünscht«.) Darauf füge man den Rest zu dem Rechteck hinzu wie es passt. Die Methode wird dann von dem Kommentator Sundara des Baudh. an dem Beispiel des Quadrats mit der Seite 6 erläutert (s. Fig.), das in ein Rechteck mit der Seite 4 verwandelt werden soll $36 = 4 . 6 + 4 . 2 + 4 . 1 = 4(6 + 2 + 1) = 4 . 9$.

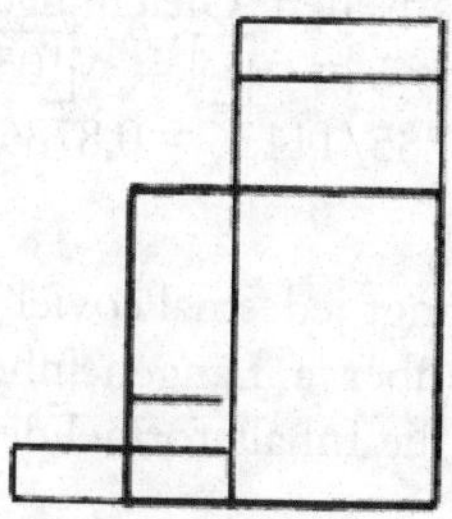

Hochinteressant ist es, dass hier die Inhaltsgleichheit wie bei Wolfgang Bolyai aufgefasst wird. Der Kommentator des Baudh., G. Thibaut 1875 l. c. 247, gibt dann unsere auf den Satz von den Ergänzungsparallelogrammen gegründete Kegel, doch kommt dies für die altindische Geometrie nicht in Betracht.

Verwandlung des Quadrats in den Kreis und v. v.

III, 2. Verwandlung eines Quadrats in einen Kreis (nötig für den Aufbau des rathacakra-cit, s. Fig.), denn »so viel als verloren geht, kommt hinzu«. Der Kreis hat den Radius MN = MG + 13 GE und wenn MG = 1 gesetzt wird, so ist MN = 1 + 13 des visesa = 1 + 0,414213 : 3 = 1,138071, also $1{,}138071^2\pi = 4$, also $\pi = 3{,}0883 = 18(3 - 2\sqrt{2}) = 105/34$. Die Regel scheint durch Probieren gewonnen, die halbe Seite ist zu klein, und die halbe Diagonale zu gross.

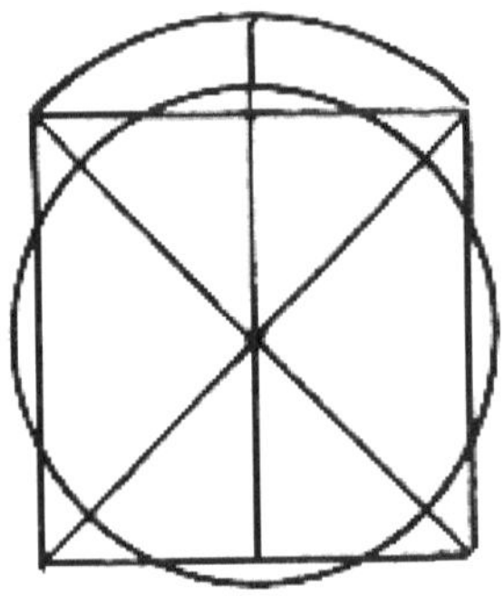

III, 3. Kreis-Quadratur, nötig für Vervielfältigung des »Wagenradförmigen«. Als Seite wird 13/15 des Durchmessers genommen, also $\pi = 169 \,.\, 4/225 = 3{,}004$. Baudhāyana hat genau den vorhin ermittelten Wert für π nämlich 105/34 und gibt als Regel an 78 + 18 . 29 - 18 . 29 . 6 + 18 . 29 . 6 . 8 vom Durchmesser. Dies setzt erstens eine sehr bedeutende Gewandtheit in der Bruchrechnung voraus, zweitens die Auflösung einer reinquadratischen Gleichung, d. h. die Ausziehung der Quadratwurzel, da der Wert $\lambda = \sqrt{\pi 4} = \sqrt{105136} = \sqrt{0{,}77205882353} = 0{,}878668\underline{8}$ mit seiner Zahl 9785/11136 = 0,878682 übereinstimmt bis auf 13 Einheiten der 6 Dezimale!

III, 7. Eine Schnur bringt jedesmal soviel Reihen hervor als sie Masse enthält, d. h. ein Quadrat über a Längeneinheiten enthält a Reihen von Flächeneinheiten zu a; also die Inhaltsformel des Quadrates, die in § 4, 6, 8, 10 spezialisiert ist.

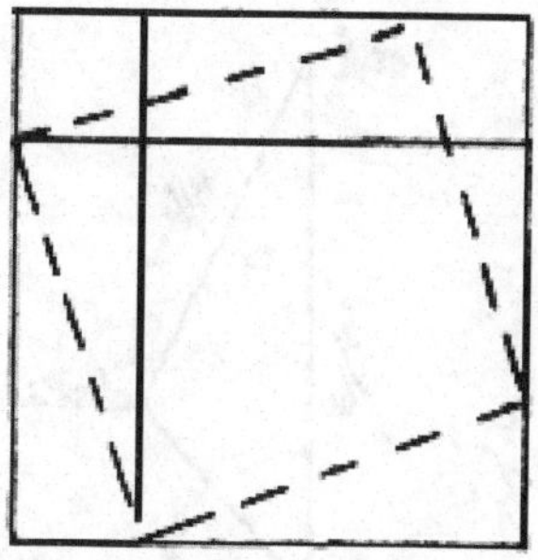

Der Satz vom Gnomon.

III, 9. Der Satz vom Gnomon: Es folgt nun eine allgemeine Weise (nämlich ein Quadrat zu vergrössern, s. Fig.). Man fügt das (Rechteck), welches man mit der jedesmaligen Verlängerung umzieht, an zwei Seiten (Norden und Osten) hinzu und an der (nordöstlichen) Ecke das Quadrat, welches durch die betreffende Verlängerung hervorgebracht wird. — D. h. also nichts anderes als $(a + b)^2 = a^2 + 2ab + b^2$.

Der Satz vom Gnomon konnte ihnen, da sie ihre Quadrate vergrösserten und meist mit quadratischen Backsteinplatten arbeiteten, nicht entgehen, und dass in ihm die Quelle des Pythagoras liegt, haben Bretschneider und Hankel gesehen. Der durch die punktierte Linie angedeutete Beweis, der sich bei Bhaskara findet, heisst noch heute der indische und beruht vermutlich auf uralter Tradition.

Dreieck und Trapez.

Kap. IV, 4 wird gelegentlich der Anlage der drei Feueraltäre (S. 145) die Konstruktion des Dreiecks aus den drei Seiten gelehrt.

Man teilt eine Schnur gleich dem Abstand zwischen garhapatya und ahavanīya (der, falls der Opferpriester ein brāhmana war, 8 Schritt betrug) in 5 oder 6 Teile, fügt einen 6. bezw. 7. Teil hinzu, teilt das Ganze in 3 Teile und macht am westlichen Drittel ein Zeichen, dann befestigt man die beiden Enden am garh. und ahav., zieht die Schnur an dem Zeichen nach Süden und macht ein Zeichen; das ist, gemäss der Schrift, die Stätte des daksinagni.

Sie wissen, wie man sieht, dass 2 Seiten eines Dreiecks zusammen grösser sind als die dritte.

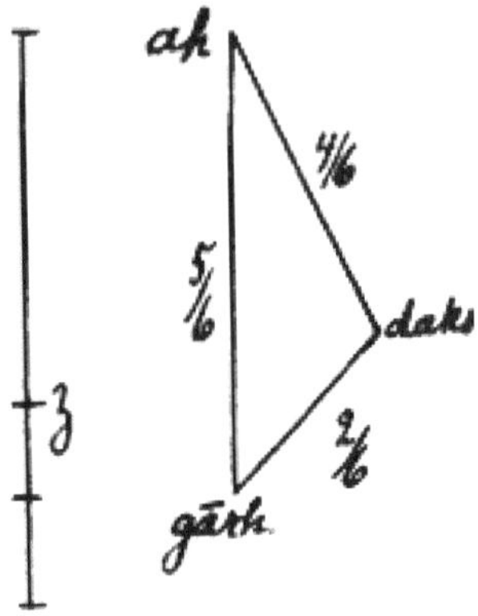

Kap. V ist von besonderer Bedeutung. Zuerst § 1 die Konstruktion der grossen Vedi für das Somaopfer aus I, 2, nur dass statt des Rechtecks das Achsentrapez gezeichnet wird; das rechtw. Dreieck oder nach indischem Sprachgebrauch das Rechteck ist das mit den Seiten 36 und 15 und der Diagonale (Hypotenuse) 39. Ganz besonders ist § 3 interessant. Es heisst da: [Sind] die beiden Seiten eines Rechtecks 3 und 4, so ist die Diagonale 5. Mit diesen legt man die beiden amsa (Schultern), nachdem man sie je um ihr Dreifaches verlängert hat, fest, und nachdem sie um ihr Vierfaches verlängert worden sind, die beiden sroni (die Schenkel).

Ähnlichkeit.

Hier leuchtet ein, dass sie mit dem Begriff der Ähnlichkeit vertraut gewesen sind. Das gleiche gilt bei No. 4. Die beiden Seiten 12 und 5, die Diagonale 13. Mit diesen die beiden Amsa und nachdem sie um ihr Doppeltes verlängert sind, die sroni.

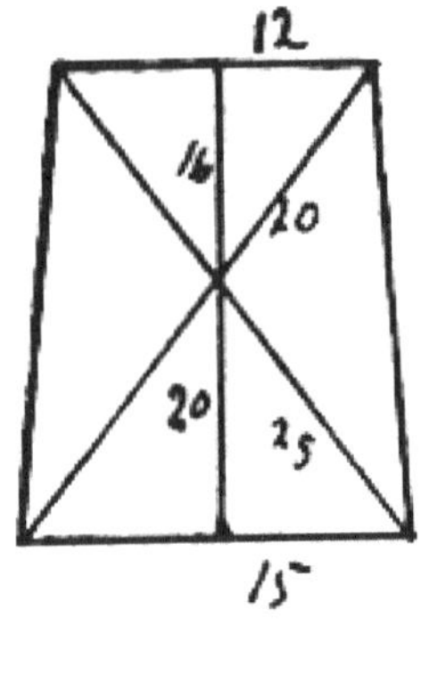

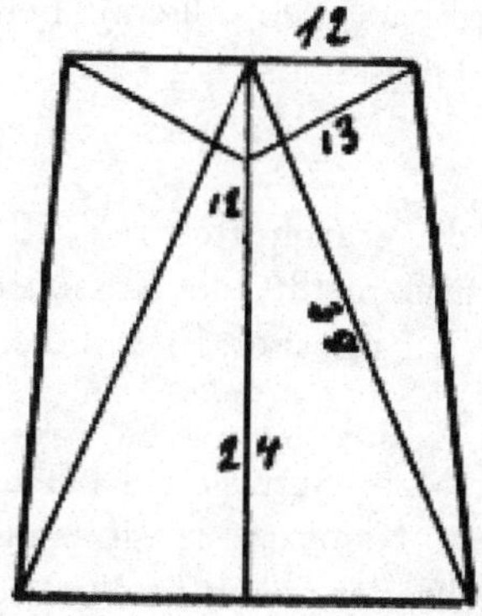

V, 5. Das Dreieck 15, 8, 17 gibt die sroni; sind die Seiten 35 und 12, so ist die Diagonale 37, mit diesen die amsa.

So viele »(als rational) feststellbare« Konstruktionen der vedi gibt es.

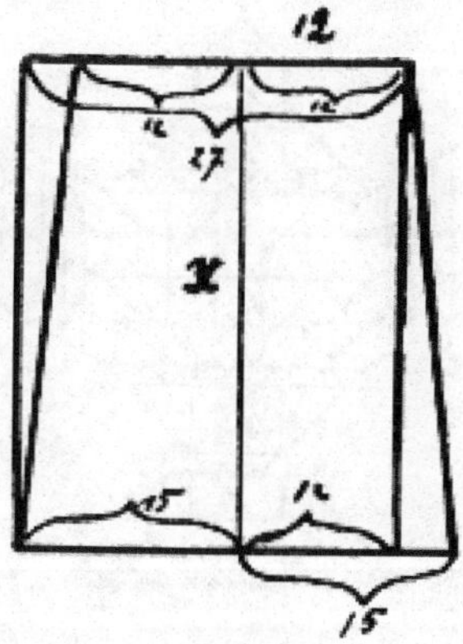

V, 7. Die grosse Vedi (d. h. die sub 2–5 konstruierte Saumiki Vedi) misst 972 (Quadrat) pada (Fuss). Man ziehe vom südlichen Amsa zur südlichen sroni hin zu 12 (s. Fig.). Darauf drehe man das abgeschnittene Stück um und füge es auf der Nordseite hinzu. So erhält die Vedi die Gestalt eines Rechtecks. In dieser Form berechne man den Inhalt 27 . 36 = 972.

Hier haben wir einen vollgültigen Beweis, denselben, den wir heute noch geben,

V, 8. Für die Sautrāmani-Zeremonie wird gelehrt: Man opfere in dem 3. Teil der vedi des Soma-Opfers; hier tritt die trtīya-karanī an Stelle des pramana (des Grundmasses). Oder man konstruiere mit der tri-karani ($\sqrt{3}$). Hierbei sind die kürzeren Seiten 8 und 10 und die prsthya (die Rückenlinie) das 12fache desselben. (Ich vermute, dass die Vedis den Querschnitt durch einen menschlichen Rumpf darstellen sollten.) Hier ist die Ähnlichkeit sogar erfasst als Abänderung des Massstabs!

Und das wird durch die Vorschriften in V, 10 und VI, 1 bestätigt. In V, 10 heisst es: Die Vedi des asva-medha, des Rossopfers, soll das Doppelte der saumiki vedi sein und in VI, 1 heisst es: Es tritt die dvi-karani des Masses an Stelle desselben!

Es folgen nun in den Sulba-Sutras die detaillierten Vorschriften für den Aufbau der verschiedenen Kamyas; sie sind alle in Beziehung auf die speziellen Wünsche gedacht, der falkenförmige Agni z. B. für den, der die himmlische Welt zu erlangen wünscht, weil der Falke sich dem Himmel am nächsten aufschwingt. Die Vorschriften für die Anfertigung der Ziegel offenbaren ein ganzes Teil mathematischer Kenntnisse, insbesondere der Flächenteilung, wie beim Anblick der Figur das vakra-paksa-syena-cit des Falken mit den krummen Flügeln klar wird.

vakra-paksa-syena-cit.

Aber das hier Mitgeteilte genügt, um den Standpunkt der indischen Weisen etwa um 900 v. Chr. zu beurteilen. Zunächst ist es Ehrenpflicht, des Mannes zu gedenken, der zuerst auf die Sulba-Sutras als Schlüssel zur Geometrie der Inder hingewiesen. Es war A. C. Burnell, der in seinem »Catalogue of a Collection of Sanscrit Manuscripts« 1869 p. 29 gesagt hat: »Wir müssen die Sulba-Teile der Kalpa-sutras ansehen als die ersten Anfänge der Geometrie unter den Brahmanas.« Die Kenntnisse selber sind achtbar genug; sie umfassen so ziemlich das ganze erste Buch des Euklid inkl. I, 47 (der Pythagoras), Streckenteilung, Flächenberechnung, Ähnlichkeit und die Kenntnis einer Anzahl ganzzahliger rechtwinkliger Dreiecke.

Altindische Arithmetik.

Die Null bei den Indern.

Auch die arithmetischen Kenntnisse der Sulba-sutras sind keineswegs unbedeutend; sie kennen Quadratwurzelausziehung, auch Auflösung von Gleichungen, sind mit der Bruchrechnung vertraut. Gegen die Rigveda-Zeit zeigen die Yajur-veden sehr erhebliche Fortschritte. H. Zimmer l. c. p. 348 gibt an, dass die höchste bestimmte Zahl im Rig-veda 100000 sata sahasra ist; aber schon in der Yajurveden-Zeit, wie z. B. in der Taitt. Samh. und im Satapatha-Brahmana finden sich Zahlworte bis zu 10 Billionen, und im Mahabhārata Zahlworte für die Potenzen von 10 bis 10^{17}. Im Rig-veda kommen nur wenig Brüche vor; ardha halb, auch sami, pada ein Viertel (der Fuss des Rindes), tri-pad drei Viertel, sapha ein Achtel (Halbhuf der Kuh), kala ein Sechzehntel. Als eine Grosstat, wozu sich zwei gewaltige Götter, Indra und Vishnu, vereinigen müssen, gilt die Teilung von 1000 durch 3. Dagegen finden sich schon im Satapatha-Br. eigene Namen bis zu $15^{\cdot 4}30^{\cdot 1}$ als Zeitmass, und die Sulbas, insbesondere Baudh., haben hoch entwickelte Bruchrechnung. Was das indische Positionssystem betrifft, kann höchstens noch, vgl. Babylonien, die Einführung der Null in Frage kommen. Nun kommt die Null vor in dem Manuskript von Bakhshali. In Bakhshali (im nordwestlichen Indien) wurden 1881 Bruchstücke eines Manuskripts auf Birkenrinde ausgegraben. Da die Indologen das Alter dieses Manuskriptes oder seines Inhaltes jetzt auf den Beginn unserer Ära setzen, so müssen wir es hier besprechen. Es enthält Textgleichungen, auch diophantische, und die Kuttaka- d. h. Zerstäubungs- id est Kettenbruchmethode; diese würde damit vermutlich schon 500 Jahre vor Aryabhata indischer Besitz gewesen sein; ferner Summation arithmetischer Reihen, ein eigenes Subtraktionszeichen; und was für uns das Bedeutsamste ist, es enthält die Null in Form eines Punktes . als Zeichen für das leere Feld und als Bezeichnung der Unbekannten, die ja auch vorläufig leer ist. Die erste sonstige Erwähnung der Null, auch in Form eines Punktes, findet sich in Subandhu's Vasavadatta, wo die Sterne mit Nullen verglichen werden, die der Schöpfer bei der Berechnung des Wertes des Alls wegen der absoluten Wertlosigkeit des Samsara (Weltgetriebe) mit seiner Kreide — der Mondsichel — überall auf das Firmament einzeichnete. (G. Bühler, Grundriss der Indo-Arischen Philol. u. Altertumskunde II, 11 p. 78.) Die Null in Kreisform kommt zuerst in den Cicavole Kupferplatten vor. Ihr Name ist eigentlich sunya-bindu und wird abgekürzt zu sunya oder bindu. Über die verschiedene Bezeichnung der Zahlen und Ziffern vgl. Bühler l. c. Kap. VI, die Zahlenbezeichnung.

Eleaten: Xenophanes, Parmenides.

Wenden wir uns nun aus Indien nach Hellas zurück und zunächst zu den Eleaten.

Xenophanes aus Kolophon, ein jüngerer Zeitgenosse des Pythagoras, ist ihr Stifter. Das Weltganze als unvergängliches, ewig unveränderliches, ewig gleichartiges Sein ist sein Gott, er ist der erste wirkliche Pantheist. Wenige Fragmente seiner Lehrgedichte sind erhalten, aus denen ich die Stellen anführe:

έις θεος εν τε θεοισι και ανθρωποισι μεγιστος,ουτε δεμας θνητοισιν ὁμοιιος ουτε νοημα.

Ein Gott unter den Göttern und unter den Menschen der Grösste, nicht an Gestalt den Menschen vergleichbar noch auch an Denkkraft.

Und an einer andern Stelle sagt er, nachdem er gegen den Anthropomorphismus geeifert: »Wenn die Pferde und Ochsen ihre Götter malen könnten, so würden sie dieselben ohne Zweifel als Pferde und Ochsen darstellen.« Xenophanes ist der Urheber der Lehre vom ἑν και παν, von der Einheit aller Dinge, wie Platon und Aristoteles, Theophrast und Timon übereinstimmend bezeugen. Ob der Pantheismus des Xenophanes von den Pythagoräern beeinflusst ist, ob beide von den Orphikern, und diese wieder von den Indern hierin beeinflusst sind, wage ich nicht zu entscheiden.

Xenophanes, der sich in Elea in Lukanien niedergelassen hatte, ist für uns besonders wichtig, als Lehrer des Parmenides aus Elea, des eigentlichen Hauptes der Eleaten, welche noch weit schärfer als die Pythagoräer, ja bis zum Extrem, die Priorität der Begriffe vor den Erscheinungen gelehrt haben. Geboren etwa um 515 aus vornehmer Familie, fällt seine ακμή, seine Blütezeit, etwa um 480. Die Lehre der Pythagoräer war ihm vertraut; ohne der Schule anzugehören, hat er sich die Sittenlehre der Pythagoräer zur Richtschnur genommen, während er als Philosoph die Lehre des Xenophanes, welche hauptsächlich theologischen Charakter hatte, weiterbildete. Er hat seine Ansichten in seinem Lehrgedicht περὶ φύσεως niedergelegt, von dem uns nicht unbedeutende Bruchstücke erhalten sind, welche zuletzt von Diels mit dem ganzen Rüstzeug philologischer Schärfe herausgegeben sind. (H. Diels, P. Lehrgedicht, griech. und deutsch, Berl. 1891.)

Eleaten: Parmenides, Zenon.

Parmenides ging weit über Xenophanes hinaus. Es gibt, ihm zufolge, nur ein einziges unteilbares lückenloses Kontinuum des Seienden, unveränderlich, nicht werdend, nicht geworden, unbeweglich, zeitlos. Es ist klar, dass die Eleaten mit der Veränderung auch das Zeitproblem ausschalteten. Die Zeit, mitsamt der Vielheit der Dinge, ihr Werden und Vergehen, wird uns durch die Sinne vorgetäuscht (die Maja der Inder!), als Bleibendes, als einziges Sein erkannten sie nur das des Begriffes, und das enthält die Zeit nicht mehr. Indem Parmenides aussprach, dass wahres bleibendes Sein nur dem Begriffe zukommt, identifizierte er Denken und Substanz. Das für uns interessanteste ist, was Parmenides über den Raum sagt. Da zitiere ich l. c. Vers 42 ff. die Stelle:

αυταρ επει πειρας πυματον, τετελεσμενον εστιπαντοθεν, ευκυκλου σφαιρης εναλιγκιον ογκωιμεσσοθεν ισοπαλες παντηι· το γαρ ουτε τι μειζονουτε τι βαιοτερον πελεναι χρεον εστι τηι η τηι.

»Aber da es eine letzte Grenze gibt, so ist er von allen Seiten aus abgeschlossen, der wohlgerundeten Kugel ähnlich an Gestalt, von der Mitte aus an Kräften gleich überall, denn da darf es kein Mehr oder Weniger, Hier oder Dorten geben.« Hier also bei Parmenides treffen wir Jahrtausende vor Riemann die Hypothese von der Endlichkeit des Raumes an und zugleich das Axiom von der Gleichförmigkeit des Raumes. Parmenides hat auch das Verdienst, auf das Problem der Kontinuität weit deutlicher hingewiesen zu haben als die Pythagoräer, die das Problem allerdings auch in ihrer geometrischen Veranschaulichung der Zahlenbeziehungen gestreift haben. Und Zeno, der dritte grosse Eleat, hat grade durch diese Frage seine bleibende Stelle in der Geschichte der Mathematik:

Die Paradoxien des Zenon.

Zenon (Ζηνων) aus Elea, der Sohn des Teleutagoras, ist ungefähr 500 geboren und seine Reife fällt um 450. Es ist sein Verdienst, die Schwierigkeiten und Widersprüche, welche der Begriff der Bewegung, wie überhaupt der der Veränderung enthält, aufgedeckt zu haben, Widersprüche, welche zu ihrer Auflösung den Grenzbegriff, diesen wichtigsten aller mathematischen Begriffe erfordern. Eine Geschichte der Differentialrechnung wird stets von Zeno und seinen berühmten Paradoxien auszugehen haben. Von Zeno aufgestellt, um einerseits die Einheit und Unveränderlichkeit des Seins und andrerseits die Unbeweglichkeit des Seienden zu beweisen, sind sie uns in der Fassung des Aristoteles, Physik

202a, 210b erhalten und die Beweise insbesondere durch den Kommentar des Simplicius zur Physik des Aristoteles.

A) Beweise gegen die Vielheit des Seienden.

1. Wenn das Seiende Vieles wäre, so müsste es zugleich unendlich klein und unendlich gross sein. Unendlich klein, denn jede Vielheit ist Summe von Einheiten, diese selbst aber unteilbar (Pythagoräer), also hat sie keine Grösse, ist nichts, also ihre Summe desgleichen. Andrerseits muss jede solche Vielheit, um zu sein, Grösse haben, ihre Teile voneinander entfernt sein, die Teile der Teile desgleichen und so fort, also müssen sie unendlich gross sein.

2. Zeigt Zeno, dass das Viele auch der Anzahl nach begrenzt und unbegrenzt zugleich sein müsste. Begrenzt, denn es ist so Vieles als es ist, nicht mehr und nicht weniger. Unbegrenzt, denn zwei Dinge sind nur dann zwei, wenn sie voneinander getrennt sind; damit sie getrennt sein, muss etwas zwischen ihnen sein usw.

Als konsequenter Denker und ausgezeichneter Dialektiker leugnet Zeno in Numero 3 den Raum.

3. Die Dinge scheinen sich im Raum zu befinden, aber das ist nicht wahr, es gibt gar keinen Raum. Denn jedes Ding ist in einem andern; ist nun der Raum wirklich, so ist auch er in einem andern Dinge, und muss doch wohl in einem andern Raume sein; von diesem gilt nun dasselbe wie vom ersten, es ist also kein letzter Raum denkbar, mithin auch kein erster und überhaupt keiner. (Dies ist wörtlich Kants Antinomie.)

4. Ein fallendes Korn macht kein Geräusch, aber der Scheffel, also auch das Korn, denn 0 + 0 wäre 0; also täuscht uns das Gesicht, wenn es uns eine Vielheit von Körnern vorspiegelt.

B) Beweise gegen die Bewegung.

1. Der sich bewegende Körper, der durch unzählig viele Punkte hindurchgehen müsste, was nicht möglich.

2. Der Achilleus; Achilleus, der 100mal schneller als die Schildkröte ist, kann diese, wenn sie einen Vorsprung von einem Stadion hat, nicht einholen, denn während er das Stadion zurücklegt, kommt die Schildkröte um 0,01 vorwärts, und so fort in inf.

3. Der fliegende Pfeil müsste in einem bestimmten Augenblick an einem bestimmten Orte sein und nicht sein.

Ein vierter Beweis bezieht sich auf die Relativität der Bewegung. (Einem ruhenden Körper gegenüber scheint die relative Bewegung zweier sich mit gleicher aber entgegengesetzter Geschwindigkeit bewegender Körper verdoppelt.) Sie sehen, wie bei Zeno der Begriff der unendlichen

Reihe nach Gestaltung ringt; den infinitären Prozess hat er erfasst, aber noch nicht seinen Abschluss, den Grenzbegriff, auf dem die Konvergenz der Reihe beruht, und der zugleich das Differential liefert. Den hat erst ein grösserer als Zeno, den hat Demokrit erkannt. Aber Sie sehen auch, dass die ganze Lehre von der Bewegung, von der Veränderung überhaupt, von der Stetigkeit, von der Grenze ihre Quelle bei Zeno hat, der seinerseits in der Erfassung des Widerspruchs an die Pythagoräer anknüpft.

Die Bearbeitung der Paradoxien des Zeno hat sehr viel Gedankenarbeit hervorgerufen, ist doch nach Hegel die Auflösung des Widerspruchs die Hauptarbeit des menschlichen Geistes. Die Paradoxien des Zeno kehren in anderer Form immer wieder. Es genügt, an Berkeley zu erinnern und seine Kritik des infiniment petit. Aber sie haben noch heutigen Tages ihre Geltung für nicht hinlänglich philosophisch durchgebildete Mathematiker, erst vor wenigen Wochen las ich in einer mir zur Durchsicht gegebenen pädagogischen Arbeit so ziemlich dieselben Einwände.

Insbesondere haben sich, wie in der Natur der Sache liegt, die Scholastiker mit Zenon beschäftigt, und namentlich der grösste der Scholastiker und einer der grössten Denker überhaupt, Thomas von Aquino, hat die Paradoxien mit grossem Scharfsinn kritisiert. Die völlige Überwindung der Schwierigkeiten danken wir Galilei, Leibniz, Bolzano, an den Kerry in Versuch eines Systems der Grenzbegriffe anknüpft. Aber vor allen diesen, insbesondere auch vor G. Cantor, hat Aristoteles das schwierigste Paradoxon, B 1, aufgeklärt. Die einzelnen Punkte der Raum- und Zeitstrecke zwischen Anfang und Ende der Bewegung lassen sich gegenseitig eindeutig einander zuordnen, d. h. in der Sprache G. Cantors: die Raum- und Zeitstrecke sind von gleicher Mächtigkeit, und dieser so hochmoderne Begriff hat seine Quelle bei Aristoteles, der Zeno gradezu als den Erfinder der Dialektik bezeichnet.

Was den Achilleus betrifft, so bildet er heutzutage eins der typischen Beispiele der Grenze, indem die Differenzen zwischen den Reihenzahlen 1,01 und [1 1/9] eine Nullreihe bilden.

Mit den Paradoxien des Zeno haben sich auch Bayle, Descartes und Leibniz beschäftigt, von Neueren nenne ich Ch. L. Gerling (Marburg). Ed. Wellmann, Prgr. Frankf. a. O. 1870, P. Tannery, Rev. philos. B. X, 1885. Tannery behauptet, dass Zeno nur habe beweisen wollen, dass der Raum nicht aus Punkten, die Zeit nicht aus Augenblicken bestehe, aber ohne Beweise für seine Behauptung beizubringen. Diese Sätze selbst sind von Aristoteles Phys. VI, 1, 231 a 24 bewiesen. Ich erwähne noch J. H. Loewe, Böhm. Gesellsch. d. Wiss. VI. Folge 1. Bd. 1867, und Überweg, System d. Logik 5. Aufl. 1882 S. 245 ff.

Paradoxien des Zenon; Anaxagoras, Oinopides.

Das Mathematikerverzeichnis des Proklos erwähnt den Zeno nicht, es wertet die »Begriffsmathematiker« nicht, sondern grade so wie noch heute, zählt es nur die doch gegen jene sekundären »Problemmathematiker«, die geschickten Handwerker der Mathematik, zu den wirklichen Mathematikern. Zunächst wird Anaxagoras erwähnt, aber nicht als Philosoph, nicht wegen des monotheistischen Prinzipes, der Vernunft, des νους, der die Welt geordnet hat, sondern weil er sich im Gefängnis mit der Quadratur des Zirkels beschäftigt hat. Danach wird Oinopides genannt, der die Konstruktion des zu fällenden Lotes aus Ägypten importiert haben soll, und es fährt dann mit Hippokrates aus Chios fort, den man nicht mit Hippokrates aus Kos, dem Vater der Medizin, verwechseln darf. Proklos sagt: »Nach diesen wurden Hippokrates der Chier, der die Quadratur der Möndchen fand, und Theodoros aus Kyrene in der Mathematik berühmt.«

Hippokrates von Chios und seine Möndchen.

Hippokrates gehörte dem Pythagoräischen Kreise an, Aristoteles erwähnt seiner als eines Menschen, der im gewöhnlichen Leben unbeholfen und stumpfsinnig gewesen, »βλαξ και ἀφρων,« und doch ein tüchtiger Mathematiker. (Übrigens auch heute noch nichts Seltenes.) Nach Verlust seines Vermögens soll er in Athen von mathematischem Unterricht gelebt haben. Ob er wirklich Mitglied des Bundes war, ist nicht sicher, jedenfalls knüpft seine Beschäftigung mit der Quadratur und der Winkelteilung an den Gedankenkreis der Pythagoräer an. Seine Blütezeit fällt etwa um 430 v. Chr.

Lunulae Hippocratis.

Ihnen allen sind ja die Lunulae Hippocratis bekannt. Sie haben den Satz gelernt in der Form: die beiden Halbmonde, begrenzt von den Halbkreisen über den Katheten nach aussen und dem über der Hypotenuse nach innen sind gleich dem rechtwinkligen Dreieck. Und dieser Satz steht als Satz des Hippokrates selbst in der 6. Aufl. des einzigen in bezug auf historische Angaben zuverlässigen Elementarbuches, das ich kenne, »die Elemente der Mathematik« von R. Baltzer, ja selbst im Rouché von 1900.

Hippokrates hat nur einen Mond (Meniskos, lunula) quadriert und zwar zuerst den, dessen äusserer Bogen der Halbkreis, dessen innerer der Quadrant ist. Den allgemeinen Satz von den Lunulae gleich dem rechtwinkligen Dreieck fand ich weder bei Heron, noch Pappos, noch bei Cardano, Vieta, Clavius, Gregorius a. St. Vincentio, und Sturm, wohl aber in der Ausgabe des Taquet von Whiston und zwar schräg gedruckt, also nicht von Taquet herrührend, und noch früher in der 4. Ausgabe der Elemente der Geometrie von 1683 bei Pardies, Soc. Jesu. Der Satz ist aber zweifelsohne erheblich älter. — Die Arbeit des Hippokrates ist durch einen Glücksfall erhalten.

Simplicius aus Kilikien, der Neuplatoniker, der zu den von Justinian 529 vertriebenen Professoren der Hochschule Athen gehörte, hat einen umfangreichen Kommentar zur Physik des Aristoteles verfasst und uns darin ein Bruchstück aus des Eudemos Geschichte der Mathematik aufbewahrt. Es ist zuerst von Bretschneider griechisch und deutsch 1870 publiziert nach der lateinischen Ausgabe L. Spengel's: »Eudemi Rhodii Peripatetici Fragmenta quae supersunt.« Berlin 1865, 2. Aufl. 1870, während der Kommentar des Simplicius schon 1526 bei Aldus Manutius in Venedig gedruckt ist und 1882 in dem grossen Kommentar der Aristoteles-Ausgabe der Berliner Akademie von H. Diels.

Die wichtigste neuere Arbeit zur Simpliciusfrage ist die von Rudio 1902 in der Bibliotheca mathematica von Eneström: »Der Bericht des Simplicius über die Quadraturen des Antiphon und des Hippokrates.«

Aristoteles bekämpft in seiner Physik im 1. Buch an einer Stelle die eleatische Weltanschauung, die das Seiende als eins und unwandelbar auffasste, und erklärt dabei, dass man nicht alle falschen Sätze widerlegen müsse, sondern nur solche, die nicht schon von vornherein gegen die Prinzipien verstossen, und als Beispiel gibt er an: So ist zum Beispiel der Geometer verpflichtet, die Quadratur (sc. des Zirkels) mittelst der Segmente zu widerlegen, die des Antiphon aber nicht. Und hierzu gibt Simplicius einen Bericht über die genannten Quadraturen, der für uns vorn historischen Standpunkt aus gradezu unschätzbar ist.

Es ist Rudio gelungen, nach Vorarbeiten von P. Tannery, dem vor kurzem gestorbenen grossen Kenner hellenischer Mathematik und hellenischer Wissenschaft, und Allman, seinem englischen Nebenbuhler, den Text des Eudemos wohl so ziemlich endgültig festgestellt zu haben. Rudio hat durch eine einzige, ganz nahe liegende, schlagend einfache Konjunktur Licht und Klarheit in den ganzen Bericht und zugleich in den Gedankengang des Hippokrates gebracht und zugleich sein Urteil über Simplicius als eines durchaus tüchtigen Mathematikers, wie dies ja von Simplicius dem Philosophen schon feststand, begründet. Es handelt sich um das Wort τμήμα, das von τεμνω schneiden herkommt und allgemein irgend einen Abschnitt, im speziellen Kreissegment, bezeichnet, aber auch, wie Rudio bemerkt, den Sektor und an der entscheidenden Stelle kann es nur Sektor heissen; dann lautet die Stelle nach Rudio:

»Aber auch die Quadraturen der Möndchen, die als solche von nicht gewöhnlichen Figuren erschienen wegen der Verwandtschaft mit dem Kreise, wurden zuerst von Hippokrates beschrieben und schienen nach rechter Art auseinandergesetzt zu sein, deshalb wollen wir uns ausführlicher mit ihnen befassen und sie durchnehmen. Er bereitete sich nun eine Grundlage und stellte als ersten der hierzu dienenden Sätze den auf, dass die ähnlichen Segmente der Kreise dasselbe Verhältnis haben wie ihre Grundlinien in der Potenz (δύναμις), d. h. im Quadrat. Dies bewies er aber dadurch, dass er zeigte, dass die Durchmesser in der Potenz dasselbe Verhältnis haben wie die Kreise. Wie sich nämlich die Kreise verhalten, so verhalten sich auch die ähnlichen Sektoren (τμήματα). Ähnliche Sektoren nämlich sind die, die denselben Teil des Kreises ausmachen wie z. B. Halbkreis und Halbkreis und Drittelkreis und Drittelkreis; deswegen nehmen die ähnlichen Segmente auch gleiche Winkel auf. Und zwar sind die aller Halbkreise rechte und die der grösseren kleiner als rechte, und zwar um so viel, um wie viel die Segmente grösser als Halbkreise sind, und die der kleineren grösser und zwar um so viel, um wie viel die Segmente kleiner sind.«

Sie sehen, Hippokrates kannte die Sätze vom Peripheriewinkel ganz genau; er hat den wichtigen Satz Euklid, Elem. XII, 2; $k : k' = d^2 : d'^2$ bewiesen, vermutlich wie Euklid, ihm war die Ähnlichkeitslehre völlig vertraut wie allerdings schon den Pythagoräern, er kannte, wie aus dem folgenden hervorgeht, auch den sogenannten erweiterten Pythagoras.

Was nun die Quadratur der Halbmonde betrifft, so kann es keinem Zweifel unterliegen, dass Hippokrates von folgender von Tannery, aber auch schon einige Jahrhunderte früher von Vieta, angegebenen Erwägung ausgegangen ist:

$$\varepsilon : i = p : q \text{ z. B. } 5 : 3; \varepsilon 5 = i3 \text{ und } \varepsilon p = iq$$

Dann sind die Segmente e_1 und i_1, welche von den kleinen Sehnen abgeschnitten werden, ähnlich und es ist $e_1 : i_1 = r_e^2 : r_i^2$. Wenn nun $r_e^2 : r_i^2$ gleich $q : p$ gemacht wäre, so wäre $e_1 : i_1 = q : p$ (hier $3 : 5$) und damit $pe_1 = qi_1$, d. h. aber der Sehnenzug im äusseren Bogen schneidet so viel an Fläche ab, als der des inneren hinzubringt und das Möndchen ist gleich der von des beiden Sehnenzügen begrenzten geradlinigen Figur. Damit aber der Halbmond quadrierbar sei, ist nötig, dass die Figur mit Zirkel und Lineal konstruiert werden könne, und dies tritt ein für pq = 21; 31; 32; 51; 53.

Sie sehen aus der Gleichung Winkel $\varepsilon i = pq = r_i^2/r_e^2$ oder $r_e^2 \,.\, \varepsilon = r_i^2 i$, dass die Sektoren AEB und AJB flächengleich sein müssen, dazu ist AB = AB, also $r_e \sin {}^{\varepsilon}/_2 = r_i \sin {}^{i}/_2$, also haben wir die entscheidende Gleichung: $\sqrt{p} \,.\, \sin {}^{i}/_2 = \sqrt{q} \,.\, \sin {}^{\varepsilon}/_2$.

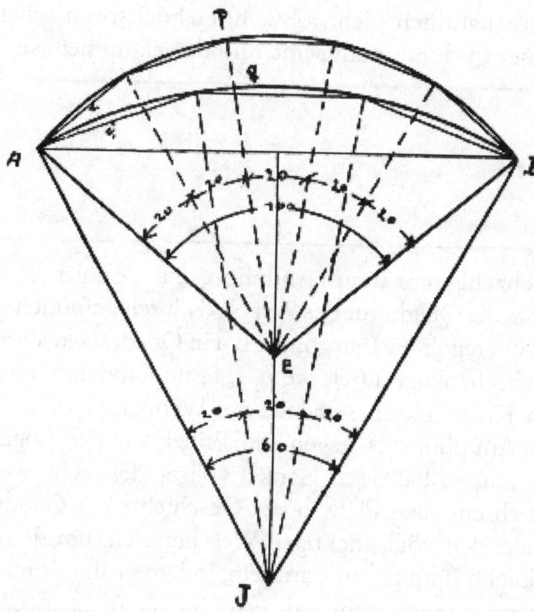

Die elementare Behandlung findet sich bei Vieta (Variorum de rebus mathem. responsorum liber VIII 1593). Hippokrates hat die Fälle 2/1, 3/1, 3/2 erledigt; die Fälle 5/1 und 5/3 von Th. Clausen, Crelle 21 (1840). Sämtliche 5 quadrierbare Möndchen finden sich aber schon in der Dissertation von M. J. Wallenius (Abveae 1766). Vgl. den Artikel 6 bei M. Simon, Über die Entwicklung der El. Geom. im 19. Jh. p. 73 (1906). Der Fall 2/1 ist der bekannteste, er sichert Hippokrates das Verdienst, die erste krummlinige Figur quadriert zu haben. Den Fall 3/2 findet man ausführlich bei F. Enriques Questioni riguardanti la Geom. elem. (1900) p. 518, er bietet, trigonometrisch behandelt, keinerlei Schwierigkeit. Den Fall 4/1 behandelt Vieta. Er führt auf eine reine Gleichung 3. Grades und damit auf die Verdoppelung des Würfels, und dass Hippokrates diesen Weg gegangen, das geht klar daraus hervor, dass er nach dem Zeugnis des Proklos-Geminos und dem wichtigeren des Eratosthenes das Problem auf die Einschiebung zweier mittleren Proportionalen zwischen a und 2a zurückgeführt hat, $a : x = x : y = y : 2a$ und so Proklos zufolge das erste Beispiel einer απαγωγή, einer Zurückführung eines Problems auf ein anderes, noch dazu in einem über das Elementare hinausgehenden Fall geliefert hat. Hippokrates ist auch der erste Grieche, der »Elemente« geschrieben hat, wie Proklos im Mathematikerverzeichnis angibt, und sie können nach dem Muster von Hippokrates Darstellung aus des Simplicius Kommentar in der Form nicht sehr wesentlich vom Euklid verschieden gewesen sein, wenn nicht Eudemos (oder Simplicius) redigiert haben. Hippokrates hat dann auch noch, wie wir bei Simplicius lesen, die Summe eines Mondes und eines Kreises quadriert, den Zirkel selbst natürlich nicht, obwohl er höchstwahrscheinlich bei der Suche nach dieser Quadratur auf seine Monde gekommen ist.

Antiphon.

Bryson.

Der gleichzeitig erwähnte Antiphon, ein Sophist, Zeitgenosse des Sokrates, glaubte die Quadratur des Zirkels dadurch gefunden zu haben, dass er in den Kreis ein reguläres Polygon, z. B. ein Quadrat einschrieb, dann über die Seiten gleichschenklige Dreiecke u. s. f., und annahm, dass eines dieser Polygone dem Kreise gleich sein müsste. Wenn nun auch Aristoteles die Annahme des Antiphon als gegen die Prinzipien der Logik verstossend scharf getadelt hat, so hat doch Hankel vollständig recht, wenn er sagt: er verdient einen ehrenvollen Platz in der Geschichte der Geometrie, denn er hat, als der erste, den völlig richtigen Weg betreten, um den Flächeninhalt eines krummlinigen Raumes zu ermitteln, indem er ihn durch Vielecke von immer wachsender Seitenzahl zu erschöpfen (exhaurire) suchte. Der gleichzeitig mit ihm genannte Bryson hat dann das umgeschriebene Polygon hinzugefügt; lächeln wir auch heute über seinen Schluss, »weil der Kreis zwischen dem ein- und umgeschriebenen Quadrate $2r^2$ und $4r^2$ so schön in der Mitte liege, wie 3 zwischen 2 und 4, so müsste der Kreis gleich $3r^2$ sein,« so haben doch Antiphon und Bryson den Weg gewiesen, auf dem dann Archimedes gegangen und der das Riesenproblem beherrscht hat, bis er schliesslich Vieta zu dem unendlichen Produkt für $\pi/2$ führte.

Auf Hippokrates und seine Elemente folgt bei Proklos unmittelbar Platon, aber eine Geschichte der Mathematik, welche zugleich auf die Begriffsbildung Wert legt, darf an den beiden ihm an Tiefe ebenbürtigen Vorgängern Heraklit und Demokrit nicht vorübergehen.

Heraklit.

Heraklit, Ηϱάκλειτος, aus Ephesos in Kleinasien, aus der angesehenen Familie des Gründers von Ephesos, des Kodriden Androklos, war ein Zeitgenosse des Xenophanes, er hat seine Blütezeit um 500. Wir haben als Hauptquellen für seine Lehre die Fragmente seiner einzigen Schrift πεϱι φύσεως (Von der Natur, ed. von H. Diels 1901) und Platons Dialog Kratylos, ferner Aristoteles und seine Kommentatoren. Daneben kommen Plutarch und Diogenes Laertios in Betracht. Eine für ihre Zeit ausgezeichnete Darstellung gab der bekannte Ferdinand Lassalle in seiner Schrift »Die Philosophie Herakleitos des Dunkeln,« Bd. 2, Berlin 1858, aus neuester Zeit nenne ich W. Kinkel, l. c. 1906. H. Diels, Her. von Eph., Berl. 1901,

P. Natorp, Neue Heraklitforschung, Ph. Monatsh. 24. Heraklit, der Dunkle, ὁ σκοτεινός, war kein Systematiker, aber vor seinen tiefsinnigen, orakelhaften Weisheitssprüchen stand das ganze Altertum voll staunender Ehrfurcht. Er erinnert an Nietzsche, der formaliter und materialiter sehr viel von Heraklit entlehnt hat. Am bekanntesten ist das πάντα ῥεῖ, alles fliesst; πάντα χωρεῖ καὶ οὐδὲν μένει, alles weicht und nichts bleibt; — πόλεμος πατὴρ πάντων, der Streit ist der Vater der Dinge. In der Kosmologie knüpft Heraklit zunächst an seine Ionischen Landsleute, an Anaximander und besonders an dessen schwächeren Nachfolger Anaximenes an, der die Luft als Grundstoff (ὕλη) ansah. Heraklit nimmt das Feuer als Substanz aller Dinge an, aber ein ideales Feuer, das zugleich die Weltvernunft, der Logos, die Weltseele ist. Im bewussten Gegensatz zu den Eleaten, insbesondere zu Xenophanes, denn Parmenides ist jünger, leugnet er alles Sein, und erfasst die Welt als in beständiger Veränderung, in ewigem Wechsel befindlich. »Wir steigen nicht zweimal in denselben Strom.« Ein Schein des Beharrens wird nur dadurch erzeugt, dass Abfluss und Zufluss des Feuers annähernd gleich ist. Er ist in noch höherem Masse und mit voller Klarheit Pantheist als Xenophanes. Das Urfeuer oder die Gottheit, ist, in beständiger Umwandlung begriffen, in allem, soweit es überhaupt ist. »Dieses Weltganze (Kosmos) hat keiner von allen Göttern und keiner von allen Menschen geschaffen, sondern es war, ist und wird sein ein ewig lebendiges Feuer, das sich entzündet und verlöscht nach bestimmter Ordnung.« Man sieht, es ist die Kategorie Bewegung, die er, etwa wie seinerzeit Ad. Trendelenburg, als das Bleibende im Wechsel setzt, während die Eleaten grade die Bewegung leugneten. Und indem ihm der Widerspruch im Begriff des Werdens, das zugleich ein Sein und Nichtsein ist, nicht entging, fasste er eben diesen Widerspruch als »Vater der Dinge«. Hegel hat in seiner Logik an Heraklit angeknüpft, der Widerspruch, überall vorhanden und doch für uns undenkbar, erfordert seine Auflösung und Versöhnung als unsere geistige Arbeit. Die späteren Stoiker schliessen sich direkt an Heraklit an wie auch Philon von Alexandria in seiner Logos-Lehre. Für uns kommt vom Standpunkt der exakten Wissenschaft besonders in Betracht, dass sich bei ihm der erste Gedanke eines physikalischen Kreisprozesses findet. »In dieselben Ströme und aus denselben steigen wir.«

Rein mathematisch ist von Bedeutung die grosse Betonung der Veränderlichkeit aller Werte und Grössen; auffallend ist es, dass er, der kein Entstehen und Vergehen der Materie, sondern eine beständige Bewegung gelehrt hat, das Zeitproblem, wie es scheint, nie gestreift hat.

Die Dunkelheit des Heraklit erklärt sich zum Teil daraus, dass er für seine tiefe Lehre vom Logos keine termini technici vorfand, welche begriffliches Denken mitteilsam machen, immerhin ist er der erste Philosoph, welcher das Problem der Erkenntnis als solches empfunden hat, »εδιζησαμην εμαυτον« (ich suchte mir mich selbst zu verschaffen).

Empedokles, Sophisten.

Ich übergehe Empedokles aus Agrigent, so wichtig er auch für die Physiker und Chemiker ist, denn er hat zuerst die 4 Elemente, Feuer, Wasser, Luft und Erde, als qualitativ und quantitativ unveränderliche Urstoffe aufgestellt, um mich zu den sogen. Atomikern zu wenden zum Leukipp und seinem grossen Schüler Demokrit. Vorher aber noch ein paar Worte über die so übel berüchtigten »Sophisten«, deren Bekämpfung das Leben des Sokrates galt, und zugleich der Tod. Denn dadurch, dass er jene mit ihrer eignen Waffe, der Dialektik, bekämpfte, hielt ihn das Volk für den Hauptsophisten, und er fiel dem Aufbäumen des Volksgeistes gegen die unsittliche Lehre der Sophisten zum Opfer.

Das geistige Haupt der Sophisten ist Protagoras aus Abdera, von 480–410; von Zeno, Heraklit und Leukipp beeinflusst, war er an sich von durchaus ernster, wissenschaftlich nicht unbedeutender Beschaffenheit, so schildert ihn auch der gleichnamige Dialog des Platon, ein Kunstwerk ersten Ranges.

Indem Protagoras ganz wie Kant empfand, dass wir das Ding an sich nicht erkennen, sondern nur unsere Wahrnehmung, kam er zu dem Faustischen: »Seh ein, dass wir nichts wissen können,« wenigstens nichts von allgemeiner, sondern nur etwas von subjektiver Wahrheit. Und indem er ausspricht, dass unsere Wahrnehmung, für uns wahr ist, formulierte er den Satz: »Der Mensch ist das Mass der Dinge.« Von diesem Standpunkt aus kamen seine Nachfolger Gorgias, Hippias etc. zu einer Verwerfung aller sittlichen Normen und von allen Wissenschaften blieb nur die Dialektik übrig oder die Rhetorik, die Kunst, den eignen Willen, das eigene Mass, den anderen aufzuzwingen. Zeitlich traf ihre Blüte mit dem grossen Aufschwung des öffentlichen Lebens in Hellas nach den Perserkriegen zusammen, wodurch eine zweckmässige Vorbildung der Staatsmänner nötig wurde. Die Sophisten fanden daher als Lehrer der Redekunst gewinnreiche Tätigkeit, Protagoras selbst war ein sehr geschätzter Wanderlehrer. So haben die Sophisten, die prinzipiellen Gegner des Wissens, dennoch die Wissenschaft der Satzbildung, der Grammatik, des Wohlklangs gradezu geschaffen, und was sie für uns Mathematiker wichtig macht, sie haben die Lehre vom Beweis mächtig gefördert.

Ich komme zu den Atomikern. Vom Leukipp wissen wir so wenig, dass Epikur meinen konnte, er habe gar nicht existiert. Das Zeugnis des Aristoteles ist aber unanfechtbar. Leukipp ist wohl der Urheber des Grundgedankens, aber in der überragenden Persönlichkeit seines Schülers Demokrit ist er verschwunden. Zeller fasst beide zusammen als Atomiker.

Demokrit.

Demokrit ist in Abdera etwa um 470 geboren, und ist zwischen 90 und 100 Jahre alt geworden. An umfassender Bildung nur dem Aristoteles vergleichbar, hat er das Wissen, das er auf vielen Reisen, insbesondere nach Ägypten und Babylonien, erworben, in einer Reihe von Schriften niedergelegt, von denen leider zurzeit nur wenige Bruchstücke, meist ethischen Inhalts, erhalten sind. Glücklicherweise hat sich Aristoteles sehr viel mit Demokrit beschäftigt, während Platon in auffallender Weise über ihn schweigt. Platon neigt überhaupt nicht zu literarischen Angaben in seinen Dialogen, und wird wohl in seinen Vorlesungen sich genügend mit Demokrit beschäftigt haben, auch konnte er die Lehre des Demokrit zu seiner Zeit als bekannt voraussetzen. Jedenfalls ist beim Charakter Platons irgendwelche böswillige Absichtlichkeit zurückzuweisen. Soviel steht fest, je tiefer die Quellenforschung ging, um so höher ist die Gestalt des Demokrit emporgewachsen, den wir jetzt neben Platon und Aristoteles als den dritten grossen Hellenischen Philosophen werten. Trotz des geringen Umfangs der erhaltenen Fragmente können wir uns von der Fülle und Kühnheit seiner Gedanken ein ziemlich deutliches Bild machen.

Mit den Eleaten hat er die Ewigkeit und Unveränderlichkeit des Seienden gemeinsam, die Überzeugung von der Unzerstörbarkeit der Materie. Aber Heraklit missverstehend, fassten jene sein »Werden« als ein Vergehen und Entstehen der Materie und nicht als einen Wechsel der Form im Kreisprozess, und da sie den Unterschied zwischen »Werden« und »Veränderung« verfehlten, leugneten sie schlankweg die Bewegung und damit die ganze erkenntnistheoretische Physik der Erscheinung, welche ja in der reinen Bewegungslehre besteht. Hier setzen Leukipp und Demokrit ein, sie müssen den Begriff der Materie umarbeiten, um die Bewegung begreiflich zu machen. Das Seiende ist ihnen nicht, wie dem Parmenides, die kugelförmig gedachte, lückenlose Masse alles reell Existierenden, sondern es sind die unteilbaren, αδιαιρητα, Atome, ὁι ατομοι, die er hochmodern als der ουσια, dem Wesen nach, ganz gleich denkt, nur mathematisch, d. h. in bezug auf Figur, Grösse und Zahl verschieden. Leukipp und Demokrit haben den Begriff des Atoms geschaffen, diesen Hilfsbegriff, den Physik und Chemie bis auf den heutigen Tag und in alle Zukunft nicht entbehren können; ein sehr bekannter Chemiker sagte mir: »Was Demokrit über die Atome gesagt, bildet die beste Einleitung zu einem modernen Lehrbuch der Chemie.«

Und von Heraklit entnahm er den Gedanken der beständigen Bewegung und Veränderung in der Zusammensetzung der Atome zu Molekülen. Die Atome bewegen sich ewig und anfangslos, weil das in ihrem Wesen liegt, nach einem Grund dieser Bewegung zu fragen, erklärt er für töricht, wie etwa die Frage, warum ein Löwe Fleisch frisst. Dass aber die

Atome sich bewegen können, das liegt daran, dass sie voneinander durch den leeren Raum getrennt werden, und auch dieser für die Mathematik so entscheidend wichtige Grenzbegriff des leeren Raumes und der Porosität hat bei Demokrit seine Formulierung gefunden, denn »das Leere« (το κενόν) der Pythagoräer ist wohl nur ein Synonym für Raum überhaupt, obwohl selbstverständlich Keime für Demokritische Gedanken bei den Pythagoräern liegen.

Dieser leere Raum, von dem er mit ironischer Anpassung an des Parmenides »ἔστι γὰρ εἶναι, μηδὲν δ' οὐκ ἔστι« (Es gibt ein Sein, ein Nichtsein gibt es nicht) sagt, dass er das Nichts ist, ermöglicht alles wirkliche Sein der Aussenwelt. Aristoteles, Metaph. I, 4, 985b: Λευκιππος δε και ὁ ἑταιρος αυτου Δημοκριτος στοιχεια μεν το πληρες και το κενον ειναι φασι, λεγοντες τι μεν ον το δε μη ον, το 'των δε τι μεν πληδες και στερεον το ον, το δε κενον γε και μανον το μη ον, αιτια δε των οντων ταιτα ως ὑλην. Leukipp und Demokrit, sein Genosse, erklären das Volle und das Leere als die Elemente und nennen jenes das Seiende, dieses das Nichtseiende, und diese beiden sind die Ursache, der Stoff, alles Wahrnehmbaren. Ja mit bewundernswerter Kühnheit der Spekulation sagt Demokrit: »το δεν ον μαλλον εστι η το μηδέν.« Das Nichts ist ebenso existenzberechtigt als das »Ichts«.

Wie das Atom nichts anderes ist als das Differential, der Ursprung der Masse, so ist dieses »μηδέν« nichts anderes, als das Differential, der Ursprung des Raumes. Dass dies keine leere Vermutung ist, dass Demokrit als der erste erreichbare Urheber der Differentialrechnung anzusehen ist, dafür haben wir jetzt einen Beweis in dem 1907 von Heiberg aus dem Palimpsest entzifferten »εφόδιον« (so viel wie Methode) des Archimedes, welche H. Zeuthen übersetzt hat. Die Formel für das Volumen der Pyramide und des Kegels, die nach der Angabe des Archimedes von Eudoxos streng d. h. euklidisch bewiesen, die habe, steht im Ephodion, Demokrit gefunden aber nicht bewiesen d. h. nicht streng, grade so wie Archimedes seine mit Differentialrechnung gefundenen Formeln nur für wahrscheinlich aber nicht für streng bewiesen erachtet. Das Verfahren des Demokrit kann kein anderes gewesen sein als das des Cavalieri, das Volumen ist das Integral, die Summe der unzählig vielen unendlich kleinen Prismen, deren Grundflächen die veränderlichen Querschnitte sind. Man vergleiche dazu die Angabe Plutarchs, Diels Fragmente 155 (auch Anmerkung S. 723): »Es machte ihm nämlich die Frage Schwierigkeiten, ob, wenn man einen Kegel parallel der Basis durchschnitte, die so entstehenden Schnittflächen einander gleich seien oder nicht. Schon Aristoteles hat darauf hingewiesen, wie stark mathematisch durchtränkt die Lehre des Demokrit gewesen, der sich, Plutarch zufolge, rühmte, selbst die Ägyptischen Harpedonapten in der Reisskunst zu übertreffen. Bisher schwebte diese Angabe in der Luft, jetzt ist sie durch den Palimpsest bestätigt worden. Ich mache auch auf den uns erhaltenen Titel der Schrift: περι διαφορης γνωμης η περι ψαυσεως κυκλου και σφαιρας und auf seinen Einfluss auf Archimedes und dadurch auf Galilei aufmerksam. Dass sich Demokrit eingehend mit dem Problem der Kontinuität beschäftigt hat geht aus dem erhaltenen Titel der verlorenen Schrift: περι αλογων γραμμων και ναστων (über irrationale Strecken und das Kontinuum) hervor.

Demokrit ist von Grund aus Naturforscher im Gegensatz zu Platon, dem Dichter und Metaphysiker, er hat zum ersten Male versucht ernsthaft eine mechanische Welttheorie durchzuführen. Seine Wirbelbewegung treffen wir bei Descartes wieder, wie auch seine Unterscheidung der primären Qualitäten (Schwere, Härte, mathematische Gestalt etc.), der Eigenschaften der Atome, von den sekundären, wie Farbe, Geschmack etc. Die Zahl und die Figur der Atome ist es, welche die wesentliche Verschiedenheit der Dinge bewirkt, mit der Trias, Atom, leerer Raum, Bewegung haben Leukipp und Demokrit die mathematische Naturerkenntnis geschaffen. Das Atom sowohl wie der leere Raum sind Ideen, das Wort rührt von Demokrit her, und an Demokrit knüpft die Platonische Ideenlehre an. H. Cohen zählt in seinem vorzüglichen Marburger Programm Demokrit mit vollem Recht zu den Idealisten und zum recht eigentlichen Vorgänger von Platon. Wie dieser bezeichnet er die Sinneswahrnehmung als dunkele, die logische als klare Erkenntnis; W. Kinkel sagt, es ist schwer begreiflich wie man ihn hat zum Materialisten stempeln können. Ich möchte aber bemerken, dass der Idealismus sowohl des Demokrit als der übrigen idealistischen Philosophen im Grunde eine Doppelnatur besitzt, eine skeptische, insofern er die Realität der Sinneswahrnehmung leugnet, und eine supranaturalistische, insofern er die Realität des Geistigen lehrt. Daher ist es ganz begreiflich, dass von Demokrit eine Schule der Materialisten ausgehen konnte, wie von Platon Skeptizismus und insbesondere Mystizismus (Plotin, Augustin). Jedenfalls ist die »tyche« D.'s nicht der blinde Zufall, sondern das Schicksal als eine durchaus vernünftige Gesetzmässigkeit des in Erscheinung tretenden (der Phänomena). Nicht bloss auf metaphysischem Gebiet ist Demokrit ein Vorläufer des Platon, sondern auch auf ethischem Gebiet, in der Auffassung des Menschen als μικρόκοσμος — das Wort ist demokritisch — in der Wertung der Erziehung berührt er sich mit Platon. Ich nenne hier ausser Zeller und Kinkel noch P. Natorp, Forsch. z. Gesch. des Erkenntnisproblems im Altertum; G. Hart, Zur Seelen- und Erkenntnislehre des Dem., Progr. Mühlhausen (im Elsass) 1886; P. Natorp, Die Ethik des Dem., Marburg 1893.

Platon.

Platon, der Göttliche, wie ihn Schopenhauer bezeichnet, ist im Todesjahre des Perikles 429 aus vornehmster Familie geboren, mit ihm erreicht die Hellenische Philosophie ihren Höhepunkt. Wie in einem

Brennpunkt fasst er alle bedeutenden Gedanken seiner Vorgänger, der Pythagoräer, der Eleaten, des Heraklit und vor allem des Demokrit zusammen, um sie als Bausteine seiner Theorie des Erkennens zu verwenden. Es ist das Kennzeichen der Allergrössten, dass sie über den Parteien stehen, oder richtiger, wie Lange in der Geschichte des Materialismus sagt, dass sie die Gegensätze ihrer Epoche in sich zur Versöhnung bringen. Er ist mit Kant der grösste Idealist aller Zeiten, und keiner hat auf Kant solchen Einfluss geübt, nicht einmal Hume, wie Platon.

Ich verstehe aber unter Idealismus in der Philosophie diejenige Weltanschauung, welche die Welt der Dinge nur insofern als seiend auffasst, als sie Gegenstand oder Objekt der Erkenntnis eines erkennenden Subjektes ist. Sagt doch Platon oft gradezu (z. B. Rep. 529, Phaed. 833, Tim. 513) das Seiende ist das Unsichtbare, das von uns nicht Wahrnehmbare, sondern nur Gedachte, das was das Bewusstsein selbst bei sich selbst sieht. Unter Realität der Erscheinung versteht man im idealistischen Sinne diejenige Eigenschaft derselben, vermöge derer sie zu in Zeit und Raum geordneten Gegenständen der Erfahrung werden. Es ist Platons ewiges Verdienst, dass er das Problem des Erkennens als das eigentliche Grundproblem der Philosophie in diese Wissenschaft eingeführt hat, die er mit der Frage τι εστι επιστήμη, was ist Wissen, eigentlich erst als Wissenschaft geschaffen hat.

Kant trifft auch darin mit Platon zusammen, dass beide für ihre Erkenntnistheorie von der Frage nach dem Erkenntniswert der Mathematik ausgingen. Ich nehme hier Gelegenheit den Dank auszusprechen, den ich für das Verständnis des Philosophen Platon der trefflichen Jugendschrift H. Cohens, Plato und die Mathematik, Marburg 1878 schulde. Platon den Dichter und Gottsucher schildert eine Broschüre Windelbands in hervorragender Weise.

Viel schuldete er seinem Lehrer Sokrates, sowohl in bezug auf das Interesse an der Ethik, an den sittlichen Gesetzen und Idealen der Menschheit, als besonders hinsichtlich des Bestrebens die einzelnen Begriffe scharf zu definieren. Nach dem Tode des Sokrates floh er aus Athen, und brachte etwa 10 Jahre auf Reisen zu, überall den Verkehr mit den geistigen Grössen suchend. In Cyrene hat er beim Pythagoräer Theodoros, dessen wir schon bei Gelegenheit des Theätet gedacht haben, sich das mathematische Wissen der Pythagoräer angeeignet, in Unteritalien den grossen Archytas von Tarent kennen gelernt, und in Sizilien ebenfalls viel mit Pythagoräern verkehrt; dass er von Sizilien aus Ägypten besucht hat, ist sehr wahrscheinlich.

Nach Athen zurückgekehrt, gründete er dort den Freund- und Schülerbund der Akademie, ein Gymnasium bei Athen, nach dem attischen Heros Ακάδημος benannt, wo Platon ein Landgut besass. Ein glücklicher

Zufall hat uns das Testament des Platon erhalten, es findet sich bei Diogenes Laertios und ist von U. v. Wilamowitz und Kiessling Phil. Unters. IV. ediert.

Schon 2000 Jahre vor den Amerikanischen Multimillionären hat hier ein Privatmann aus seinen Mitteln eine Universität gegründet, die Universität Athen, die bedeutendste des Altertums, an der Euklid und Cicero studierten, welche etwa 900 Jahre blühte, bis sie Justinian 529 n. Chr. aufhob, teils um sich ihren Besitz anzueignen, teils weil die Professoren auf Seiten der Gemahlin des Kaisers, der Theodora, standen, und das Heidentum oder richtiger den Neuplatonischen Mystizismus unterstützten, während der Kaiser das Christentum oder das Gottesgnadentum des Monarchen als Staatsreligion durchführen wollte.

Eine zweite Reise nach Sizilien 367 ist wohl von Dion, dem Freunde des Platon und Schwager des Dionys I., der s. Z. Platon seiner Freimütigkeit wegen als Sklaven verkaufen liess, veranlasst. Platon sollte den jungen Dionysios II. nach den in der »Republik« niedergelegten ethischen und politischen Prinzipien erziehen.

Aber wie fast alle Theoretiker der Pädagogik war er kein glücklicher Praktiker. Noch einmal 361 unterbrach eine zugunsten des Dion unternommene Reise seine im höchsten Grade erfolgreiche akademische Lehrtätigkeit, die bis zu seinem 347 im 80. Jahre eingetretenen Tode angehalten haben soll.

Was nun Platon als Mathematiker von Fach betrifft, so ist die Legende von Platons Leistungen in der speziellen Problemmathematik schon von C. Blass in seiner Dissertation »de Platone mathematico«, Bonn 1861, zerstört worden; als reinen Mathematiker haben ihn seine Zeitgenossen Archytas, Theätet und besonders der grosse Eudoxos von Knidos sicher weit übertroffen, er ist von der Philosophie zur Mathematik gekommen und nicht umgekehrt. Platon hat nicht die Philosophie der Mathematik geschaffen, wie M. Cantor sagt, — das würde weit eher auf Demokrit und Eudoxos passen —, aber was eben so wertvoll ist, er hat die Bedeutung der Mathematik für die Philosophie erfasst, und es bedarf nicht des seit Melanchthon immer wieder zitierten μηδεις αγεωμετρητος εισιτω μου την στεγην, »Kein der Mathematik Unkundiger betrete meine Schwelle«, aus der zweifelhaften Quelle des Tzetzes, um uns darüber zu belehren. Platon erkannte, dass die Mathematik für die Philosophie dieselbe Bedeutung als Hilfswissenschaft hat, welche der Physik für die Mathematik zukommt. Einerseits liefert sie für die Logik die einfachsten und schlagendsten Beispiele, wie uns denn Aristoteles den Beweis der Pythagoräer für die Irrationalität der Wurzel aus 2 als Beispiel eines indirekten Beweises erhalten hat, andrerseits liefert sie für die Erkenntnistheorie die Probleme, an deren Lösung sich die Philosophie entwickelt hat. Und Platon gab mit der Betonung dieser Bedeutung der Mathematik den mächtigen Impuls, der die Blütezeit der Hellenischen Mathematik im 3. Jahrhundert herbeiführte. Ganz besonders sind die erkenntnistheoretischen Probleme, welche die inkommensurabeln Streckenbrüche geben, von Platon und seinen Schülern und Mitarbeitern, von Theätet und insbesondere von Eudoxos bearbeitet worden.

Platon und die Mathematik.

Und noch in einer zweiten Richtung sind wir Platon den grössten Dank schuldig; ohne ihn und die scharfen Worte, mit denen er den gewaltigen Wert der Mathematik für die Bildung der Jugend dargelegt hat, würde wahrscheinlich die Mathematik ihre Stellung als Hauptfach in unseren Gymnasien weder erhalten noch behauptet haben. In seiner Schrift vom Staate, der »πολιτεια«, der bedeutsamsten Utopie, die je geschrieben, in der er als der Erste den grossen Plan einer idealen staatlichen Erziehung der Jugend ins Einzelne durchgeführt, entwirft, sogar bis auf die Schulzimmer, vergleicht er die Bedeutung, welche die Mathematik in seiner Zeit hat, mit der, welche sie haben sollte. Er geht in seiner Wertung der Mathematik als Bildungsmittel von dem Fundamentalsatz aus: die Wahrnehmungen zerfallen in zwei Klassen, die einen finden eine Ergänzung durch das reine Denken, die andern nicht. Politeia 523 heisst es: »Ich zeige dir also, wenn du es (ein)siehst, einiges was gar nicht die Vernunft herbeiruft, es wird schon durch die Wahrnehmung hinlänglich beurteilt, andres hingegen, was auf alle Weise die Wahrnehmung zu untersuchen auffordert. (Ähnlich Timäos § 46.) Und diese Untersuchung der Wahrnehmung, welche sie umprägt in Erfahrung im Kantischen Sinne, bewirkt in erster Linie die Mathematik. Sie ist ihm der »Paraklet«, der Wecker der reinen, vernünftigen, der wahren Erkenntnis.

Zunächst die Arithmetik, d. h. nicht die praktische Rechenkunst, die Logistik, sondern die wissenschaftliche Zahlenlehre, deren Hauptteil die Lehre von der relativen Zahl, von den Verhältnissen, bildet, die »θεά«, die innere Schau, der Zahlenverhältnisse. Und dasjenige in der Wahrnehmung, was solche Verhältnisse liefert, das ist dadurch, das es uns veranlasst, über die Gründe dieser Verhältnisse nachzudenken, der Herbeirufer, der Paraklet, der reinen Vernunft. Die Betonung der dritten Quelle, aus der unser Zahlbegriff fliesst, der Kategorie oder Konstituente des Bewusstseins Relation, bildet ein grosses Verdienst Platons um die Begriffsbildung in der Mathematik. Aus zahlreichen Stellen (man vgl. auch Theon Smyrneus trad. du Grec en Français p. J. Dupuis 1892) geht hervor, dass ihm die Zahl vorzugsweise relative Zahl oder Masszahl ist, auf der alle Erweiterungen des Zahlbegriffs beruhen, da die Cardinalzahl, die Vieleinheit, und die Ordinalzahl, die Reihungszahl, eine Begriffserweiterung nicht zulassen.

Die gleiche Bedeutung wie der Arithmetik erkennt er der Geometrie zu. Er weiss sehr wohl, dass ihr Ursprung, der Veranlassung nach, die Wahrnehmung, d. h. der sinnliche Eindruck ist, und spricht dies nicht nur in der Republik, sondern auch im Timäos ganz unumwunden aus. Aber, sagt er, der Begriff des Gleichen, die Idee Gleichheit, steckt nicht in der Wahrnehmung gleicher Steine, obwohl wir ihn ohne diese Wahrnehmung nicht hätten. [Die gleichen Steine dienten als Rechenpfennige, daher ψηφιζειν lat. calculare für »rechnen«.] Und er warnt nachdrücklich davor, die Wertung der Geometrie von ihrem Nutzen für die Praxis abhängig zu machen, sondern sie lehrt und erleichtert uns die Erkenntnis »του οντως οντος« des Wahrhaft-Seienden, der Idee, ja sie bewirkt, dass die höchste Idee, die Idee des Guten leichter geschaut werde.

Platonische Ideen.

Da es Platon ist, der zuerst die Bedeutung der Idealisierung für die reine Geometrie erkannt hat, wird es nötig auf die so viel umstrittene Platonische Ideenlehre näher einzugehen. Sie ist der Grundstein seiner Philosophie, und zugleich von Anfang an grade durch seinen bedeutendsten Schüler, durch Aristoteles missverstanden, verspottet und entwertet worden. Nur aus dem Verständnis der Platonischen Idee lässt sich einsehen wie viel Kant für seine transzendentale Ästhetik des Raumes aus Platon entnommen hat. Über die Beziehung zwischen Kant und Platon verweise ich auf einen kleinen Aufsatz in den Philos. Arbeiten, her. von H. Cohen und P. Natorp Bd. 2 Heft 1 1908 »Über Mathematik«.

Vom Sokrates nahm er die Betrachtung, dass dem allgemeinen (Gattungs) Begriff jeder einzelne Gegenstand, von dem er abstrahiert wird, zukommt. Von den Pythagoräern das Interesse für die geistigen Prozesse der Mathematik, von den Eleaten den Grundgedanken, dass nur dem durch die Vernunft erkannten bleibendes Sein zukommt, von den Atomikern die Erkenntnis, dass die Zahl- und Raumbegriffe, grade weil sie vom sinnlichen Standpunkt aus Nichts sind, das wirkliche Sein repräsentieren und schmolz alles zusammen in seiner Idee. Durch eine wahrhaft göttliche Eigenschaft der Vernunft wird dieselbe, und zwar am leichtesten durch Vermittlung der Mathematik, angeregt, in den einzelnen Erfahrungen, die das Daseiende (τὰ ὀντα) liefert, das dauernd Seiende (το οντως ον), die Urbilder, die Ideen zu erschauen, Hypothesen oder Grundlegungen der reinen Vernunft. Von ihnen als dem ewig Seienden, obwohl in keiner einzelnen Erscheinung verkörpert, empfängt das Daseiende sein Sein, seine Essenz, seine Substanz.

Sind die Ideen wie die des Gleichen, des Schönen, des Wahren, und die höchste Idee, welche alle andern trägt, die des Guten erschaut, denn Idee, ἰδέα, kommt von ιδεὶν (schauen), so werden ihnen die Erscheinungen untergeordnet, und nun wird im einzelnen die Idee geschaut, im breiten Strich die Gerade, im Ball die Kugel etc. Beim reifen Menschen geht die Idee der sinnlichen Erscheinung voraus. »Ehe wir also anhuben zu sehen und zu hören und die Aussenwelt wahrzunehmen, mussten wir in uns, irgend woher genommen, die Erkenntnis des Gleichen angetroffen haben, das, worauf wir die aus den Wahrnehmungen stammenden Gleichheiten beziehen können« (Phaedon p. 758, Theätet p. 186 c). Die Platonische Idee nähert sich, wie aus dieser Darstellung hervorgeht, der (idealistisch aufgefassten) Kategorie der Substanz einerseits, und berührt sich andererseits mit dem Begriff der Kraft, denn z. B. die Idee des Guten ist die Ursache aller Vollkommenheit, sie ist gradezu die göttliche schöpferische Vernunft. Die Idee, wie z. B. Sophist 248 A beweist, hat Bewegung, Leben, Seele, wie die Leibnizsche Monade, sie wird öfters gradezu ἐνας oder μόνας, Einheit genannt.

Die Stellung, welche Platon der Mathematik anweist, erinnert unwillkürlich an Kant, auch bei Platon hat die Mathematik eine Zwischenstellung zwischen Sinnlichkeit und Logik, auch bei ihm ist sie »reine Sinnlichkeit a priori«, die in das Objekt der sinnlichen Wahrnehmung, Zahl und Gestalt hineinsieht und als Ewig-Seiendes, die »im barbarischen Schlamme der Sinnlichkeit« steckende Seele hinleitet, im Abbilde das Urbild das wahrhaft Seiende zu sehen. In der Republ. 529 D, 520 C, im Timäos 28 heisst es: Das, was ihr Wirklichkeit nennt, die bunten Gestalten am Himmel und auf Erden, sind nur die Abbilder von den Urbildern in der Erkenntnis und dem Bewusstsein. In seiner Lehrtätigkeit, welche der Hauptfaktor seines Einflusses auf seine Zeitgenossen war, unterschied er Empfindung; Anschauung; Hinzuziehung von Mass und Zahl — διάνοια; und Hinzuziehung der Idee, die transzendentale Erkenntnis, die νόησις.

Raum bei Platon.

Platon hat das Kategorische des Raumbegriffes oder besser die Idealität des Raumes, die ja schon die »richi« der Inder empfunden haben, scharf hervorgehoben, während er Zeit und Bewegung nicht hinlänglich geschieden hat. Die bekannteste Stelle findet sich 50–52 des Timäos, des schwierigsten Dialogs, welcher beweist, wie völlig Platon im Alter unter den Bann pythagoräischer Gedankenkreise geraten war (vgl. den zitierten Aufsatz von 1908). Es heisst da: Der Raum ist die aufnehmende Mutter, die Idee, das reine Erzeugnis der Vernunft, der Vater der Gegenstände der Wahrnehmung der Natur (50 D). Er bildet die 3. Art der Erkenntnis, der ewige unvergängliche Raum (52 B), der uns durch nichtsinnliche Wahrnehmung (μεθ' αναισθησιας) durch eine Art von unechter Vernunfttätigkeit mühsam klar wird, den wir mit offenen Augen träumen. Das ist nichts anderes als der ideale Raum Kants, die reine Form des äusseren Seins für das erkennende Bewusstsein als solches, losgelöst von aller Individualität.

Seit Aristoteles und durch Aristoteles ist die Meinung verbreitet, dass Platon Raum und Materie identifiziert hat, und Fr. Ast hat dies 1816, Plat. Leben und Schriften Note p. 362 in feiner Weise aus dem Gedankengang Platons abzuleiten versucht. Dass ich anderer Meinung bin, habe ich schon in dem erwähnten Aufsatz der Marburger philosophischen Arbeiten von 1908 gesagt, es handelt sich bei der Ableitung der Körperwelt im Timäos im wesentlichen um eine Kombination Pythagoräischer und Demokritischer Gedanken. Auf Demokrit weist auch die so wichtige Auffassung des Punktes als Streckendifferential, als »αϱχὴ γϱαμμῆς«, Ursprung der Linie. Proklos (Friedlein S. 88) sagt, »aber es liegt in ihm verborgen eine unbegrenzte Macht Längen zu erzeugen.«

So hoch das Verdienst Platons um die erkenntniskritische Untersuchung des Raumbegriffs zu veranschlagen ist, so muss doch auch die Sage von Platon als dem Erfinder stereometrischer Sätze als unbegründet zurückgewiesen werden. Er hat dies selbst, so drastisch als man es nur wünschen kann, getan. In der bekannten Stelle der Republik heisst es: »Ausserdem aber legen sie (die Griechen) hinsichtlich der Messung von allem was Länge, Breite, Tiefe hat eine bei allen Menschen vorhandene, eben so lächerliche als schmähliche Unwissenheit an den Tag.«

Kleinias fragt: Welche und wie beschaffene meinst du?

Sokrates-Platon: Mein lieber Kleinias, habe ich doch selbst erst spät davon gehört, wie es mit uns in dieser Hinsicht bestellt ist, nämlich meiner Ansicht nach, nicht wie es sich für Menschen gehört, sondern für Schweine.

Wie es mit den Griechen in dieser Hinsicht bestellt war, erfahren wir aus Thukydides, wo die Griechen den Inhalt einer Insel dem Umfang proportional setzen. Platon ist sicher kein Erfinder stereometrischer Sätze gewesen, sein Verdienst ist auch hier ein methodisches. Durch seinen Umgang mit Archytas und Eudoxos hat er die Bedeutung der Stereometrie erkannt, und die ihm zuteil gewordene Anregung auf seine Schüler übertragen, die denn auch nicht ermangelten die Stereometrie zu fördern.

Platon als Mathematiker.

Eben so falsch ist es, dass Platon die sogen. Analysis zur Lösung der Konstruktionsaufgaben erfunden habe. Dass Platon die analytische Methode gekannt hat, geht unwiderleglich aus Menon S. 87 bei der Frage, ob ein gegebenes Dreieck in einen gegebenen Kreis eingetragen werden könne, hervor. Proklos p. 58: Sie überlieferten die trefflichste Methode, und zwar die, welche durch die Analyse das Gesuchte auf ein anerkanntes Prinzip zurückführt, welche auch Platon, wie sie sagen, dem Laodamas hinterliess, mit der dieser vieles in der Geometrie gefunden haben soll, dann aber auch jene, die auf genauer Einteilung beruht, welche Platon ebenfalls stark betonte. (Für letztere Methode denke man an die Untersuchungen über die Beziehungen zwischen Gerade und Gerade, Gerade und Kreis etc.) Bei Diogenes Laertios III, 25 heisst es:

Πρωτος ὁ Πλατων τον κατα την αναλυσιν της ζητησεως τροπον εισηγησατο Λεωδαμαντι τω Θασιω

Aber Pappos, der im Buch VII seiner Kollektaneen, diesem Inventar Hellenischen Könnens, sehr ausführlich über die Analysis gehandelt hat, erwähnt mit keinem Wort des Platon. Die Sage liebt es eben, alle Heldentaten auf das Haupt des Hauptthelden zu häufen.

Aber die Sache ist an sich klar, in dem oben erwähnten Überrest der Arbeit des Hippokrates ist die analytische Methode angewandt, und jede Gleichung ist ein Beispiel derselben, die Verwandlung des Rechtecks in ein Quadrat bei den Indern (S. 159) ist ohne Analyse unmöglich, und im Grunde verfährt jeder Künstler analytisch. Erst muss das Kunstwerk, der Plan des Architekten, im Kopfe fix und fertig sein, ehe der erste Pinselstrich, der erste Spatenstich erfolgen kann. Die Definition von Analysis findet sich Euklid XIII, 5 und sie rührt, wie Bretschneider, Geometrie und Geometer vor Euklides, bemerkt hat, von Eudoxos her: Analysis ist die Annahme des Gesuchten als zugestanden durch die Folgerung hindurch bis zu einem als wahr Bekannten.

Platon hat als Philosoph auf die Bedeutung der analytischen Methode für die Konstruktion und als Beweismittel in jeder Wissenschaft aufmerksam gemacht und grade an der angeführten Stelle Menon S. 87 wird die mathematische Anwendung als Beispiel gebraucht, weil sie besonders einfach ist und Plato sagt selbst: Ich brauche den Ausdruck »Aus der Voraussetzung« so, wie oft die Geometer argumentieren. Ebenso apokryph ist die unter Platons Namen gehende Lösung des Problems der Würfelverdoppelung. In meinem Urteil über Platon den Mathematiker schliesse ich mich völlig Blass an, der seine Dissertation de Platone Mathematico also beendet: nam si amicus Plato, amicior tamen veritas: et is quoque, qui scientiae amorem aliis iniecit, de scientia bene est meritus.

Die Würfelverdoppelung.

Würfelverdoppelung (Delisches Problem).

Dies Problem, das sogen. erste Delische Problem, ist eins der drei grossen Probleme: Würfelverdoppelung, Winkel- oder Bogenteilung (Kreisteilung), Quadratur des Zirkels, an deren Bewältigung sich die Hellenische Mathematik zu ihrer bewundernswerten Höhe entwickelt hat. Die beiden ersten Probleme sind von den Pythagoräern und ihren Ausläufern, unmittelbar nachdem sie durch die nach Pythagoras genannte Satzgruppe die Probleme, welche auf Gleichungen zweiten Grades führen, bewältigt hatten, in Angriff genommen worden. Diese Tatsache liefert einen klaren Beweis, dass der eigentlich leitende Gesichtspunkt der Hellenen der arithmetische war und dass die Griechen schon zu jener Zeit klar den Satz des Vieta erkannten, dass mit der Vervielfältigung des Würfels und der Trisektion des Winkels die Gleichung dritten (und vierten) Grades allgemein gelöst sei.

In drei aufeinanderfolgenden Programmen von Linz hat Ambros Sturm 1895, 96, 97 eine vortreffliche Geschichte »des Delischen Problems« geliefert, im Anschluss an Montuclas Quadrature du cercle. Über den Ursprung unseres Problems berichtet ein Brief das Eratosthenes (s. u.), den Eutokios, Bischof von Askalon, geb. 480 n. Chr., in seinem Kommentar zu Archimedes Kugel und Zylinder überliefert hat.

»Eratosthenes wünscht, dass es dem Könige Ptolemaios wohlergehe. Es wird erzählt, dass ein alter Tragiker, den Minos eingeführt habe, der dem Glaukos ein Grabmal erbauen lassen wollte, und als er dabei bemerkte, dass es nach allen drei Dimensionen 100 Fuss mass, soll er gesagt haben:

Zu klein hast du des Königs Grab mir angelegt,
Drum dopple es, doch nicht vergiss der schönen Form,
Verdopple jede Kante schnell des Grabs.

Er schien aber sich geirrt zu haben, denn durch Verdopplung der Seiten wird das ebene Feld vervierfacht, der Raum verachtfacht. Seitens der Geometer wurde nun geforscht, wie man einen Körper unter Beibehaltung seiner Gestalt verdoppeln könne und man nannte dies Problem die Würfelverdopplung (κυβου διπλασιασμός), denn vom Würfel ausgehend suchten sie diesen zu verdoppeln. Während aber alle lange Zeit nicht aus noch ein wussten, wurde es zuerst dem Hippokrates von Chios klar, dass der Würfel verdoppelt werden würde, wenn zwischen zwei Strecken, von denen die grössere das Doppelte der kleineren ist, zwei mittlere Proportionalen in stetiger Proportion gefunden wären. So verwandelte er diese Schwierigkeit in eine andere nicht geringere.

Nach einiger Zeit sollen einige Delier, welche durch einen Orakelspruch zur Verdoppelung eines Altars gedrängt wurden, in dieselbe Verlegenheit geraten sein. Und sie sollen die Geometer aus der Umgebung des Platon in der Akademie gebeten haben das Gesuchte zu finden. — Die letztere Version war im ganzen Altertum verbreitet, z. B. Theon von Smyrna (aus einer andern nicht weiter bekannten Schrift des Eratosthenes »Πλατωνικός« (Ambros Sturm), Plutarch an 2 Stellen »De genio Socratis« VII; De ει apud. Delphos VI, Joh. Philopömos, (Commentator des Aristoteles; Προλεγόμενα της πλάτωνος φιλοσοφίας), Vitruv, Valerius Maximus. Wir sehen hier einen der deutlichsten Beweise für den Zusammenhang der hellenischen Mathematik mit der indischen, nur dass die Inder, entsprechend der früheren Entwicklungsstufe die Fläche verdoppeln, d. h. sich mit der quadratischen Gleichung begnügen, während die Pythagoräer, das kulturelle Problem von den Indern aufnehmend, das Volumen verdoppeln, d. h. zur Gleichung 3. Grades fortschreiten.

Archytas.

Die älteste Lösung zufolge Eutokios Bericht aus Eudemos (nach P. Tannery aus Sporus, der etwa um 300 n. Chr. Eudemos benutzt hat) ist die des Archytas aus Tarent, den Horaz in der Ode 28 des Buch I erwähnt »te maris et terrae numeroque carentis arenae mensorem cohibent, Archyta«, der etwa 430 bis 365 zu setzen ist, wo er durch Schiffbruch am Kap Matinum den Tod fand. Platon hatte bei seiner ersten Reise nach Sizilien die Bekanntschaft des als Staatsmann, Philosoph und Mathematikers gleich ausgezeichneten Pythagoräers gemacht, und stand mit ihm in Briefwechsel. Archytas soll seinerseits den Platon in Athen wiederbesucht haben. Von den Schriften, die unter seinen Namen auf uns gekommen sind, ist fast alles als unecht erwiesen. Seine Lösung des Delischen Problems, die bedeutendste von allen, zeigt ihn als erstklassigen Mathematiker. Ich gebe den Wortlaut (s. Figur).

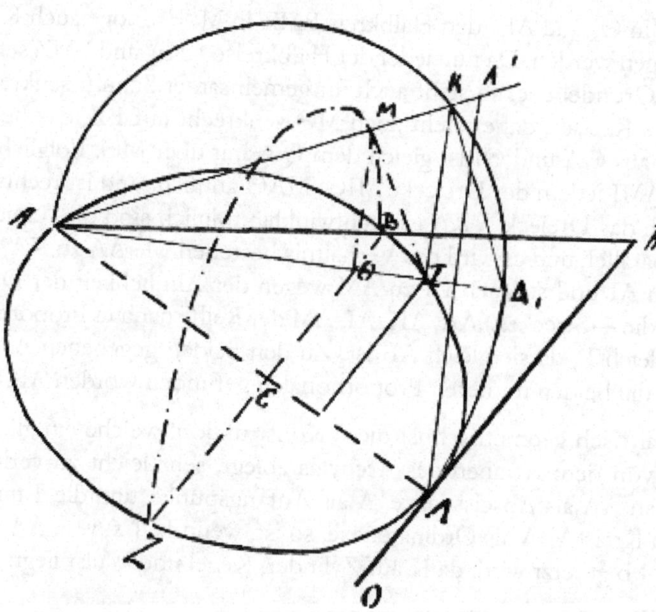

AΛ und Γ mögen die beiden gegebenen Strecken darstellen, verlangt zwischen AΛ und Γ zwei mittlere Proportionalen zu finden. — Um die grössere, nämlich AΛ, möge der Kreis ABΛZ beschrieben werden und ihm werde die Γ gleiche [Sehne] AB eingefügt, und ausgezogen soll diese mit der in Λ berührenden [Linie] des Kreises in H zusammentreffen. Neben [παρὰ d. h. parallel] HΛO möge BEZ geführt werden, auch ein Halbcylinder ersonnen werden senkrecht auf den Halbkreis ABΛ und ein senkrechter Halbkreis auf AΛ, welcher in dem Parallelogramm (dem Achsenschnitt) des Cylinders liegt.

Wird nun der Halbkreis herumgeführt in der Richtung von Λ nach B, während der Endpunkt A des Durchmessers fest bleibt, so wird er die cylindrische Fläche schneiden und in ihr eine Linie einzeichnen. Und wenn wiederum herumgedreht wurde [und zwar] bei beharrender [Linie] AΛ das Dreieck ABΛ, in dem Halbkreis entgegengesetzter Bewegung, wird es für die Strecke AH eine Kegelfläche erzeugen. Und diese wird bei der Drehung die Linie auf dem Cylinder in einem gewissen Punkte treffen, und zugleich wird auch [Punkt] B einen Halbkreis in der Kegelfläche beschreiben. An dem Orte des Zusammentreffens der Linien habe nun der bewegte Halbkreis eine Lage wie etwa Λ'KA, das entgegengesetzt gedrehte Dreieck die von AH'Λ, und der Punkt des besagten Zusammentreffens sei K. Und der von B beschriebene Halbkreis sei BMZ und sein Schnitt mit BΛZA sei die [Sehne] BZ. Und es werde von K auf die Ebene des Halbkreis BΛA das Lot gezogen, so wird es auf die Peripherie des Kreises fallen wegen des Senkrechtstehens des Cylinders. Es falle also und sei KI und die von I an A geknüpfte Linie treffe BZ in Θ, und AH' den Halbkreis BMZ in M. Es möge auch KΛ', MI, MΘ gezogen werden. Da nun jeder der Halbkreise ΛKA und BMZ senkrecht steht zur Grundebene, so steht auch ihr gemeinsamer Schnitt senkrecht zur Ebene des Kreises, daher steht auch MΘ senkrecht auf BZ, das heisst das Rechteck aus ΘA und ΘI ist gleich dem Quadrat über MΘ. Folglich ist das Dreieck AMI jedem der Dreiecke MIΘ, MAΘ ähnlich, und ist rechtwinklig. Aber auch das Dreieck Λ'KA ist rechtwinklig; folglich sind die [Linien] KΛ' und MI parallel, und es wird das Verhältnis bestehen wie ΛA zu KA, ebenso ist KA zu AI und so auch IA zu AM wegen der Ähnlichkeit der Dreiecke, also sind die 4 (Strecken) ΛA, AK, AI, AM der Reihe nach in Proportion und AM ist gleich Γ, da sie gleich AB ist. Zu den beiden gegebenen AΛ und Γ sind also die beiden mittleren Proportionalen gefunden worden AK u. AI.

Analytisch geometrisch ist diese Konstruktion, welche ein glänzendes Zeugnis von dem Können des Archytas ablegt, sehr leicht zu verifizieren. Wählt man AΛ als Abscissenaxe, A als Anfangspunkt, und die Tangente in A an den Kreis ABΛ als Ordinatenaxe, so ist, wenn K { x, y, z; AΛ = a und Γ = AB = b gesetzt wird, da K auf Zylinder, Kegel und Wulst liegt:

1) $x^2 + y^2 = ax$ (Gleichung des Cylinders); 2) $x^2 + y^2 + z^2 = a^2b^2x^2$ (Gleichung des Kegels durch doppelten Ausdruck des Cosinus des konstanten Öffnungswinkels) 3) $x^2 + y^2 + z^2 = a\sqrt{x^2 + y^2}$ (Gleichung des Wulstes). Daraus für Punkt K: $a\sqrt{ax} = a^2x^2 : b^2$ und $a^3x = a^4x^4 : b^4$; $x^3 = b^4 : a$; $x = b \cdot \sqrt[3]{b : a}$, $\sqrt{x^2 + y^2} = AI = \sqrt[3]{ab^2}$ und $\sqrt{x^2 + y^2 + z^2} = AK = \sqrt[3]{a^2b}$, also AΛ : AK = AK : AI = ΛI: AB.

Dass Archytas seine Konstruktion analytisch d. h. von der gelösten Aufgabe aus rückwärts gehend gefunden, unterliegt keinem Zweifel und ebensowenig die Ansicht Bretschneiders, dass er vom rechtwinkligen Dreieck AKΛ' ausging und AI auf AK projizierte.

Die Lösung des Archytas wird bestätigt durch den oben besprochenen Brief des Eratosthenes, durch Vitruv und Diogenes Laërtios (200 n. Chr.). Wir sehen hier wie hoch etwa um 400 die Kenntnisse der Pythagoräer stehen; der Potenzsatz (der zweite Hauptsatz vom Kreise), die Sätze vom rechtwinkligen Dreieck und ihre Umkehr, die Ähnlichkeitslehre, die Anwendung der Bewegung zur Konstruktion, allerdings nach dem Vorgang des Hippias von Elis und seiner Quadratrix (s. u.)

Der Satz: »Stehen 2 Ebenen auf einer dritten senkrecht, so steht ihre Schnittgerade auch auf dieser senkrecht«, die Kenntnis und Benutzung der geometrischen Orte; Schnitt eines Cylinders und eines Kegels, und damit die erste Raumkurve, der Wulst und sein Schnitt, die erste von Proklos »spirische« benannte Linie, und überhaupt so grosse stereometrische Kenntnisse, dass es klar wird, dass die Pythagoräer, vor allem Archytas die

Lehrer des Platon gewesen sind, und nicht umgekehrt, wie das ja die oben zitierte Stelle der Gesetze bestätigt.

Eudoxos.

Die nächste Lösung führt uns auf den grössten Mathematiker und Astronom zur Zeit des Platon, auf Eudoxos von Knidos, dessen Ruhm durch den des Platon lange verdunkelt ist und den die zusammenfassende Geschichte der Mathematik bisher zu stiefmütterlich behandelt hat. Die Programme von H. Künssberg, Dinkelsbühl 1888–90, der Astron., Math. und Geograph E. v. Knidos, werden ihm gerecht. Eudoxos auf allen drei Gebieten und auch auf dem der Gesetzgebung gleich bedeutend, ist etwa um 410 zu Knidos, einer dorischen Stadt in Karien, an der Küste von Kleinasien, aus armer Familie hervorgegangen, früh kam er in das ebenfalls dorische Tarent und genoss dort in Mathematik und Astronomie den Unterricht des grössten Pythagoräers, des Archytas. Etwa 23 Jahre alt ging er nach kurzem Aufenthalt in Athen, wo er Platon gehört haben soll, nach Ägypten, vermutlich als Begleiter eines Arztes Chrysippos, mit Empfehlung des Sparterkönigs Agesilaos an Nektanebos (Necht-Harebhēt). Die Reise fällt gegen 380, da etwa von 394–380 Nektanebos den Aufruhr seiner Ägypter bekämpfen musste. Dort verkehrte er in Heliopolis mit den Priestern insbesondere mit dem Priester Chonuphis und indem er völlig ihre Sitten annahm (ξυρομενος τε ιβην και οφρυς, geschoren am Scham und Augenbrauen) bekam er Einblick in das riesige astronomische Beobachtungsmaterial und dort schrieb er seine Octaëteris etwa um 375, vergl. A. Boeckh: Über die vierjährigen Sonnenkreise der Alten 1863. Die Octaëteris ist eine 8jährige Periode zum Ausgleich des Mond- und Sonnenjahres. $8 \cdot 354 + 3 \cdot 30 = 2922 = 8 \cdot 365^1/_4$.

Etwa um 370 in der Akme gründete er in Kyzikos in Mysien (Panorma am Marmorameer) eine Hochschule, die rasch zu grosser Blüte gelangte, aber schon nach wenigen Jahren trieb ihn sein rastloser Bildungseifer in die Weite. Zunächst zog er nach Athen und führte eine grosse Anzahl seiner Schüler dem Platon zu, darunter die bedeutendsten Mathematiker der Akademie, wie Menaichmos, den eigentlichen Entdecker der Kegelschnitte, Dinostratos, der den Nutzen der Kurve des Hippias von Elis für die Quadratur des Zirkels erkannte und ihr den Namen Quadratrix, τετραγωνίζουσα, verschaffte, Athenaios, Helikon etc. Von Athen zog er nach Sizilien und studierte dort unter dem italischen Lokrer Philistion, vermutlich auch ein Pythagoräer, Medizin. Dann kehrte er von Knidos zurück, mit grossen Ehren empfangen, und schuf für die Stadt neue Gesetze.

Unsere fast einzige Quelle über Eudoxos ist Diogenes Laertios, die sich aber auf gute Autoritäten wie Kallimachos, Sotios, Nikomachos, Eratosthenes stützt. Sonst haben wir nur eine kurze Notiz in der Ethik des Aristoteles 172, b. 15, wonach er Hedoniker etwa im Sinne Demokrits war und in dem bekannten Lexikon des Suidas, der zwar die drei sehr gelehrten Töchter des Eudoxos mit Namen nennt, aber über ihn selbst so gut wie nichts sagt. Doch gibt Aristoteles seinem Charakter ein günstiges Zeugnis. Aber über die wissenschaftliche Bedeutung des Mannes war das ganze Altertum einig, und ich kann dafür auf Cicero verweisen, den ich, wie sehr Sie auch sein Cato major, sein Lälius, seine Officien gelangweilt haben mögen, als Historiker nicht zu unterschätzen bitte. Diogenes Laertios berichtet, dass er in Knidos statt »Eudoxos« in »Endoxos« umgetauft wurde, d. h. der Anerkannte und Eratosthenes nennt ihn, den Astronomen, Mathematiker, Geographen, Philosophen, Mediziner, Staatsmann, der an die »Allmenschen« des Cinquecento an Leonardo da Vinci und Michelangelo erinnert, den »Göttergleichen« in dem Epigramm: »θεουδεος Ευδοξοιο καμπυλον εν γραμμαις ειδος.«

Auch Platon hatte die höchste Achtung vor Eudoxos als Mathematiker, wie aus seiner 13. Epistel hervorgeht und aus der Angabe bei Plutarch, dass er die Delier an den Eudoxos verwiesen habe. Er starb 53 Jahre alt um 356.

Lösung des Delischen Problems von Eudoxos.

Seine Lösung des Delischen Problems übergeht Eutokios, die kurze Andeutung bei Eratosthenes war ihm unverständlich, und die ihm vorliegende Lösung fehlerhaft überliefert. Eratosthenes sagt in dem zitierten Briefe: »Während nun diese (die Geometer der Akademie) sich arbeitsfreudig drangaben und zu zwei gegebenen zwei mittlere zu fassen suchten, soll sie Archytas der Tarentiner mittelst des Halbcylinders gefunden haben und Eudoxos von Knidos mittelst der bogenförmig (καμπύλον) genannten Linien. Das Wort Kampylos bedeutet »gekrümmt« insbesondere gekrümmt nach Art des Kriegsbogens der Griechen —⌒—, den Homer stets mit diesem epitheton ornans bezeichnet.

Es ist P. Tannery gelungen (Sur les solutions du problème de Delos par Archytas et par Eudoxe, Mém. de Bordeaux Ser. 2, T. II Paris 1878 p. 277), die naturgemäss eng an Archytas anschliessende Lösung des Eudoxos wiederherzustellen, dadurch dass er erkannte die Kurve müsse ein dem griechischen Kriegsbogen ähnliches Aussehen haben und daraufhin, nicht wie V. Flauti, Geom. di sit. Napol. 1842, 3. Aufl. die Projektion der Schnittkurve des Wulstes und des Kegels auf die zx Ebene, sondern auf den Grundkreis, auf die xy Ebene, untersuchte.

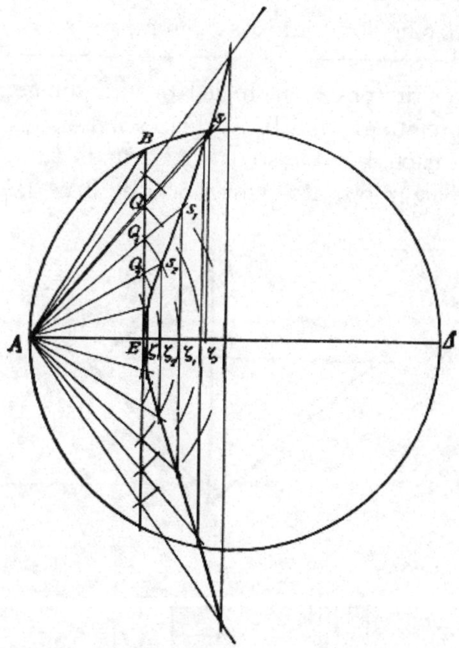

Eudoxos betrachtete die Schnittkurve des Wulstes und des Kegels, d. h. also er sah zunächst davon ab, dass Punkt I der Figur[*] auf der Peripherie des Grundkreises liegt, immer ist: $A\Theta^2AM^2 = AI^2AK^2 = AIE\Delta$ oder I: $A\Theta^2 = b^2aAI$.

[*] In der Figur ist Θ durch Q, ξ durch ζ, und I durch S ersetzt.

Dadurch ist die Projektion eines Punktes K der Schnittkurve und damit ihre Projektion auf die xy Ebene, die Ebene des Grundkreises, definiert. Sowohl ihre Gleichung wie ihre Konstruktion ist nun ohne weiteres klar, sobald man noch nachgewiesen, dass $A\xi = A\Theta$, wo $A\xi$ die Abscisse x von I (und K).

Es ist: $A\Theta AE = AIA\xi$ oder $A\Theta \,.\, x = AE \,.\, AI = b^2a \,.\, AI$ also nach I $x = A\Theta$ also die Gleichung der Kurve $AI^2 = x^2 + y^2 = a^2x^4b^4$ d. h. also eine durch die Substitution $\xi = x^2$, $\eta = y^2$ transformierte Parabel, welche Tannery analytisch untersucht hat. Ihre geometrische Konstruktion ist äusserst einfach vergl. die Fig. 1 und das richtige I der Punkt wo diese Kurve den Halbkreis schneidet.

Es ist nach Konstruktion: $A\Theta^1 = A\xi^1$ und $AI^1A\xi^1 = A\Theta^1AE$, oder $A\Theta'^2 = AI' \,.\, AE$ und da $AB^2 = a \,.\, AE$ so ist $A\Theta'^2 = AI'\, b^2a$ somit I' ein Punkt des Ortes.

Mechanische Lösung von Eudoxos (Platon).

Vom Eudoxos rührt m. E. auch die Konstruktion her, welche Eutokios dem Platon zuschreibt. AB und ΒΓ, s. Fig., seien die gegebenen Strecken; man verlängere sie nach Δ und E, so dass ΑΕΔ und ΓΔΕ rechte Winkel sind, dann ist nach der Satzgruppe des Pythagoras ΓΒ : ΒΔ = ΒΔ : ΒΕ = ΒΕ : ΑΒ.

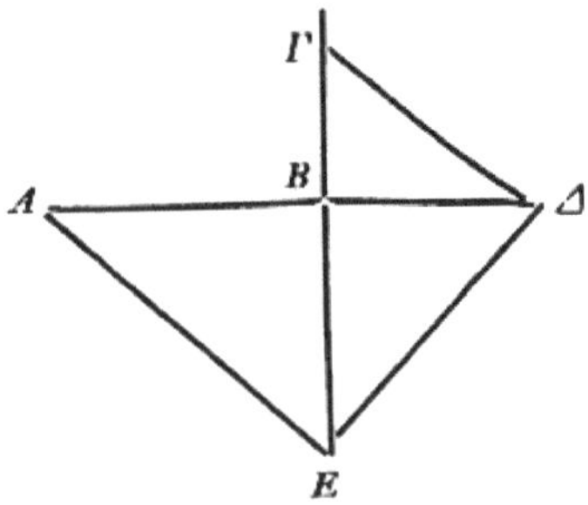

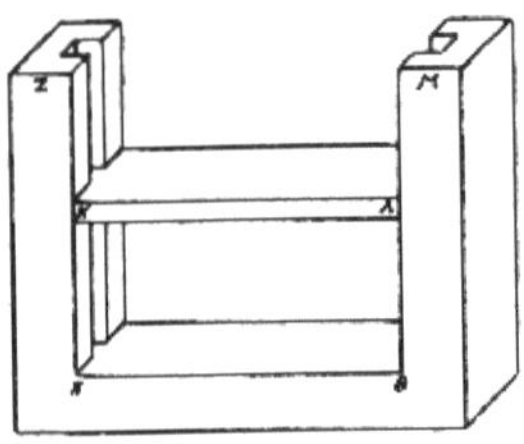

Die Punkte Δ und E lassen sich auf mechanischem Wege leicht finden mittelst zweier aufeinander verschiebbarer rechten Winkel (Winkelhaken); es wurde ein eigenes Hilfsinstrument (siehe Figur) angefertigt, durch einen beilförmigen Einschnitt β in die Lineale (κανών, Kanon) wurde dafür gesorgt, dass sich ΚΔ nur parallel zu ΗΘ bewegen konnte, die nähere Beschreibung siehe man bei A. Sturm l. c. p. 50. Die ganze Konstruktion ist so unplatonisch wie möglich, wir wissen dass gerade auf Platon die strenge Beschränkung der geometrischen Hilfsmittel auf Zirkel und Lineal zurückgeht, dass er die sogenannte Neusis, die Einschiebung von Strecken auf mechanischem Wege verpönte. Ausserdem berichtet Plutarch ganz ausdrücklich Quaest, conv. VIII p. c. 1: Platon tadelte Eudoxos, Archytas und Menaichmos, weil sie die Verdoppelung eines Körpers auf instrumentale und mechanische Apparate zurückführten. Dagegen passt sowohl die Anwendung des Satzes von der Höhe im rechtwinkligen Dreieck, den auch Archytas anwandte und die Lösung mittelst eines Instrumentes sehr gut auf Eudoxos, der als leidenschaftlicher Astronom mit Apparaten durchaus vertraut war. Ich schliesse hier gleich den Bericht über Eudoxos Gesamtleistungen an. Von Eudoxos rührt fast sicher das ganze 5. Buch der

Elemente des Euklid her, die so diffizile Lehre vom Streckenbuch, und zwar wörtlich; man vergl. Proklos, ed. Friedlein p. 68 und s. u. Euklid. Und ein Scholion der lat. Ausgabe der 6 ersten Bücher Basel 1550 zum 5. Buch des »Adelos« und im prächtigen Codex des Euklid aus der Sammlung Mazarin ist von Knoche als von Proklos herrührend erkannt, es heisst da: Einige sagen dass dieses Buch die Erfindung des Eudoxos sei, — und das wird direkt bestätigt durch weitere Scholien (Knoche 1865) und indirekt dadurch, dass Buch 7 der Elemente die Lehre von den Proportionen für ganze Zahlen noch einmal aufnimmt, ohne irgend eine Rücksicht auf das 5. Buch. Von Eudoxos rühren die fünf ersten Sätze des XIII. Buchs samt der Definition von Analysis und Synthesis her, vermutlich auch ein ganzer Teil der weiteren Sätze über die 5 Platonischen Körper. Eudoxos, der als grosser Astronom auf das genaueste mit der Sphärik vertraut war, ist wohl der eigentliche Schöpfer der später von Theodosios bearbeiteten Sphärik.

Für eine Anzahl wichtigster Sätze der Stereometrie haben wir das schwerwiegende Zeugnis des Archimedes, der in seiner Quadratur der Parabel, der ersten grossen Leistung der Integralrechnung, das nach ihm benannte jetzt so viel besprochene Prinzip älteren Geometern vindiziert, welche damit bewiesen, dass Kreise sich wie die Quadrate, Kugeln wie die Kuben ihrer Durchmesser verhalten, ferner dass jede Pyramide der dritte Teil des Prisma von gleicher Grundfläche und Höhe, jeder Kegel der dritte Teil des Cylinders von gleicher Basis und Höhe sei. Alles das haben sie durch Annahme des aufgestellten Lemma bewiesen. Hier wurde Eudoxos Name nicht genannt. Aber in der Einleitung zum ersten Buch seiner Schrift: περι σφαιρας και κυλινδρου. heisst es: »Ebenso verhält es sich mit vielen von Eudoxos über die Körper aufgefundenen Sätzen, die Beifall erhalten haben z. B. dass jede Pyramide etc., jeder Kegel etc. Denn obgleich diese Sätze über diese Gebilde schon früher experimentell bekannt waren, so traf es sich doch, obgleich es vor Eudoxos viele erwähnenswerte Geometer gab, dass sie von keinem begrifflich erkannt und auch von keinem folgerichtig bewiesen wurden.«

Demnach hat Eudoxos auch einen bedeutenden Anteil am XII. Buch der Elemente. Im besonderen sind die wertvollen Beweise XII, 2 — XII, 10 Eigentum des Eudoxos, und indem sie sich eng an die Definitionen und Sätze des 5. Buches anschliessen, geben sie wie L. Ofterdinger bemerkt hat, zugleich einen Beweis für das Eigentumsrecht des Eudoxos auf Buch V. Freilich müssen wir das mathophilosophische Verdienst des Eudoxos jetzt nach dem Ephodion erheblich einschränken. Das Prinzip der Exhaustionsmethode des Euklid ist im Grunde nichts weiter als das unendlich kleine des Demokrit, das Eudoxos den Hellenen mundgerecht gemacht hatte, welche vor der rücksichtslosen Kühnheit, mit der Demokrit seine Differentiale der Masse und des Raumes einführte, scheuten. Es ist so ziemlich derselbe Vorgang, welcher sich in der Neuzeit abspielte, als die Fluxion, das Moment des Newton, das »infiniment petit« des Leibniz von Lagrange durch die Ableitung ersetzt wurde.

Das Weltsystem des Eudoxos.

So gross die Leistungen des Eudoxos auf mathematischem Gebiete waren, so bedeutend er als Geograph war durch seine »γης περιοδος«, eine umfassende Länder- und Völkerkunde, am grössten steht er doch als Astronom da. So leidenschaftlich war seine Liebe zur Sternkunde, dass er wie Plutarch erzählt, geäussert hat »Ich wünschte auf die Sonne zu kommen um die Gestalt und Grösse des Gestirnes kennen zu lernen und wäre es auch um den Preis, wie Phaëton zu verbrennen«. An den verschiedensten Punkten des Orbis terrarum hat er die Sterne beobachtet, noch Strabo wurde seine Warte bei Heliopolis gezeigt, auch eine eigentümliche Sonnenuhr αραχνη (Spinne, wohl von der Ähnlichkeit mit dem Netze einer Spinne) hat er konstruiert. Wir verdanken die Kunde seines Weltsystems, des ersten, das streng mathematisch die Bewegungen der Gestirne zu erklären suchte, Aristoteles in der Metaphysik und besonders dem so wichtigen Commentar des Simplicius zu Aristoteles de coelo, auf den gestützt I. K. Schaubach in seiner klassischen Geschichte der griech. Astron. bis auf Eratosthenes Gött. 1802 und der grosse Chronologe Chr. L. Ideler 1806 und besonders 1828, 29 Eudoxos als Astronom würdigen konnten. Die völlige Aufklärung gab der hervorragende italienische Astronom G. V. Schiaparelli in Le sfere omocentriche di Eudosso, di Calippo e di Aristotele (Mil. 1875), gelesen bei Gelegenheit des 400. Geburtstags des Copernicus zu Mailand 20. Febr. 1875, deutsch von W. Horn im Supplementband des Schlömilch von 1877. Er konnte dabei schon einen von Brunet de Presle aus dem Nachlass des bedeutenden Historikers der Mathematik Letronne in den Not. et extraits des Manscr. de la bibl. imp. T. 18, p. I Par. 1865 veröffentlichten Papyrus des Louvre benutzen, der vermutlich ein aus 190 v. Chr. stammendes Kollegienheft einer alexandrinischen Vorlesung über Astronomie ist. Ich folge hier im Wesentlichen Schiaparelli und Künssberg Th. I 1889.

Das Prinzip von dem Eudoxos ausging, war dasselbe, dem wir Kepler's harmonice mundi verdanken und das bewusst oder unbewusst jeder annimmt, das Prinzip: der Kosmos ist nach einem einzigen allgemeinen Gesetze geordnet. Schiaparelli sagt: »den griechischen Astronomen fehlte das physikalische Gesetz der allgemeinen Schwere, sie mussten sich daher an geometrische Gesetze halten«. Nun aber bot der tägliche Umschwung des Fixsternhimmels eine gleichförmige Kreisbewegung dar und ebenso schienen die monatlichen und jährlichen Bewegungen des Mondes und der Sonne gleichförmig in Kreisbahnen vor sich zu gehen. Die Planeten, besonders die oberen, zeigten zwar grosse Unregelmässigkeiten, sie beschrieben ja ganz verwickelte Schleifenlinien, aber man entnahm aus dem obigen Prinzip das Axiom, es müssten sich alle diese Abweichungen aus dem Zusammenwirken von mehreren gleichförmigen Kreisbewegungen erklären lassen. Dies Axiom soll nach Gemīnos (Géminus), isagoge eis phaenomena Cap. I, von den Pythagoräern herrühren und hat die theoretische Astronomie bis Galilei und Newton beherrscht.

Schiaparelli sagt: »Eine andere Bedingung, der sich die, welche zuerst über den Bau des Universums nachdachten, fügen mussten, war diese, für denselben die grösste Einfachheit und Symmetrie anzunehmen. Da bildeten im System des Philolaos (s. Pythagoräer) die Bahnen der Himmelskörper ein System von Kreisen, die um ein gemeinsames Zentrum beschrieben wurden, und dieselbe Regel oder wenigstens eine ähnliche ist in den verschiedenen Systemen des Platon beobachtet. [Timaios 11]. An dieser Grundanschauung hielt auch Eudoxos fest und stellte sich vor, dass alle seine Sphären konzentrisch um die Erde gleichmässig beschrieben seien, weshalb ihnen später der Name homozentrische Sphären beigelegt wurde. Durch diese Anschauung wurde das Problem viel schwieriger, weil dadurch diesen Sphären jede fortschreitende Bewegung genommen wurde und dem Geometer zur Erklärung ihrer Bewegung nichts anderes übrig blieb als die Kombination ihrer Rotationsbewegung, aber dem Bau der Welt wurde dadurch eine Eleganz bewahrt, von welcher die Konstruktionen des Hipparch [von Rhodos], des Ptolemaios und alle andern, selbst des Copernicus weit entfernt blieben und die bis Kepler ihresgleichen nicht wiederfand.« —

Eudoxos dachte sich ungefähr wie Platon, dass jeder Himmelskörper von einer um zwei Pole in gleichförmiger Rotation drehbaren Sphäre in kreisförmige Bewegung versetzt würde. Er nahm ausserdem an, dass derselbe in einem Punkt des Äquators dieser Sphäre befestigt sei. Zur Erklärung der Planetenbewegung genügte diese Hypothese nicht, Eudoxos setzte deshalb fest, dass die Pole der den Planeten tragenden Sphäre nicht unbeweglich bleiben, sondern von einer grösseren, der ersten konzentrischen getragen würden, welche gleichförmig und mit einer ihr eigentümlichen Geschwindigkeit um zwei von den vorigen verschiedene Pole rotiere. Da auch dies noch nicht genügte, so liess er die Pole der zweiten auf einer dritten konzentrischen grösseren Kugel fest sein; welche wieder ihre besonderen Pole und ihre besondere Geschwindigkeit besass. Und wo drei Sphären nicht ausreichten, nahm er noch eine vierte hinzu, welche die drei ersten umschloss und die zwei Pole der dritten enthielt, und mit eigener Geschwindigkeit um ihre Pole rotierte. Für Sonne und Mond fand er 3 Sphären bei passender Wahl der Geschwindigkeiten, der Pole und der Neigungswinkel genügend, für die 5 anderen Planeten fand er 4 Sphären nötig. Die bewegende Sphäre eines jeden Planeten machte er völlig unabhängig von denen der anderen.

Für die Fixsterne genügte eine einzige Sphäre um die tägliche Bewegung hervorzubringen. Für die Sonne hätte er mit zwei Sphären auskommen können, da er die sogen. Anomalie, die ungleiche Dauer der Jahreszeiten, d. h. die Ungleichförmigkeit der Geschwindigkeit nicht berücksichtigte, aber er glaubte an eine geringfügige Veränderung der Sonnenbreite in bezug auf die Ekliptik. Somit hatte er 27 Sphären nötig.

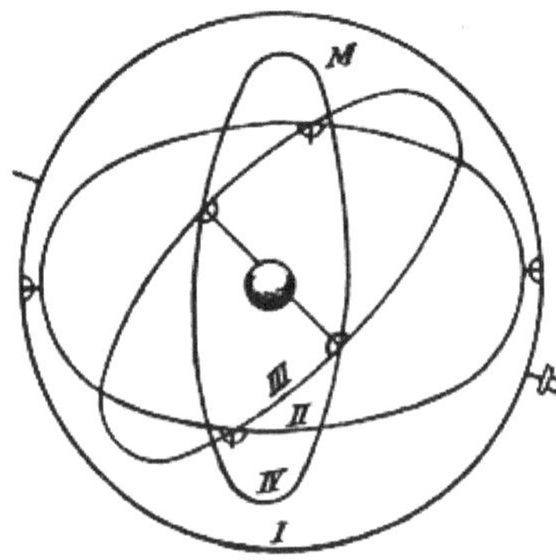

Hier die Figur, das Abbild eines von Künssberg nach Eudoxos konstruierten Planetolabium ist durchaus geeignet das System klar zu machen. Kreis I dient dazu die tägliche, Kreis II die Bewegung in der Ekliptik, Kreis III die Abweichung von der Ekliptik, Kreis IV die Ungleichförmigkeit des Planeten in Bezug auf Geschwindigkeit und Richtung zu erklären. Ich hebe hervor, dass Eudoxos den Neigungswinkel von etwa 5° der Mondbahn gegen die Ekliptik kannte und damit dem Babylonischen Saros von $6585^1/_8$ Tagen und dass auch die Reihenfolge der Planeten die Babylonische ist. Ich muss für weiteres auf Schiaparelli und O. Tannery [Note s. le syst. astron. d'Eudoxe, Mém. de Bordeaux, Ser. II T. 1 (1876) und T. 5 (1883)] verweisen, welche beide erklären, dass das System nach der Verbesserung durch Kallippos ebenso gut die Bewegung von Sonne und Mond darstelle, sowie die hauptsächlichen Unregelmässigkeiten der Planetenbahnen wie die Epicykeln des Ptolemaios. Nur noch einige Bemerkungen über die eigentliche Bahn der Planeten, welche durch die beiden innersten Kugeln 3 und 4 hervorgebracht wird, die sogen. Hippopede (Pferdefessel) des Eudoxos, die erste sphärische Raumkurve, welche Schiaparelli sehr richtig als Lemniskate bezeichnet.

Eudoxos hat nur auf die Elementargeometrie gestützt das folgende schwierige Problem gelöst: um zwei feste Pole dreht sich eine Kugel gleichförmig, um zwei Pole auf dieser dreht sich ebenso eine zweite mit derselben aber entgegengesetzt gerichteten Geschwindigkeit, welche Bahn beschreibt ein Punkt des Äquators. Die Kurve ist dadurch ausgezeichnet, dass ihre Bogenlänge wie die der ebenen Lemniskate durch ein elliptisches

Integral 2. Gattung dargestellt wird. Die elementargeometrische Behandlung der Kurve wäre eine vorzügliche Übungsaufgabe.

Die grossen Verdienste des Eudoxos um Geographie und Kalender sind neben Schaubach auch von A. Boeckh in der cit. Schrift 1863 voll gewürdigt.

Lösung des Delischen Problems durch Menaichmos.

Ich verlasse Eudoxos, den grössten Mathematiker seiner Zeit, der vermutlich ebenso nüchtern war wie Platon phantastisch war, berichtet doch Cicero in De Divinatione, dass er die Astrologie der Babylonier für Unsinn hielt und dies, obwohl er unzweifelhaft von Babylonischer Astronomie beeinflusst war, wie schon aus seiner Festsetzung des Verhältnisses von Sonnen- und Monddurchmesser hervorgeht und wende mich zum Delischen Problem zurück. Knüpfte Eudoxos an seinen Lehrer Archytas an, so folgte ihm wieder sein Schüler Menaichmos, den er seinerzeit dem Platon zugeführt hatte. Menaichmos, der um die Mitte des 4. Jahrh. lebte, wird von den Alten einstimmig als der Erfinder der Kegelschnitte bezeichnet. Eratosthenes nennt sie in dem Briefe, die Menächmischen Triaden »man braucht nicht die Men. Triaden aus dem Kegel zu schneiden«. Proklos (oder Gemīnos) beziehen sich auf diese Stelle (Friedl. p. 111). Und aus des Eutoxios Excerpt aus Eudemos oder Geminos sehen wir dass die Delische Aufgabe und der Weg des Archytas und Eudoxos den Menaichmos geleitet haben. Es heisst bei Eutokios:

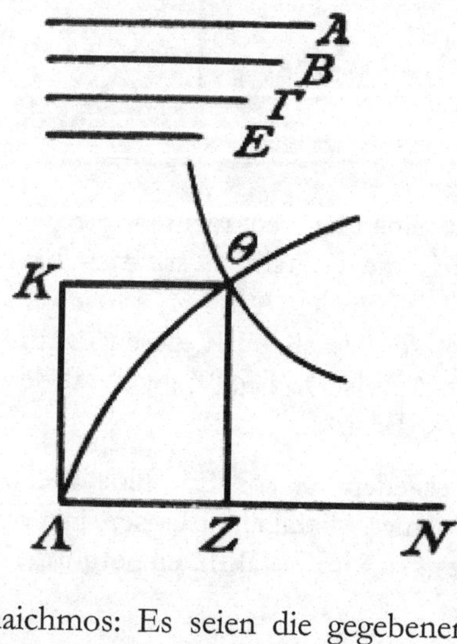

»So wie Menaichmos: Es seien die gegebenen Geraden (die Alten kannten den Ausdruck »Strecke« nicht) A und E, gefordert zwischen A und E zwei mittlere Proportionalen zu finden. Es sei geschehen und sie sollen B und Γ sein, uns möge die im Punkte Λ begrenzte Grade (d. h. der Strahl) ΛH gezeichnet vorliegen [εκκεισθω θεσει.] und bei Λ liege [auf ihr] die Γ gleiche Strecke ΛZ, und senkrecht [dazu] werde ΘZ gezogen (als Strahl) und ΘZ [als Strecke] (s. Figur) gleich B gemacht. Da nun die drei Geraden H, B, Γ, proportional so ist das Rechteck aus A und Γ gleich dem Quadrat über B.« Es ist also $A\Gamma = B^2 = \Theta Z^2 = A \,.\, \Lambda Z$, folglich liegt Θ auf der Parabel mit dem Scheitel Λ, der Axe ΛH und dem Parameter A/2. Da auch das Rechteck ΓB oder ΛZ . ZΘ gegeben ist, weil es gleich A . E ist, so liegt Θ auch auf der gleichseitigen Hyperbel mit den Asymptoten ΛK und ΛH, also ist Θ gefunden. Es folgt dann bei Eutokios nach dieser Analyse auch die Synthese, ausdrücklich als solche bezeichnet, und darauf eine zweite Lösung des Menaichmos; von der ich auch nur die Analysis (s. Figur) gebe.

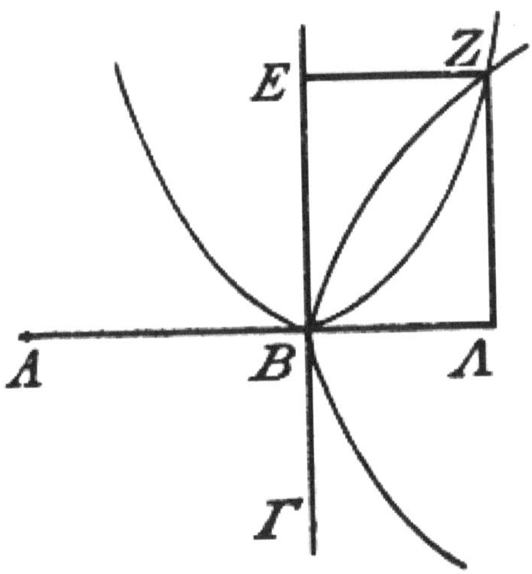

Es seien die auf einander senkrechten Strecken AB und BΓ die gegebenen, BΛ und BE die gesuchten, so dass $\Gamma B : B\Lambda = B\Lambda : BE = BE : BA$. Man ziehe die Normalen ΛZ, EZ, so ist $\Gamma B \,.\, BE = B\Lambda^2 = EZ^2$, also Z auf eine Parabel, deren Achse BE, deren Parameter $^1/_2\Gamma B$. Da aber auch $BA \,.\, B\Lambda = BE^2 = \Lambda Z^2$ ist, so liegt Z auch auf der Parabel, deren Axe BΛ, deren Parameter $^1/_2AB$ ist.

Die Darstellung ist jedenfalls von Eutokios oder schon von Geminos redigiert, denn die Namen Parabel, Ellipse, Hyperbel sind erst von Apollonios von Pergae (s. u.) im 3. Jahrh. eingeführt, ebenso wie das Wort Asymptote.

Menaichmos, Kegelschnitte.

Den Gedankengang des Menaichmos hat Bretschneider, Geom. und Geometer vor Euklides 1870 p. 156 ff., wiederhergestellt. Derselbe Eutokios erzählt in seinem Kommentar zu des Apollonius Kōnika, dass die Alten den Kegel nur erzeugten durch Rotation eines rechtwinkligen Dreiecks um eine seiner Katheten. Je nachdem nun der Öffnungswinkel spitz, recht oder stumpf war, erhielt Menaichmos Ellipse, Parabel, Hyperbel, wenn er den Kegel durch eine Ebene, welche auf einer Seitenkante senkrecht stand, durchschnitt. Die Ellipse war übrigens als Cylinderschnitt schon den Ägyptern (vergl. die Säulen des Tempels von Luxor) und auch den Hellenen vor Menaichmos bekannt, ihr alter Name war ἡ (γϱαμμή) του θυϱεού. [vielleicht die Schildförmige Linie, das Oval, obwohl das ovale Schild gew. ἀσπίς und nicht θυϱεός heisst]. Die Erzeugung des Menaichmos gab sofort die Hauptachsen des Kegelschnitts. Men. erkannte die Verwandtschaft seiner Kurven mit dem Kreise, da er sah dass dieselben Projektionen des Kreises waren, und suchte daher nach einem Analogon zum Potenzsatz, im Anschluss an Archytas und Eudoxos, und fand es auch. Der Begriff der Verwandtschaft gehört zu denen, welche sich den Geometern von selbst aufdrängen, man vergleiche die Ähnlichkeitslehre bei Ägyptern und Indern, wenn auch Theorien der Verwandtschaften als solcher modernen Ursprungs sind. Als Beispiel nehme ich die Parabel, den »Schnitt des rechtwinkligen Kegels« wie sie noch bei Archimedes heisst und sogar noch bei Proklos. Es ist LAD, s. Fig. rechtwinklig bei A, der Schnitt $MIDKN$ normal gegen die Kante AC geführt, also $ID \parallel AB$. Es ist $IGLD = DIAL$ also gleich $IG \,.\, HI : LD^2 = IK^2 : DL^2$ (Potenzsatz des Kreises). Ferner wenn $LM \perp LD$, ist $MD : LD = LD : AL$, $LD^2 = MD \,.\, AL$ oder $IK^2 : MD \,.\, AL = DI : AL$, also $IK^2 = MD \,.\, DI$, dies ist die Grundeigenschaft (Gleichung) der Parabel. Analog ist die Herleitung für Ellipse und Hyperbel.

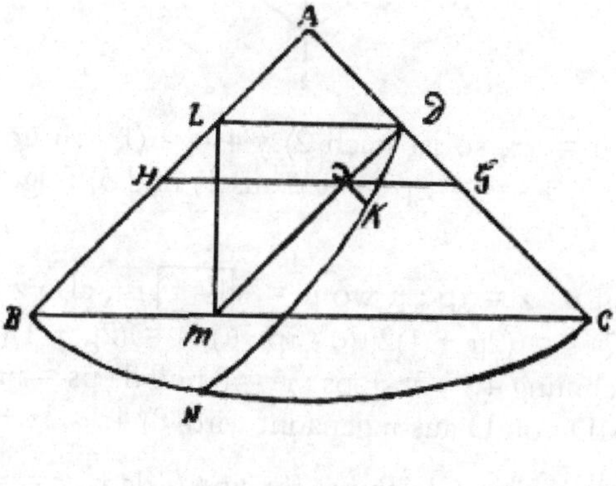

Parabel; Trisektion (Dinostratos).

Da die nächste Lösung, die des Eratosthenes selbst ist, so unterbreche ich hier die Geschichte des Delischen Problems um mit Dinostratos, den Bruder des Menaichmos der ebenfalls Schüler des Eudoxos und Platon ist, auf die beiden andern grossen Probleme, welche die Pythagoräer in die Hellenische Wissenschaft einführten, überzugehen. Zunächst die Trisektion, die Dreiteilung des Winkels. Das Problem ist unzweifelhaft von den Pythagoräern gestellt worden, und geradezu im Zusammenhange mit dem Delischen Problem. Wie die mittlere Proportionale der Natur nach zusammenhing mit der Halbierung des Bogens, so glaubte man würden die beiden Medianen mit der Dreiteilung zusammenhängen und indem man die reinkubische Gleichung lösen wollte, kam man auf die gemischte, es ist also kein Zufall, dass dies Problem das zweite Delische genannt wurde. Dass die Kenntnisse der Pythagoräer zu der Aufstellung der Gleichung ausreichten, ist leicht zu zeigen vergl. Figur. Man muss nur sehen, dass $ABC \cong \alpha\beta\gamma$ ist. Es werde bezeichnet: $\alpha\beta = AB = z$, $A\alpha = 2\alpha\gamma = y$, $AD = s$, $AF = \sigma$, $MF = p$, $BC = u = \beta\gamma$, dann ist 1) $s/y = (y + z)/z$, 2) $u^2 + {}^1/_4 y^2 = z^2$, 3) weil $MFB \sim ABC$, $2up = y(\sigma - z)$ 4) $\sigma^2 + p^2 = r^2$.

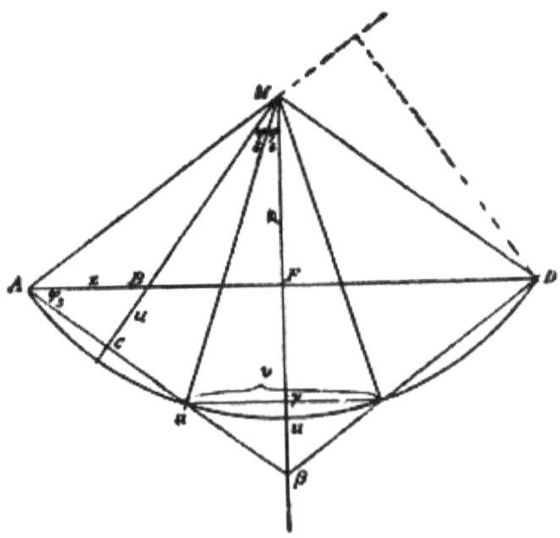

Setzt man $u = z\tau$, so ist nach 2) $y^2 4 = z^2(1 - \tau^2)$ und nach 3) gleich $z^2\tau^2p^2(\sigma - z)^2$ also 5) $1 - \tau^2 = \tau^2p^2(\sigma - z)^2$ aus 1) und 3) folgt 6) $s(\sigma - z)2\tau pz = 2\tau p\sigma - z + 1$.

Aus 5) folgt $\sigma - z = \tau p : \mu$ wo $\mu = \sqrt{1 - \tau^2}$ ist, also $z = \sigma - \tau p : \mu$, also geht 6) über in 7) $s = (2\mu + 1)2\mu(\sigma - \tau p : \mu)$; $s = (2\mu + 1)(\mu s - 2\tau p)$ woraus nach leichter Rechnung $4\tau^3 - 3\tau + ps : r^2 = 0$ und da $ps = \eta r$, wenn die Höhe des Dreiecks AMD von D aus η genannt wird, 8) $4\tau^3 - 3\tau + \eta/r = 0$.

Das ist die bekannte Gleichung für $\sin {}^{\varphi}/_3$ da $\eta : r = \sin \varphi$ ist.

Es gewannen also die beiden Delischen Probleme die Bedeutung der Auflösung der kubischen Gleichung, [da sich für y die Gleichung 4. Grades $y^4 + sy^3 - 3y^2r^2 - 2ysr^2 + s^2r^2 = 0$ ergibt, so ist damit zugleich die Lösung der Gleichung des 4. Grades angebahnt].

Hippias von Elis, Dinostratos (Quadratrix).

Das arithmetische Problem vermochten die Pythagoräer nicht zu lösen, und das geometrische nicht mittelst Zirkel und Lineal, d. h. elementar, doch scheuten sie sich wie wir bei Archytas gesehen haben, keineswegs vor Bewegungsgeometrie und so erfand denn der seiner Zeit ziemlich übel berüchtigte Sophist Hippias von Elis im letzten Drittel des 5. Jahrh. eine mechanische Lösung und damit die erste uns bekannte vom Kreise verschiedene nach bestimmten Gesetz erzeugte Kurve, die später vermutlich durch oder doch nach Archimedes, nachdem Dinostratos ihren Gebrauch zur Rektifikation (Streckung) und damit auch zur Quadratur des Zirkels gelehrt hatte, den Namen τετραγωνίζουσα lat. Quadratrix erhielt. Es sind sogar gegen die Autorschaft des Hippias von Elis Bedenken erhoben (Blass, Friedlein) und H. Hankel der genialste Historiker der Mathematik hat sich sehr scharf gegen die Autorschaft des Hippias von Elis ausgesprochen, aber Gründe hat er nicht angegeben und ich muss Cantor beipflichten, der aus der ständigen Gewohnheit des Proklos nur bei der ersten Erwähnung die Herkunft anzugeben und sie später als schon genannt wegzulassen, mit grösster Energie sich für den Hippias von Elis aussprach. Proklos kann nur diesen Hippias meinen und wenn auch der Hippias major des Platon vermutlich unecht, so genügt doch der Hippias minor um zu beweisen, dass Hippias seinerzeit für einen hervorragend tüchtigen Mathematiker galt. Pappos, dem wir die Kenntnis der Kurve verdanken, erwähnt den Namen des Hippias nicht. Die Kurve und ihre Konstruktion finden sich Buch IV prop. 25 p. 253 der Hultschen Ausgabe. Während der Radius $\alpha\beta$, vergl. die Fig., sich gleichförmig um α bis $\alpha\delta$ dreht, verschiebt sich ebenfalls gleichförmig $\beta\gamma$ bis $\alpha\delta$, unsere Kurve ist der Ort des Schnittpunktes ζ der beiden sich bewegenden Strecken. Die Grundeigenschaft ist: $\beta\kappa\alpha\beta$ = Bogen $\beta\varepsilon$Bogen $\beta\varepsilon\delta = \Theta\pi/2$. Damit ist nicht nur die Trisektion sondern sogar die Multisection vollzogen, denn nichts hindert $\alpha\beta$ oder irgend ein Stück von $\alpha\beta$ in beliebig viele gleiche Teile zu teilen. Es folgt: $\alpha\beta - \beta\kappa\alpha\beta = \pi/2 - \Theta\pi/2$ oder 1) $y \,.\, \pi/2 = \frown\varepsilon\delta$, daraus $y_1 : y_2 = \frown\varepsilon_1\delta : \frown\varepsilon_2\delta$ und als Gleichung der Kurve 2) $x = y \cot y^{\pi}/_{2}$. Die Proportion 1, kann auch heissen Quadrantr = $\frown\varepsilon\delta\zeta\upsilon$. Dinostratos, der mit Demokritischen Gedanken vertraut war, bemerkte nun, dass der Bruch rechts auf der Grenze, wenn $\alpha\varepsilon$ unendlich nahe bei $\alpha\delta$ ist, weil der Sektor dann in ein Dreieck übergeht gleich $\delta\varepsilon' : \eta\eta' = \alpha\delta : \alpha\eta$ gleich $r : x_0$ ist, womit zwar nicht die Quadratur aber doch die Rektifikation des Kreises mittelst der gezeichnet vorliegenden Kurve vollzogen ist. Der Beweis des Dinostratos den Pappos l. c. mitteilt, rechnet selbstverständlich nicht mit dem Unendlich kleinen, sondern ersetzt die Differentialrechnung durch die Grenzmethode, wie das auch Archimedes selbst noch getan, obwohl wir aus dem Ephodion sehen, wie genau er sich der Tragweite der Infinitesimalrechnung bewusst war. Man braucht ja nur an des Cavalieri »geometria indivisibilium« zu denken, die er umarbeiten musste, weil seine Zeitgenossen an dem nackten Unendlich kleinen und grossen, am Differential und Integral des Volumens, Anstoss nahmen. Newton der Urheber des selbständigen Differentialkalküls hat in den Prinzipien und in seinen geometrischen Werken ängstlich die Methode verschleiert und noch heute gibt es Mathematiker genug, welche vor dem »infiniment petit« scheuen, wie etwa Pferde vor einem Automobil.

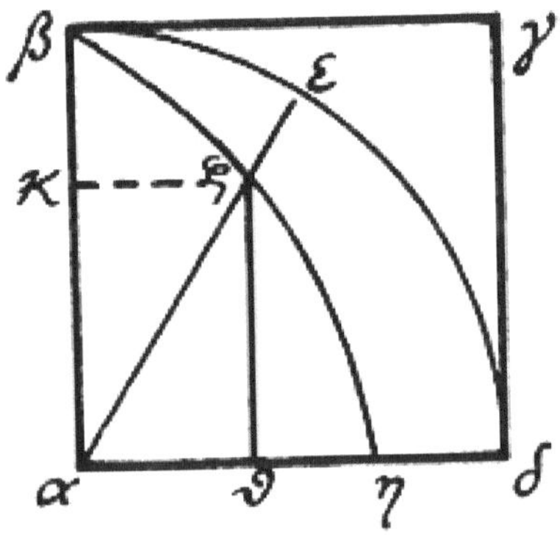

Theaítetos und Theudios.

Sind Menaichmos und Dinostratos die produktivsten Mitglieder des Platonischen Kreises, »derer um Platon,« so sind Theaítetos der Athener und Theudios der Magnesier, (wohl in Karien) diejenigen, welche die methodische Seite der Akademie am energischsten vertreten. Von Θεαίτητος, dem schon oft genannten, rührt ein grosser Teil der selbst für uns Heutige nicht leichten Sätze des X. Buchs der Elemente des Eukleides her, das selbst ein Petrus Ramus, obwohl ein genauer Kenner von Proklos' Kommentar zum I. Buch, nicht verstand, und Θευδιος ὁ Μαγνης hat das Lehrbuch der Akademie verfasst. Von ihm sagt Proklos: Er brachte gute Ordnung in die Elemente und verallgemeinerte vieles in den einzelnen Abschnitten (Friedl. p. 67, wenn ὁρικων, was Friedlein bezweifelt, richtig ist, so kann es auch vielleicht besser als »begrenzt« d. h. »zu eng gefasst« übersetzt werden, »er machte die Begrenzungen weiter«).

Aristoteles.

Die Elemente des Theudios gehen denen des Euklid unmittelbar voran, und auf sie beziehen sich die mathematischen Angaben bei Aristoteles.

Zeit bei Platon.

Dieser weltumfassendste Geist nicht bloss des Altertums, der Wissenschaft und Kunst fast 2000 Jahre lang beherrscht hat und die formale Logik sogar bis auf Sigwart, d. h. bis zum letzten Drittel des 19. Jahrhunderts, hat noch weit mehr als Platon die Mathematik nur als Hilfswissenschaft der Philosophie insbesondere für die Lehre vom Schluss und von den Beweisen betrachtet, und allenfalls für die Astronomie, in der er wie Kant den stärksten Beweis des für sein System ganz unentbehrlichen Gottesbegriffes sah. Es steht nicht einmal fest, ob Aristoteles auf der vollen Höhe der mathematischen Bildung seiner Zeit gestanden hat, von höheren Problemen streift er eigentlich nur einmal ganz gelegentlich in de coelo die Quadratur des Zirkels. Dass er die Kegelschnitte nicht beachtet hat, versteht sich von selbst, da sie ja gerade zu seiner Zeit von seinem Mitschüler Menaichmos gefunden wurden. Aber um so grösser ist seine Bedeutung für die Grundbegriffe der Mathematik. Während J. L. Heiberg (Teubner Abh. z. Gesch. der Math. Wiss. Heft 18, 1904) das spez. Mathematische bei Aristoteles gesammelt hat, ähnlich wie Theon Smyrneus die Mathematik bei Platon, ist A. Görland in seiner Dissertation und besonders in dem Werke: Aristoteles und die Mathematik, Marburg 1899 auch der begrifflichen Seite gerechter geworden. Aristoteles ist auch der erste der Hellenen der sich genauer mit dem Begriff Zeit beschäftigt hat. Platon, wie er den Aristoteles an schöpferischer Kraft der Phantasie weit überragt, übertrifft ihn auch in der Erkenntnis gerade der tiefsten Quellen unserer Erkenntnis, aber dass die Zeit auch eine Idee sei, wie das Gute, ist dem Idealisten κατ ἐξοχήν entgangen. Die Hauptstelle findet sich Timäos 366–370. Gott schuf die Welt als Abbild der ewigen Ideen (personifiziert durch die einzelnen Götter), und in der Freude über seine Schöpfung beschloss er sie dem Urbilde noch ähnlicher zu machen und schuf dazu die Zeit als bewegliches, nach Zahlenverhältnissen fortschreitendes, ewiges Abbild. Denn Tage und Nächte und Monate und Jahre gab es nicht, bevor der Himmel geschaffen, sondern damals als dieser zusammengesetzt wurde, bewirkte er zugleich auch ihre Entstehung. Alle diese (die Tage etc.) sind Teile der Zeit, und das »Es war« und das »Es wird sein« sind entstandene Formen der Zeit, die wir unvermerkt auf das ewige Wesen übertragen, und mit Unrecht. Denn wir sprechen von einem »es war, es ist, es wird sein« jener aber kommt in Wahrheit nur das »Es ist« zu, das »war« und das »wird sein« aber ziemt es sich von der in der Zeit sich bewegenden Entstehung auszusagen. Wenn hier auch die transzendentale Idealität der Zeit gestreift ist, so sind doch Zeit und Bewegung nicht scharf geschieden, und insbesondere scheint die Zeit selbst als Dauer aufgefasst zu sein, was schon eine Anwendung der Kategorie Raum auf die Zeit einschliesst.

Aristoteles über Zeit.

Aristoteles hat sich besonders in der Physik mit der Zeit beschäftigt, er hat den Zusammenhang der Zeit mit der Zahl erkannt und im direkten Gegensatz zu Kant die Zeit auf die Zahl zurückgeführt. Im Buch IV der Physik heisst es: die Zeit scheint die Bewegung einer Kugel zu sein, weil durch sie die übrigen Bewegungen (Rotationen) gemessen werden. — Ganz ähnlich heisst es in der Naturphilosophie Lorenz Oken's, des Vorgängers von Darwin, die Zeit ist gleichsam eine fortrollende Kugel, die immer in sich selbst wiederkehrt. — An anderer Stelle nennt er die Zeit die Zahl des Kontinuums, und die Zahl der Bewegung in bezug auf vorher und nachher, Mass der Ruhe und Bewegung. Wichtig ist, dass er Phys. 10 auseinandersetzt, dass die Zeit nicht aus Momenten bestehe und ganz des Aristoteles würdig ist die Stelle Phys. IV Kap. 10: Ob das Jetzt, das Vergangenheit und Zukunft trennt, immer ein und dasselbe sei, oder anderes und anderes, das ist nicht leicht zu entscheiden.

Aristoteles (vita).

Aristoteles, der Stagirite, wie er oft genannt wird, ist 384 in Stageira einer Stadt der athenischen Landschaft Chalcidice geboren. Sein Vater Nikomachos war Leibarzt des Königs Amyntas von Macedonien, des Vaters Philipps der die entzweiten Hellenen unter das Macedonische Joch einte. Im 18. Jahre kam er nach dem Tode beider Eltern als ein wohlhabender und wohlerzogener Hellene nach Athen vermutlich um Platons willen, dessen Schule er bis zum Tod Platons, zwanzig Jahre lang angehörte. Daneben muss der Sohn des Arztes mit dem Fleiss und der ungeheuren Arbeitskraft eines grossen Genius geschafft haben um sich auf naturwissenschaftlichem und politisch-historischem Gebiete das Riesenmaterial von Kenntnissen anzueignen, das in seinen Schriften verarbeitet ist. Zwei Strömungen von ganz ungewöhnlicher Stärke sind in Aristoteles vereinigt, einerseits ist er der erste grosse Biologe, der mit gleicher Sorgfalt das grösste wie das kleinste Lebewesen beobachtet, er hat es ja selbst ausgesprochen, dass es für den Forscher nichts Grosses und nichts Kleines gebe, — andererseits ein Systematiker von extremer Nüchternheit und Klarheit.

Dass der über dreissigjährige Mann in den letzten Jahren seines Lehrers dem Platonismus schon mit kritischem Geiste gegenüberstand, ist an sich im höchsten Grade wahrscheinlich, auch wenn es nicht durch den Klatsch der Schule bezeugt wäre. Insbesondere richtete sich seine Kritik wohl damals schon gegen die Ideenlehre. Aristoteles hat hier wohl von Anfang an dem Schwunge des Dichters nicht folgen können, vermöge einer Schwäche seiner Begabung gerade auf dem Gebiete der Phantasie. Und dann muss gesagt werden, dass Platon selbst seine eigene grossartige Auffassung der Idee, des reinen ewigen Urbilds, die über den Dingen stehend, die Kraft ist, welche die Dinge schafft, mit zunehmendem Alter mehr und mehr verdunkelt und abgeschwächt hat, man vergleiche die »νόμοι«, die Gesetze, auch den Zusatz, die επινομις. So erklärt es sich, dass in der Darstellung des Aristoteles die Ideenlehre in die Zahlenmystik der Pythagoräer überging.

Doch war und blieb er Platoniker, wie schon daraus hervorgeht, dass er unmittelbar nach dem Tode des Meisters Athen für lange Zeit verliess, und zwar in Gemeinschaft mit dem leidenschaftlichsten Verehrer Platons, dem Xenokrates, der nach dem Tode von Platons Neffen Speusippos der Leiter der Akademie war. Aristoteles brachte die nächsten drei Jahre bei seinem Bundesbruder Hermias, dem Fürsten von Atarneos und Assos zu, und heiratete nach dessen Tode die Schwester oder Nichte desselben. Im Jahre 343 (oder 342) übernahm er die Ausbildung des damals dreizehnjährigen Alexander, und diese Verbindung, obwohl sie nur 3 Jahre dauerte, da Alexander schon mit 16 Jahren die Vertretung seines Vaters Philipp in Macedonien übernahm, wurde für beide grosse Männer von höchster Bedeutung. — Aristoteles ging zunächst in seine Heimatstadt Stageira, er blieb aber bis kurz vor Alexanders Tode, bis er durch die Torheit seines Neffen Kallisthenes jenem entfremdet wurde, in innigster Verbindung mit dem Könige. Mit königlicher Freigebigkeit gewährte Alexander die Mittel, welche er zu seinen Arbeiten brauchte, alle fremden Tiere und Pflanzen wurden ihm zugesandt, und die Summen, derer er zu seiner grossen Bibliothek bedurfte, verdankte er wohl auch zum grossen Teil dem Könige. Aristoteles ist der erste Gelehrte, von dem wir wissen, dass er sich eine grosse Büchersammlung angelegt hat, und das war damals ein noch weit kostspieligeres Vergnügen als heute, um so mehr als er auch dafür sorgte, dass die wichtigsten Werke durch Abschriften weiteren Kreisen zugänglich gemacht wurden. Die Sammlung hat er seinem bedeutendsten Schüler, dem Theophrast hinterlassen.

Dreizehn Jahre nach dem Tode Platons kehrte er nach Athen zurück, nahm den Unterricht in der Rhetorik, den er schon bei Lebzeiten Platons sehr erfolgreich geführt hatte, wieder auf, und eröffnete jetzt ebenfalls bei einem Gymnasium, dem Lyceum, eine eigene Philosophenschule und begründete den dazu gehörigen Freundschaftsbund. In den Parkanlagen des

Lyceums auf- und abgehend, disputierte er mit seinen Schülern und von dieser Gewohnheit erhielten die Jünger den Namen der »Peripatetiker.« Übermenschliches hat er in den 12 Jahren seiner Lehrtätigkeit geleistet. Abgesehen von einzelnen Dialogen, welche schon zu Platons Zeiten veröffentlicht waren, sind fast alle seine grossen Lehrschriften, die ja im wesentlichen Vorlesungshefte für seinen und seine Schüler Gebrauch waren, hier entweder entstanden oder doch wenn nicht konzipiert, so doch redigiert. Aristoteles starb 332 zu Chalcis auf Euboea, wo er ein Landgut besass, an einem Magenleiden.

Aristoteles, Werke.

Ich erwähne zuerst seine grossartigen naturwissenschaftlichen Werke, als Systematiker beginnt er mit der unorganischen Natur. Zunächst die Physik, φυσικη ακροασις, 8 Bücher, zu denen uns der sehr wichtige Kommentar des Simplicius erhalten ist. Dies Werk hat bis an das 18. Jahrh. heran den Stoff für die Vorlesungen über Physik gegeben. Dann die Astronomie, περι ουρανου de coelo, 4 Bücher (dazu Kommentar des Simplicius). Er kritisiert die Pythagoräer, den Hiketas, den Aristarch von Samos, welche die zentrale Stellung der Erde im Weltsystem aufgegeben; und seine Autorität hat bis auf Kopernikus den Weg zum Fortschritt versperrt. In de coelo β 13, 293 lesen wir: δειν τη γη του μεσου χωραν αποδιδοναι. Man muss der Erde die Stelle des Mittelpunktes wiedergeben: denn χώρα Raum steht bei Aristoteles häufig für τόπος Ort. Weiter nenne ich die Schrift über Entstehen und Vergehen, περὶ γενέσεως καὶ φθορᾶς 2 Bücher, die Meteorologie 4 Bücher, woran sich auch ein Werk über Mathematik im engeren Sinne angeschlossen haben soll, was aber nicht gerade wahrscheinlich ist. Es schliessen sich dann die Werke über die lebenden Wesen an, beschreibende und untersuchende. Zunächst die grossartige Zoologie, περὶ τα ζῷα ἱστορια. 9 Bücher, dann 7 Bücher Anatomie, dann die (physiologische) Psychologie, περὶ ψυχής, Wahrnehmen und Wahrgenommenes, Gedächtnis und Erinnerung, Traum und Wachen. — Ferner über Kurz- und Langlebigkeit, Leben und Tod, und damit verbunden, über das Atmen. Über die Teile der Tiere, die Erzeugung und den Gang der Tiere (wahrscheinlich unecht). — Die 2 Bücher über die Pflanzen sind verloren, weil sie von der reichhaltigeren Schrift des Theophrast aufgesaugt und verdrängt sind, eine im Altertum häufige Erscheinung. — An die Zoologie, welche mit dem Menschen endet, reihen sich dann folgerichtig die grossen Werke über das sittliche Handeln des einzelnen Menschen, und über sein Leben im Staate an, Ethik und Politik. Von den drei Ethiken ist die grosse sog. Nikomachische Ethik unbezweifelt das echte Werk des Aristoteles, während die andere die Eudemische ein Kollegienheft des Eudemos ist, und die dritte, die sog. grosse Moral ein Auszug aus dem

Eudemos ist. Die Ethik handelt von dem höchsten Gut, von der Tugend, von der Freundschaft etc. Das höchste Gut sieht sie in der reinen Denktätigkeit; die wissenschaftliche Arbeit um ihrer selbst willen, diese ist göttlich. Ihr zunächst steht im Werte die Tugend, die ethische Tugend ist auf den Willen gerichtet, der lernen muss, um es kurz auszudrücken, die richtige Mitte zwischen zwei Lastern zu halten. Tief empfunden und wahrhaft beredt ist, was Aristoteles über die Freundschaft sagt, ohne die ihm zufolge keine Gemeinschaft bestehen kann.

Von den staatswissenschaftlichen Werken ist uns die Politik erhalten, 8 Bücher, unvollendet, aber wie Zeller sagt, eins von den reifsten und bewundernswertesten Erzeugnissen seines Geistes. Verloren sind bis auf wenige Bruchstücke, die sog. πολιτεἰαι, eine wahrscheinlich lexikalisch geordnete Sammlung der Verfassung von 158 Staaten oder Städten, anfangend mit Athen. Vor wenigen Jahren ist gerade die Verfassung Athens in der Leichenbinde einer ägyptischen Mumie gefunden und von Keibel und Kiessling meisterhaft übersetzt worden. Sie zeigt uns was wir verloren haben und ist unschätzbar für die Beurteilung des Aristoteles. Während dieser in den exakt-wissenschaftlichen und philosophischen Schriften in Sprache und Form meist trocken, nüchtern und knapp ist, — er hat ja die philosophische Fachsprache, ich möchte sagen, den Jargon geschaffen, der die meisten philosophischen Werke so ungeniessbar macht, — begreifen wir hier wie Cicero sagen konnte, Aristoteles habe die alten Rhetoren »suavitate et brevitate dicendi,« durch Anmut und treffende Kürze der Sprache, weit hinter sich gelassen.

Zugleich aber bekommen wir auch zum ersten Male ein genaues Bild vom alten Athen und sind imstande die Anziehungskraft zu begreifen, welche Athen auf die Hellenen ausübte. Wir sehen hier eine Verfassung von solchem echten Liberalismus und von solcher Humanität, wie sie noch nie zum zweiten Male existiert hat. Selbst die Staatssklaven der Athener erfreuten sich einer Freiheit, die in vieler Hinsicht grösser war als die der heutigen Staatssklaven, der Beamten. Interessant ist auch die Rolle, welche die Erbtochter schon damals spielte.

Die Anschauung des Aristoteles über Kunst kann ich hier nur flüchtig streifen, erhalten ist nur die Poëtik, und auch sie nur als Fragment, aber Sie wissen, welchen langdauernden Einfluss die sog. drei Einheiten, welche Aristoteles für das Drama forderte, die Einheit des Orts, der Zeit und der Handlung, gerade weil die Forderungen missverstanden wurden, insbesondere auf das klassische Drama der Franzosen gehabt haben.

Nun zu den eigentlichen philosophischen Schriften des Aristoteles. Zuerst bereitet er sich den Boden für das Verständnis seiner Gedanken dadurch, dass er die Gesetze, denen unser Denken unterworfen ist, die Lehre vom Schluss und vom Beweise, die formale Logik, als der Erste genau formulierte. Die Logik des Aristoteles zerfällt in 2 grosse Abteilungen, die Topik und die Analytik, zusammengefasst als Organon id est Werkzeug. Ich nenne hier F. Kampe, die Erkenntnistheorie des Aristoteles Leipz. 1870, R. Eucken, die Methode der arist. Forschung Berl. 1872. Von neuen Ausgaben seien die der Berliner Akademie von 1831–70 in 5 Bänden und die auf 35 Bände berechnete der griech. Kommentare hervorgehoben, darunter die Physik des Simplicius von H. Diels 1882 und eben desselben Astronomie von J. L. Heiberg 1894.

Die Grundlagen jeder wissenschaftlichen Arbeit sind im Organon für ewig gelegt. Die Logik wird als wissenschaftliche Technik aufgefasst, er will keine vollständige Erkenntnistheorie geben, etwa wie H. Cohen's Logik der reinen Erkenntnis, sondern zunächst eine Untersuchung über die Formen und Gesetze der wissenschaftlichen Beweisführung. Die Topik beschäftigt sich mit der Dialektik, der Lehre vom Beweisbaren und dem Wahrscheinlichen; von den Analytiken beschäftigt sich die erste mit dem Schlusse, die andere mit der Beweisführung gestützt auf den Syllogismus. Die Syllogistik hat es mit der Erkenntnis derjenigen Denkformen zu tun, denen zufolge mit Hilfe eines Zwischenbegriffs, der im einen Urteil Prädikat, im anderen Subjekt ist, entschieden werden soll, ob ein Begriff unter einem andern subsumiert werden soll, ganz oder teilweise, oder nicht. Aristoteles hat die Urteile nach Quantität und Qualität eingeteilt, und zwar nach Quantität: generelle, partikuläre, singuläre, (allgemeine, besondere, einzelne) und nach Qualität: affirmative und negative (bejahende und verneinende).

Ein Punkt der für Mathematiker besonders wichtig ist muss betont werden. Nicht Schopenhauer hat zuerst die Forderung erhoben: der wahre Beweis muss nicht nur dass etwas ist, sondern warum es ist, aufdecken, sondern Aristoteles hat περι ψυχῆς II, 2 mit grösster Schärfe das nämliche gefordert.

Aristoteles Philosophie.

An die Logik, die Wissenschaftslehre, schliesst sich die Metaphysik an. Aristoteles setzt die Platonische Philosophie voraus, und indem er sie umbildet, verbildet und fortbildet, ist er der Vollender der Begriffsphilosophie. Die Metaphysik beginnt mit der berühmten Tafel der Kategorien, der irreduzibeln Stammbegriffe der Vernunft, die Grundformen aller Aussagen. Sie sind bei ihm nicht völlig das was ich Konstituenten des Intellekts nenne, Methoden grosse Gruppen von Erkenntnissen zusammenzufassen und zu ordnen.

Aristoteles über Grösse.

Er unterscheidet: 1) Substanz (ουσία, Wesenheit) 2) Grösse, Quantität, ποσόν., 3) Beschaffenheit, Qualität, ποιόν, 4) Beziehung, Relation, πρός τι., 5) Worin, Raum, χώρα., 6) Wann, Zeit, πότε., 7) Lage, θέσις, 8) Haben, ἕξις, 9) Wirken, ποιεῖν, 10) Leiden, πάσχειν. Lage und Haben scheinen nur aufgestellt, um die Zehnzahl der Pythagoräer voll zu machen, er lässt sie im Laufe der Untersuchung fallen. Doch wird die θέσις die Lage von ihm als Grundeigenschaft des Raumes erkannt. Uns interessiert am meisten was er über Grösse sagt. Alles was sich in substantielle Teile teilen lässt, ist eine Grösse (dieselbe Definition gab Weierstrass im Colleg.). Sind die Teile zusammenhängend, so ist die Grösse stetig (συνεχές), die Lehre von der kontinuierlichen Grösse geht wie beinahe jede scharfe begriffliche Untersuchung auf Aristoteles zurück, der auch die recht eigentlichen mathematischen Probleme, die Zusammensetzung und Trennung des Kontinuums erfasst hat. Ausführlicher spricht er sich über Kontinuität in der Physik c. 3, 227 und 10 aus: Es sei etwas stetig, wenn die Grenze eines jeden zweier aufeinander folgenden Teile, in der dieselben sich berühren, ein und dieselbe ist, und sie, wie es auch das Wort bedeutet, (συν zusammen, ἐχω halten) zusammengehalten werden. Sind die Teile in einer bestimmten Lage, so sind die Grössen extensive oder Raumgrössen, das Ungeteilte oder die Einheit, mit der sie gemessen wird, und die Messbarkeit, dass sie ein Mass hat, ist das unterscheidende Merkmal der Grössen. Auch die für die Ausbildung des Integralbegriffs grundlegenden Probleme der Zusammensetzung und Trennung des Kontinuums sind von ihm gestellt. Und wenn auch περι ατομων γραμμων vielleicht wie Tannery meint, nur ein Schülerheft, so ist doch περι φύσεως unbestritten. Das Argument mit dem Aristoteles bewies, dass Raum und Zeit nicht aus Punkten bestehen (es hätten sonst z. B. Seite und Diagonale des Quadrats gleichviel Punkte und wären gleich) haben die Arabischen Aristoteliker, (wie Averroës), gegen die Mutakallimun (Logiker) gebraucht.

Für die Qualitäten werden zwei Hauptarten unterschieden, diejenigen, welche sich auf einen substantiellen Unterschied und diejenigen, welche sich auf Bewegung und Tätigkeit beziehen. Als ein charakteristisches Merkmal der Qualität wird der Gegensatz des Ähnlichen und Unähnlichen betrachtet; zu bemerken ist hier, dass Kategorien der Anschauung von Aristoteles nicht aufgestellt werden, wie z. B. Abstand, Richtung.

Der wichtigste Stammbegriff ist der der Substanz, der der Träger der Übrigen ist, und so ist es die Untersuchung über das Seiende als Seiendes von der die Philosophie, welche den Zweck hat die Erfahrung zur Einheit zusammenzufassen, ausgehen muss. Ich führe hier als den wichtigsten Satz an das berühmte: το δ' ειναι ουσια ουδενι., der widerspruchsfreie Begriff begründet keine Existenz des Definierten, mit dem z. B. der ontologische Beweis des Daseins Gottes und die Grundlage Spinozas zusammenbricht. Die erste und höchste Philosophie hat die Aufgabe die letzten (A. sagt richtiger die ersten) und allgemeinsten Gründe der Dinge zu erforschen, sie gewährt das umfassendste Wissen, dasjenige, welches am schwersten zu erlangen ist, da die allgemeinsten Prinzipien von der sinnlichen Erfahrung am weitesten abliegen, das sicherste, weil sie es mit den irreduziblen Begriffen und Axiomen zu tun hat, das was am meisten Selbstzweck ist, weil es die Zwecke, denen alles dient, feststellt. Sie muss alles Wirkliche schlechthin umfassen, denn die letzten (πρώτας) Gründe sind nur die, welche alles Seiende als Solches erklären. Andere Wissenschaften, wie Medizin und Mathematik, beschränken sich auf ihr Gebiet, das sie nicht weiter definieren, die Wissenschaft von den letzten Gründen muss die Gesamtheit der Dinge auf ihre ewigen Ursachen und in letzter Instanz auf das Unbewegte und Unkörperliche, d. h. auf Gott zurückführen, von dem alle Bewegung und Gestaltung des Körperlichen ausgeht. Er nennt diese Wissenschaft, die Metaphysik, erste Philosophie auch Theologie. Angesichts des Schwungs der Sprache und der Wucht der Gründe mit denen Aristoteles den Gottesbegriff stützt, wird es begreiflich, wie die Scholastik, wie ein Thomas von Aquino im Gegensatz zu Platon, mehr und mehr sich auf Aristoteles stützen musste, der fast zu einem Heiligen der katholischen Kirche geworden ist. Verbot doch im Jahr 1624 das französische Parlament jeden Angriff gegen seine Autorität bei Todesstrafe.

Aristoteles und die Ideenlehre.

Indem er nun näher auf dasjenige eingeht, was allen Seienden als solchem zukommt, untersucht er den Satz vom Widerspruch, der ja in der Mathematik eine so entscheidende Stelle im indirekten Beweis einnimmt, denken Sie nur an die grosse Menge stereometrischer Sätze, welche sich auf den Widerspruch gegen das Parallelenaxiom zurückführen lassen. Er knüpft an seine Untersuchung den Satz vom »ausgeschlossenen Dritten« (aut est, aut non est, tertium non datur). Ich muss für Aristoteles' Metaphysik auf Bonitz, Windelband, Zeller etc. verweisen, nur seine Gestaltung der Ideenlehre muss ich besprechen, denn in ihr besteht ja seine Emanzipation von Platon. Aristoteles hat die Idee Platons missverstanden, vielleicht weil Platon sich nicht mit Konsequenz dahin ausgesprochen, dass seine Idee auf der Ausschaltung des Zufälligen beruht. Letzteres ist für uns unbefriedigend und indem wir es auffassen als etwas, was sein oder nicht sein kann, verstösst es gegen den Satz vom Widerspruch. Die Platonische Idee, als zeitlose Norm aus wenigen Erfahrungen vermöge eines Grundtriebs unseres Intellekts geschaffen, steht über den Dingen, Aristoteles und vermöge seiner Autorität fast alle Nachfolger fassen sie als neben den Dingen, ἓν παρα τα πολλα., als ausserhalb der wirklichen Welt und in keinem Zusammenhange mit ihr stehend, wie die praestabilierte Harmonie des Leibniz, wo ihre Wirkung dann allerdings unerklärlich ist. Aristoteles fasst die Idee als ἐν κατα πολλα, als in jedem Dinge, jedes Ding existiert eigentlich nur insoweit, als es seine Idee ausdrückt. Man sieht, dass er Platon missversteht, um im Grunde auf ihn zurückzugreifen. Aristoteles unterscheidet die ὑλη, den Stoff, die Materie, die gestaltlos, nur die Möglichkeit, die δὑναμις, zum Wirklichen, zur ενεργεια hat, das ihnen allein durch die Idee εἶδος, die Form zugeführt wird. Die Idee ist zugleich die Zweckursache, der gemäss die Wesen sich entwickeln, sie ist die Seele jedes einzelnen Dinges.

Aristoteles, Stoff und Form.

Man darf den aristotelischen Begriff der Form nicht mit unserm Wort verwechseln, ein toter Mensch ist der Idee nach kein Mensch, noch ein gefällter Baum ein Baum. Stoff und Form wechseln, Bauholz ist in Bezug auf den lebenden Baum Stoff, in Bezug auf den unbehauenen Stamm Form, Erz für den Bildhauer Stoff, für den Erzgiesser Form etc. So stellt sich die Gesamtheit alles Seienden als eine Stufenleiter dar, deren unterste Stufe, die erste Materie oder πρωτη ὑλη, unterschiedslos, unbestimmt und formlos, deren oberste eine letzte Idee, der mit gar keinen Stoff behaftete absolute göttliche Geist. Der Gottesbegriff des Aristoteles hat etwas Überwältigendes. Er hat den ontologischen, den kosmologischen, den teleologischen, den moralischen Beweis für das Dasein Gottes geschaffen, er beherrscht die katholische Theologie nicht nur durch das ganze Mittelalter, sondern noch heute und Metaphysik XII finden Sie in einen bei Aristoteles ganz ungewöhnlichen fast dichterischem Schwung die Schilderung des Wesens der Gottheit.

In dem Verhältnis des Stoffs zur Form hat nun Aristoteles die beiden für sein System und für die Mathematik gleich wichtigen Begriffe des Potentiellen und Aktuellen, der δυναμις und ενεργεια (auch εντελεχεια Vollendung), Möglichkeit und Wirksamkeit geschaffen, denken Sie nur an die potentielle und aktuelle (kinetische) Energie der heutigen Mechanik. In der Auffassung der Bewegung als Übergang des Potentiell-Seienden zum Aktuell-Seienden hat er die Schwierigkeit die der Begriff des Werdens seinen Vorgängern machte überwunden; es ist ein und dasselbe Sein, um das es sich handelt, nur auf verschiedener Entwicklungsstufe. Potentiell, κατα δυναμιν ist das Samenkorn ein Baum, der ausgewachsene Baum ist es aktuell, κατ' ενεργειαν. Potentieller Philosoph ist Aristoteles, wenn er schläft, der bessere Feldherr Sieger vor der Schlacht, potentiell ist der Raum ins Unendliche teilbar, die Zahl ins Unendliche zählbar, potentiell ist Alles, was sich gemäss der in ihm liegenden Idee entwickeln kann, wenn möglich zur Vollendung, zur Entelechie, zur vollendeten Darstellung seiner Idee.

Aristoteles, das Unendliche.

Diese beiden fundamentalen Unterschiede des Seins, das Potentielle und das Aktuelle, hat Aristoteles auch im Begriff des Unendlichen hervorgehoben; von ihm rührt die bis auf den heutigen Tag, ich nenne Georg Cantor, herrschende Unterscheidung des infinitum potentia et actu, des Unendlichen im Werden und des Unendlichen im Sein. Es ist unmöglich die Scholastiker oder Cusanus zu verstehen, ohne diese Unterscheidung zu kennen. Aristoteles hat zuerst und bis auf Galilei als der Einzige wissenschaftlich den Begriff Unendlich untersucht. Wohl hat Zeno den Integralbegriff gestreift, Demokrit diesen ganz bewusst benutzt, aber hier handelt es sich um eine logische Untersuchung, denn Unendlichkeitsbetrachtungen sind an sich so alt wie der Mensch. Schon in den Veden kommt die Göttin des Unendlichen, Aditi, vor und Max Müller sagt in seiner ersten Strassburger Vorlesung »alle Religion entspringt aus dem Druck, den das Unendliche auf das Endliche ausübt«. Ich habe l. c. auf den Ursprung des Unendlichkeitsbegriffs aus dem Werkzeug unseres Intellekts: Zeit hingewiesen, bezw, darauf, dass wir uns ein Ende unserer Erlebnisse nicht denken können. Wenn Frege in seinen Grundlagen der Arithmetik von 1884 den Versuch macht die Existenz von (n + 1) mittelst des Schlusses von n auf n + 1 zu beweisen, so halte ich dagegen die Unendlichkeit der Anzahlenreihe für das Prius, das unmittelbar durch den Zusammenhang der Ordinalzahl mit der Zeit gegeben ist. Mit jedem neuen Erlebnis ist eben auch eine neue Einheitssetzung und damit eine neue Ordinal- und Kardinalzahl gegeben. Aristoteles kommt wie Gauss zu dem Schluss, dass das Unendliche im Sein, das infinitum actu oder κατ' ενέργειαν, das ἄπειρον, das wovon es kein Jenseits gibt, in der Natur nicht existiert, ἡ φυσις φευγει το απερον, also als sinnlich wahrnehmbar existiert keine unendliche Grösse. Nur in Gott als der unendlichen Kraft, welche die unendliche Bewegung der Welt hervorbringt, existiert das infinitum actu. Wohl aber gibt er zu, dass es ein infinitum potentia (κατὰ δύναμιν) gibt. Die Raumgrösse ist unbegrenzt teilbar, aber ein unendlich kleines gibt es nicht, sondern das ἄπειρον ist nur im Entstehen und Vergehen. Und die Zeit und mit ihr die Zahl ist unendlich gross im Werden, aber auch hier ist die Zunahme endlich, die grosse Zahl entsteht und vergeht, und macht der grösseren Zahl Platz, eine unendlich grosse Zahl existiert nicht. Aber dieser grosse Denker streift doch schon die Lösung, er sagt in der Physik Cap. 5, 204: »Vielleicht ist die Untersuchung ob das Unendliche auch in der Mathematik und in dem Denkbaren und in demjenigen was keine Grösse hat, existiere, eine weit allgemeinere.« Die Lösung liegt eben darin, dass das mathematisch Unendliche überhaupt keine

Grösse besitzt. Es genüge hier auf B. Bolzano's klassische »Paradoxien des Unendlichen« zu verweisen. Bolzano, auf den Weierstrass und G. Cantor ganz unmittelbar fussen, hat den Hauptanstoss hinweggeräumt, allerdings wörtlich nach Galilei, als er hervorhob, dass der Begriff des Ganzen keineswegs durch alle seine Teile hindurchzugehen braucht. Ich verweise hier auf einen Vortrag im internationalen Kongress zu Rom.

Raum und Zeit.

Mit dem was Aristoteles über das ἄπειρον sagt, hängen seine Betrachtungen über Raum und Zeit und Bewegung eng zusammen. Der Raum kann wohl unbegrenzt verkleinert, aber nicht unbegrenzt vergrössert werden, auch gegen den Demokritischen Begriff des leeren Raumes (und des Atoms) polemisiert er, dagegen nähert er sich der Auffassung Kants und noch mehr der von H. Cohen beträchtlich und führt die Zeit auf die Bewegung des Jetzt (το νύν) zurück und bemerkt, dass sie ohne das erkennende Subjekt nicht existiere. Sehr wichtig ist das, was er vom Zeit- und Raumpunkt sagt: das zeitlich und räumlich nicht mehr Teilbare ist niemals an und für sich (actu) gegeben, sondern nur potentiell in der stetigen Grösse enthalten, und wird nur durch Verneinung d. h. durch negative Prädikate (limitierende Urteil Cohens) erkannt. Und einigermassen erstaunt war ich, als ich die Auffassung der Ruhe als Grenze der sich stetig verlangsamenden Bewegung, welche ich mir vor 30 Jahren ohne noch Leibniz zu kennen gebildet hatte, dem Wesen nach bei Aristoteles fand, der sagt, dass es in einem Zeitpunkt weder Ruhe noch Bewegung gibt, sondern nur einen Übergang und der Körper, wenn er von der Bewegung zur Ruhe übergeht, noch in Bewegung ist.

Aristoteles der heute nach mehr als 2000 Jahren noch lebendig fortwirkt, der auf Christentum, Judentum, ja selbst auf den Islam auf das tiefste eingewirkt hat, — ist doch Moses ben Maimon, der auf Thomas von Aquino so bedeutenden Einfluss übte, durch seine Schule gegangen — der abstrakteste Denker und zugleich der exakteste Beobachter, der grösste Empiriker und zugleich einer der grössten Idealisten, hat eigentlich erst die einzelnen Disziplinen geschaffen. Bis zu ihm gibt es eine Gesamtwissenschaft τα μαθήματα, von ihm ab und durch ihn existieren die einzelnen Disziplinen. Sein Schüler Medon schrieb nach seinem Plan die Medizin »Ιατρικα.«, seine Physik, Astronomie, Zoologie, Psychologie bilden den Inhalt der Universitätsvorlesungen bis in die Neuzeit, Botanik, Meteorologie, ja selbst Chemie wie Rhetorik, Poetik etc. werden selbständig, wie Mathematik und die Philosophie selbst, der er die besondere Aufgabe zuwies, die Erfahrung zur Einheit zusammenzufassen. Und nicht minder die Geschichte, das erste Buch seiner Metaphysik ist die erste und zugleich mit die beste Geschichte der Philosophie und überall hat er Geschichte und

Kritik hineingewoben. Von ihm an beginnt eine 500 Jahre andauernde Periode der Einzelforschung, die erst bei den Neuplatonikern zur Zusammenfassung führt.

Aristoteles: Theophrast, Eudemos.

Die beiden bedeutendsten Peripatetiker, Theophrast, der Freund und Schüler des Aristoteles, der die Botanik seiner Zeit kodifiziert hat, und Eudemos der Rhodier haben beide eine Geschichte der Mathematik geschrieben. Die des Theophrast ist spurlos verschwunden, von der des Eudemos sind spärliche Fragmente durch Proklos, Eutokios und Simplicius erhalten, sowie eine Notiz aus dem Buch über den Winkel, περὶ γωνίας, bei Proklos. Das wichtigste ist das oft erwähnte Mathematikerverzeichnis bei Proklos. Friedl. Prolog II p. 65 ff., das aber Tannery zufolge nicht direkt aus Eudemos stammt, sondern aus einer Verarbeitung des Eudemos durch Geminos im 1. Jahrh. n. Chr. Es endigt unmittelbar vor Euklid.

Euklid, vita.

Von dem Verfasser der »Elemente«, des Werkes, das unter allen mathematischen Werken für die Bildung der Menschheit weitaus das wichtigste gewesen ist, kennt man weder Ort noch Zeit der Geburt und des Todes, γενέσεως και φθοράς. Seinen Zeitgenossen und der nächstfolgenden Generation war Euklid einfach der »στοιχειοτης«, der Verfasser der Elemente und bald ging die Kenntnis seiner Person verloren. Viele Jahrhunderte ist er mit dem Philosophen Euklid von Megara verwechselt worden, der nach dem Tode des Sokrates die Schule zusammenhielt, und dieser Irrtum findet sich schon bei Valerius Maximus um 30 v. Chr. und ist dort aus einer falschen Auffassung einer Stelle bei Geminos (Prokl. p. 60) entstanden. — Das Wenige, was wir von ihm wissen, verdanken wir zumeist Proklos, einem Neuplatoniker und Nachfolger (Diadochos) des Plato in der Leitung der Akademie, d. h. also Rektor der Universität Athen, der um 450 n. Chr. einen Kommentar zum Euklid verfasst hat, von dem uns die beiden Prologe und der Kommentar des ersten Buchs der Elemente erhalten sind. Die Stelle (Friedl. S. 68) lautet: »Nicht viel jünger als diese (Hermotimos, der Kolophoner und Philippos, der Schüler Platons) ist Eukleídēs, der die Elemente [τα στοιχεία] verfasste, wobei er vieles was vom Eudoxos herrührte, in zusammenhängende Ordnung brachte, vieles was Theaitet begonnen, vollendete und ausserdem so manches was früher ohne rechte Strenge bewiesen war, auf unantastbare Beweise zurückführte. Und dieser Mann lebte unter Ptolemaios dem ersten, denn Archimedes, dessen Lebenszeit sich an die des ersten Ptolemaios anschliesst, erwähnt des Euklid [in περὶ σφαίρας και κυλίνδρου, Heib. I, 2, p. 14] und zwar erzählt er:

Ptolemaios frug einmal den Euklid, ob es nicht zur Geometrie einen bequemeren Weg gebe als die Elemente. Jener aber antwortete: Zur Geometrie gibt es für Könige keinen Privatweg [ουκ εστι βασιλικη ατροπος επι γεωμετριαν]. Er ist also jünger als die [direkten] Schüler des Platon und älter als Eratosthenes und Archimedes, denn diese waren Zeitgenossen, wie Eratosthenes irgendwo sagt. Aus Grundsatz war er Platoniker und in der Platonischen Philosophie zu Hause.«

Danach ergibt sich für Euklid etwa 300 v. Chr. als Zeit seines Mannesalters (der ακμή, der Zeit blühendster Körper- und Geisteskraft, welche die Hellenen in das vierzigste Jahr verlegten), und dass er in Athen an der Akademie gehört hatte und dem engeren Kreise der Akademiker angehörte.

Zur Charakterisierung des Euklid haben wir noch eine Stelle bei Stobaios. »Ein Mensch, der bei Euklid Unterricht in der Geometrie zu nehmen begonnen hatte, frug, nachdem er den ersten Satz der Elemente kennen gelernt hatte, was habe ich nun davon, dass ich das weiss? Euklid rief seinen Sklaven und sagte: Gib dem Manne drei Obolen, da er studiert um Profit zu machen.« Und schliesslich schildert ihn Pappos in der Vorrede zum 7. Buch der Kollektaneen wie folgt: Erat ingenio mitissimus et erga omnes, ut par erat, benignus qui vel tantillum mathematicas disciplinas promovere poterant, aliisque nullo modo infensus, sed summe accuratus. »Er war von mildester Gesinnung und wie es sich geziemt wohlwollend gegen jeden, der und wär's noch so wenig, die mathematischen Disziplinen zu fördern vermochte, in keiner Weise anderen gehässig, sondern im höchsten Grade rücksichtsvoll.« Sie sehen, dass Euklid in der Tradition seines Volkes als hochgesinnter, reiner wissenschaftlicher Tätigkeit hingegebener Mann fortlebte.

Gelehrt hat er für reife Leute, ganz in der Weise unserer Universitätsprofessoren, an der Universität (Museum) Alexandria, wie uns l. c. Pappos berichtet. Unter der den Wissenschaften überaus ergebenen Diadochen-Dynastie der Ptolemäer entwickelte sich des grossen Alexander Stadt zur Zentrale des Hellenischen Geisteslebens. Man nennt diese Periode die Hellenistische. Es ist lange Zeit Mode gewesen die Alexandriner zu verspotten als Pedanten, wegen ihrer grammatischen, auf die einzelnen Worte gerichteten Untersuchungen, haben sie doch z. B. die Akzente eingeführt. Aber auf dem Gebiete der exakten Wissenschaften ist die Hellenistische Periode erstklassig. Euklid grade hat den Schwerpunkt von Athen nach Alexandrien verlegt, Archimedes, Apollonios, Eratosthenes sind aus der Alexandrinischen Schule hervorgegangen. —

Euklid, Schriften: die Data.

Die Euklidischen Schriften kennen wir durch die Angaben der Proklos p. 68 f. und Pappos l. c. Von den Elementen abgesehen sind im griechischen Urtext erhalten a) die Data, δεδομενα, »Gegebenes,« mit einer Vorrede des Marinos von Neapolis in Palästina, einem Schüler des Proklos. Die Echtheit des Textes wird durch die Inhaltsangabe bei Pappos (300 n. Chr.) bestätigt, welche im Wesentlichen mit dem Text der Codices übereinstimmt. Die Schrift enthält 95 Sätze (Pappos 90) welche aussagen, dass wenn gewisse geometrische Gebilde gegeben sind, andere dadurch mit bestimmt sind, also eine Art geometrischer Funktionentheorie. Beispiele: Satz 2: Wenn eine gegebene Grösse zu einer zweiten Grösse ein gegebenes Verhältnis hat, so ist die zweite ebenfalls gegeben. Satz 33: In einem gegebenen Streifen ist durch die Winkel, welche eine Querstrecke mit den Grenzen bildet, die Länge der Querstrecke bestimmt. Dem Inhalt nach gehen die »Data« nicht über die »Elemente« hinaus, doch war und ist eine solche Zusammenstellung praktisch im hohen Grade wertvoll für die Anwendung der seit und durch Platon sich immer mehr ausbreitenden analytischen Methode, deren Wesen gerade darin besteht, die durch die gegebenen Stücke mit bestimmten Punkte, Linien, Figuren aufzusuchen, bis man zu einer konstruierbaren Nebenfigur gelangt. Die Data sind daher eine sich eng an die Elemente anschliessende Anleitung zum Konstruieren nach der analytischen Methode, etwa entsprechend Petersen's bekannten »Methoden und Theorien«.

Astronomie.

Erhalten ist unter dem Titel »Phaenomena« eine Schrift über Astronomie (lectio sphaerica) mit den Anfangsgründen der Sphärik. Die Schrift geht bedeutend über die kurz vorhergehende des Autolykos hinaus. Ich bemerke beiläufig, das die lectio sphaerica bis in die Neuzeit hinein der Schrittmacher für die Geometrie gewesen, die sich im Lehrplan der Gymnasien erst aus ihr entwickelt hat. Die Schrift beginnt mit dem Satz: »Die Erde liegt in der Mitte der Welt und vertritt in bezug auf dieselbe die Stelle des Mittelpunkts« (Aristoteles) und schliesst mit dem Satz: »Von zwei gleichen Bogen des Halbkreises zwischen dem Äquator und dem Sommerwendekreis durchwandelt der eine, beliebig genommen in längerer Zeit die sichtbare Halbkugel als der andere die unsichtbare.« Das Wort »Horizont« stammt aus der Schrift, welche von Pappos im 6. Buch seiner Kollektaneen erläutert und ergänzt wurde. (A. Nokk, deutsche Übersetzung Prgr. Freiburg i. Brg. 1850). Heiberg hat nach einer Bemerkung Nokks bewiesen, dass diese Schrift des Euklid einen sehr wesentlichen Bestandteil der für unsere elementare Sphärik grundlegenden Schrift des Theodosios von Tripolis (etwa 100 v. Chr.) gebildet hat (siehe M. Simon, Euklid und die sechs planim. Bücher, Leipzig 1901).

Optik.

Echt Euklidisch sind auch die »Optica«, deren Text Heiberg restituiert hat. Der sonst gebräuchliche Text geht vermutlich auf ein Kollegienheft nach Theon von Alexandrien, dem Vater der Hypatia, der ersten uns bekannten ordentlichen Professorin. Sie ist mutmasslich der Autor unserer Quadratwurzelausziehung und bekannt durch ihre Schönheit und ihr unglückliches Schicksal. Von dem bestialischen christlichen Mönchspöbel Alexandriens zerrissen, wurde sie nach ihrem Tode zu Professorenromanen ausgeschlachtet. Die Schrift Euklids gehörte zu der Sammlung, welche unter dem Titel »μικρος αστρονουμενος,« der kleine Astronom, neben den »Elementen« das Rüstzeug des Astronomen bildete, ehe er an das grosse Lehrbuch des Ptolemaios, die μεγαλη συνταξις (der Almagest) gehen konnte. Die Schrift gibt die Anfangsgründe der Perspektive.

Dagegen ist die andere Schrift über Optik, welche unter Euklids Namen ging, die Katoptrik unecht. Heiberg macht es sehr wahrscheinlich, dass die von Proklos unter diesem Titel erwähnte Schrift des Euklid rasch durch das inhaltreiche Werk des Archimedes über den gleichen Gegenstand verdrängt wurde.

Euklid, Schriften: Musik.

Noch über einen anderen Zweig der angewandten Mathematik haben wir eine Schrift des Euklid, die καταιομη κανονος, die Lehre von den musikalischen Intervallen, 20 Sätze, wissenschaftlich auf dem Standpunkt der Pythagoräer. Eine zweite musikalische Schrift, die Harmonielehre, εισαγωγή ἁρμονική, rührt wie schon Hugo Grotius 1599 erkannte von dem Aristoxenianer Kleonides her. [Aristoxenos, direkter Schüler des Aristoteles als Philosoph, setzte der auf die arithmetischen Intervalle gegründete Harmonielehre der Pythagoräer die Lehre von den harmonischen Sinneseindrücken entgegen].

Über Teilung.

Aus Arabischen Quellen besitzen wir durch Dee 1563 eine Bearbeitung und durch Woepcke 1851 eine Übersetzung der von Proklos zweimal erwähnten Schrift περὶ διαιρέσεων, über Teilungen, welche wertvolle Aufgaben über Flächenteilung enthielt. Dort findet sich die noch heute im Schulunterricht stets vorkommende Aufgabe: ein Dreieck durch Gerade von gegebener Richtung in Teile zu teilen, welche ein gegebenes Verhältnis haben; ferner Teilung von Vierecken, von Kreisen, von Figuren die von Kreisbogen und Geraden begrenzt sind. Euklid zeigt sich hier als sehr gewandter Konstrukteur, er benutzt ausser den Sätzen der Elemente nur solche, welche sich mühelos aus ihnen ergeben.

Euklid, Verlorene Schriften.

Verloren sind die Schriften, welche sich auf die eigentliche höhere Mathese seiner Zeit beziehen. Zunächst die zwei wichtigen Bücher τόποι πρὸς ἐπιφάνειαν, Oberflächen als geometrische Orte, welche Proklos und Pappos erwähnen. Der Begriff des geometrischen Ortes wird schon von Pappos gerade so wie heute definiert als die Gesamtheit aller Punkte, denen ein und dieselbe bestimmte Eigenschaft (Symptoma) zukommt, und je nachdem diese Gesamtheit eine Linie oder eine Fläche bildete, heissen die Orte Linien- oder Flächenorte. Davon verschieden sind »körperliche Orte« (στερεοι), dies sind Linien, welche durch den Schnitt von Körpern entstehen, wie die Kegelschnitte. Die Schrift des Euklid hat nach Pappos vermutlich Ortseigenschaften der Kugel-, Kegel- und Zylinderflächen behandelt und scheint in der bedeutenderen Arbeit des Archimedes über Konoide und Sphäroide aufgegangen zu sein.

Porismata.

Elemente.

Mehr wissen wir von den 3 Büchern »Porismata«, da Pappos den Inhalt so ausführlich angegeben hat, dass Michael Chasles danach eine Rekonstruktion versucht hat, nach Vorarbeiten von R. Simson, dessen Euklidbearbeitung von 1756 noch heute für England massgebend ist. Allerdings hat P. Breton de Champ zuerst erkannt, dass die 29 Sätze in der Vorrede des VII. Buches bei Pappos ein Résumé der 171 Sätze des Euklid enthalten. Das Wort Porisma selbst bildet noch eine Streitfrage. Es hat 2 Bedeutungen, erstens Zusatz, so kommt es vielfach in den Handschriften der Elemente vor, zweitens bedeutet es ein Mittelding zwischen einem gewöhnlichen Lehrsatz und einem sogenannten Ortssatz, d. h. einem Satz der ausspricht, dass eine bestimmte Kurve eine bestimmte Eigenschaft hat. Als Beispiel diene der Satz: Der Ort der Punkte, deren Abstände von zwei festen Punkten ein festes Verhältnis haben ist der Kreis (des Apollonios) dessen Durchmesser die Strecke zwischen den beiden in diesem Verhältnis zu den gegebenen Punkten harmonischen auf der gegebenen Graden ist. Ein Porisma wäre demzufolge in der Geometrie etwa das, was man in der Arithmetik einen Existenzbeweis nennt, es spräche aus, dass ein bestimmter

Ort existiert, ohne ihn direkt zu konstruieren. Die Porismata bildeten vermutlich für die synthetische oder direkte Konstruktionsmethode ein Seitenstück zu den »Data« als Hilfsmittel für die analytische Methode. Nach dem Résumé bei Pappos gingen sie weit über die Elemente hinaus und mit Chasles und H. Zeuthen müssen wir annehmen, dass sie die Grundlagen für die projektive Behandlung der Kegelschnitte enthalten.

Auch über diese zu seiner Zeit höchste Mathematik hat Euklid geschrieben, vier Bücher Konika. Ebenso wie Euklid die Arbeiten seiner Vorgänger insbesondere des Theudios für seine Elemente benutzte und verdrängte, wurden seine Konika nach dem Zeugnis des Pappos von dem grossartigen Werk der 8 Bücher Konika des Apollonios verdrängt, in dessen erste 4 Bücher sie vermutlich vollständig Aufnahme gefunden haben. Sie werden daher auch schwerlich aus arabischen Quellen je wieder zum Vorschein kommen, wenn sie nicht zufällig als Leichenbinde einer Mumie gefunden werden.

Verloren ist auch eine Schrift mathophilosophischen Charakters ψευδαϱια, »Trugschlüsse« genannt und zwar sind absichtliche Falschschlüsse gemeint. Proklos nennt die Schrift »καθαϱκειкον και γυμναστικον«, reinigend und übend durch Anstrengung d. h. die Schrift war zur Geistesgymnastik der Schüler bestimmt.

Und nun zu dem Werke das den Namen des Euklid unsterblich gemacht hat, zu den Elementen, die »στοιχεία«, wozu ich meine Schrift Euklid etc. von 1901 heranzuziehen bitte.

Die Elemente des Euklid.

Die Elemente des Euklid.

Den 13 Büchern der Elemente des Euklid wurden schon früh zwei Bücher angehängt. Das 14. Buch ist eine tüchtige Arbeit des in Alexandrien etwa 150 v. Chr. lebenden Mathematikers und Astronomen Hypsiklēs, über die fünf regulären (platonischen) Körper; das 15. Buch ist eine weit schwächere Arbeit und hat nach Tannery und Heiberg, beides grosse Kenner der hellenischen Mathematik, einen Schüler des Isidoros, des Erbauers der Sophienkirche um 530 n. Chr. zum Verfasser.

Den Zweck der Elemente gibt Proklos S. 72 an: Elemente nennt man das, dessen Theorie hinreicht zum Verständnis von allem anderen, und mittelst dessen man im Stande ist die Schwierigkeiten, welche das andere bietet, aus dem Wege zu räumen. Stoicheion bedeutet eigentlich Buchstabe und l. c. sagt Proklos gradezu: die Elemente enthalten die Sätze, welche als Bestandteile aller folgenden auftreten, wie die Buchstaben im Wort. Die

Grundbedeutung von Stoichos ist eine militärische es bedeutet das, was wir einen Zug nennen, also auch die Grundlage der Formation.

Der Zweck und die Notwendigkeit der Euklid'schen Elemente folgt aus der Entwicklung der hellenischen Mathematik. Die Pythagoräer (s. d.) waren bei den Problemen zweiten Grades auf die $\sqrt{2}$, die Savisescha gestossen oder gestossen worden und damit auf die Irrationalzahl und die Inkommensurabilität. Damit wurden alle früheren Beweise über Teilung, Ähnlichkeit, Flächenmessung hinfällig. Das 4. Jahrhundert, Platon, Theaitet, Eudoxos und die Schüler des Platon und Eudoxos, widmeten sich der methodischen Arbeit die neuen Grundlagen festzustellen. Boten doch die mathematischen Definitionen Platon vortreffliche Beispiele seinem sokratischen Hang zur Definition der Begriffe zu folgen. Von Eudoxos rührt das ganze fünfte Buch der Elemente, die Lehre von den Proportionen in, ich möchte sagen, Weierstrass'scher Strenge, her, er ist der eigentliche Schöpfer der Exhaustionsmethode, die vermutlich durch ihn schon bei Aristoteles erwähnt ist, und die sich später, befruchtet mit dem Demokritischen Differentialbegriff, bei Archimedes und Apollonios zur Infinitesimalrechnung auswuchs. Von Theaitet wissen wir, dass er die Einteilung der Irrationalzahlen oder genauer die Lösung von Gleichungen 4. Grades, welche auf quadratische Gleichungen reduzierbar sind, jedenfalls begonnen hat. Wahrscheinlich von Platon selbst, jedenfalls aus seiner Schule, rühren die Fassungen vieler Definitionen und Axiome bei Euklid her, welche Aristoteles (vgl. Heiberg, Teubnersche Abh. z. Gesch. etc. Heft 18, 1904) nach den Elementen des Magnesiers Theudios zitiert. Nach einem Jahrhundert waren die methodischen Arbeiten zum Abschluss reif und den gab Euklid, bei dem das methodische Gefühl bereits in so eminenten Grade ausgebildet ist, dass er mit dem Beweise schliesst: Mehr als fünf regelmässige Körper kann es nicht geben.

Die Aufgabe die er sich setzte auf Grund der notwendigsten Voraussetzungen die Geometrie und in geometrischer Einkleidung auch die Arithmetik als ein zusammenhängendes Ganzes unantastbar darzustellen, hat er in einer Weise gelöst, die alle Vorgänger spurlos verschwinden liess und die, niemals übertroffen, die Bewunderung aller Zeiten und aller Völker erregt hat.

Daran schliesst sich die Frage, inwieweit Euklid in den Elementen Eigenes gegeben. Die Frage ist nur summarisch zu beantworten. M. Cantor sagt: »Ein grosser Mathematiker wird auch da, wo er anderen folgt, seine Eigentümlichkeit nicht verleugnen, und so war es sicherlich auch bei Euklid.« Gewiss, denn so ist es ja bei jedem Schullehrer, der seine Elemente gedruckt oder ungedruckt traktiert. Aber ebenso klar ist es auch, dass ein Werk wie die Elemente die Kräfte eines einzelnen übersteigt, und eine ganze Reihe von Vorarbeiten erfordert, von Hippokrates, Leōn, der die Fülle der Sätze und

Strenge der Beweise erhöhte (Proklos 66 unten) bis auf Theudios, der sich auch in den anderen Wissenschaften auszeichnete. Die von Heiberg l. c. gesammelten Zitate aus seinen Elementen zeigen vielfach wörtliche Übereinstimmung. Ebenso sicher ist die Form des Vortrags die zum Teil schon von den Ägyptern überkommene gewesen, samt den so berühmten Schlussformeln »quod erat demonstrandum«, was zu beweisen war, ὅπερ ἔδει δεῖξαι, und quod erat faciendum, was zu machen war, ὅπερ ἔδει ποιῆσαι. Euklid gehört wohl vor allem die Auswahl der Definitionen an, die Forderungen (Erfahrungstatsachen) sind sein Eigentum, wie Heiberg l. c. festgestellt hat, oder wenigstens ihre Trennung von den Axiomen, und dann die strenge Durchführung des Prinzips keinen früheren Satz mittelst eines späteren zu beweisen, kein Gebilde zu benutzen, dessen Existenz nicht vorher durch geforderte oder gegebene Konstruktion gesichert ist.

Ferner gehört ihm ein grosser Teil des zehnten Buches, die Vollendung der Einteilung der Irrationalitäten durch Theaetet. Dem Euklid gehört der elementare Beweis (ohne Integralrechnung) des Satzes, dass die Pyramide gleich dem dritten Teil des Prisma ist, dass mit ihr gleiche Grundfläche und Höhe hat; sodann viele Sätze des 13. Buches über die Bestimmung von Stücken der regulären Körper und mit grösster Wahrscheinlichkeit der schon erwähnte Schlusssatz. Etwa 420 war das Dodekaëder den Hellenen bekannt geworden, wenig früher war überhaupt erst das logische Element in der Geometrie, die Forderung nach dem Beweise, zur Geltung gekommen. Die Ausbildung des logischen Sinnes bis zum Bedürfnis eines solchen Existenzbeweises erforderte sicher ein Jahrhundert. Der einzige, der noch in Frage kommen konnte wäre Eudoxos, doch überwog bei ihm auf der Höhe seiner Kraft das astronomische Interesse.

Parallelentheorie.

Wenn ich aber trotz der verhältnismässig geringen »Produktivität« Euklids doch M. Cantor beipflichte, der ihn zu den drei Heroen der griechischen Mathematik im 3. Jahrh. zählt, so tue ich es mit Rücksicht auf Euklids Behandlung des Parallelenproblemes, dass er so recht eigentlich in die Welt geworfen hat und das bis auf den heutigen Tag, ja heute noch mehr als je im Zentrum des Interesses steht. Der gesamte Aufbau des grundlegenden ersten Buches wird vom Parallelenproblem beherrscht. Euklid hat rund 2000 Jahre vor Saccheri und Legendre den Zusammenhang des Problems mit dem Satz über die Winkelsumme im Dreieck erkannt. Schon Proklos hat bemerkt, dass das berühmte und berüchtigte sogen. »11. Axiom«, richtiger die 5. Forderung, hervorgegangen ist aus dem vergeblichen Bemühen den Satz: »In jedem Dreieck sind zwei Winkel zusammen kleiner als 2 Rechte« umzukehren; und so kam er zu der Forderung in der Fassung: »Und wenn eine, zwei Geraden schneidende, Gerade mit ihnen innere an derselben Seite liegende Winkel bildet, die zusammen kleiner sind als 2 Rechte, so schneiden sich jene beiden Geraden bei unbegrenzter Verlängerung an der Seite, auf der diese beiden Winkel liegen.«

Die Elemente des Euklid, Ausgaben.

Von der Bibel abgesehen, ist niemals ein Werk in so vielen Auflagen und Bearbeitungen verbreitet gewesen, als die 13 »βιβλια« des Eukleídes, dessen Namen geradezu mit der Geometrie identifiziert wird. Eine sehr vollständige Zusammenstellung findet sich in Mem. d. R. Acad. d. Sc. d. Ist. di Bologna Serie IX, T. VIII und X 1887 und 1890 von P. Riccardi; R. Bonola, Bull. d. Loria und Festschr. f. Joh. Bolyai 1902 zählt gegen 1700 Ausgaben. Im Mittelalter und bis in die Neuzeit wird die Professur für Geometrie häufig als die des Euklid bezeichnet, die Studenten lasen den Text, sei es ganz, sei es im Auszug, und der Professor kommentierte, wobei selten mehr als das erste Buch erledigt wurde. Savile, der die noch heute in Oxford bestehende Professur des Euklid stiftete, kam bis zum 8. Satz des ersten Buches, nur Petrus Ramus, dessen Bedeutung in erster Linie auf seiner Lehrtätigkeit und seiner grossen literarischen Bildung beruht, rühmte sich die ganzen Elemente in einer Vorlesung erledigt zu haben. Es war selbstverständlich, dass der Text im Laufe der Jahrhunderte entstellt, verdorben, erweitert wurde. Letzteres gilt besonders für die schwierigen Teile des zehnten bis letzten Buches.

Euklid, Übersetzungen der Elemente.

Ich verweise auch für die Bibliographie der Elemente auf meine Schrift von 1901, hervorzuheben ist die Bearbeitung des Theon v. Alexandria, der etwa 350 n. Chr. lebte und lehrte, sie muss die früheren fast völlig im Buchhandel verdrängt haben, obwohl sie keinen Fortschritt bedeutete. Alle bis 1808 bekannte Codices, deren Zahl sehr gross ist, alle Drucke und Übersetzungen sind, wenn man von arabischen Quellen absieht, aus dieser Ausgabe hervorgegangen. Erst 1808 fand F. Peyrard in einer durch Napoleon dem Vatikan geraubten Handschrift (Vatic. 190, 1814 zurückgegeben) die bis jetzt einzige vollständige Handschrift, welche auf eine ältere und bessere Ausgabe zurückgeht. Aus diesem Codex konnte man die Änderungen des Theon feststellen und die Codices kritisieren, eine Arbeit, welche von E. F. August 1826–29 in seiner griechischen und noch gründlicher von J. L. Heiberg in der griech.-lat. Ausgabe von 1882–88 geleistet ist. Ausser dem Vat. 190 geht auch der Palimpsest Bologna M. 1721 (Heiberg, Cant.-Schlöm. 29) auf ältere Quellen als Theon zurück.

Neben dürftigen Auszügen die, von oder nach Boëtius (etwa 500 n. Chr.) verfasst, sich in den Klöstern und Klosterschulen hielten und besonders durch Gerbert den nachmaligen Papst Sylvester II. von Wichtigkeit wurden, verdankt Europa die Kenntnis der Elemente den arabischen Übersetzungen und Bearbeitungen. Auf sie geht die erste gedruckte Ausgabe zurück, die dem Giovanni Campano aus Novara zugeschrieben wird, der um die Mitte des 13. Jahrh. gelebt hat, und 1482 bei Erhard Ratdolt in Venedig erschienen ist. Die Ausgabe ist sehr selten, sie ist von A. G. Kästner Gesch. der Math. Bd. I S. 289 f. genau beschrieben.

Als der hellenische Geist zum zweiten Male für die europäische Kultur fruchtbar wurde in jener Glanzepoche, die man die Renaissance nennt, erschienen zunächst lateinische Ausgaben gestützt auf griechische Codices. Die erste Originalausgabe ist die des Simon Grynaeus des älteren, sie erschien 1533 bei Herwagen, der auch in Strassburg eine Druckerei besass, leider verarbeitet diese Ausgabe zwei sehr schlechte Handschriften.

Euklid-Commentatoren.

Indem ich wieder auf meine zitierte Schrift verweise, erwähne ich nur noch die beiden wichtigsten lateinischen Ausgaben, die des Commandinus Pisa 1572, der zuerst unseren Euklid von dem Megarenser schied, und die des Clavius von 1574. Die Arbeit dieses für seine Zeit hoch bedeutenden Jesuiten ist von allen Historikern der Mathematik von Montucla und Kästner bis auf M. Cantor gleich hoch gewertet worden; Kästner nennt sie die Pandekten der Mathematik, sie soll 22 Auflagen gefunden haben.

Die Commentatoren des Euklid, vergl. Euklid 1901 p. 16 ff.

Der festgefügte Bau der Elemente hat, wie er seinerseits die höchste Bewunderung erregte, andererseits die Versuchung erweckt die Geometrie auf andere Weise ebenfalls zu begründen. Dazu kommt, dass der Euklid in seinem ersten Buch einen mathophilosophischen Teil enthält, der die Grundbegriffe der Geometrie und die nötigen und hinreichenden Voraussetzungen angibt, von denen die ersteren ihrer Natur nach unauflöslich, die anderen variabel sind. So haben die Elemente des Euklid, und das ist vielleicht sein grösstes Verdienst, eine staunenswerte Geistesarbeit hervorgerufen, die besonders in der Geschichte des Parallelenaxioms zutage tritt. Hier will ich nur (Euklid 1901) einen Überblick über die hervorragendsten Interpretationen geben, welche zeigen, wie Recht Gino Loria hat, wenn er als Prinzip seiner schönen Arbeit »Della varia fortuna di Euclide, Roma 1893« das Gesetz der Kontinuität ausspricht. Es geht ein ununterbrochener Zusammenhang von Archimedes und Apollonios bis Veronese und Hilbert.

Von Apollonios sind Spuren eigener »Elemente« erhalten; darunter eine ganz allgemeine Definition des Winkels (Heiberg V S. 88).

Archimedes gab eine von Euklid abweichende mechanische Grundeigenschaft der Geraden (ebenfalls auch der Ebene) an und neue Prinzipien, darunter das nach ihm benannte, obwohl von Eudoxos oder vielleicht Demokrit stammende für die Exhaustionsmethode, die er zur Integralrechnung umbildete. Ihm schliesst sich Heron von Alexandrien, der grösste Mechaniker des 1. Jahrh. an; von seinem Kommentar sind uns Fragmente durch Proklos und An-Narizi (s. u. bei Heron) überliefert.

Aus der Zusammenstellung der Euklidstellen bei Heron durch Heiberg geht klar hervor, dass die Definitionen des Euklid schon zu Herons Zeit die uns überlieferte Form hatten, Euklid also damals schon, wie Tannery sagt, der unantastbare Klassiker der Elemente war.

Es ist das Parallelenaxiom und die Definitionen, überhaupt die ganze Anordnung der ersten Bücher, dann gewisse Inkongruenzen zwischen dem sechsten und den beiden letzten Büchern, der sonderbare Umstand, dass Euklid die Lehre von den Proportionen ganz allgemein im fünften Buch begründet, und dann die elementare Lehre von den Verhältnissen ganzer Zahlen noch einmal im siebenten Buche gibt, was von jeher die Kommentatoren in Tätigkeit gesetzt hat.

Die Inkongruenz bezieht sich besonders auf die Bewegung. In den sechs planimetrischen Büchern wird sie ängstlich vermieden; nur zum Beweis des 4. Satzes (ersten Kongruenzsatz) und seiner Umkehrung wird sie herangezogen, dagegen scheut sich Euklid im 11. und 12., den stereometrischen Büchern, absolut nicht die Definition der Körper auf die Bewegung zu stützen.

Man hat daraus schliessen wollen, »einen Homeros gab es nie, sondern acht bis zehn«, aber Euklid war Platoniker, und nach Platon und Aristoteles setzt der Begriff der Bewegung einen körperlichen Raum voraus.

Auf Heron folgt Gemīnos, bezw. Géminus, von dem Proclus berichtet, er habe die Verschiebbarkeit in sich der Schraubenlinie auf dem Rotationscylinder, wenn nicht gefunden, so doch gekannt. Es folgt eine Ära, in der die zusammenfassende eigentlich philosophische Geistesrichtung unter dem Einfluss des Aristoteles gegen die Ausbildung der einzelnen Spezialwissenschaften zurücktritt. Aus dieser Zeit, in der sich von mathematischen Disziplinen die Trigonometrie (ebene und sphärische) im Anschluss an die Astronomie entwickelt, wissen wir von besonderen Kommentaren nichts, aber von den Elementen, dass sie für unentbehrlich zur Ausbildung der angewandten Mathematiker galten.

Als gleichzeitig mit dem Christentum gegen diese nüchterne Periode in Anlehnung an den Theosophen Platon zunächst der Neupythagoreismus sich erhob, war es anfangs die arithmetische Seite des Euklid, die Bücher 7,

8, 9, die in Nikomachos von Gerasa um 100 n. Chr. dem »Elementenschreiber der Arithmetik« (M. Cantor) und in Theon von Smyrna ihre Kommentatoren fand. Um 300 lehrte dann zu Alexandria Pappos, dessen Kollektaneen von unschätzbarer Bedeutung sind. Pappos hat sicher einen Kommentar zum zehnten Buch geschrieben, von dem Reste im Vaticanus erhalten sind und der uns nach Heiberg wahrscheinlich ganz in einem noch unedierten Leydener Manuskripte erhalten ist.

Mit dem Neuplatonismus, jener seltsamen Mischung christlicher und platonischer Mystik, nimmt auch die Mathematik die platonische Richtung auf die Probleme, welche die geometrischen Grundbegriffe und die Methodik bieten energisch auf. Ich nenne Jamblichos, Porphyrios, von denen uns Spuren ihrer Scholien erhalten sind, Theon und Proklos, dessen Kommentar zum ersten Buch uns fast ganz erhalten ist. Der Kommentar, der bis 1873 nur in der Ausgabe von Simon Grynäus 1533 bei Herwagen gedruckt war, ist für die Geschichte der Mathematik bei den Hellenen einzig; Tannery, der zuverlässigste Detailforscher hellenischer Mathematik, nennt sein Verständnis geradezu das Problem der Geschichte der Mathematik.

Die Ausgabe von Friedlein 1873 ist philologisch sehr bedeutend, wenn auch nach Heiberg noch nicht das letzte Wort über Proklos, aber griechisch; es existiert nur die lateinische Übersetzung des Barocci von 1560, welche oft nur eine Wortübersetzung ist und von Taylor ebenso wörtlich ins Englische übertragen ist.

Als Justinian 529 die Schule von Athen, mit der die hellenische Kultur begann und schloss, aufhob und die Lehrer vertrieb, kam Euklid mit ihnen nach Persien und so an die Araber, wo er, wie schon gesagt, im 8. und 9. Jahrh. an Haggag und Ishaq Übersetzer fand. Sehr bald darauf muss es auch arabische Kommentare gegeben haben, wie aus der Ausgabe des Campanus hervorgeht; der schon erwähnte Nasir ed Din im 13. Jahrh. ist keineswegs unbedeutend, der auch zuerst die Trigonometrie als eigenen Zweig behandelt hat.

Die Renaissance macht Proklos bekannt, an ihn schliesst sich Commandinus und Clavius an. Der erstere wirkte besonders auf die Engländer, auf Savile, der die Professur des Euklid in Oxford begründete, wodurch Wallis und wohl auch Barrow (erste Ausgabe 1652) und durch diese Newton auf Euklid und die Beschäftigung mit den Grundlagen hingewiesen wurden.

Vor allem haben wir Robert Simson zu nennen, der direkt Commandinus zugrunde legt und der besonders auf die englische Schulmathematik vorn allerwesentlichsten Einfluss gewesen ist. Der Kommentar erschien 1756, Titel: die sechs ersten Bücher des Euklid mit Verbesserung der Fehler, wodurch Theon und Andere sie entstellt haben etc.

mit erklärenden Anmerkungen (aus dem Englischen übersetzt von Rieder. Herausg. von Niesert, Paderborn 1806).

Clavius kennt den Proklos ganz genau; auch er harrt noch der deutschen Herausgabe, der er in hohem Grade wert ist; er hat neben Borelli (Euklides restitutus 1658) sicher auf seinen Ordensbruder Saccheri gewirkt, von dessen: Euklides ab omni naevo vindicatus (Mediol. in 4. 1733), die heutige sogenannte nicht-Euklidische Geometrie gezählt wird. Es ist wahrscheinlich, dass Lambert in Chur den Saccheri kennen lernte und fast sicher, dass Gauss wieder Lamberts Abhandlung im Hindenburg'schen Archiv von 1786 gelesen. Gauss wirkte dann auf seinen Jugendfreund Wolfgang Bolyai und durch ihn auf seinen Sohn Johann und durch Vermittelung von Bartels auf Lobatscheffski.

Für Frankreich ist ausser Clavius noch Petrus Ramus, der sogenannte »Besieger der Scholastik«, von Bedeutung. Ramus, dem es an philosophischer Tiefe fehlte, war nicht imstande den Euklid zu würdigen wie ganz besonders seine Kritik des zehnten Buches beweist, aber seine revolutionäre Anfechtung der Autorität kommt in Frankreich im 18. Jahrh. zur Geltung. Hier geht der Weg von Clavius über Tacquet 1659 und Arnauld durch Zurückgreifen auf Ramus zu Clairaut 1741 und Legendre 1794 und Bertrand 1810. Clairaut, dessen wahrhaft kühne Elemente der Geometrie vom Rechteck als der unmittelbar anschaulichen Figur ausgeht, hat sich auch auf die deutschen Ritterakademien, z. B. Ilfeld verbreitet. Es scheint, als ob auch Lambert ihn gekannt hat; doch ist der Ausgangspunkt vom Rechteck ein so natürlicher, dass ich selbst um 1880 ohne eine Ahnung von Clairaut oder Lambert zu haben, im Unterricht einen ganz ähnlichen Weg einschlug. Der ausserordentliche Erfolg und die grosse Verbreitung der »Elements« Legendres (1794) ist bekannt und berechtigt; noch heute beeinflussen sie den Unterricht auf den Mittelschulen nicht nur Frankreichs sondern Spaniens, Hollands und Deutschlands.

Euklid-Gegner.

Was die deutschen Schulen betrifft, so möchte ich auf eine Schrift Hubert Müller's aus Metz aufmerksam machen: »Besitzt die heutige Schulgeometrie noch die Vorzüge des Euklid-Originals?« Ich kann meine Kritik in der deutschen Literaturz. 1887 No. 37 nur dahin ergänzen: die deutsche Schulgeometrie hat sie nie besessen. Weder Johannes Vogelin, bekannt durch die Vorrede Melanchthons in der Ausgabe von 1536, noch des Conrad Dasypodius Volumen I und II, noch die Mathesis juvenilis Sturms oder Wolffs oder Kästners Anfangsgründe oder Thibauts Grundriss, von Kambly, Mehler, Henrici und Treutlein ganz zu schweigen, sind jemals dem Gange Euklids gefolgt. Dagegen waren die Studenten und die Lehrer bis etwa um 1860, wie die rasch auf einander folgenden Ausgaben beweisen, völlig mit dem Euklid vertraut. Von da an ändert sich die Sache, und ich bin sicher, dass es nur eine minimale Anzahl von Lehrern gibt, die den Euklid gelesen haben.

Einen Teil der Schuld an dem Sinken der Autorität Euklids tragen auch die Angriffe Schopenhauers gegen die »Mausefallenbeweise des Euklid«. Schopenhauer hatte als Künstler, der er war, für die intuitive Erkenntnis vollstes Verständnis, aber bar aller mathematischen Bildung, fehlte ihm jedes Verständnis für die logische Erkenntnis, die oft ebenso unmittelbar wie jene ist. Nun ist aber die euklidische Geometrie als Wissenschaft eine chemische Verbindung von Anschauung und Logik, und darum musste der Versuch, den z. B. Kosak in dem Nordhäuser Programm anstellte die Geometrie nur auf Anschauung zu begründen, gerade so scheitern wie der noch berühmtere Bolzanos von 1804 die Geometrie rein logisch zu begründen. Bolzano hat übrigens viel mehr von Leibniz entlehnt als bekannt ist. Der grosse »aemulus« Newtons zeigt sich auch in der Auffassung der Grundlagen als Widerpart.

Während Newton in der Vorrede der Principia phil. nat. ausdrücklich auf den Ursprung der mathematischen Grundgebilde aus der Mechanik hinweist: »Gerade Linien und Kreise zu beschreiben sind Probleme, aber keine geometrischen,« ist Leibniz bemüht der Anschauung so wenig als möglich einzuräumen. Es scheint wenig oder gar nicht bekannt, dass schon bei Lebzeiten Leibniz' Ansichten desselben über die Grundlagen der Geometrie veröffentlicht sind bei La Montre 1691: Les 47 propos. du I livre des Elém. d'Euclide avec des remarques de G. G. Leibniz.

Ähnlich wie in Deutschland liegt die Sache in Frankreich und Italien, nur in England folgt Ausgabe auf Ausgabe und noch ist der sogenannte Syllabus nicht zustande gekommen, der den Euklid verdrängen sollte, doch ist das Festhalten an Euklid mehr Schein als Wirklichkeit s. mein Referat von 1906, No. 4 p. 26. Auch in Schweden und Norwegen scheint sich Interesse für Euklid dauernd erhalten zu haben. Für Deutschland und Italien ist mit dem Ende des 19. Jahrh. ein Umschwung eingetreten, man kann geradezu sagen, dass die Kenntnis des Euklid durch die neueste Richtung, deren Haupt in Deutschland Hilbert, in Italien Veronese ist, wieder unentbehrlich wird.

Euklid's Elemente: Definitionen.

Über den Inhalt des Euklid muss ich sehr kurz sein, von meinen Hörern kann ich erwarten, dass sie den Euklid selbst lesen. Nur wenige Worte über das Wichtigste des Wichtigsten, die ὁροι, αιτηματα, κοιναι εννοιαι, die Definitionen, Postulate und Axiome des ersten Buches. Eine Bibliothek ist gleich über die ersten Worte geschrieben: σημειον εστι ὁυ μερος ουθεν (oft auch οὐδὲν).

Punkt ist das, dessen Teil nichts ist oder das keinen Teil hat. In beiden Fällen ist klar, dass Euklid, der seinen Platon und Aristoteles kannte, hiermit ausdrücklich gesagt hat, dass der Punkt nicht unter die Kategorie Grösse fällt; so klar dies ist, ist es doch niemals gedruckt worden, ausser bei Kant (Kritik d. reinen Vernunft p. 169), wo es frei nach Aristoteles heisst: Punkte und Augenblicke sind nur Grenzen, der Raum besteht nur aus Räumen, die Zeit aus Zeiten.

Die Definition ist sicher platonisch; Aristoteles sagt der Punkt ist μονας θεσιν εχουσα eine Einheit, welche Lage hat. Definition 4: ευθεια γραμμη εστιν, ἥτις εξ ισου τοις εφ' ἁυτης σημειοις κειται. Die Gerade ist diejenige Linie, welche gleichmässig durch ihre Punkte gesetzt ist. Auch über diese Definition existiert eine ganze Literatur. Man hat nicht berücksichtigt, dass Euklid die gerade Linie erst völlig definiert durch die Forderungen 1 und 2. Es soll gefordert werden 1) dass sich von jedem Punkte bis zu jedem Punkte eine und nur eine Strecke führen lasse, 2) und diese Strecke sich kontinuierlich auf ihrer Geraden (vielleicht richtiger bis zur Vollendung der Geraden) ausziehen lasse. Mit Definition 4 zusammen definiert sie die Gerade völlig, natürlich nicht anschaulich, denn die Anschauung der Geraden, die psychologisch ist und experimentell gewonnen wird, setzt Euklid bei seinen Hörern voraus. Euklid sagt, die Gerade ist eine unterschiedslose und unendliche Linie, die durch zwei ihrer Punkte völlig bestimmt ist.

Def. 7) Ein ebener Winkel entsteht, wenn zwei Linien der Ebene zusammentreffen, welche nicht in derselben Geraden liegen, durch die Biegung von der einen Linie zur andern. Die Definition des Winkels ist oft und mit Recht getadelt worden. In Schottens vergleichender Planimetrie füllen die Abänderungen 40 Seiten aus; die von mir herrührende »der Winkel ist die Grenze des Kreissektors bei über jedes Mass wachsendem Radius«, ist für den Unterricht ungemein zweckmässig, aber ich fand sie nachträglich schon 70 Jahre vor mir bei Stein in Gergonnes Annales Bd. XV (1824) p. 77. —

Das Wort κλισις. »Neigung« kann Richtungsänderung bedeuten, kann Drehung bedeuten etc. Proklos (Eudemos) setzt daher κλασις in περί γωνίας. d. h. Brechung. Apollonius definiert: der Winkel ist die Verengerung der Ebene oder des Raumes an einem Punkte infolge der Biegung von Linien oder Flächen.

Dass Euklid den gradlinigen Winkel abc im Wesentlichen als eine Flächengrösse auffasst, das folgt aus der Definition 9 des gradlinigen Winkels, wo περιεχουσαι »enthaltend« gebraucht wird, und aus der ständigen

Anwendung der Winkel ὑπὸ αβγ d. h. περιεχομενη, der von dem gebrochenen Linienzug αβγ umschlossene und besonders da er unmittelbar vom Winkel als der nicht völlig begrenzten Fläche auf die Figur »οχημα« übergeht als der völlig begrenzten.

Euklid's Elemente: Forderungen.

Nun zu den fünf Forderungen:

Proklos sagt, dass die Forderungen von den Grundsätzen sich unterscheiden wie die Aufgaben von den Lehrsätzen. Die ersteren verlangen Konstruktionen, die jeder leicht ausführen kann, die andern Sätze, die jeder leicht zugibt.

Aristoteles sagt: die Forderung ermangelt des Beweises, den man gern geben möchte, wenn man nur könnte, während der Grundsatz von jedem ohne Weiteres als richtig anerkannt wird.

Die Unterscheidung des Proklos passt aber nur auf das schon genannte 1. Petitum und das 3. »Und um jedes Zentrum und mit jedem Abstand sich ein und nur ein Kreis zeichnen lasse«, d. h. dass vom gegebenen Zentrum aus durch jeden Punkt der Ebene ein und nur ein Kreis geht. Es enthalten aber No. 1 und 3 Forderungen, die, ich erinnere an Newton, von der angewandten Mechanik ihre Lösungen empfangen haben. Es darf daher nicht überraschen, wenn in den Handschriften eine ziemliche Verwirrung herrscht und sich z. B. in sehr vielen No. 5, das schon erwähnte Parallelenaxiom, als 11. Grundsatz findet und das schon vor Theon rezipierte unechte »zwei Gerade schliessen keinen Raum ein« sich im Vaticanus als Forderung 6 und in andern Codices als Grundsatz 9 findet. Der richtige Unterschied ist der: die Forderungen enthalten Grundtatsachen der Anschauungen und die Axiome Grundtatsachen der Logik.

Forderung 4: »Und alle rechte Winkel einander gleich seien«.

Sie ist nach Proklos von Geminos und anderen angegriffen als beweisbar. Ich gebe hier den Beweis des Geminos: Wäre αβγ < δεζ und legte man δεζ auf αβγ, so dass δε u. αβ zusammenfallen, so fiele εζ als βη innerhalb und dann wäre κβα das nach Definition des rechten Winkels = αβη ist > θβα > αβγ, also δεζ zugleich kleiner und grösser als αβγ (Fig.).

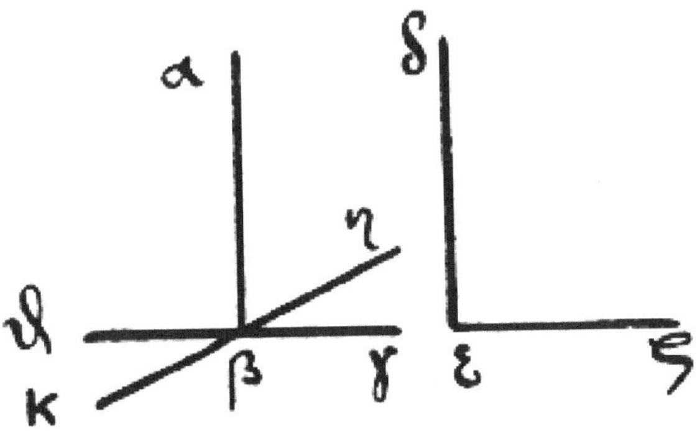

Der Beweis setzt voraus, dass die Verlängerung von ηβ sich nicht mit θβ deckt, d. h. also, dass eine Strecke sich nur auf eine Weise zu einer Geraden verlängern lasse. Darin hat H. Zeuthen recht, aber dies zu sagen wäre die Forderung eine seltsame Form und Euklid hat eine ganze Reihe stillschweigender Voraussetzungen ohne die keine geometrische, d. h. anschauliche Geometrie existieren kann, und die genannte Forderung hat er in No. 1 und 2 ausgesprochen.

Dem Geminos und den andern, vermutlich den Mechanikern Heron und Archimedes ist die strenge Aristotelische Auffassung der Bewegung verloren gegangen; der Beweis verlangt ja auch die Verschiebbarkeit und Drehung der Ebene in sich selbst, bezw. die dritte Dimension und die will und kann Euklid von seinem Standpunkte aus hier nicht zu Hilfe nehmen; so bleibt ihm nur übrig zur Forderung seine Zuflucht zu nehmen.

Euklid's Elemente: Grundsätze.

Über die 5. und letzte Forderung, das Parallelenaxiom, und dem was drum und dran hängt, kann ich auf F. Engel und P. Stäckel, Theorie d. Parallellinien (1895) und auf meine früheren Schriften verweisen. So gehe ich zu den Grundsätzen. Von Proklos sind als echt bezeichnet:

1) Was demselben (zu ergänzen: dritten) gleich ist, ist unter sich gleich.

2) Und wird Gleiches zu Gleichem hinzugesetzt, so sind die Ganzen gleich.

3) Und wird von Gleichem hinweggenommen, so sind die Reste gleich.

8) Und das Ganze ist grösser als sein Teil.

7) Und einander Deckendes ist gleich.

Euklid sagt: χοιναι εννοιαι. Allen Vernünftigen gemeinsame Einsicht.

Proklos sagt: Axiome eigentlich »Meinungen«, aber nach dem Sprachgebrauch des Aristoteles allgemein angenommene logische Sätze, die man nicht beweisen kann, weil sie die logischen Grundlagen des Beweises sind. Proklos hat nur die 5 angeführt, richtig 8 vor 7, da 7 nicht rein logisch ist, sondern von dem Zusammenfallen in der Anschauung ausgeht um daraus den logischen Schluss der Gleichheit zu ziehen.

Das Axiom 7 ist von Schopenhauer »die Welt als Wille und Vorstellung« T. 2 S. 144 angegriffen, weil es entweder eine Tautologie ist oder eine Bewegung voraussetzt. Es ist von Bolzano und Grassmann (Leibniz) durch das Prinzip ersetzt worden: »Dinge, deren bestimmende Stücke gleich sind, sind gleich« (eine andere Fassung für »gleiche Ursachen gleiche Wirkungen«).

Schopenhauer hat Euklid gar nicht verstanden; Euklid braucht Axiom 7 zuerst beim Beweis des ersten Theorems, Satz 4, der erste Kongruenzsatz, und dort im Grunde nur als Axiom von der Gleichförmigkeit des Raumes, bezw. in dem Sinne Bolzanos und Grassmanns. Ich halte es für einen Fehler, dass Euklid nicht den 1. und 3. Kongruenzsatz in die Forderungen aufgenommen hat.

Technologie der Elemente.

Es folgen nun die 48 »Protasis« (Propositionen d. i. Sätze) des ersten Buches. Die Sätze zerfallen in »Probleme«, Aufgaben, die zur Erzeugung eines Gebildes führen und »Theoreme« Lehrsätze. Den Unterschied definiert Proklos S. 201, wo er, um mit P. Tannery (Géométrie grecque S. 87) zu sprechen, von der Technologie der Elemente handelt wie folgt: Bei den Problemen handelt es sich darum sich Fehlendes zu beschaffen, anschaulich hinzustellen und mit den Kunstmitteln (Lineal und Zirkel) zu erzeugen. Im »Theorem« nimmt man sich vor das Vorhandensein einer Eigenschaft bezw. das Nichtvorhandensein zu sehen, zu erkennen, zu beweisen. Jedes Problem aber und jedes Theorem, das aus seinen vollständigen Teilen zusammengesetzt ist, muss folgendes in sich enthalten: 1) Vorlage (πρoτασις). 2) Feststellung des Gegebenen (εκθεσις.) Voraussetzung. 3) Feststellung des Geforderten (διορισμός.) Behauptung. 4) Konstruktion (κατασκευη.). 5) Beweis (απόδειξις.) 6) Schluss (συμπέρασμα).

Die Protasis sagt aus, was gegeben und was gefordert wird; denn die vollständige Protasis besteht aus beiden.

Die Ekthesis setzt das Gegebene an und für sich, (d. h. ohne Rücksicht auf das Geforderte) genau auseinander und arbeitet dadurch der Untersuchung vor.

Der Diorismos aber macht das Gesuchte, es sei, was es sei, an und für sich deutlich. Der Ausdruck Diorismos wird hier bei Proklos anders gebraucht als bei Pappos; Peyrard hat Prodiorismos: Bei Pappos bezeichnet Diorismos genau das, was wir heute Determination nennen, d. h. die Angabe derjenigen Einschränkungen in bezug auf die gegebenen Stücke, welche zur Ausführbarkeit der Konstruktion nötig sind.

Die Kataskeuē fügt das hinzu, was dem Gegebenen zur Erlangung des Gesuchten mangelt. Proklos sagt zur »Jagd« θηϱαν und braucht das Bild wiederholt, so alt ist das Bewusstsein des Kampfes des Mathematikers mit seinem Problem.

Die Apodeixis leitet das Vorliegende logisch von dem, was bereits feststeht, ab.

Das Symperasma aber kehrt wieder zur Vorlage zurück, indem es den bewiesenen Satz klar und deutlich ausspricht. Und dies sind alle Teile sowohl der Probleme als der Theoreme.

1) πϱότασις.

Technologie, Beispiel.

Ich gebe ein Beispiel (S. 5): Im gleichschenkligen Dreieck sind die Winkel an der Basis einander gleich, und werden die gleichen Schenkel verlängert, so sind die Winkel unterhalb der Basis einander gleich.

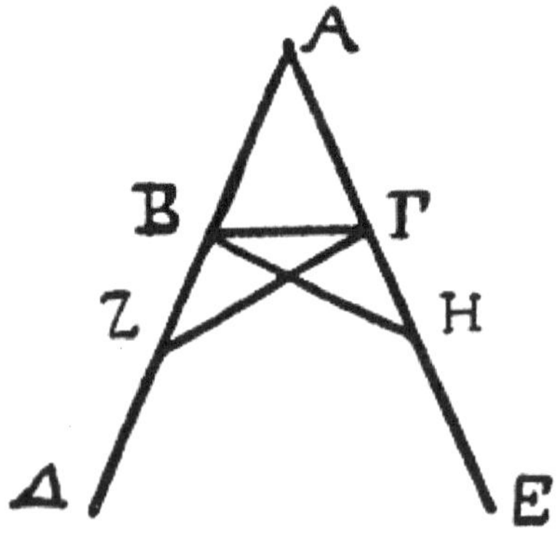

2) εκθεσις.

ΑΒΓ sei das gleichschenklige Dreieck mit ΑΒ gleich ΑΓ und es mögen auf ihrer Geraden ΑΒ und ΑΓ verlängert werden um ΒΔ und ΓΕ.

3) διοϱισμός.

Ich behaupte etc.

4) κατασκευή.

Man nehme auf BΔ einen beliebigen Punkt Z an, von AE nehme man AH gleich AZ weg und ziehe ZΓ und HB. (Fig.)

5) αποδειξις.

Dann ist ◁AZΓ ≅ AHB (Satz 4), folglich ◁AΓZ = ABH und ∢AZΓ = AHB, und da AZ = AH und ihr Teil AB und AΓ auch gleich, so ist (Ax. 3) BZ = ΓH; und, da bereits bewiesen, dass ZΓ = BH und ∢BZΓ = BHΓ, so ist (4) Dreieck BZΓ ≅ BHΓ, folglich ∢ZBΓ = HΓB, und BΓZ = ΓBH. Da nun der ganze Winkel ABH = dem ganzen Winkel AΓZ erwiesen wurde, und die Teile ΓBH und BΓZ gleich, so ist (Ax. 3) ∢ABΓ = AΓB und dies sind die Basiswinkel. Die Gleichheit aber von ZBΓ und HΓB wurde schon gezeigt und sie liegen unterhalb der Basis.

6) συμπέρασμα.

Also sind im gleichschenkligen Dreieck etc.

M. H.! ich habe dies Beispiel absichtlich gewählt, weil es zeigt, wie turmhoch Euklid über den Beweisen unserer geometrischen Lehrbücher steht, und weil aus Heibergs zitierter Arbeit über die Mathematik bei Aristoteles folgt, dass hier ein bedeutender Fortschritt des Eukleides über den Theudios vorliegt. Es fällt Euklid gar nicht ein den Satz zu benutzen: wenn die Winkel gleich sind, so sind ihre Nebenwinkel gleich.

Proklos fährt fort: Am notwendigsten aber und in allem vorhanden sind die Vorlage, der Beweis und der Schluss. Denn man muss a) vorher wissen, was zu suchen ist und b) es durch eine Kette von Schlüssen beweisen und c) das Resultat einsammeln. Die andern Teile fehlen mitunter wie Diorismos und Ekthesis bei dem Problem: Ein gleichschenkliges Dreieck zu konstruieren, worin jeder Basiswinkel das Doppelte des Winkels an der Spitze. Dies Fehlen tritt ein, sagt Proklos, wenn die Vorlage kein Gegebenes enthält (d. h. wenn es ausgelassen ist) wie in dem zitierten Beispiel die Basis des Dreiecks wie in B. X S. 20 eine 4. Wurzel zu konstruieren (nämlich bei gegebener aber nicht erwähnter Einheitsstrecke).

Technologie der Elemente, Lemma, Porisma.

Die Konstruktion aber fehlt in weitaus den meisten Theoremen, da die Ekthesis hinreicht um ohne einen Zusatz (nämlich von Zeichnung) das Vorgesetzte (d. i. die Figur, um die es sich handelt) sichtbar zu machen. Hin und wieder findet sich ein Hilfssatz, Lemma, (von λαμβάνω) und Zugaben,

Porisma. Lemma ist eigentlich in der Geometrie ein Satz, der noch des Beweises bedarf, den wir für eine Konstruktion oder einen Beweis einstweilen annehmen vorbehaltlich des Beweises, und der sich durch diesen Vorbehalt von den Axiomen und Forderungen unterscheidet, welche wir ohne dass sie bewiesen, zur Rechtfertigung anderer Sätze herbeiziehen. Porisma ist ein Zusatz, der sich beim Beweis eines anderen als eine »Gottesgabe« ungewollt von selbst ergibt, im wesentlichen also eine andere Fassung des bewiesenen Satzes. Übrigens sind die meisten, ich möchte sagen alle Lemmata und vielleicht auch die Porismata verdächtig, so fehlt z. B. das Porisma zu I, 15: (Scheitelwinkel sind gleich) »Wenn zwei Gerade einander schneiden, so sind die vier Winkel vier Rechten gleich«, obwohl es sich bei Proklos findet in den besten Handschriften.

Zu bemerken ist, dass in den guten Handschriften sich weder Überschriften noch Bezeichnungen der einzelnen Teile finden. Die Sätze sind numeriert und dies ist sicher nicht original, da Euklid nicht auf die betreffende Nummer verweist, sondern den einschlagenden Satz vollständig angibt. Dies Schleppende der Darstellung veranlasste vermutlich die Bezifferung und zwang zu Abkürzungen. Übrigens erklärt sich die Breite, wenn man sich vergegenwärtigt, dass das Original zu mündlichem Vortrag im Kolleg vor Studenten der Universität Alexandria bestimmt war. Und dies ist ein Umstand, der bei der Klage über Euklid und Euklids Methode viel zu wenig berücksichtigt ist; das Buch war für reife Männer bestimmt nur die Torheit der Scholarchen hat aus einem der tiefsinnigsten Werke aller Zeiten ein Buch für Schulknaben gemacht.

Euklids Elemente, Buch 1 bis 5.

Die Inhaltsangabe sei ganz kurz als Schluss angefügt. Buch 1, das bedeutendste, zerfällt in drei der Ausdehnung nach sehr ungleiche Teile. Satz 1–26 die wichtigsten Sätze über Dreiecke und Winkel mit den drei Kongruenzsätzen und unabhängig vom Parallelenaxiom; Satz 27–33 Parallelentheorie mit Satz 32 Winkelsumme; Satz 34–48 die Flächenvergleichung, (47 Pythagoras, 48 seine Umkehrung).

Das 2. Buch ist längst als geometrische Algebra erkannt, in Ausführung des Pythagoras wird das Rechnen mit Flächen gelehrt, z. B. $\sqrt{a^2 + b^2}$, $\sqrt{a^2 - b^2}$, dann die Multiplikation von Aggregaten, es geht bis zur Auflösung quadratischer Gleichungen in geometrischer Einkleidung, zunächst nur im speziellen Fall und endet mit dem geometrischen Existenzbeweis der Quadratwurzel durch die Verwandlung des Rechtecks in ein Quadrat.

Das 3. Buch handelt vom Kreis, aber die Kreisberechnung wird nicht gelehrt.

Buch 4 handelt von den dem Kreis ein- und umgeschriebenen Figuren, speziell von der Kreisteilung; es geht bis zur Konstruktion des regulären 15Ecks (ebenso wie wir: 215 = 13 - 15) S. 16; der dadurch merkwürdig ist, dass sogar die Analyse in die Konstruktion verwebt ist. Das 4. Buch hat seine Fortsetzung im Anfang des 12. Buches, wo in Satz 2: »Kreise verhalten sich wie die Quadrate ihrer Durchmesser«, alles steht, was bei Euklid über die Quadratur des Zirkels vorkommt.

Euklids Elemente, Buch 5 und 6.

Das 5. Buch enthält die Lehre vom Verhältnis und der Gleichheit der Verhältnisse (Proportionen) gleichartigen Grössen in vollständiger Allgemeinheit. Es ist mit grösster Wahrscheinlichkeit ein Werk des Eudoxos und scheint nur wenig von Euklid überarbeitet zu sein, da wo statt λέγεται steht καλεισθω. Auf sein höheres Alter deutet noch das Ringen mit dem Ausdruck und die oft schwer verständliche Fassung der Sätze hin. Es fehlt die Definition des Begriffes »kontinuierliche Grösse«, sie war aber durch Aristoteles gegeben, vermutlich auch von Eudoxos. Clavius (Ausgabe von 1607 p. 436) hebt wie Campanus S. 3 hervor, dass dem 5. Buch ein Axiom zugrunde liegt, welches Clavius formuliert: Quam proportionem habet magnitudo aliqua ad aliam, eandem habet quaevis magnitudo proposita ad aliquam aliam, et eandem habebit quaepiam alia magnitudo ad quamvis magnitudinem propositam. — »Das Verhältnis, das irgend eine Grösse zu einer andern hat, das wird jede beliebige gegebene Grösse zu irgend einer andern haben und eben dasselbe wird irgend eine Grösse zu jeder gegebenen Grösse haben«. Es ist das Axiom im Grunde nichts anderes als die Umkehrung des Weierstrass'schen Axioms: Zu jedem Punkt in der Zahlenreihe gibt es eine Zahl. Es wird zwar immer behauptet, die Hellenen hätten in der Irrationalzahl keine Zahl gesehen, aber aus dem 5. Buch geht unwiderleglich hervor, dass sie den Zahlbegriff in voller, fast wörtlich mit der Weierstrass'schen Auffassung sich deckender Schärfe besassen und dass Euklid wie Eudoxos im Verhältnis zweier gleichartiger Grössen nichts anderes sahen als eine Zahl. Und das erhellt schon aus dem Kunstausdruck »λόγος« für Verhältnis; denn Logik ist die Rechnung, Logistik die Rechenkunst und Logos heisst im Grunde nichts anderes als Masszahl einer Grösse in bezug auf eine andere.

6. Buch: Ähnlichkeitslehre. Mit dem 6. Buch schliessen die eigentlichen planimetrischen Bücher; wohl kommen noch einzelne planimetrische Sätze in den stereometrischen Büchern vor, wie z. B. die auf die stetige Teilung bezüglichen Sätze XIII, 1–12 und besonders der Satz XII, 1 und 2, aber sie werden doch nur zum Zweck ihrer Verwendung für stereometrische Konstruktionen und Satze gegeben.

Nachdem so die Planimetrie zu einem gewissen Abschluss gekommen war, sind die Bücher 7, 8, 9 der Arithmetik oder eigentlich besser der Zahlentheorie gewidmet.

Das 7. Buch knüpft geistig an die Lehre von den Verhältnissen an und lehrt den Algorithmus des Aufsuchens des grössten gemeinsamen Teilers, auf dem unsere ganze Zahlentheorie ruht, gerade so wie wir noch heute, durch die Kette von Teilungen.

Euklid, Elemente, Buch 8 bis 12.

Buch 8 behandelt die Proportionen noch ausführlicher, d. h. die Lehre von den Gleichungen ersten Grades.

Das 9. Buch beschäftigt sich besonders mit den Primzahlen und enthält den Satz, der der ganzen Entwicklung nach für Eigentum des Euklid gehalten werden muss, den einfachen Beweis, dass die Menge der Primzahlen unendlich: Entweder $1 \cdot 2 \cdot 3 \cdot ... p + 1$ ist keine Primzahl, dann ist sie durch eine Primzahl $> p$ teilbar oder sie ist prim. Die erste Zahl die keine Primzahl ist, gibt $2 \cdot 3 \cdot 5 \cdot 7 \cdot 11 \cdot 13 + 1 = 30031$, die zweite das Produkt der Primzahlen von 2 bis 17 + 1, welche schon durch 19 teilbar ist.

Das 10. Buch zum Teil von Theätet herrührend, handelt ausführlich von den Irrationalzahlen, welche mit Zirkel und Lineal konstruierbar sind, d. h. im Grunde von den Gleichungen 4. Grades, welche sich auf quadratische reduzieren, dabei kommt auch die allgemeine Lösung des Pythagoras gleichzeitig vor durch die Formeln: $\alpha\beta\gamma$; $\alpha\beta^2 - \alpha\gamma^2 2$; $\alpha\beta^2 + \alpha\gamma^2 2$. Der letzte Satz gibt dann den geometrischen Beweis von der Inkommensurabilität von Seite und Diagonale des Quadrats.

Das 11., 12., 13. Buch sind dann die stereometrischen Bücher. 11. Buch die Anfangsgründe, der granitne Satz vom Lote auf der Ebene, dann die dreiseitige Ecke, das Parallelepipedon, das Prisma.

Das 12. Buch enthält im wesentlichen Körperberechnung, d. h. es gibt nicht die wirklichen Formeln, sondern beweist nur, dass Pyramide bezw. Kegel $^1/_3$ vom Prisma bezw. Cylinder sind, beweist als Lemma mittelst des Exhaustionsbeweis, den er Buch 10 formuliert hat: »Sind zwei ungleiche Grössen gegeben und nimmt man von der grösseren die Hälfte weg und so fort, so kommt man zu einem Reste, welcher kleiner ist als die gegebene kleinere Grösse« dass Kreise sich wie die Quadrate ihrer Durchmesser verhalten und damit dass Kugeln sich wie die Kuben ihrer Durchmesser verhalten.

Euklid, Elemente Buch 13.

Buch 13 behandelt die platonischen Körper und gibt einleitend 12 Sätze, die das Thema von Buch 6, die Kreisteilung oder die Konstruktion regulärer Polygone, noch einmal aufnehmen und geht dann auf die regulären Körper ein; es schliesst mit dem schon hervorgehobenen Beweis der Nichtexistenz eines sechsten regulären Körpers. Wir könnten auf Euklid denselben Schlusssatz wie bei Platon anwenden, Euklid hat das unscheinbare aber unerschütterliche Fundament geschaffen, auf dem sich der stolze Bau des Archimedes erheben konnte, dem wir uns jetzt zuwenden.

Archimedes (vita).

An Euklid, dem »Stoicheiotes«, schliesst sich Archimedes an, der Erzdenker, wie ich seinen Namen übersetze, der princeps matheseos des Altertums und vielleicht aller Zeiten, der nur an Galilei, Gauss, Newton und Fermat seines Gleichen hat. Gleich gross als Mathematiker, Physiker, Mechaniker und Astronom. Auch von seinem Leben wissen wir wenig, eine Biographie seines Zeitgenossen Herakleides, welche dem Eutokios noch vorlag, ist völlig verloren. Das Todesjahr steht fest, er fiel bei der Einnahme seiner Vaterstadt Syrakus durch. Marcellus der Roheit eines Soldaten zum Opfer; also 212, und zwar hochbetagt; zum Schmerz des Marcellus, der ausdrücklich befohlen hatte des Archimedes zu schonen. Tzetzes sagt, (chiliad. II, 36, 105) im Alter von 75 Jahren, dann war er 287 geboren, jedenfalls hochbetagt. Sein Vater soll der Astronom Pheidias gewesen sein und dann wäre auch Archimedes gleich wie Aristoteles auf die exakten Wissenschaften erblich hingewiesen. Plutarch erzählt im Leben des Marcellus, dass er dem Könige Hiero II. dem trefflichsten Regenten, den Syrakus besessen, nahe verwandt gewesen und jedenfalls war er ihm und seinem Sohne Gelon eng befreundet. Eine andere Version lässt ihn durch Missverständnis einer Stelle bei Cicero in den Tusculanen V, 23 aus armer Familie und von niedriger Geburt sein. Der »humilis homunculus« bezieht sich nur auf das traurige Ende des Archimedes. Diese andere Version ist so gut wie ausgeschlossen, wir wissen, dass er jede gewinnbringende Tätigkeit geringschätzte, ja sogar jede praktische, und nur auf Bitten des Hiero und schliesslich bei der Verteidigung seiner Vaterstadt sein technisches Genie betätigte. In den tiefsten rein wissenschaftlichen Spekulationen fand er seine Befriedigung und im ganzen späteren Altertum wurde ein schwieriges Problem Archimedeon problema genannt vergl. Cicero ep. ad Atticum 12, 4; 13, 28 etc. (Bunte, Progr. Leer 1877, Heiberg, Quaest. Archim. 1879). Und auch sein Tod soll nach mehrfach beglaubigter Angabe eine Folge seiner Vertiefung in die Wissenschaft gewesen sein. Jedenfalls war er nach dem schmucklosen und glaubhaften Bericht des Livius so tief in Gedanken versunken, dass er die Einnahme von Syrakus nicht bemerkt hat. Das »Noli turbare circulos meos« (Störe ja nicht meine Kreise) geht auf Tzetzes zurück oder richtiger auf Diodor., die andere Version, die G. Valla nach Zonaras berichtet, lautet: παρα ταν κεφαλάν και μα παρα ταν γραμμάν (Verletze den Kopf, aber nicht meine Linie).

Niemals ist das Wesen des Archimedes treffender verkündet worden, als es Schiller, Dichter und Prophet im Horazischen Sinne, mit dem Epigramm »Archimedes und der Schüler« vermocht hat.

Zu Archimedes kam ein wissbegieriger Jüngling,
Weihe mich, sprach er zu ihm, ein in die göttliche Kunst
Die so herrliche Frucht dem Vaterlande getragen
Und die Mauern der Stadt vor der Sambuca beschützt.
Göttlich nennst du die Kunst? Sie ist's, versetzte der Weise,
Aber das war sie, mein Sohn, eh' sie dem Staat noch gedient.
Willst du nur Früchte von ihr, die kann auch die Sterbliche zeugen,
Wer um die Göttin freit, suche in ihr nicht das Weib.

Die Sambuca war eine von Marcellus mit grossen Kosten erbaute gewaltige Maschine, durch welche die Mauern der Achradina, der Seefestung von Syrakus, in der vermutlich Archimedes selbst wohnte, zertrümmert werden sollte. Archimedes zerstörte die Sambuca durch drei hintereinander folgende Würfe. Seine Maschinen (organa), Wurfmaschinen — Katapulte und Ballisten —, und eiserne Krane, die mit ihrem Arm die Schiffe der Römer ergriffen, hochhoben und mit furchtbarer Gewalt fallen liessen, wirkten derart, dass die Römer, sobald nur ein Seil sichtbar wurde, davonliefen. Plutarch lässt Marcellus sagen: Sollten wir nicht aufhören gegen den mathematischen Briareus, den hundertarmigen Giganten zu kämpfen. Und er hob tatsächlich die Belagerung auf und schloss die Stadt nur ein, welche erst durch Verrat und Überrumpelung in seine Hände fiel.

Aus dem Leben des Archimedes steht soviel fest, dass er, vermutlich im Mannesalter, in Alexandria war, und dort wenn auch nicht unter Euklid selbst aber unter Schülern des Euklid studierte. Es ist nicht unwahrscheinlich, dass er bei dem ausgezeichneten Mathematiker und Astronom Konon aus Samos hörte, mit dem er befreundet war und dem er später seine Entdeckungen zusandte, wie er selbst berichtet. Nach Pappos (Collect. I p. 234) ist Konon, von dessen Schriften nichts erhalten ist, der Entdecker der Archimedischen Spirale gewesen (s. u.). Auch mit Eratosthenes muss Archimedes dort verkehrt haben, das berühmte »Rinderproblem« ist an jenen gerichtet, und wenn auch die Verse des Epigramm nicht echt sein mögen, das Problem selbst und die Sendung an den Alexandriner zu bezweifeln liegt kein Grund vor. Seit Sommer 1906 ist der Verkehr zwischen beiden Mathematikern durch das von J. L. Heiberg entdeckte »Ephodion« (s. u.), erwiesen. Dort in Alexandria hat er die berühmte Schraube erfunden, die κοχλιας, nach der Schnecke mit gewundenem Gehäuse, der Purpurschnecke Kochlos, aber auch Helix genannt wurde, mit der das Wasser aus dem Nil auf die Felder gehoben wurde.

Zurückgekehrt beschäftigte er sich mit den subtilsten mathematischen Untersuchungen, insbesondere mit Ausbildung der infinitesimalen Methoden und nur zu seiner Erholung mit praktischer Mechanik. Berühmt sind die von Cicero in de republica beschriebenen Globen, von denen namentlich die Hohlkugel, ein gewaltiges, mit Wasserkraft getriebenes Planetarium für ein Wunderwerk galt. Es war das einzige Beutestück, das Marcellus aus Syrakus für sich nahm. Auch die einzige Schrift, welche Archimedes über Technik verfasst hat, ist nach dem Zeugnis des Plutarch die Schrift über Anfertigung von Globen, περι σφαιροποιαν.

Von Archimedes werden zwei Züge autoritär berichtet und besonders der erste so gut beglaubigt, dass er wahr erscheint. König Hiero liess unter Leitung des Archimedes ein prächtig ausgerüstetes Riesenschiff bauen, etwa unsern Salondampfern vergleichbar, das Athenaios (2 Jahrh. nach Chr., Alexandriner, der uns Auszüge aus sehr vielen verlorenen Werken in seinen Deipnosophistae-Gastmahle Gelehrter — erhalten hat; siehe Details über das Schiff bei Bunte l. c.) ausführlich beschreibt. Hiero bezweifelte ob man das Riesenschiff vom Stapel lassen könne, da zog Archimedes mit dem von ihm erfundenen Flaschenzug allein ein beladenes Schiff, Proklos sagt sogar das Schiff, ans Ufer indem er sagte: δός μοι πᾶ στῶ καὶ τὰν γᾶν κινήσω. (Gib mir einen festen Punkt, und ich will die Erde bewegen.) Proklos (Friedlein p. 63) berichtet weiter: »Απο ταυτης, εφη, της ἡμερας περι παντος Αρχιμηδει λεγοντι πιστευτεον«. Und der erstaunte Hiero sagte: Von heute ab mag Archimedes behaupten was es sei, man muss ihm Glauben schenken. Das Hebelgesetz, die Grundlagen der Statik hat unbezweifelt Archimedes bewiesen vergl. Pappos VIII, 19.

Die andere Anekdote knüpft an seine Auffindung des Hydrostatischen Grundgesetzes von der gleichmässigen Fortpflanzung des Druckes in Flüssigkeiten an, des Archimedischen Prinzip: »Der Auftrieb ist gleich dem Gewicht der verdrängten Wassermasse«. Sie wird uns von Vitruv, dem bedeutendsten Römischen Baumeister, dem Lehrmeister unserer Architekten und Ingenieure, in de Architectura IX mitgeteilt. Es ist die bekannte in jeder Aufgabensammlung stehende Gleichung von der Krone des Hiero, Proklos nennt l. c. Gelon, doch hat H. Heiberg höchst wahrscheinlich recht, dass richtiger Hieron zu lesen ist, da Proklos zu Gelon nichts hinzusetzt. Der König glaubte sich von seinem Goldschmied betrogen, der Silber unter das Gold gemischt, und stellte die Aufgabe, ohne die Krone aufzulösen, herauszubringen, wieviel Gold und wie viel Silber die Krone enthalte. Archimedes habe sich im Bade mit dem Problem beschäftigt und als er das Steigen des Wassers in der Wanne beobachtet, sei er mit dem Ausruf, εὕρηκα, εὕρηκα, ich hab's (gefunden) ich hab's, nackt aus dem Bade gesprungen. Die ganze Badegeschichte fehlt bei Proklos, der nur angibt, dass jener die ihm gestellte Aufgabe gelöst habe.

Sicher steht dagegen die Tatsache, dass Archimedes den Wunsch ausgesprochen, man möge ihm auf sein Grab eine von einem Cylinder umschlossene Kugel setzen, mit der Angabe des Verhältnis der Volumina 2 : 3, denn auf diese Entdeckung legte er den grössten Wert, (man denke an Newton und den Binom). Marcellus hat den Wunsch erfüllt, Cicero berichtet l. c. dass er, der 75 v. Chr. als Quästor auf Sicilien seines Amtes waltete, an dieser Inschrift das verfallene Grabmal des Archimedes erkannt und das Grab wieder in Stand gesetzt habe.

Archimedes' Werke.

Und nun zu dem, was unsterblich an Archimedes ist, seine Leistungen und Schriften. Die grosse Bedeutung seiner Entdeckungen für die reine und angewandte Mathematik haben bewirkt, dass nur ein verhältnismässig kleiner Bruchteil wirklich verloren gegangen ist, wenn uns auch die Originalfassungen vielfach fehlen. Archimedes sprach und schrieb im dorischen Dialekt und seine Schriften sind erst später attisiert. Einen Teil kennen wir aus arabischen Quellen und lateinischen Übersetzungen.

Archimedes verdankte seine Leistungen der so seltenen Verbindung des höchsten experimentellen mit höchstem spekulativen Scharfsinn. Schon in der Einleitung habe ich das Citat aus Herons Metrika angeführt und die Auffindung des Kugelvolums, und ebenso ruht, wenn nicht die Einführung, doch sicher die Benutzung des Schwerpunktes auf experimenteller Grundlage. Aber was er auf dem Wege des Experimentes gefunden, das vermochte er zu beweisen mit Hilfe von Infinitesimalbetrachtungen, die er sehr früh mit vorbildlicher Klarheit und Schärfe ausgebildet haben muss. Es scheint mir ganz sicher zu sein, dass sein erster rein mathematischer Vorwurf das Problem der Bogenteilung und Quadratur des Zirkels, welche ja schon Dinostratos zusammengezogen hatte, gewesen ist, wenn auch die Kreismessung später redigiert ist. Dies geht daraus hervor, dass die an Konon gesandten Sätze über die »Archimedische Spirale« zeitlich so ziemlich das Erste sind, was er veröffentlicht hat. Die Spirale selbst soll ja Pappos zufolge Konon und nicht Archimedes gefunden haben, die Benutzung derselben zur Winkelteilung und Kreismessung und die Auffindung ihrer Eigenschaften sind sein Eigentum. Die Beweise der Sätze fand er mit Hilfe des Infinitesimalen, auf Differentialrechnung beruht seine Konstruktion der

Tangente an die Spirale, die nichts anderes ist als die Roberval-Torricelli'sche Methode, auf Integration die Flächen- und Volumenbestimmung. Freilich sah auch er sich durch die Rücksicht auf seine Leser genötigt, die Differentialrechnung hinter dem sogenannten Archimedischen Prinzipe (s. u.) zu verstecken, wie wir das schon bei Eudoxos konstatierten, sind doch m. E. die Schriften des Demokrit nur deswegen verloren gegangen, weil sie mangels Konzessionen an die Beschränktheit nicht verstanden wurden. Eine der frühesten Anwendung muss der Hauptsatz der κύκλου μέτρησις, der Kreismessung, gewesen sein, und die Auffassung des Kreises als Grenze der regulären Polygone.

Archimedes' Werke (Ephodion).

Wie klar sich Archimedes über die Tragweite der Infinitesimalrechnung gewesen und wie scharf er den Grenzbegriff erfasst hat, ist jetzt durch die Wiederauffindung des bis 1907 verloren geglaubten Ephodion (εφοδιον) erwiesen. J. L. Heiberg hat durch die Entzifferung des Palimpsest [publiziert in deutscher Übersetzung Eneström Folge III, 7, 1907 S. 31 ff. und griechisch Hermes 42 Heft 2] auf den ihn H. Schoene, der Auffinder der Metrika des Heron hingewiesen hatte, seinen ohnehin schon überreichen Verdiensten um die Geschichte Hellenischer Wissenschaft die Krone aufgesetzt. Er hatte dabei die Freude die Vermutung die er in dem Quaestiones Archimedeae über den Inhalt des εφοδιον.εφοδιον 1879 ausgesprochen hatte, 1907 vollbestätigt zu sehen. Es heisst da: Potius crediderim, εφοδιον esse librum methodi mathematicae scientiam complectentem ...; εφοδος enim post Aristotelem significat methodum.

Die Schrift mag »druckfertig« gemacht sein wann sie will, ihr wesentlicher Inhalt fällt nicht nur vor Kugel und Cylinder, sondern bildete mit dem Begriffe des statischen Moments den Ausgangspunkt, gewissermassen das Leitmotiv seiner ganzen wissenschaftlichen Tätigkeit, wenigstens soweit Mechanik und Geometrie in Betracht kommen. In einem Vortrag zu Frankfurt auf der Naturforscherversammlung 1893 sagte ich schon, dass Galilei so genau an Archimedes anknüpfe, als habe er bei ihm gehört. Das Ephodion zeigt, dass selbst die Form Galileis und noch mehr Cavalieris, seines Schülers, merkwürdig mit Archimedes übereinstimmt. Die Renaissance besass gewiss ein ganz Teil Originaltexte die inzwischen verloren gingen, wie das von der Sammlung Regiomontans feststeht und von des Archimedes-Schrift περι οχουμενων., von der übrigens ein grosses Stück sich im selben Palimpsest vorgefunden hat und es scheint mir wahrscheinlich, dass ein Exemplar des εφοδιον Galilei und Cavalieri vorgelegen hat. So ist der Kunstausdruck für das Integral, den auch Leibniz zuerst von Cavalieri entnommen, »omnia«, eine Übersetzung des »παντα« aus dem Ephodion, so die Stelle Hermes S. 250 Z. 15–19 von και bis τμημα. und

254, 21 von συμπληχθεντος bis κώνου., welche den Archimedes, der doch seinen Aristoteles genau genug kannte, wie seiner Zeit Cavalieri dem Verdacht aussetzten die Fläche als Summe von Linien, den Körper als Summe von Flächen anzusehen. Die Identität der Exhaustionsmethode mit der Differentialrechnung hat kein Geringerer als Wallis zuerst hervorgehoben; ich verweise hierfür auf die 2. Auflage meiner Didaktik und Methodik, Baumeisters Handbuch IX pg. 168 (1907).

Archimedes' Werke (Ausgabe).

Archimedes' gesammelte Werke sind griechisch und lateinisch zuerst 1544 bei Herwagen in Basel, der auch in Strassburg eine Druckerei besass, gedruckt worden, der Herausgeber Thomas Grechauff nennt sich auf dem Titelblatt nicht. Der lateinische Text ist weit besser als der griechische, Heiberg macht es wahrscheinlich, dass wir es hier mit den Verbesserungen Regiomontans zu tun haben und ausserdem hat noch der von Nürnberg aus 1529 nach Strassburg berufene Christian Herlin wesentlichen Anteil. Das Exemplar, welches nach mannigfachen Schicksalen jetzt die Bibliothek des Lyceums ziert, kann sehr wohl Herlins eigenes Exemplar gewesen sein, der ursprünglich als Städtischer Rechenmeister, dann als erster Mathematiker des Sturmschen (jetzigen Protestantischen) Gymnasium bis 1562 in Strassburg wirkte. Die nächste Gesamtausgabe griechisch und lateinisch ist die Oxforder Ausgabe in Riesenformat des Giuseppe Torelli von 1792, sie wäre ein Meisterstück geworden, wenn nicht der 1781 im 61. Lebensjahr erfolgte Tod des hervorragenden Gelehrten die endgültige Ausgabe in die Hand des Engländers Abraham Robertson gelegt hätte, der sie vergl. Heiberg, Quaest. Arch. p. 110 und E. Nizze p. IX verdorben hat. Heiberg erwähnt noch wenig rühmend die Ausgabe des Rivaltus Paris 1615 fol., sie ist aber durch gute Figuren bemerkenswert. Torelli hat das Verdienst, durch Benutzung der Begleitbriefe mit denen Archimedes die meisten Werke in die Welt gesandt, und der eignen Zitate die Schriften in chronologisch richtigere Reihenfolge gebracht zu haben, als sie der Codex Florentinus, der wichtigste aller, da der »Archetyp« der Codex des Georg Valla (Heib. Praef.) seit 1544 noch nicht wieder zum Vorschein gekommen ist, und mit ihm die andern enthalten.

Es folgt als letzte und beste die Ausgabe von I. L. Heiberg Teubner 1880–81, ebenfalls mit dem Kommentar des Eutokios, griechisch und lateinisch, Heiberg bereitet auf Grund des von ihm entzifferten Palimpsest (s. o.) eine zweite Auflage vor.

Archimedes' Werke (Übersetzungen, Kommentare).

Von Übersetzungen hebe ich hervor die lateinische des Federico Commandino Venedig 15., der schon als Euklidübersetzer gerühmt werden musste; die deutsche des Altdorfer Professor Chr. Sturm, den ich in der Didaktik und Methodik so vielfach erwähnen musste, den Verfasser der Mathesis juvenilis, die französische von F. Peyrard 1807 mit einem Anhang Delambres über griechisches Zahlenrechnen (Logistik) und die vortreffliche des Stralsunder Ernst Nizze von 1824 mit wichtigen kritischen Anmerkungen, in denen auch der Kommentar des Eutokios »des einzigen, der aus dem Altertum selbst rührt« (Nizze p. VII) berücksichtigt ist. Über ihn sagt die Florentinus (Heiberg, Quaest. p. 113):

Ευτοκιου πινυτου γλυκερος πονος, ὃν ποτ' εκεινοςγραψεν, τοις φθονεροις πολλακι μεμψαμενος.Treffliche Arbeit des weisen Eutokios, einstens geschrieben,Welche die Neider des Manns öfter [mit Unrecht] geschmäht.

Ich wage es übrigens zu sagen, dass die einleitenden Worte Heib. B. 3, p. 2 zu frei übersetzt sind, ich würde »η δια την δυσκολιαν οκνησας« wiedergeben: »obwohl die Schwierigkeit mich zaudern liess«, den Superlativ »verisimillimum« als Übersetzung von πανυ εικος mit »nicht unwahrscheinlich« und das reizende »ει τι και παρα μελος δια νεοτητα φθενξομαι.« »und wenn ich auch meiner Jugend wegen ab und an falsch singen würde« etc. Leider hat Eutokios nur No. 1, 3, 4 der Schriften kommentiert.

Archimedes' Werke (Reihenfolge).

Die jetzt festgehaltene Reihenfolge der Schriften ist:

1) επιπεδων ισοῤῥοπιων α, Buch I vom Gleichgewicht der Ebenen (Flächen).

2) τετραγωνισμος τας ορθογονιου τομας, Quadratur der Parabel.

Über die Dorischen Eigenarten s. Heibergs Quaest. Arch. Cap. V.

3) επιπεδων ισορροπιων β, Buch II vom Gleichgewicht der Ebenen (Flächen) oder vom Schwerpunkt derselben.

4) περι σφαιρας και κυλινδρου αβ, 2 Bücher von der Kugel und dem Cylinder.

5) περι ἑλικων, über die Schneckenlinien (Archimedische Spirale).

6) Über Konoide und Sphäroide (Über Rotationsflächen 2. Grades).

7) κυκλου μετρησις, die Kreismessung.

8) ψαμμιτης, der Sandzähler, lateinisch arenarius.

9) περι οχουμενων, über schwimmende Körper. 2 Bücher, bis vor kurzem nur lateinisch erhalten.

10) προβλημα βοων, das Rinderproblem, bis vor kurzem (bis vor Entdeckung des Pariser Codex) bezweifelt.

11) εφοδιον, Methodik, das oben besprochene, jetzt erst wieder zum Vorschein gekommene Werk, welches H. Zeuthen l. c. vor No. 4 ansetzt, ich vermute, dass Heiberg in seiner neuen Ausgabe mit dem εφοδιον beginnen wird, da er jetzt schon die Schriften nach ihrem sachlichen Zusammenhang geordnet hat, ohne sich weiter über seine Gründe in der Vorrede zu äussern.

Aus dem arabischen Manuskript des Thabit ibn Qurrah, der die Euklidübersetzung des Ishaq ibn Hunein wesentlich verbessert hat, ist von S. Foster 1659 eine angeblich von Archimedes herrührende Sammlung von 13 Sätzen herausgegeben unter dem Titel liber assumptorum Λημματα, Wahlsätze. Dass ein Teil sicher auf ihn zurückgeht, wird durch Pappos bezeugt.

Dass der grosse Mann auch ein Kinderspiel »loculus Archimedis« unter dem Namen στομαχιον., von Drachmann mit Neckspiel (Heiberg, Hermes 42, 240) wiedergegeben, ersonnen hatte, wird von Heiberg auf Grund des Palimpsest von 1906 bestätigt, es bestand (Quaest. Archim. 43, 2) aus 14 teils quadratischen teils dreieckigen Plättchen aus Elfenbein und hat sich bis heute als das »Pythagoras« genannte Zusammensetzspiel erhalten.

Aus einer verlorenen Schrift hat uns Pappos, Buch V, Kap. 33–36 die 13 sogen. »Archimedischen Körper« erhalten, das sind halbreguläre Polyëder, begrenzt von abwechselnden regelmässigen Polygonen zweier Gattungen, worüber man R. Baltzers klassische Elemente nachsehen möge. Aus dem Umstand, dass Archimedes diese Körper, abgesehen von den Prismaten, vollständig aufgestellt hat, geht klar hervor, dass er den sogen. Euler'schen Satz $e + f = k + 2$ kannte, wie es ja auch ziemlich sicher ist, dass er die bei Pappos gegebene sogen. Guldinsche Regel vom Volumen der Rotationskörper kannte.

Bis auf minimale Spuren verloren sind περι ζυγων, über Wāgen, κεντροβαρικα. κατοπτρικα περι σφαιροποιας, welche von Pappos, Theon und Proklos erwähnt werden.

Analyse der Schriften des Archimedes.

Analyse der Schriften des Archimedes.

Dieselbe wird dadurch erleichtert, dass sie Archimedes selbst gleich in der Einleitung gibt.

Ich beginne mit der Quadratur der Parabel von Archimedes (s. o.) »Schnitt des rechtwinkligen Kegels« genannt. Aus Euklids Konika schickt er 3 Sätze als bekannt voraus. I. Wenn *ABC* eine Parabel, die Gerade *BD* entweder der Axe (Durchmesser) parallel oder die Axe selbst ist, und wenn *ADC* der berührenden an dem Punkte B der Parabel (Scheiteltangente des Durchmessers) parallel ist, so wird $AD = DC$ sein, und wenn $AD = DC$ ist, so werden *ADC* und die berührende an dem Punkt B der Parabel parallel sein.

II. Die Tangente im Endpunkt einer Sehne schneidet den konjugierten Durchmesser so weit hinter dem Scheitel wie die Sehne vor.

III. Die Quadrate zweier paralleler Sehnen verhalten sich wie ihre Abstände vom Scheitel des konjugierten Durchmessers.

Es folgt dann die Quadratur mittelst der Sätze der Statik aus dem 1. Buch des »Gleichgewicht der Ebenen« unter Bildung des statischen Moments und dann von Satz 18 bis 24 die Quadratur in bekannter Weise als: Σ 14^n wobei der strenge Beweis durch das Archimedische Prinzip gegeben wird. Das Interessanteste ist wohl die Vorrede:

Archimedes wünscht dem Dositheos Wohlergehen. Mit der Nachricht von dem Tode des Konon, der mir aus dem Freundeskreise noch übrig geblieben war, verband sich die, dass du sein Vertrauter gewesen und ein geschickter Geometer bist. In der Trauer über den Verstorbenen, der mir lieb war und ein bewunderungswürdiger Mathematiker, fasste ich den Entschluss, wie sonst mit ihm, so jetzt mit dir in schriftliche Verbindung zu treten und dir ein bisher nicht aufgestelltes geometrisches Theorem zu senden, das jetzt von mir bewiesen ist und zwar wurde es zuerst statisch gefunden, dann aber auch geometrisch bewiesen.

Quadratur der Parabel.

Einige von denen, welche sich früher mit Geometrie beschäftigten, unterfingen sich zu schreiben es sei möglich eine geradlinige Figur zu finden, welche einem gegebenen Kreise oder Kreisabschnitt gleich sei. Danach versuchten sie auch die Ellipse zu quadrieren [Ellipse gleich ολα τομα του κωνου., die beiden andern ατελής d. h. unvollendbar] unter Annahme von

Sätzen, die man ihnen nicht wohl zugestehen konnte. Doch hat meines Wissens keiner von den früheren versucht den von dem Schnitt des rechtwinkligen Kegels [= Parabel] und einer Geraden umschlossenen Raum zu quadrieren, was jetzt von uns aufgefunden ist. Denn es wird gezeigt, dass jedes Parabelsegment $^4/_3$ des Dreiecks ist, das mit ihm gleiche Grundlinie und Höhe hat, unter Annahme folgenden Hilfssatzes: Der Unterschied zweier Flächen einer grösseren und einer kleineren kann durch Vervielfältigung jede vorgelegte begrenzte Fläche übertreffen. —

Archimedes' Werke (Prinzip; Kugel und Cylinder).

Dies ist also das Archimedische Prinzip in Originalfassung.

Es kommt noch einmal vor am Schluss der Einleitung zu der Spirale Heib. II, 14, wörtlich wie hier, nur dass es auch noch auf lineare Grössen ausgedehnt ist; in Kugel und Cylinder Heib. 1, 10, ε ist es auch auf Körper ausgedehnt, vergl. darüber Eudoxos.

II. Kugel und Cylinder.

»Archimedes grüsst den Dositheos. Früher habe ich dir brieflich das damals mehrfach behandelte Theorem, dass jedes Parabelsegment 4/3 des Dreiecks ist, das mit ihm gleiche Grundlinie und Höhe hat, mit den Beweisen zugesandt. Danach bin ich auf einige noch nicht bewiesene Sätze gestossen und habe die Beweise ausgearbeitet. Es sind folgende: Erstens, dass die Oberfläche der Kugel das Vierfache ihres grössten Kreises ist, sodann, dass der Fläche jedes Kugelsegments ein Kreis gleichkommt, dessen Radius[1] gleich der Verbindungslinie des Scheitels mit einen Punkt des Grundkreises ist; dazu kommt der Satz, dass jeder Cylinder der den grössten Kreis zur Basis und den Kugeldurchmesser zur Höhe hat, das anderthalbfache der Kugel ist, wie seine Oberfläche von der der Kugel«.

[1] Der Radius heisst ἡ ἐκ τοῦ κέντρου; zu ergänzen ist γραμμή die Linie aus dem Zentrum, das Wort Radius ακτις kommt, vergl. Simon Euklid 1901, p. 80 Anmerk. 1 zuerst bei Cicero. Timaeus cap. VI vor.

Es folgt dann die schon bei Eudoxos erwähnte Stelle über die Sätze mit denen dieser die Demokritische Formel über die Volumina der Pyramiden und Kegel bewiesen hatte. Wichtig sind die Annahmen, die sich an die 6 Axiome der Einleitung anschliessen.

1) Von den Linien, welche dieselben Endpunkte haben, ist am kürzesten die Gerade.

Archimedes hat auch nicht im mindesten die Absicht mit dieser Forderung eine Definition der Geraden zu geben.

2) Von zwei nach denselben Seiten hohlen (gekrümmten) Verbindungslinien zweier Punkte ist die umschlossene die kleinere.

3) Ebenso ist von den Flächen, welche dieselben Grenzen haben, falls diese Grenzen in einer Ebene liegen, die Ebene die kleinste.

4) Von zwei solchen Flächen, welche nach derselben Seite hohl sind, ist die umschlossene die kleinere.

5) Auch ist bei ungleichen Linien, Flächen oder Körpern der Unterschied so beschaffen, dass es durch Vervielfältigung desselben möglich ist jede Grösse derselben Art zu übertreffen.

No. 5 ist das Archimedische Prinzip in allgemeinster Fassung.

Es folgt dann die Integration oder Quadratur der Kugelfläche in der auch in unsern Elementarbüchern leider noch oft gegebenen Weise als Grenze einer Summe von Kegelmänteln und die des Kugelvolumens durch den Satz eine von Kegelflächen begrenzte Figur die in eine Kugel eingeschrieben ist, ist gleich einem Kegel, dessen Grundfläche die Fläche der eingeschriebenen Figur ist, und dessen Höhe gleich dem Lot vom Zentrum auf die Kante eines der Kegel ist; also als Grenzfall: Kugel = Kegel dessen Grundfläche die Kugel, dessen Höhe der Radius ist.

Archimedes' Kreismessung.

Im Ephodion II hat Archimedes dann uns verraten, dass er erst das Kugelvolumen mittelst Integration (durch geschickte Benutzung des Hebelsatzes, die heute überflüssig ist) gefunden hat und dann die Kugelfläche wie wir, durch den Satz, dass die Kugel eine Pyramide ist, welche die Fläche zur Grundfläche und den Radius zur Höhe hat, der heute jedem mit Grenzbetrachtung vertrauten Primaner einleuchtet. Zugleich berichtet er uns in der Anmerkung, dass die Kreisberechnung ihn auf diesen Gang geführt und man sieht, dass die Kreisberechnung faktisch der Kugelberechnung voranging, was ich schon in der Vorlesung von 1903 gesagt hatte.

Archimedes hat wohl mit Fug und Recht das Buch I der Sphaira als seine bedeutendste Leistung angesehen, obwohl er u. a. im zweiten Teil unter No. 5 die Aufgabe löste von einer Kugel durch einen ebenen Schnitt einen gegebenen Bruchteil abzuschneiden, die auf eine Gleichung dritten Grades und zwar auf den casus irreducibilis führt und in enger Beziehung zur Winkelteilung steht.

Das Eindringen in die Prinzipien der Integralrechnung und seine Kenntnis der Integrale rationaler Integranden tritt am deutlichsten in der Abhandlung No. 4 über Konoide und Sphäroide hervor, d. h. über Rotations-Paraboloide und -Hyperboloide (Konoide) und Rotations-Ellipsoide (Sphäroide). Hier quadriert er auch die Ellipse, den Schnitt des spitzwinkligen Kegels, und zeigt, dass er die Gleichung der auf ihre konjugierten Axen bezogenen Ellipse und Hyperbel kennt.

Ich komme zur κυκλου μετρησις, sie ist dem Wesen nach schon vor der sphaera entstanden, aber später redigiert. (Vorlesung 1903.) Sie beginnt mit dem wieder auf das Prinzip gestützten Nachweis, dass der Kreis gleich einem Dreieck, dessen Grundlinie die Peripherie und dessen Höhe der Radius ist. Es wird wohl niemand mehr bezweifeln, dass er das gleichschenklige Dreieck, dessen Grundlinie das Bogenelement ist, als Differential und die Kreisfläche selbst als Integral ansah, wodurch es sich auch erklärt, dass er die Existenz eines solchen Dreiecks bei seiner Verkleidung der Infinitesimalrechnung stillschweigend annahm. Durch diesen Satz I hat Archimedes die Probleme der Quadratur und Rektifikation des Kreises vereinigt. Die beiden Sätze, welche gestatten die Kette der ein- und umgeschriebenen regulären 2^k n Ecke beliebig weit fortzusetzen, sind heute Inventar unserer Schulgeometrie. Die Arbeit gipfelt in dem berühmten Satz III, den Ulrich v. Wilamowitz in sein Übungsbuch aufgenommen hat:

Παντος κικλου ἡ περιμετρος της διαμετρου τριπλασιων εστι, και ετι ὑπερεχει ελασσονι μεν η ἑβδομω μερει της διαμετρου, μειζονι δε η δεκα ἑβδομηκοστομονοις., wo dann in den griechischen Zahlwörtern und den Dativen ελασσονι etc. jedes Philologenherz schwelgen kann. »Jedes Kreises Umfang ist des Durchmessers Dreifaches und geht darüber hinaus durch einen Teil des Durchmessers der geringer ist als ein Siebentel und grosser als 10 Einundsiebzigstel.« Ausgegangen wird vom 6 Eck, als Grenze dient das ein- und umgeschriebene 96 Eck. Wie er die Quadratwurzeln mit solcher Genauigkeit gezogen, steht noch nicht fest, doch hat er sich vermutlich eines Kettenbruch ähnlichen Algorithmus bedient und vermutlich auch die Formel gekannt

$$a \pm b2a > \sqrt{a^2 \pm b} > a \pm b2a \pm 1$$

Spirale.

Für Kreismessung und Kugel-Cylinder sind die Handschriften am verdorbensten. Eng an die Kreismessung schliesst sich die Schrift περι ἡλικων, über die Archimedische Spirale, erzeugt durch einen Punkt M, der sich gleichförmig auf einem sich gleichförmig drehenden Radius bewegt. Da die Gleichung der Kurve in Polarkoordinaten $r = a \,.\, \Theta$, wo $a2\pi$ gleich der

Strecke AΘ ist, welche M auf dem Radius während eines vollen Umlaufs zurücklegt, so gibt die Kurve sowohl den Kreisumfang als auch jede beliebige Bogen- oder Winkelteilung. Sie wird mit den denkbar einfachsten geometrischen Mitteln behandelt, noch elementarer als in der kleinen analytischen Geometrie, Sammlung Göschen No. 65, auch der Flächeninhalt durch Integration des Polarflächenelements $^1/_2\ r^2\ d\Theta$ ermittelt. Die Einleitung ist für die Datierung der Werke wichtig, sie wiederholt die vor langen Jahren an Konon gesandten Sätze, darunter zwei Vexiersätze, es heisst: Es trifft sich, dass darunter zwei Platz gefunden haben, welche eine Erfüllung (nämlich der Forderung sie zu beweisen) vermissen lassen, damit die Leute, welche behaupten, sie könnten alles finden, während sie doch keinen Beweis herausbringen, überführt werden, dass sie hier mal eingestanden haben, das Unmögliche zu finden.

Archimedes: Ephodion.

Über das ἐφόδιον habe ich schon Einiges gesagt. Es führt im Palimpsest Heiberg, Hermes 42 p 243 den Titel Archimedous peri tōn mechanikōn Theōrematōn pros Eratosthenen ephodos; seine Existenz war bis 1903 nur durch eine Stelle des Lexikographen Suidas bekannt, und 1903 durch ein Zitat in dem von Schoene herausgegebenen Codex Constantinopolitanus der Metrika des Heron von Alexandria. Die beiden von Heron angeführten Sätze über die kubierbaren Körper, den Cylinderhuf und den Schnitt zweier im selben Würfel eingeschriebener Cylinder mit aufeinander senkrechten Achsen werden gleich in der Einleitung als Hauptleistungen des ἐφοδος, der Methode, angeführt. Den ersten Satz habe ich als Primaner unter Bertram, der ihn wohl durch Schellbach kannte, selbst bewiesen, und seit 1873 meinen Primanern fast regelmässig vorgesetzt. Wer ihn wieder aufgefunden weiss ich nicht, vielleicht Luca Valerio »der zweite Archimedes«. Als Beispiel der Methode gebe ich die Kugelberechnung, aus der sowohl die Kunst des Archimedes als auch die eigenartige Verquickung von Statik und Differentialrechnung in der Methode auf das deutlichste hervorgeht.

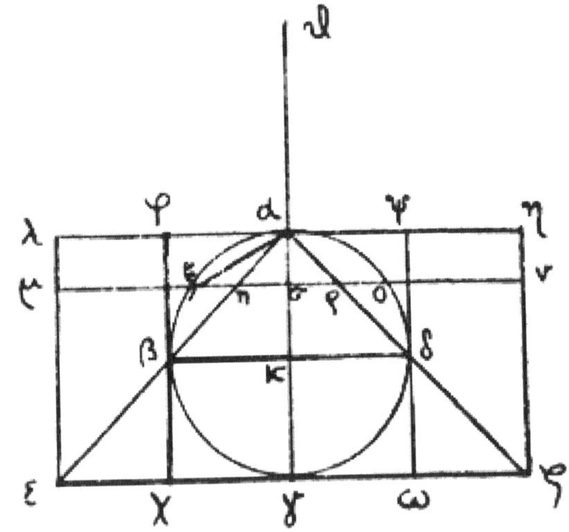

Archimedes: Ephodion, daraus Kugelberechnung.

II. Dies (die Parabelquadratur) ist zwar durch das jetzt Gesagte nicht voll bewiesen, aber es gibt doch gewissermassen den Nachweis, dass die Schlussfolge richtig sei etc. Dass aber jede Kugel das vierfache (im Text fehlt der Doppellängsstrich über das δ von διπλασια) des Kegels ist, der zur Basis den grössten Kugelkreis und zur Höhe den Kugelradius hat und von dem Cylinder, der den grössten Kugelkreis zur Basis und eine Höhe gleich dem Kugeldurchmesser hat, das anderthalbfache ist, wird folgendermassen nach dieser Methode erschaut. Gegeben eine Kugel, in welcher ein grösster Kreis αβγδ (s. Fig.) αγ u. βδ seine zwei aufeinander senkrechte Durchmesser, und um den Durchmesser βδ sei der auf den Kreis αβγδ senkrechte Kreis gezogen und von diesem senkrechten (Kreis) aus, sei ein Kegel beschrieben der seinen Scheitel im Punkte α habe und nachdem seien Oberfläche ausgezogen soll der Kegel geschnitten worden sein von einer Ebene durch γ parallel zur Basis. [Sie wird aber einen Kreis schaffen senkrecht auf] αγ, und sein Durchmesser [ist ζε]. Und von diesem Kreis aus soll ein Cylinder angeschrieben worden sein, der eine Achse hat (ἄξονα) welche αγ gleich ist, und Kanten des Cylinders solle ελ und ζη sei. Und γα ist verlängert worden (eig. weiter geworfen, vom Seil mit dem die Gerade ursprünglich konstruiert wurde) und es wurde ihr gleich gesetzt αθ (κειμαι ist hier nicht liegen, sondern wie häufig Passiv von τιθημι setzen), und es werde γθ als Wagebalken gedacht dessen Mitte Punkt α, und es sollte irgend eine Parallele gezogen werden zu βδ, die Linie μν (wörtlich die für βδ vorhanden seiende), und sie soll den Kreis αβγδ schneiden in den Punkten ξ und ο [Punkt wird durch den Strich über ξ und ο angedeutet] und den Durchmesser αγ in σ und die Gerade αε in π, und αϱ in ϱ und von der Geraden μν aus soll eine Ebene senkrecht zu αγ gestellt worden sein. Diese wird nun in dem Cylinder als Schnitt bewirken [den Kreis dessen Durchmesser $\mu\nu$ sein wird und in der Kugel $\alpha\beta\gamma\delta$] den Kreis dessen Durchmesser ξo sein wird und in dem Kegel $\alpha\varepsilon\varrho$ den Kreis dessen Durchmesser $\pi\varrho$ sein wird. Weil nun das Rechteck aus $\mu\sigma$ und $\sigma\pi$ — denn $\alpha\gamma$ ist gleich $\sigma\mu$ und $\alpha\sigma$ gleich $\pi\sigma$ — und das Rechteck aus $\gamma\alpha$ und $\alpha\sigma$ gleich ist den Quadrat über $\alpha\xi$, das heisst $\xi\sigma^2$ plus $\sigma\pi^2$, so ist folglich das Rechteck aus $\mu\sigma$ und $\sigma\pi$ gleich $\xi\sigma^2 + \sigma\pi^2$. [Ich bemerke dass Zeile 22 am Schluss statt α gelesen werden muss ὑ.] Und weil $\gamma\alpha : \alpha\sigma$ wie $\mu\sigma : \sigma\pi$ und $\gamma\alpha$ gleich $\alpha\theta$, folglich $\theta\alpha : \alpha\sigma = \mu\sigma : \sigma\pi$, d. h. gleich $\mu\sigma^2 : \mu\sigma \,.\, \sigma\pi$. Das Rechteck aus $\mu\sigma$ und $\sigma\pi$ wurde gleich erwiesen $\xi\sigma^2 + \sigma\pi^2$; also $\theta\alpha : \alpha\sigma$ wie $\mu\sigma^2 : (\xi\sigma^2 + \sigma\pi^2)$ wie $\mu\nu^2 : \xi o^2 + \pi\varrho^2$. Sowie $\mu\nu^2 : \xi o^2 + \pi\varrho^2$ so verhält sich der Kreis im Cylinder mit dem Durchmesser $\mu\nu$ zu der Summe der Kreise, des im Kegel mit Durchmesser $\pi\varrho$ und des in der Kugel dessen Durchmesser ξo. Also $\theta\alpha : \alpha\sigma$ so wie der Kreis im Cylinder zu den (beiden) Kreisen (zusammen) dem in der Kugel und dem im Kegel. Wegen dieses Verhältnis von $\theta\alpha : \alpha\sigma$ wird der Cylinderkreis in bezug auf Punkt α den beiden Kreisen zusammen mit den Durchmessern ξo und $\pi\varrho$, fortgetragen und so zu θ gesetzt, dass θ der Schwerpunkt jedes der beiden Kreise ist, das Gleichgewicht halten etc. ... »Nachdem nun der Cylinder von dem angenommenen Kreise ausgefüllt ist«. Wegen dieser selbstverständigen Abkürzung, die auch heute noch wohl jeder, der den Satz und Beweis in der Prima vorträgt, gebrauchen wird, ist ein Archimedes beschuldigt worden, den Körper gleich der Summe von Flächen, wie aus gleichem Grunde bei Satz I, der Parabelquadrierung, die Fläche als Summe von Linien angesehen zu haben, hundert Jahre nach Aristoteles und noch dazu wohl kurz nach seinem Weggang aus Alexandrien, wo doch wahrlich ein strenger Dogmatismus herrschte! Heranzuziehen ist aus der Einleitung des Arenarius die Stelle 63. 2, επει γάϱ το τάς σφαιϱας κέντϱον ουδέν έχει μέγεθος etc.) wird der Cylinder im Punkte α der Kugel und dem Kegel zusammen das Gleichgewicht halten. Da der Schwerpunkt des Cylinders im Punkte $\varkappa$ liegt und der der beiden andern Körper in θ, so wird nach dem Hebelgesetz, das in ἐπιπεδων ἰσοϱϱοπιων I bewiesen ist, der Cylinder doppelt so gross sein, als die beiden andern Körper zusammen. Mit diesem Nachweis ist das Theorem, da der Kegel nach Demokrit und Eudoxos $^1/_3$ des Cylinders ist, der mit ihm gleiche Grundlinie und Höhe hat, im wesentlichen bewiesen. Man sieht auch, dass das Buch I vom Schwerpunkt ebener Flächen der Ausgangspunkt für Archimedes gewesen und dass er um Buch II schreiben zu können seine Differentialrechnung ausbilden musste, ich setze daher das Ephodion gleich hinter Buch I der Konzeption nach. —

Archimedes: Die zwei Bücher vom Schwerpunkt.

Buch I der Schrift über den Schwerpunkt ist die erste von Archimedes veröffentlichte Schrift, Nizze vermutet wohl richtig, dass sie dem Konon gewidmet gewesen, sie ist auch inhaltlich wohl die erste gewesen. Sie ist vermutlich kurz nach des Archimedes Rückkehr in die Heimat verfasst worden, denn er war unter dem Einfluss der stark auf angewandte Mathematik gerichteten Alexandrinischen Schule, wie auch aus der Erfindung der *κοχλιας* hervorgeht, viel mit Mechanik beschäftigt. Es ist vom Standpunkt der reinen Mathematik zu bedauern, dass er seine Differentialrechnung von vornherein mit statischen Ideen belastet hat. Der Inhalt dieses ersten Buches fehlt in keinem elementaren Schulbuch der Physik, das Hebelgesetz selbst ist in Satz 6 und 7 auseinander gezogen, da es für kommensurable und inkommensurable Massen gesondert bewiesen wird, es wird Buch II, 1 noch einmal bewiesen, mit Hilfe der einfachsten Sätze über den Schwerpunkt des Parallelogramms I, 9 und 10. Den Begriff Schwerpunkt definiert er nicht, da er ihn als dem Konon bekannt voraussetzt.

Schwerpunkt II.

Buch II beschäftigt sich im wesentlichen mit parabolischen Flächen, es zeigt vor allem eine ausserordentliche Vertrautheit mit dem Proportionenkalkül, sicher ein Rüstzeug aus der Alexandrinischen Schule, doch ist es von geringerer Wichtigkeit wie Buch I. Die beiden Bücher über schwimmende Körper gehören zu seinen grössten Leistungen, sie enthalten die unverrückbare Grundlage der Hydrodynamik, auch ihr Inhalt ist uns in succum et sanguinem übergegangen. Annahme I, Satz 6 und 7 enthalten die eigentlichen Prinzipien und werden heute als Archimedisches Prinzip bezeichnet. Unter Gewicht ist, wie Nizze bemerkt, immer das spezifische Gewicht zu verstehen. Buch II wiederholt das Prinzip und geht dann auf die speziellen Fälle in Flüssigkeiten eingetauchter Umdrehungsparaboloide ein. Die Annahme 11 von Buch I ist keine genügend klare Fassung des Prinzips von der gleichmässigen Fortpflanzung des Druckes in Flüssigkeiten. Buch II ist für die Beurteilung der vis mathematica des Archimedes von hohem Wert und seine Theorie der Hydrostatik ist auch für beliebige Körper anwendbar.

Das Werk hat ein eigentümliches Schicksal gehabt. Der Dominikanermönch Wilhelmus de Morbeca hat es um die Mitte des 13. Jahrh. aus griechischem Text lateinisch übersetzt; ob dem Verfasser des general trattato, Nik. Tartaglia, ein griechischer Codex vorgelegen, ist nicht sicher, er gab Buch I lat. 1543 (Venedig) heraus und aus seinem Nachlass veröffentlichte Trojanus Curtius 1565 das zweite Buch. Jetzt berichtet

Heiberg dass der Palimpsest den Text von περι οχουμενων fast vollständig enthält und konnte daraufhin schon die Unechtheit des von A. Mai aus Vatikanischen Codices edierten Fragments, Forderung 1 und die 8 ersten Sätze, feststellen.

Wahlsätze.

Von den Wahlsätzen, dem liber assumptorum sind als echt erwiesen die Sätze über den Arbēlos, das Schustermesser und über die fälschlich Wogenfläche, richtiger Eppigblatt genannte Fläche σέλινον. Meine Didaktik und Methodik weist die Lehrer auf diese bei der Kreisberechnung in Secunda so erwünschten Aufgaben hin. Für den Arbēlos verweise ich auf meine Entwicklung der Elementar-Geometrie (1906) No. 9 p. 87 f. Die 15 Sätze sind aber alle miteinander für den Unterricht sehr verwendbar, sie machen übrigens durchaus nicht den Eindruck, als ob sie von verschiedenen Autoren herrühren und können ganz wohl aus einem Buch des Archimedes über Kreisberührungen stammen.

Archimedes: Arenarius (Sandzähler).

Von arithmetischen Werken ist unzweifelhaft in der Fassung des Archimedes nur ein einziges erhalten, der ψαμμιτης, arenarius, der Sandzähler. Die Einleitung der an den König Gēlon, den Sohn des Hiero gerichteten Schrift lautet:

»Es glauben manche, König Gēlon, des Sandes Zahl sei unendlich der Menge nach, ich spreche aber nicht nur von dem um Syrakus und das übrige Sizilien, sondern auch von dem auf jedem Raum, bewohnten wie unbewohnten.

Es gibt aber auch Leute, welche zwar nicht annehmen, dass derselbe unendlich sei, aber doch, dass keine aussprechbare Zahl existiere, welche die Menge des Sandes überträfe. Wenn diejenigen, welche solche Ansicht haben eine aus Sand zusammengesetzte Kugel sich denken würden, so gross im übrigen wie die Erdkugel, aber so, dass auf dieser alle Meere und Höhlungen bis zur Höhe der höchsten Berge ausgefüllt würden, so würden sie noch viel mehr der Meinung sein, dass keine Zahl genannt werden könne, welche die Menge des Sandes ihrer Kugel überträfe. Ich aber will versuchen dir durch mathematische Beweise, welchen du beipflichten wirst, zu zeigen, dass unter den von mir benannten Zahlen, welche sich in meiner Schrift an den Zeúxippos finden, einige nicht nur die Zahl des Sandes übertreffen, der die Grösse der Erde hat, ausgefüllt so wie wir gesagt haben, sondern auch dessen, der die Grösse des Weltalls hat.

Du weisst ja, dass die meisten Astronomen unter Kosmos eine Kugel verstehen, deren Zentrum das Zentrum der Erde ist und deren Radius vom Zentrum der Erde bis zum Zentrum der Sonne reicht. Denn dies wird gewöhnlich geschrieben, wie du von den Astronomen erfahren hast. Aristarch von Samos dagegen gab schriftlich einige Hypothesen heraus, aus denen, nach dem Vorliegenden hervorgeht, dass die Welt vielmal grösser sei als die eben genannte. Er nimmt nämlich an, dass die Fixsterne und die Sonne unbeweglich seien, die Erde aber sich in einer Kreislinie um die Sonne, welche mitten in der Bahn steht, herumbewege. Die Kugel der Fixsterne nun, mit der Sonne um dasselbe Zentrum liegend, habe eine solche Grösse, dass der Kreis, in welchem nach seiner Annahme die Erde sich bewegt, zur Entfernung der Fixsterne ein solches Verhältnis hat wie das Zentrum der Kugel zur Oberfläche. Dies ist nun in seiner Unmöglichkeit ganz offenkundig [Archimedes setzt nun auseinander, dass Aristarchos das Verhältnis der Erde zur Welt dem der Kuben der Radien des Erd- und Fixsternkreises gleich erachte, ein wie Nizze mit Recht hervorhebt absichtliches Missverstehen der eigentlichen Meinung, dass die Erde gegen die Welt als verschwindend zu betrachten sei]. Der Schluss lautet: Ich behaupte nun, dass wenn auch eine Kugel aus Sandkörnern existieren sollte von der Grösse welche nach der Annahme des Aristarch die Fixsternsphäre hat, auch dennoch von den in den »Anfangsgründen« (Αρχαι) benannten Zahlen sich einige aufweisen lassen würden, welche an Fülle die Zahl des Sandes überträfen, der eine Grösse hat gleich der besagten Kugel, und zwar auf folgenden Grundlagen.«

Kulturhistorisch wichtig ist besonders Paragraph 3 und 4, sie zeigen, wie grundlos das Vorurteil ist, dass die Alten nicht experimentiert hätten, was z. B. noch Ch. Thurot in den Recherches hist. sur le princ. d'Arch., Rev. d'Archéol. 1868 B. 18 etc. ausspricht; es ist dies Vorurteil ebenso unausrottbar wie die Anschauung, dass sie die Brüche etc. nicht als Zahlen angesehen, oder die Bewegung nicht als Hilfsmittel für die Konstruktion zugelassen.

Die »Archai« sind eine verlorene Schrift an den Ζεύξιππος, der wohl zum Freundeskreis aus der Studierzeit gehörte, sie handelte vermutlich von der Zahl und dem Zählen.

Exkurs über das elementare Rechnen der Griechen.

Exkurs über das elementare Rechnen der Griechen (Logistik).

Hier ist nun die Stelle, wo ich gezwungen werde auf die griechischen Zahlzeichen und die praktische Rechenkunst, die Logistik, einzugehen. Als Quellen führe ich Ihnen an: J. B. J. Delambre, Arithm. d. Grecs, Anhang zu

Peyrards Übersetzung des Archimedes von 1807 und noch in Hist. de l'astron. anc. Par. 1817, Nesselmanns treffliche Algebra der Griechen nach den Quellen bearbeitet Berl. 1842, leider nur ein Band, G. Friedlein die Zahlzeichen und das elementare Rechnen der Griechen und Römer, Erl. 1869; F. Hultsch script. Graec. metrol. 1864, S. Günther Gesch. der Math. und Naturw. im Iwan Müller, und dann die Geschichtswerke.

Anfänglich sind wie überall Striche die Zahlzeichen, dann zur Zeit des Solon etwa, bezeichnete man die Zahl mit den Anfangsbuchstaben des Zahlworts: Π war πεντε (τα) fünf, Δ war δεκα zehn, H war 100, sie heissen Herodianisch nach einem späteren Alexandrinischen Grammatiker, so findet sich z. B. auf der Tafel von Salamis HHHΔΔΔΔΠIIII = 349. Von hier aus war zur Annahme des Semitischen Gedankens die Zahlen mit den Buchstaben des Alphabets zu bezeichnen, nur ein kleiner Schritt, und diese Methode verbreitet sich von 500 ab. Dabei nahmen sie 3 Buchstaben des phönicischen Alphabets die Lautabstufung bezeichneten, die Hellenischer Zunge oder Kehle unaussprechbar waren als sogen. επισημα (Zusatzzeichen) auf; es sind das ς Bau oder Wau für 6, ϙ Koppa für 90 und sampi ein liegendes ϡ für 900. Sie schreiben also:

1	2	3	4	5	6	7	8	9
α	β	γ	δ	ε	ς	ζ	η	Θ
ι	κ	λ	μ	ν	ξ	ο	π	ϟ
ϱ	σ	τ	υ	φ	χ	ψ	ω	ϡ

Die untereinander stehenden Zahlen unterscheiden sich durch den Faktor 10 also 349 gleich τμΘ.

Sollten die Buchstaben Zahlen bedeuten, so bekamen sie meistens einen wagerechten Strich oberhalb z, B. ᾱ (die jetzigen Grammatiken ά). Die 9 Tausender werden durch die betreffenden Einer mit einem kleinen Strich darunter dargestellt, also α'...Θ'. Das Zeichen für 10000 war M oder Mυ von Μυϱιοι Myrioi) 10000 z. B. ςM für 60000. Häufig wird nur ein Punkt gesetzt z. B. δ.γ'υνη gleich 43458. So konnte man bis 9999 Mυ + 9999 also 10^8 - 1 kommen, griech. Θ'ϡϟΘ.Θ'ϡϟΘ. Die Brüche wurden meist nach ägyptischem Vorbild in Stammbrüche zerlegt und dann nur der Nenner mit einem Akzent geschrieben, also ή = $^1/_8$, besondere Zeichen gab es (Ägypten) für $^1/_2$: ϙ und $^2/_3$: K. Wurde der Bruch unzerlegt hingeschrieben, so deutete man den Zähler durch einen Akzent an und schrieb den Nenner doppelt mit 2 Akzenten also λδ' ωπη'' ωπη'' = 34/888. Addition und Subtraktion waren von der unsrigen nicht verschieden, man schrieb die gleich benannten Zahlen unter einander, addierte sie und behielt die überschiessenden Einheiten im Kopf, und entsprechend verfuhr man bei der Subtraktion, wofür das Beispiel aus Eutokios Kommentar zur *κυκλου μετρησις* entnommen ist.

Θ.γ'χλς	93636
β.γ'υ Θ	23409
ζ. σκζ	70227

Auch die Multiplikation vollzog sich unschwer, nach dem Schema des Eutokischen Beispiels.

φοα	571
φοα	571
κεΜγΜ.ε'φ	25....
	35...
	5..
γΜε'δ'ϡο	35...
	49..
	7.
φοα	571
λβΜ.ς'μα	32m6041

α'θς'	1009 1/6
α'θς'	1009 1/6
ϱΜθ'ϱξςϙς'	1009166½ + 1/6
θ'πααϙ	9081

	$1\frac{1}{2}$
ϱξϛϙϛ'ακλϛ'	$166\frac{1}{2} + \frac{1}{6}$
	$1\frac{1}{2} + \frac{1}{36}$
ϱαMη'υιζγλϛ'	$1018417\ \frac{1}{3} + \frac{1}{36}$

Delambre sagt mit Recht sie ist leichter als unsere, weniger Fehlern ausgesetzt, nur etwas länger. Für die Division haben wir bei Eutokios kein ausgeführtes Beispiel, aber in Theon des Alexandriners Kommentar zum Almagest findet sich eine Anleitung zum Rechnen mit Astronomischen Brüchen d. h. mit Sexagesimalzahlen (s. Babylon) welche genau unsern Dezimalbrüchen entsprechen, der Algorithmus der Division bei Theon ist nur etwas zeitraubender, während das Quadratwurzelausziehen vom unsrigen nicht verschieden ist.

Archimedes, Arenarius.

Im Sandzähler nimmt Archimedes das einzelne Sandkorn so klein an, dass 10^4 auf ein Mohnkorn gehen.

Dann weist er nach, dass 64000 Mohnkörner ein Volumen liefern, grösser als eine Kugel von 1 Zoll (Finger) Durchmesser, also ist die Zahl der Sandkörner, welche diese Kugel fassen kann $< 64 . 10^7$ also $< 10^9$, also die Sandzahl der Kugel von 100 Zoll kleiner als $10^6 . 10^9$ oder 10^{15} und die der Kugel von 10^4 Zoll Durchmesser $< 10^{21}$. Aber ein Stadion zu 600 Fuss hat nur 9600 Zoll, also ist die Sandzahl der Kugel vom Durchmesser eines Stadion kleiner als die Zahl 10^{21}, und die von 100 Stadien kleiner als 10^{27} und die von 10000 Stadien kleiner als 10^{33} und die Sandzahl der Kugel vom Durchmesser 10000 Millionen Stadien kleiner als 10^{51}.

Nun hat auf Grund der experimentellen Untersuchung des Gesichtswinkels, in § 3 und § 4 erzählt, Archimedes festgestellt, dass der Sonnendurchmesser grösser sei als die Seite eines reg. Tausendecks, das in einen grössten Kreis der Weltkugel eingeschrieben ist, also ist der Umfang dieses Tausendecks kleiner als 1000 Sonnendurchmesser. Setzt man nun den Sonnendurchmesser nicht grösser als 30 Monddurchmesser und den Monddurchmesser kleiner als den des Erddurchmessers, so ist der Umfang des Tausendecks kleiner als 30000 Erddurchmesser, also der Durchmesser des Welthauptkreis kleiner als 10000 dieser. Archimedes setzt nun, was für seinen Zweck möglichst hohe Zahlen abzählbar zu machen, ein Vorteil, den Erdumfang auf weniger als 3 Millionen Stadien, (eine gegen die fast gleichzeitige Eratosthenessche Messung auffallende Überschätzung) und kommt so für den Weltdurchmesser zu der oberen Grenze von 10000 Millionen Stadien, deren Sandzahl kleiner als 10^{51} war. — Archimedes zählt nun zunächst in gewöhnlicher Weise bis zur oberen Grenze, d. h. also Myrio Myriaden – 1. Θ'ϡϟΘ.Θ'ϡϟΘ = 99,999,999. Diese Zahlen nennt er erste, d. h. erster Ordnung, und macht nun 10^8 zu einer neuen Einheit, die er zweite nennt, und kann nun bis Myrio Myrioi Myriaden d. h. 10^{16} - 1 zählen, dann kommen die Zahlen dritter Ordnung von 10^{16} bis 10^{24} - 1, und so fort, d. h. also er teilt die Zahlen ab nach Oktaden. Aber auch die Ordinalzahlen, die er zur Abzählung der Oktaden braucht, werden mit der 100 Millionsten weniger Eins erschöpft, er fasst also die bisher benannten Zahlen zusammen als Zahlen der ersten Periode, er gelangt so zu einer Zahl welche wir mit 799,999,999 Neunen schreiben würden, die Zahl 99,999,999 der 99,999,999sten Ordnung, er macht nun $(10^8)^{(108-1)}$ oder $(10000^2)^{(100002-1)}$ zu einer neuen Einheit und zur zweiten Periode und gelangt so schliesslich zur Zahl 10^8, der Ordnung 10^8 der Periode 10^8 welche wir mit 1 und 80000 Billionen Nullen schreiben würden.

Der Paragraph 9 der Nizzeschen Übersetzung (Heiberg 268 f.) zeigt dass Archimedes keineswegs wie Nesselmann meint, nur neue Zahlworte geschaffen hat, sondern tatsächlich das Positionssystem gefunden und ebenso zeigt § 10 wie dicht er an Potenz und Logarithmenrechnung gestreift hat. Er führt darin den Begriff des Abstands ein, und nur dadurch, dass er der Einer-Ziffer den Exponent 1 statt 0 gibt, wird seine Regel $10^{n+1} . 10^{m+1} = 10^{n+m+1}$ von unsern Fundamentalsatz $10^a . 10^b = 10^{a+b}$ abweichend.

Die gefundene Zahl 10^{51} ist die 3. Stelle der 7. Oktade, steht also ziemlich am Anfang der ersten Periode, welche 100 Millionen Oktaden weniger einer enthält, aber selbst wenn er statt der Weltkugel die Fixsternkugel wie er sie dem Aristarch zuschreibt, annimmt, deren Durchmesser kleiner ist als 10^4 Weltdurchmesser, so wird die Sandzahl kleiner als 10^{63} d. h. als die 8. Stelle der 8. Oktade.

Archimedes: Rinderproblem, Eratosthenes.

An den Psammites schliesst sich das Rinderproblem, προβλημα βοων an, es ist in Distichen abgefasst und an Eratosthenes gesandt; gefunden wurde es von Gotthold Ephraim Lessing als Bibliothekar in Wolfenbüttel und 1773 ediert. Wenn auch die Echtheit der Verse zweifelhaft sein mag, so ist es jedenfalls ein »Archimedisches Problem« und Heiberg sagt, dass kein Grund vorliegt, es Archimedes selbst abzusprechen. Die Einkleidung des Problems schliesst an Odyssee V. 7 an: νηπιοι οἱ κατα βους Ὑπεριονος Ἡελιοιο ἤσθιον, es soll die Zahl der Rinder des Sonnengotts auf Trinakria (Sizilien, nach seiner dreieckigen Gestalt genannt), berechnet werden. Es handelt sich um weisse (w), blaue (b), gelbbraune (g) und scheckige (s); Stiere und Kühe durch Striche unterschieden. Zur Bestimmung der 8 Unbekannten hat man 7 Gleichungen ersten Grades, es handelt sich also um eine sogen. Diophantische Aufgabe. Dazu kommen noch zwei Bedingungen w + b soll eine Quadratzahl, g + s eine Dreieckszahl, d. h. von der Form (n2) sein. M. E. hat Nesselmann und nach ihm Struve etc. den Text ganz missverstanden, nach meiner Auffassung lauten die sieben Gleichungen:

$w = {}^{5}/_{6}\, b + g + g'$ $\quad w' = {}^{7}/_{12}\, (b + b')$ $\quad$ und: $\quad w + b = n^2$

$b = {}^{9}/_{20}\, s + g + g'$ $\quad b' = {}^{9}/_{20}\, (s + s')$ $\quad g + s = n(n - 1)1 \cdot 2$

${}^{11}/_{20}\, s = {}^{13}/_{42}\, w + g + g'$ $\quad s' = {}^{11}/_{30}\, (g + g')[4]$

$$g' = {}^{13}/_{42}\, (w + w')$$

Heiberg ist mit Fug und Recht der Ansicht, dass die Behandlung eines solchen Systems die Kräfte eines Archimedes nicht überstieg, dessen im Sinne H. Webers spezifische mathematische Begabung ihresgleichen nicht gefunden hat. Übrigens ist die Weglassung des Faktors [4] (τετϱαχη) bei der Gleichung für s' unberechtigt. Zur Durchführung fehlt es mir an Zeit.

Der zweite der Heroen des 3. Jahrhunderts, wenn auch in weitem Abstand von Archimedes ist Eratosthenes. Quellen: F. Susemihl, Geschichte der griechischen Literatur in der Alexandrinerzeit; Bernhardy, Artikel Eratosthenes im Ersch und Gruber; Berger, Die geographischen Fragmente des Eratosthenes, Leipzig 1880; Quellen über sein Leben; Suidas und Strabon.

Eratosthenes (vita).

Eratosthenes wurde 276 in Kyrene geboren, zuerst in seiner Heimat durch den Grammatiker Lysanias unterrichtet, studierte dann in Alexandria unter Kallimachos, dem berühmten Dichter und Leiter der Ptolemäischen Bibliothek, ging dann nach Athen, wo er bei den der stoischen Richtung angehörigen Philosophen Ariston und Arkesilaos sich philosophisch aber auch besonders mathematisch bildete und eigene bedeutende Schriften verfasste. Er folgte etwa um 235 einem Rufe des Ptolemäos Euergetes als Nachfolger des Kallimachos und blieb bis zu seinem Tode Leiter der Bibliothek. Da er infolge seiner angestrengten Arbeit zu erblinden fürchtete, so tötete er, der Stoiker war, sich durch Nahrungsverweigerung im 80. oder 82. Lebensjahre etwa um 196 v. Chr.

Ein hervorragender Zug des Eratosthenes ist seine Freiheit von nationalen Vorurteilen; im Gegensatz zu Aristoteles hat er Alexanders grossartige Idee Orient und Okzident zu verschmelzen, voll gewürdigt, und ist so ziemlich der erste, wenn nicht einzige Hellene, der fremde Kultur objektiv zu beurteilen vermochte.

Wie erzählt wird, ward er β genannt nach einer Version, weil er es in allen Künsten und Wissenschaften zum Rang des zweiten gebracht, nach andern als zweiter Platon; auch πενταθλος wird er genannt, der Fünfkämpfer, denn er war in der Tat einer der vielseitigsten Gelehrten aller Zeiten. Am bedeutendsten war er wohl als Geograph und Astronom, wenn ihn auch auf letzterem Gebiet Hipparch von Nicaea (Bithynien) der auch nach Rhodos genannt wird, übertroffen hat. Wir haben von seinen drei Büchern Γεωγραφικα bedeutende Fragmente, und ihr Inhalt ist uns durch Strabon und durch die Kritik Hipparchs erhalten.

Eratosthenes: Geographie.

Eratosthenes hat besonders die sogenannte mathematische und physikalische Geographie als Wissenschaft im heutigen Sinne geschaffen, allerdings Vorarbeiten des Dikaiarchos benutzend. Im 1. Buch gibt Eratosthenes eine kritische Geschichte der geographischen Kenntnisse der Hellenen bei Homer und Hesiod, wobei er sich nicht im geringsten scheute die Unwissenheit des homerischen Zeitalters zu betonen, dann wandte er sich zu der Geographie, beginnend mit Anaximander, dem Schüler und Freunde des Thales.

Das 2. Buch enthält sodann die mathematische und physikalische Geographie nebst dem Bedeutendsten der eigenen Leistungen; die Grundlage bildet seine Gradmessung. Eratosthenes hatte bemerkt, dass am längsten Tage in Syēne die Sonne um Mittag den Boden eines Brunnens bescheint, d. h. im Zenith steht, also Syēne unterm Wendekreis des Krebses liegt, und glaubte, dass Alexandria und Syēne auf demselben Meridiane lägen. Er mass nun am längsten Tage in Alexandria die Kulminationshöhe der Sonne, bezw. die Zenithdistanz mittelst eines Skaphion, einer hohlen Halbkugel, und bestimmte dadurch im Gradmass die Distanz Siene-Alexandria, dann mass er, allerdings auf Grund der ägyptischen nomen oder der Gaueinteilung, die direkte Entfernung und bestimmte so die Länge des Grades.

Die Methode ist im Prinzip die noch heute angewandte, nur irrte sich Eratosthenes darin, dass Alexandria und Syēne auf demselben Meridian lägen. Weil aber auch die alten nomen ziemlich fehlerhaft waren, so glichen sich die Fehler so ziemlich aus und die Angabe des Eratosthenes auf 109 kil. statt 111 ist merkwürdig genau. Die Gradmessung scheint er nach Makrobios schon vorher in einer eignen Schrift mitgeteilt zu haben. Den Umfang der Erde bestimmte er auf rund 250000 Stadien, genauer 252000.

Der 3. Teil enthält eine kurz gefasste Einteilung und Beschreibung der bewohnten Erde. Er teilte die bewohnte Erde durch einen Parallelkreis von Gibraltar bis China in nördliche und südliche Hälfte und jede Hälfte durch Striche zwischen je zwei Meridiane in »σφραγιδες« d. h. wörtlich: Siegelabdrücke, die er dann topographisch und ethnographisch beschrieb und kartographisch aufnahm.

Chronographie.

Nicht minder bedeutend waren seine zwei andern Hauptwerke:

1) περι χρονογραφιων vermutlich eine Kritik der bisherigen Zeitbestimmungen und eine Anweisung einen chronologisch richtigen Abriss der Geschichte inkl. der Literaturgeschichte zu schreiben. Wahrscheinlich ist Eratosthenes der Urheber der Einführung des Schalttages bei den Ägyptern durch das Edikt von Kanopus, das bei Ägypten erwähnt ist.

Er beschränkte sich nicht auf die politische Geschichte, er bevorzugte die Kulturgeschichte, Philosophen, Dichter etc. und hat ein eigenes Werk: »Ολυμπιονικαι« geschrieben. In der Schrift περι της αρχαίας κωμωδιας. zeigte er sich als feinster Kritiker und wissenschaftlich recht bedeutender Philologe und als Kenner alles dessen, was zur Bühnentechnik gehört, auch gibt er eine Menge geschichtlicher Notizen z. B. über Einrichtung bei den Olympischen und anderen Spielen. Übrigens war er auch selbst kein unbedeutender Dichter, vide E. Hiller, Er. carminum reliquiae Leipzig 1872.

Würfelverdopplung.

Von seinen mathematischen Werken ist nur wenig erhalten, das meiste in dem schon erwähnten Brief an den Ptolemaios III über die Würfelverdoppelung im Kommentar des Eutokios zu περι σφαιρας etc. Heiberg, Arch. p. III S. 102–114.

Nach dem historischen Bericht gibt Eratosthenes seine eigene Lösung mittelst eines Instruments das nach Pappos und Vitruv »Mesolabos« (von den mittleren Proportionalen) hiess. Es bestand aus drei massiven kongruenten Rechtecken, welche zwischen zwei mit je drei Nuten versehenen Linealen übereinander geschoben werden konnten.

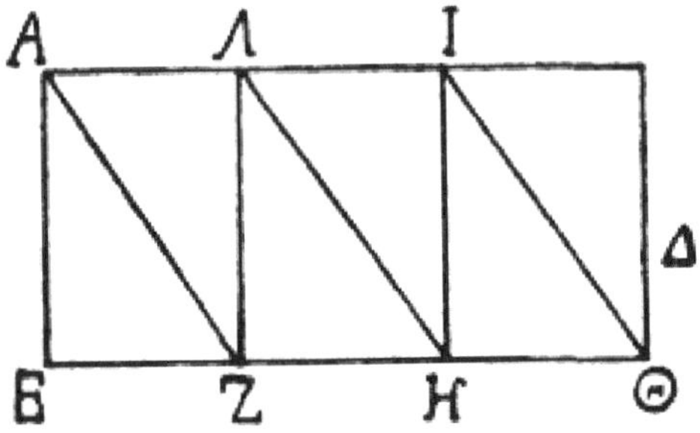

Die Anfangslage ist bei Eutokios die der Figur. War nun AE die grössere ΔΘ die kleinere Strecke, so musste man die Rechtecke so verschieben, dass das erste einen Teil des zweiten, dieses einen Teil des dritten verbarg, und zwar so, dass die Linie AΔ durch die Punkte B und Γ ging, an denen die Diagonalen sichtbar wurden; siehe Figur. BZ und ΓH sind dann die mittleren Proportionalen, da AZ, BH, ΓΘ einander parallel sind.

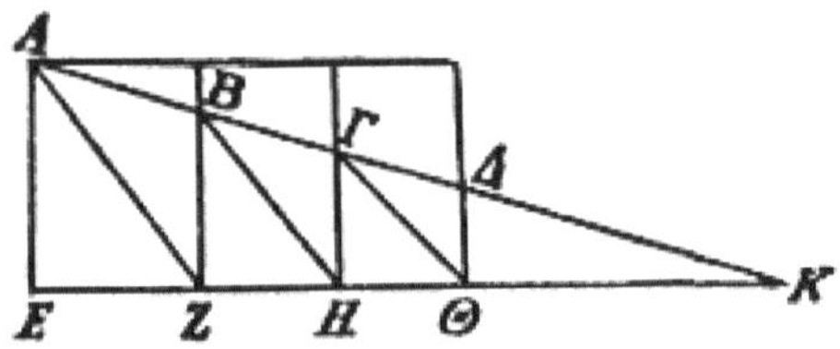

Der Brief ist von E. Hiller angezweifelt, insbesondere erklärt er das Epigramm am Schluss für zweifelsohne unecht. Aber Proklos hat p. 111 Z. 23 den Vers von den Menächmischen Triaden zitiert und das Missverständnis des »ολιγου« im ersten Vers wirft auf den Scharfsinn des Herausgebers kein günstiges Licht. Die von Ambros Sturm l. c. angeführte Begründung Hillers ist sehr schwach, noch dazu gegenüber Eutokios und Proklos und Heiberg fertigt sie mit den Worten »nulla idonea causa adlata« ab.

Auf diesem allerdings mechanischen Wege »organica mesolabi ratione« (Vitruv) konnte man wie Eratosthenes selbst angab, beliebig viele Mittlere erhalten, d. h. durch n + 1 Täfelchen die n-Wurzel ziehen.

Verloren ist eine Schrift »über Mittelgrössen« περι μεσοτητων auch »Orte in bezug auf Mittelgrössen, τόποι προς μεσοτητας« genannt, von der wir durch Pappos Kunde haben. Zeuthen vermutet in seinem ausgezeichneten Werke: die Lehre von den Kegelschnitten im Altertum, deutsche Ausgabe 1886, dass es sich, in Ergänzung der harmonischen Polare eines Punktes als Pol für einen gegebenen Kegelschnitt, um die Orte des arithmetischen und geometrischen Mittels der Sehnenschaar des Pols gehandelt habe. Es ist leicht zu zeigen, dass die beiden Orte Kegelschnitte sind, welche dem gegebenen ähnlich sind.

Vielleicht aus einer verlorenen grösseren arithmetischen Schrift ist uns in der Arithmetik des Nikomachos (s. u.) die noch heute gebräuchliche Methode erhalten die Primzahlen unter p »herauszusieben«, die noch heute Sieb (*κοσκινον*, cribrum) des Eratosthenes heisst. Völlig verloren sind die rein philosophischen Schriften, deren bedeutendste die von Strabon genannte über Gutes und Böses, περι αγαθων και κακων gewesen sein soll, darunter bedauerlicherweise auch die Schrift Πλατωνικός, ein Kommentar zu der Pythagoräischen Kosmologie in Platons Timaeos.

Apollonios von Pergae (vita).

Konika (Kegelschnitte).

Der eigentliche »Aemulus«, der Nebenbuhler des Archimedes im Ruhme der Alten, Apollonios von Pergae in Pamphylien war erheblich jünger als jener, er ist frühestens um 265 unter Ptolemaios Euergetes geboren und hatte seine Blütezeit unter Ptolemaios Philopator. Gestorben ist er gegen 190. Er studierte in Alexandria bei den Schülern des Euklid Mathematik, Hultsch P. III S. 678 oder nach Hultsch ein Scholiar des Pappos sagt: συσχολασας τοις ὑπο Ευκλειδου μαθηταις εν Αλεξανδρεια πλειστον χρονον ὁθεν εσχε και την τοιαυτην ἑξιν ουκ αμαθη. Die ganze nicht gerade geschmackvolle Stelle lautet eigentlich wörtlich: Da er die Schule teilte mit den Schülern des Euklid in Alexandrien sehr lange Zeit, woher er auch ein solches nicht unmathematisches Verhalten hatte. (!) Demnach würde Apollonios ein direkter Schüler des Euklid gewesen sein von mässiger mathematischer Begabung! Aber im eigentlichen Hauptkodex steht nur σχολασας und das heisst mit dem Dativ bei jemanden in die Schule ging, und so ist die lateinische Übersetzung von Hultsch zutreffend, die Konjektur dagegen scheint mir nicht glücklich. Dann lebte er in Pergamon und in Ephesos befreundet mit einem Eudemos, dem er sein grosses Werk über die Kegelschnitte, die »κωνικα« widmete. Eudemos starb aber vor der Vollendung des Werkes und daher gab Apollonios dem vierten Buch einen Widmungsbrief an den König Attalos I. von Pergamon mit, in welchem er den Tod des Eudemos beklagte. Dem Attalos sind dann auch die folgenden Bücher gewidmet. Von dem Werke, das dem Verfasser nach dem Zeugnis des Geminos (Eutokios, Heiberg S. 170) den Beinamen des grossen Mathematikers μεγας γεωμετρης eintrug, sind nur die vier ersten Bücher mit dem Kommentar des Eutokios erhalten, die drei folgenden in arabischer Übersetzung. Das letzte Buch ist verloren, doch haben wir eine Inhaltsangabe bei Pappos, auf Grund derer der durch seinen Komet noch heute viel genannte Halley 1710 eine Rekonstruktion versuchte. Die vier ersten Bücher wurden zuerst von Joh. Baptist Memus schlecht ins Lateinische übersetzt und von seinem Sohn 1537 ediert. Weit besser ist die Übersetzung von Federico Commandino, dessen wir schon bei Euklid und Archimed rühmend gedenken mussten, sie enthielt auch den Kommentar des Eutokios und die Lemmata des Pappos. Ins Arabische wurden die 7 ersten Bücher schon unter Al Mamun, 830 übertragen, aber diese Übersetzung ist bisher nicht aufgefunden. Dagegen kam eine zweite von Abulphat von Ispahan 994 verfasste, im 17. Jh. durch den Leydener Orientalisten und Mathematiker Golius nach Europa, der das Exemplar dem Grossherzog von Toskana verkaufte. Es wurde von dem Orientalisten Abraham v. Echelles in Gemeinschaft mit dem bedeutenden Mathematiker Borelli (s. Euklid) 1671 Lateinisch ediert, und bestätigte glänzend die kurz vorher von Viviani (einer der bedeutendsten Schüler Galileis, der Urheber des »Florentiner« Problems der Quadrierung einer durchbrochenen Kugelkappe) versuchte Restitution des 5. Buches. Der Anfang des 5. Buches, wohl das bedeutendste, ist nach dem Arabischen des mehrfach genannten Thabit ibn Qurrah 1899 von Nix in Leipzig herausgegeben. Die einzigen Griechischen Ausgaben sind die von Halley, Oxford 1710 Folio mit Eutokios und der Divinatio libri octavi und die von Heiberg mit Eutokios Kommentar und Fragmentensammlung Teubner 1890–93. Von besonderer Bedeutung für Apollonios Wertung ist das oben genannte Werk von Zeuthen. Eine freie Bearbeitung der Konika gab H. Balsam, Berlin 1861. Die Kegelschnitte des Apollonios haben die Eigenschaften der Kurven in solcher Vollständigkeit aufgedeckt, dass eigentlich nichts Neues im Laufe der Jahrtausende gefunden ist. Selbst der Satz von Desargues und seine selbstverständliche Anwendung, der Satz von Pascal, sind eigentlich schon bei Apollonios. Involution, Brennpunktseigenschaften, Erzeugung durch projektive Punktreihen, Asymptoten, konjugierte Hyperbel etc., alles findet sich bei ihm. Dass er nun seine Vorgänger, insbesondere Archimedes und Euklid und Aristaios benutzt hat, das ist selbstverständlich, aber es bleibt doch ein gewaltiges Quantum selbständiger Arbeit, und Pappos selbst sagt, dass er die 4 Bücher *κωνικα* des Euklid stark vermehrt habe (αναπληρωσας και προσθεις) und dann noch die 4 weitem Bücher hinzugefügt habe. Vor allem hat Apollonios zuerst bewiesen, dass die Triaden des Menaichmos aus jedem beliebigen Kegel 2. Grades herausgeschnitten werden können. Er hat die vollständige Hyperbel d. h. beide Äste in welche sie zerfällt betrachtet, er hat die Kurven aus den Bestimmungsstücken konstruiert, nachdem schon Euklid die ebene Konstruktion aus Leitlinien und Brennpunkten gekannt hatte. Für Genaueres, insbesondere auch die Werke des Aristaios, verweise ich auf Zeuthens mehrfach zitiertes Werk über die Kegelschnitte im Altertum; nur die Vorrede mochte ich Ihnen nicht vorenthalten.

Apollonios sendet dem Eudemos Grüsse. Es wäre schön wenn es dir körperlich gut ginge und alles übrige nach Wunsch stände. Mir selbst geht es ja auch ziemlich. Als wir seinerzeit in Pergamos beisammen waren, bemerkte ich, dass du dich lebhaft für meine Arbeiten über die Kegelschnitte interessiertest. Ich schicke dir nun das völlig richtig gestellte erste Buch; das übrige werde ich senden, sobald es mich befriedigt haben wird. Ich glaube aber du erinnerst dich noch wohl von mir gehört zu haben, weshalb ich diese Arbeit unternahm. Naukrates der Geometer hatte mich dazu aufgefordert, als er bei mir während seines Aufenthalts in Alexandria weilte und deswegen gab ich sie ihm, in 8 Büchern behandelt, von dort aus mit, und weil er im Einschiffen begriffen war, konnte ich sie nicht sorgfältig bereinigen, sondern schrieb alles gerade so hin wie es mir unterlief, indem ich mir eine letzte Durcharbeitung vorbehielt. Und da ich jetzt dazu Zeit gefunden, so gebe ich was eben ganz richtig gestellt ist, heraus. Da es sich aber traf, dass auch einige andere meiner Genossen vom ersten und zweiten Buch vor der Verbesserung Kenntnis gewonnen haben, so wundere dich, bitte, nicht, wenn dir abweichende Fassungen begegnen.

Von den 8 Büchern fiel den vier ersten die Einführung in die Elemente zu. Es enthält aber das erste Buch die Erzeugung der 3 Schnitte und der gegenüberliegenden sowie deren Grundeigenschaften vollständiger und umfassender ausgearbeitet im Vergleich mit den früheren Bearbeitungen. Und das zweite enthält die Eigenschaften der Durchmesser, Axen, Asymptoten und anderes, was zum Gebrauch für die Konstruktionsbedingungen nötig und hinreichend ist. Was ich unter Durchmesser und Axe verstehe, wirst du aus diesem Buche ersehen.

Das dritte Buch enthält viele und auffallende Sätze, welche brauchbar sind für die Konstruktionen der körperlichen Orte und für die Existenzbedingungen, von denen die meisten und schönsten neu sind. Und nachdem ich sie ersonnen hatte, sah ich ein, dass von Euklid der Ort zu drei und vier geraden Linien nicht aufgestellt sei, sondern nur ein zufälliger Teil desselben und auch dieser nicht gerade gut getroffen. Es ist auch gar nicht möglich ohne die von mir gefundenen Sätze die Synthesis durchzuführen. Das 4. Buch gibt an, auf wie vielerlei Art die Kegelschnitte mit einander und der Peripherie des Kreises zusammentreffen, und anderes darüber hinaus, worüber von meinen Vorgängern nichts geschrieben worden ist, z. B. in wieviel Punkten ein Kegelschnitt und eine Kreislinie zusammentreffen. Der Rest geht noch weit darüber hinaus. Da handelt ein Buch ausführlich über Minima und Maxima, ein anderes über gleiche und ähnliche Kegelschnitte, noch ein anderes über Satze, welche Existenzbedingungen angeben, und das letzte bringt Probleme über Bestimmungen von Kegelschnitten. Und fürwahr, dann erst wenn alles herausgegeben ist, ist es denen die darauf stossen erlaubt es zu beurteilen wie es wohl jeder von ihnen für richtig hält. Gehab dich wohl.

Was zunächst des Aristaios τοποι στερεοι betrifft, so ist nach Zeuthen diese Schrift noch vor des Euklids 4 Bücher κωνικα erschienen, sie behandelte zweifelsohne Aufgaben über geometrische Orte, welche sich als Kegelschnitte herausstellten. Die Alten unterschieden die körperlichen Orte, das sind die Kegelschnitte, von den ebenen Orten, das sind Gerade und Kreis, und später noch die linearen Orte, zu denen alle andern und auch die Raumkurven gehörten. Hiervon verschieden sind die 2 verlorenen Bücher des Euklid die τοποι προς επιφανειαν, das sind Flächen als geometrische Orte.

Apollonios, Ort zu 3 und 4 Geraden.

Sodann der Ort zu 3 und 4 Geraden. Man nennt ihn gewöhnlich nach Pappos die Pappos'sche Aufgabe. Es handelt sich im allgemeinen Falle um den Ort der Punkte, deren Abstände in gegebener Richtung gemessen von vier gegebenen Geraden der Gleichung genügen $xy/zu = c$. Dabei werden die Linien $x = 0$, $z = 0$, und $y = 0$, $u = 0$ als gegenüberliegend bezeichnet. Apollonios hat die Aufgabe vollständig gelöst und den Nachweis, dass der Ort ein Kegelschnitt ist, direkt geführt. Für das Nähere, den Zusammenhang mit der projektiven Geometrie, Newtons Wiederherstellung der Apollonischen Lösung etc. verweise ich auf Zeuthen bezw. auf meine analytische Geometrie in der Sammlung Schubert. Soviel steht fest, so unberechtigt es ist, von einer Erfindung der Differentialrechnung durch einen der Neueren, es sei nun Galilei, Fermat, Leibniz oder Newton zu sprechen, angesichts der Werke des Archimedes, so unberechtigt ist es auch, den Alten angesichts der Werke des Archimedes und des Apollonios die analytische Geometrie abzusprechen. Apollonios hat nicht nur Koordinaten, sondern auch Koordinatentransformation und Archimedes analytische Geometrie dreier Dimensionen.

Apollonios, Verhältnisschnitt.

Auch die andern geometrischen Schriften des Apollonios hängen eng mit der Theorie der Kegelschnitte zusammen. Da kommen zunächst die beiden Schriften: De sectione rationis, die αποτομη του λογου, der Verhältnisschnitt, und De sectione spatii die αποτομη του χωριου, der Flächenschnitt. Die 2 Bücher der ersten Schrift sind nach einer arabischen Handschrift, welche der Prof. Bernard in Oxford gefunden, 1706 von E. Halley herausgegeben. Die Aufgabe besteht darin, durch einen Punkt P (s. Fig.) eine Linie so zu ziehen, dass sie auf zwei gegebenen Linien L und L_1 von zwei gegebenen Punkten A und A_1 aus Strecken AM und A_1M_1 abschneidet, welche in einem gegebenen Verhältnis stehen. Die Aufgabe wird im zweiten Buch auf den im ersten behandelten speziellen Fall zurückgeführt, wo A_1 mit dem Schnittpunkt $A_1{}^1$ der beiden Geraden zusammenfällt. Diese Aufgabe wird gelöst durch Ziehen der Parallelen PB zu A_1M_1 und desgleichen durch den Schnittpunkt $A_1{}^1$ von L und PA_1, welche PMM_1 in $M_1{}^1$ schneidet und Annahme eines Hilfspunktes C auf L, der so gelegen, dass $BPAC = A_1{}^1M_1{}^1AM = \lambda$, dann folgt durch Umstellung $AMAC = A_1{}^1M_1{}^1BP = A_1{}^1MBM$ — und durch Subtraktion: $BM \cdot MC = BA_1{}^1 \cdot AC$ = gegebener Fläche.

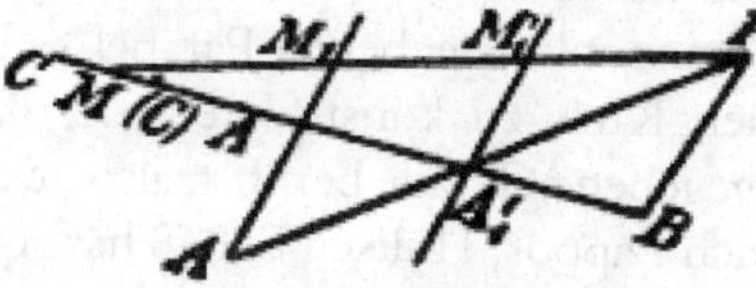

Sectio spatii und determinata (Involution).

Die Aufgabe ist, wie man leicht sieht, identisch mit der Aufgabe: von einem gegebenen Punkt aus an eine durch zwei Tangenten und deren Berührungspunkte gegebene Parabel die Tangenten zu ziehen (Simon, Parabel 1878). Das 3. Buch Satz 41 handelt von der Parabeltangente, Satz 42 und 43 von den entsprechenden Aufgaben: Von einem gegebenen Punkte aus an eine durch konjugierte Durchmesser gegebene Ellipse oder Hyperbel die Tangenten zu ziehen und zeigt, dass dies spezielle Fälle der Aufgabe sind von einem gegebenen Punkt P eine Gerade zu ziehen, welche auf 2 gegebenen Geraden von gegebenen Punkten aus Strecken abschneidet, deren Rechteck gegeben ist. Diese Aufgabe hat Apollonios in den beiden Büchern der Schrift de sectione spatii behandelt, welche Halley nach der Inhaltsangabe bei Pappos und der Angabe ihrer Übereinstimmung mit der ersten Schrift in der Form gleichzeitig rekonstruiert hat. Zu diesen beiden Schriften gesellt sich als dritte die von Rob. Simson nach Pappos wiederhergestellte de sectione determinata, της διωρισμενης τομης βιβλια β, über den involutorischen Schnitt. Wenn $ABCD$ gegebene Punkte einer Geraden l sind, soll ein Punkt P auf l so bestimmt werden, dass $AP \,.\, CPBP \,.\, DP = \lambda$ ist d. h. also die Theorie der Involution, welche er wie wir mittelst der Theorie des Kreisbüschels und der Zentrale des Büschels gelöst hat; und er hat sie benutzt um den Schnitt einer Geraden mit einem durch 5 Punkte gegebenen Kegelschnitt zu bestimmen. Die Halley'schen und die Simson'sche Bearbeitungen sind frei wiedergegeben von Ad. Diesterweg, ganz besonders lesenswert ist das Programm des um die Elementarmathematik hochverdienten v. Lühmann, weiland Subrektor zu Königsberg in der Neumark, von 1882: die Sectio rationis, sectio spatii und sectio determinata des Apollonios.

Taktionsproblem.

Es geht aus diesen Schriften hervor, dass Apollonios die Erzeugung der Kegelschnitte als Enveloppe der Verbindungsgeraden zweier projektiven Punktreihen kannte, die sich erst wieder findet in Newtons principien lib. I L. 25. Die Brennpunktseigenschaften und die Konstruktionen bei gegebenem Brennpunkt haben dann, wie Zeuthen hervorhebt, Apollonios auf die Beschäftigung mit dem nach ihm genannten Taktionsproblem geführt. Ist doch schon die Aufgabe, den Schnitt einer Geraden mit einer durch Leitlinie und Brennpunkt gegebenen Parabel zu bestimmen identisch mit der Aufgabe, einen Kreis zu konstruieren, der durch zwei gegebene Punkte geht und eine gegebene Gerade berührt, also zwei 0-Kreise und einen unendlich grossen. Nach Pappos, Hultsch S. 848 hat Apollonios die Lösung auf den Spezialfall des Castillon'schen Problemes zurückgeführt, in dem alle 3 gegebenen Punkte auf derselben Graden liegen. Die Geschichte des Taktionsproblems siehe Simon, Entwicklung der Elem. Geom. Das Problem selbst gehört heute zur eisernen Ration der Gymnasiasten, mit den Lösungen aus Fr. Vietas Apollonius Gallus, und zugleich hat Apollonios sich in der Schrift περι πυριου über Brennspiegel, der Brennpunktseigenschaften der Umdrehungsflächen 2. Grades bedient. Zeuthen vermutet, und ich glaube mit Recht, dass der Parabolische Spiegel, der praktisch wichtigste, schon von Archimedes erfunden sei und dass die Sage, er habe mit Brennspiegeln die Römische Flotte verbrannt, hier ihren Ursprung habe.

Ausserdem hat Apollonios auch eine Schrift geschrieben περι νευσεων. »Über Einschiebungen auf mechanischem Wege«, dadurch dass ein Lineal oder ein Streifen meist von gegebener Strecke so bewegt wird — häufig durch Drehung der zu ihr gehörigen Geraden um einen festen Punkt — dass sie zwischen zwei gegebene Linien fällt. Die Neusis galt sowohl den ältern Mathematikern als auch dem Archimedes, der sich ihrer bei der Arbeit über die Spirale wie überhaupt zur Winkeldrittelung bedient hat, als auch dem Apollonios und überhaupt den angewandten Mathematikern für ein durchaus erlaubtes Hilfsmittel, wie sie ja auch Newton gebilligt hat, erst die Neuplatoniker strikter Observanz wie Pappos missbilligten sie und ersetzten sie durch Kegelschnitte, was stets möglich, sobald die gegebenen Linien den zweiten Grad nicht übersteigen. Die Schrift des Apollonios ist nach Pappos wiederhergestellt von dem Ragusischen Patrizier Marino Ghetaldi 1607.

Würfelverdoppelung.

Sie enthielt vielleicht die von Eutokios l. c. mitgeteilte Würfelverdoppelung auf welche Pappus I p. 56 hingewiesen hat (Heiberg 3, p. 78.) Es sei aus den beiden gegebenen Strecken AB und AΓ das Rechteck

ABΘΓ konstruiert, dann ist die Gleichung des ihm umgeschriebenen Kreises wenn AΓ = a und AB = b gesetzt wird $x^2 - ax + y^2 - by = 0$, oder $(x - a) : (b - y) = y : x$. Die Gleichung einer Hyperbel, welche durch Θ geht und AB und AΓ zu Asymptoten hat, ist aber $xy = ab$ also haben wir für den zweiten Schnittpunkt M nach leichter Rechnung $a : x = x : y = y : b$. Zur Konstruktion des Schnittpunkts M benutzt Apollonios den Umstand, dass die Abschnitte einer Hyperbelsehne zwischen Asymptote und Kurve gleich sind, und dass die Kreissehne vom Mittelpunktslote halbiert wird. Es braucht also nur ein Lineal so um Θ gedreht werden, dass die Punkte Δ und E in denen es die Axen schneidet vom Zentrum des Rechtecks gleich weit entfernt sind. S. Fig. unten.

In einer verlorenen Schrift περι κοχλιου hat Apollonios sich mit der Schraubenlinie auf dem Cylinder beschäftigt.

Der »grosse Geometer« hat sich aber auch mit den einfachsten Elementen der Geometrie beschäftigt, wie wir schon bei Euklid erwähnt haben, u. a. danken wir ihm die Halbierung der Strecke mit den beiden gleichen Kreisen um die Endpunkte, Proklos Friedl. S. 276: »Απολλωνιος δε ὁ Περγαιος τεμνει την δοθεισαν ευθειαν πεπερασμενην διχα τουτον τον τροπον.«

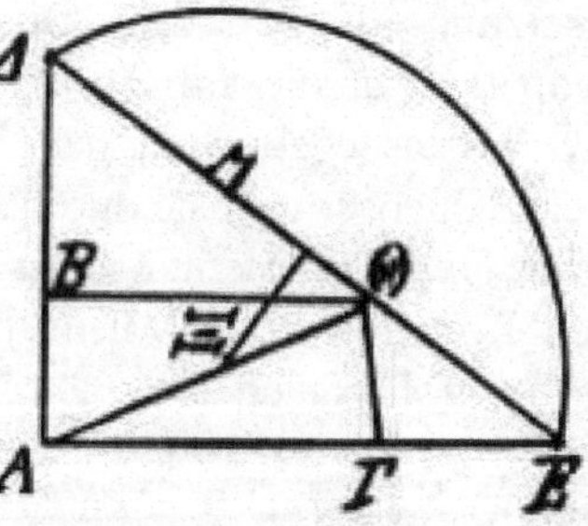

Apollonios, Arithmetische Schriften.

Auch auf arithmetischem Gebiete hat der Pergaier Grosses geleistet. Eutokios erzählt Heib. 3 S. 300: Man soll auch wissen, dass Apollonios der Pergaier in seinem Okytokion (Schnellgeburt, Schnellrechner) dasselbe durch andere Zahlen gezeigt hat, die einander noch näher kommen, d. h. er hat die Zahl π in noch engere Grenzen als Archimedes eingeschlossen. Ob der Okytokion dieselbe Schrift war, von der Pappos im 2. Buch grosse Stücke uns aufbewahrt hat, wird von den besten Kennern, von Nesselmann und Hultsch stark bezweifelt, doch spricht der Titel eigentlich dafür. Auch jene zweite Schrift hat im wesentlichen die Abkürzung des Algorithmus insbesondere der Multiplikation zum Gegenstande. Die Schrift schloss an den Sandzähler des Archimedes an, nur dass Apollonios statt der Oktaden die den Griechen geläufigen Tetraden, die Myriaden, setzte, die er als erste, zweite, dritte u. s. w. bezeichnete, die er durch Mβ, Mγ etc. bezeichnet und deren Ordnungsziffer er durch Division mit 4 bestimmte. So ist z. B, $4444444444444 = 4 . 10^{12} + 4 . 10^{11} + .. =$ Mγ υμδ και $M\beta\delta_1$ υμδ και $M\alpha\delta_1$ υμδ. Auf Grund seiner Ordnungszahlen lieferte er dann ein Verfahren zur Multiplikation, das im Grunde das unsrige ist; die Ordnungszahlen werden addiert und die Πυθμενες, d. h. unsere Einerziffer, die aber hier aus dem Tableau von α bis ϡ genommen werden konnten, multipliziert. Auch Apollonios, und er fast noch mehr als Archimedes, hat die Grundgedanken des Positionssystemes, und wie R. Baltzer in seinem Brief an Hultsch auf den ich noch zurückkommen werde, sehr richtig bemerkt, sind beide an Buchstabenrechnung und Dezimalrechnung nur dadurch gehindert worden, dass die Hellenen von den Kanaanäern die Buchstaben als Zahlzeichen übernommen hatten. Die aller Wahrscheinlichkeit nach bedeutendste Leistung des Apollonios auf arithmetischem Gebiete ist leider bis dato nur ganz fragmentarisch erhalten, sie war vermutlich Pappos entweder selbst zu schwierig oder schien ihm auf einen zu geringen Interessenkreis rechnen zu können. Die Schrift war eine Weiterführung der Theorie der Irrationalzahlen, wie sie für quadratische und biquadratische durch das X. Buch des Euklid gegeben war. Aus einem Kommentar zum X. Buch, von dem F. Woepcke eine Arabische Übersetzung durch Abu Ottmân den Damascener aufgefunden hat und von dem er die auf Apollonios bezüglichen Stellen Arabisch und Französisch herausgegeben hat, geht hervor, dass dieser in die Theorie der algebraischen Zahlen, soweit sie durch Radicale darstellbar sind, sehr tief eingedrungen war. Den Kommentar selbst vindiziert Woepcke dem Griechisch schreibenden Römer Vettius Valens (5. Jh. n. Chr.) und die Übersetzung würde etwa ins 9. Jh. fallen.

Apollonios als Astronom.

Ob Apollonius mit dem unter dem Namen Epsilon berühmten zeitgenössischen Astronomen, der sich besonders mit der Mondtheorie beschäftigt hat, identisch ist, ist nicht unwahrscheinlich, aber steht nicht fest. Dass der grosse Geometer ein hervorragender Astronom war, wissen wir aus Ptolemaios megale syntaxis XII, 1, wo er den Stillstand und die Rückläufigkeit der Planeten mit der Theorie der Epizyklen mathematisch ableitet und dabei eine Maximumsaufgabe löst, welche den grossen Leistungen des 5. Buches der Konika nicht nachsteht.

Noch ist für seine Leistungen auf dem Gebiete der Elementarmathematik nachzuholen, dass der Satz X des sogen. 14. Buches der Elemente des Euklid: »Die Volumina des derselben Kugel eingeschriebenen regulären Ikosaëders und Dodekaëders verhalten sich wie die Oberflächen,« von ihm herrührt, laut der Vorrede des Verfassers des 14. Buches, des Hypsikles. Hypsikles knüpfte daran die Folgerung, dass die Umkreise der Seitenflächen beider Körper gleich sind.

Mit Eudoxos, Archimedes und Apollonios hat die reine Mathematik der Griechen ihren Höhepunkt erreicht, die Theorie des Irrationalen und des Kontinuums, die Prinzipien der Infinitesimalrechnung, die analytische Geometrie, die rechnende und projektive Geometrie, sind geschaffen und neue Methoden, die auf allgemeine Problemklassen anwendbar sind, treten nicht mehr auf. Der eben erwähnte Hypsikles schliesst sich wohl unmittelbar an Apollonios an, M. Cantor setzt das 14. Buch um 180 an, er war ein tüchtiger Mathematiker, der auch noch eine uns erhaltene Schrift über die Aufgänge der Gestirne, im Anschluss an Autolykos und Euklid geschrieben hat. Sie ist vergl. M. Cantor I p. 344 dadurch merkwürdig, dass sich in ihr zum ersten Male auf Hellenischem Boden die babylonische Teilung des Kreises in dreihundertsechzig Grade findet. Auch auf arithmetischem Gebiete haben wir Hypsikles als Vorgänger des Nikomachos (s. u.) für die Theorie der figurierten Zahlen zu erwähnen.

Die theoretische Mathematik sinkt nun im 2. Jahrh. langsam von ihrer Höhe oder richtiger das Interesse der bedeutenden Geister wendet sich den angewandten Disziplinen zu; Astronomie und in ihrem Gefolge die Trigonometrie, Mechanik, Medizin etc. nehmen ihre Stelle ein. Dazu kam für Hellas das Anwachsen der bildungsfeindlichen römischen Macht und für Alexandrien das mörderische Regiment des Ptolemaios VII. Physcōn (Schmerbauch, auch Euergetes II.) 141–116, der nach Ermordung seines Neffen Eupator sich des Thrones bemächtigt hatte und die bedeutendsten Gelehrten und Künstler von Alexandria vertrieb. Da nun der Unterricht im wesentlichen auf dem Vortrag im Kolleg beruhte — Archimedes und Apollonios hatten gewissermassen nur zufällig an ihre auswärtigen Freunde Schriftstücke gerichtet — so machte sich jetzt der Mangel an Büchern und damit an einer festen Formelsprache geltend und man kann annehmen, dass schon im Laufe des Jahrhunderts manches von den Leistungen der Heroen verloren ging. Das Entscheidende sind wohl die Brände der Alexandrinischen Bibliothek unter Cäsar und vor allem in den wüsten Emeuten des fanatischen Mönchpöbels und seiner würdigen Patriarchen. Die Sage von der Vernichtung der grossen Bibliothek durch Omar gehört zu den böswilligsten Fälschungen der Weltgeschichte. Auch die grosse

Bibliothek von Pergamon, das sich zur Konkurrenzstadt Alexandriens unter Attalos und Eumenes entwickelt hatte, ging verloren, nachdem sie Antonius an Kleopatra geschenkt hatte.

Nikomedes.

Die Konchoide.

Dort in Pergamon war vermutlich wenn nicht die Wiege, so doch das Domizil des Nikomedes, den M. Cantor vorsichtig ins 2. Jahrh. verweist, während P. Tannery ihn nicht ohne triftigen Grund zwischen Eratosthenes und Apollonios einschiebt. Dass er der Erfinder der Konchoide, der Muschellinie gewesen, unterliegt keinem Zweifel, Proklos sagt Friedlein S. 272 im Anschluss an die Winkelhalbierung bei Euklid: Nikomedes drittelte mit der Konchoide, deren Erzeugung, Gestalt und Eigenschaften er überlieferte, jeden geradlinigen Winkel, und er selbst war es der ihre Eigenart gefunden hat. Pappos und Eutokios haben ihre Anwendung zur Lösung des (ersten) Delischen Problemes durch Nikomedes ausdrücklich bezeugt, und da sie genau übereinstimmen, so ist es sicher, dass die Lösung sowohl wie ihr Beweis ganz auf das Konto des Nikomedes zu setzen ist. In der Stelle Hultsch 246 oben nimmt Pappos die Winkeldrittelung durch die Konchoide nicht für sich in Anspruch, er sagt nur, dass er die Kurve dabei gebraucht habe, dagegen sagt er 246 unten (§ 42) ganz bestimmt er habe zur Konstruktion des Nikomedes für die Würfelverdoppelung den Beweis geliefert, was der Angabe des Eutokios widerspricht. Dass Nikomedes sich des Zusammenhangs beider Probleme, die er mit der einen Kurve löste, klar bewusst war, scheint mir völlig sicher, es entspricht das dem ganzen historischen Gange der Griechischen Mathematik. Nikomedes kannte die Winkeldrittelung des Archimedes durch die Neusis, die Einschiebung, und wie dem Archimedes der Zusammenhang zwischen der Kugeldrittelung und der Winkeldrittelung nicht hat entgehen können, so hat auch Nikomedes gesehen, dass es sich bei Würfelverdoppelung und Trisektion um Probleme 3. Grades handelte.

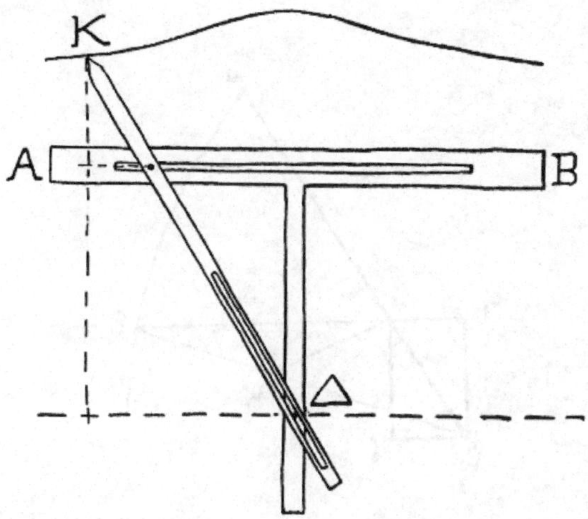

Trisektion.

Die Kurve selbst ist eine ebene Kurve, sie wird erzeugt durch Drehung einer Geraden um einen festen Punkt, so dass sie eine gegebene Leitlinie schneidet und beschrieben durch einen Punkt K der sich drehenden Geraden, der von dem Schnittpunkt E einen unveränderlichen Abstand hat. Nikomedes hat das abgebildete einfache Instrument zur mechanischen Erzeugung angegeben, es besteht aus einem Richtscheit, in dessen horizontalem Lineal ein Schlitz in der Mitte ist, während das vertikale den Pol durch einen Nagel angibt. Ein drittes Lineal ist fest mit den beiden verbunden und hat in E einen Zapfen der in dem Schlitz des zweiten Lineals gleitet, während EK der gegebene Abstand ist. Legt man die x-Axe durch den Pol Δ nennt den Abstand b und den Abstand des Pols vom horizontalen Lineal a so ist die Gleichung der Kurve $r : b = y : (y - a)$, also quadriert und multipliziert $(x^2 + y^2)(y - a)^2 = b^2y^2$. Die Kurve ist also vom 4. Grade, geht durch die imaginären Kreispunkte im Unendlichen, und hat in Δ einen Doppelpunkt. Die vollständige Kurve, welche Nikomedes auch betrachtet zu haben scheint, da er die hier konstruierte als erste Konchoide bezeichnete, besteht aus der oberhalb der Axe und der unterhalb der Axe beschriebenen. Ausser den in Wölffings so höchst dankenswerter Bibliographie angegebenen Monographien verweise ich auf G. de Longchamps cours de Math. spec. und auf das Journal von Bourget.

Nikomedes hat gezeigt, dass AB eine Asymptote ist, und dass jede Gerade zwischen AB und der Kurve diese schneidet, Eutokios, Heiberg Archim. 3 S. 118 und 120 findet sich der Beweis, während Pappos l. c. nur die Tatsache angibt.

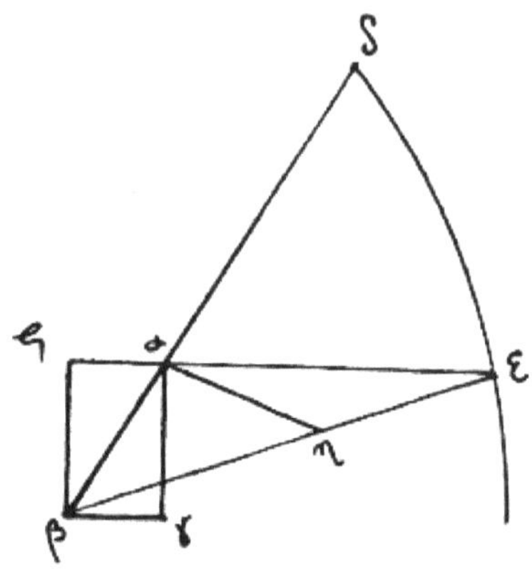

Trisektionen bei Montucla.

Die Anwendung zur Winkeldrittelung ist uns von Pappos p. 275 überliefert, sie ist, wie Montucla in der noch heute lesenswerten Histoire des recherches sur la quadrature du cercle Nouv. Edition (par Lacroix) 1831 p. 240 sagt, fast selbstverständlich, und stimmt im Prinzip mit der des Archimedes überein.

Ist $\alpha\beta\gamma$ (s. Figur) der gegebene Winkel, so ist nur nötig, von β als Pol aus eine Strecke $\delta\varepsilon$ zwischen $\alpha\gamma$ und der verlängerte $\zeta\alpha$ so einzuschieben, dass $\delta\varepsilon$ gleich $2\alpha\beta$ ist, dann ist $\varepsilon\beta\gamma = {}^1/_3\alpha\beta\gamma$. Man findet also ε durch den Schnitt von $\zeta\alpha$ mit der Konchoide, deren Pol β, deren Axe $\alpha\gamma$ und deren Abstand $2\alpha\beta$ ist.

Montucla gibt l. c. 243 an, dass auch die Konstruktion des Archimedes mittelst der Konchoide gelöst werden kann, nur muss ihr Zweig unter der Axe benutzt werden. Ist *ABC* der gegebene Winkel, (Figur) so beschreibt man mit *C* als Pol, *BA* als Axe und *BC* als Abstand die 2 (untere) Konchoide, welche den Kreis um *B* mit *BC* in *D* schneidet, so ist $DBE = {}^1/_3\, CBA$.

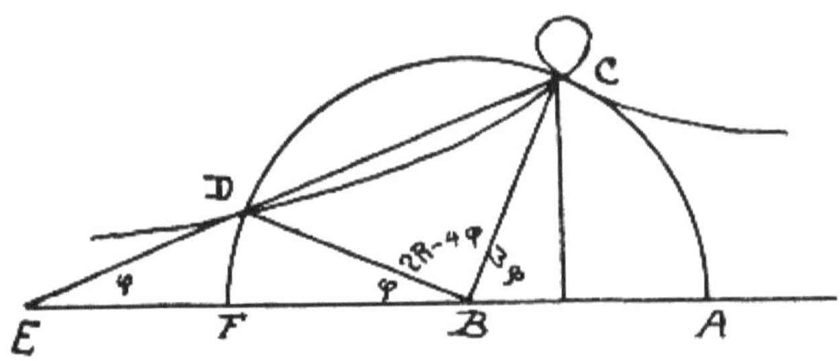

Montucla gibt auch den Hinweis auf den Appendix Newtons zur Arithmetica universalis, der so recht deutlich zeigt, wie innig Newton mit der hellenischen Geometrie vertraut war. Nachdem Vieta (Oper. ed. van Schooten 1615) gezeigt hatte, dass die Gleichung dritten Grades sich auf die Würfelvervielfältigung und die Trisektionsgleichung zurückführen lasse, hat Newton l. c. für alle Arten gemischter kubischer Gleichungen den zu trisezierenden Winkel und die Lage des Pols und die Grösse des Abstands angegeben (berechnet). Er hat ausgesprochen, dass zur Lösung von Gleichungen dritten Grades die Konchoide des Nikomedes das bequemste Mittel ist; dass dieser sich des Vorzugs seiner leicht konstruierbaren Kurve vor der Probiermethode des Eratosthenes voll bewusst war, kann man bei Eutokios nachlesen.

Würfelverdopplung nach Nikomedes.

Schwieriger gestaltet sich die Anwendung der Kurve für die Würfelverdoppelung, die Lösung der reinen kubischen Gleichung oder die Auffindung der beiden Mittleren. Eutokios beginnt den Bericht also:

Nachdem dies bewiesen (nämlich dass AB Asymptote, das Wort fehlt, was auch für höheres Alter als Apollonios spricht, etc.) seien die gegebenen Strecken ΑΔ und ΓΛ senkrecht aufeinander, zu denen es den beiden kontinuierlich proportionalen (δυο μεσας αναλογον κατα το συνεχες) zu finden gilt. Mache das Rechteck ΑΒΓΔ fertig, halbiere AB in Δ und ΒΓ in E. Verlängere ΛΔ und ΓΒ bis sie sich in H schneiden, errichte in E auf ΒΓ die senkrechte EZ, mache ΓZ gleich ΑΔ und verbinde Z mit H und ziehe zu ihr parallel ΓΘ. Und nun konstruiere man die Konchoide von Z als Pol, ΓΘ als Leitlinie und ΔΑ = ΓΖ als Abstand, welche ΗΓ in K schneidet, ziehe ΚΛ, schneidet BA in M so behaupte ich, dass ΓΛ : ΚΓ = ΚΓ : ΜΑ = ΜΑ : ΑΛ ist.

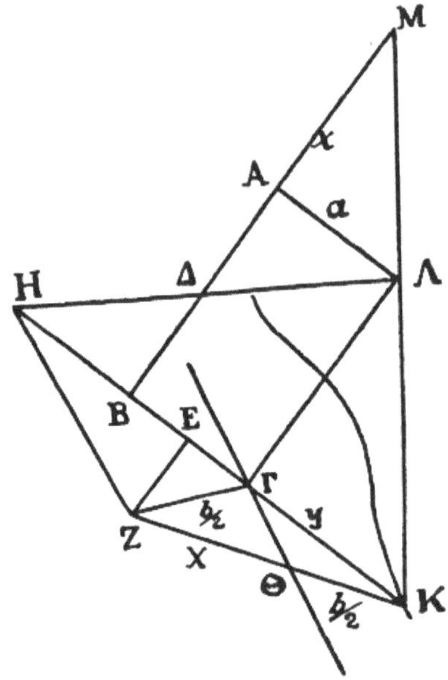

Die Pointe ist, dass ΘZ gleich MA ist. Sei MA = x und KΓ = y, AΛ = a und ΓΛ = b so ist x : a = b : y, und ZΘ : ($^1/_2$ b) = 2a : y also ZΘ : a = b : y also ZΘ = x, ferner weil ZEΓ und ZEK rechtwinklige Dreiecke mit der gemeinsamen Kathete EZ, so ist $(x + {}^1/_2\, b)^2 - (y + {}^1/_2\, a)^2 = (b2)^2 - (a2)^2$ oder x(x + b) = y(y + a), xy = y + ax + b = BKMB = ΓKΓΔ. Die Lösung des Nikomedes ist von Newton l. c. wesentlich vereinfacht worden. Die Konchoide auf zirkulärer Basis ist von Roberval Limaçon de Pascal, Pascalsche Schnecke, genannt worden, sie ist vielfach im Journ. élém. (v. Bourget) behandelt worden.

Diokles: Kissoide.

Würfelverdopplung mit Kissoide.

Mit Nikomedes wird stets, infolge des Kommentars des Eutokios, Diokles genannt, von dessen Lebensführung uns zwar so gut wie nichts bekannt ist, der aber nach seiner Kugelteilung welche Eutokios, Heib. 3, S. 188 ff. mitteilt, und ebenfalls nach seiner Lösung der Würfelverdoppelung, ib. S. 78, ein sehr achtbarer Geometer gewesen ist. Nach dem gedanklichen Inhalt der beiden Fragmente aus seiner Schrift περι πυρ(ε)ιων halte ich ihn für ziemlich gleichzeitig mit Nikomedes und für nur wenig jünger als Apollonios. Das Fragment über die Kugelteilung enthält zwar schon die Apollonischen Benennungen Ellipse, Hyperbel, Asymptote, aber es ist sicher von Eutokios überarbeitet, der wie Heiberg S. 207 anmerkt, die Konstruktion der Hyperbel, wenn die Asymptoten und ein Punkt gegeben worden sind »de suo« hinzufügte. Das Problem der Würfelverdoppelung löste Diokles mittelst der Kissoide, die er wie folgt konstruierte. Man zeichne einen Kreis um M, den Leitkreis, mit Radius r, ziehe darin den Durchmesser SS' gleich d. Ziehe BC und $B'C'$ senkrecht zu SS' und symmetrisch zu M. Ziehe SB' welche BC in P schneidet, so ist die Kurve der Ort des Punktes P wenn $B'C'$ sich von S' nach S bewegt (die allgemeine Kurve entsteht: wenn man $A'B'$ sich unbegrenzt in der Richtung $S'S$ und daher AB von S nach S' zu bewegen lässt). Nimmt man als 0-Punkt S und als + x-Axe den Strahl $\boxed{SS'}$, zieht AC und nennt es z, so ergeben die elementarsten Sätze die Proportion (d - x) : z = z : x = x : y d. h. x und z sind zwischen d - x und y die Mesoteten. Will man nun zwischen a und b die mittleren einschalten, so braucht man der Symmetrie wegen nur auf dem zu SS' senkrechten Durchmesser einen Punkt K so zu bestimmen, dass $S'M : MK$ = a : b ist und $S'K$ auszuziehen, bis es die Kissoide in P schneidet, so ist nur noch d - x und y proportional in a und b zu verwandeln.

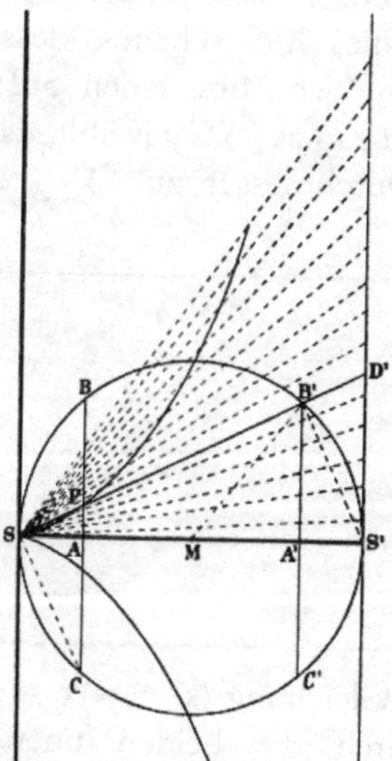

Da aus dem grundlegenden Streifensatz folgt, dass $SP = B'D'$ ist (entsprechende Querstrecken), so lässt sich die Kurve auch bequemer so erzeugen, dass man von S aus nach allen Punkten des Leitkreises die Strahlen zieht und das Stück zwischen der festen Tangente in S' und dem Kreise von S aus auf den Leitstrahlen bis P abträgt.

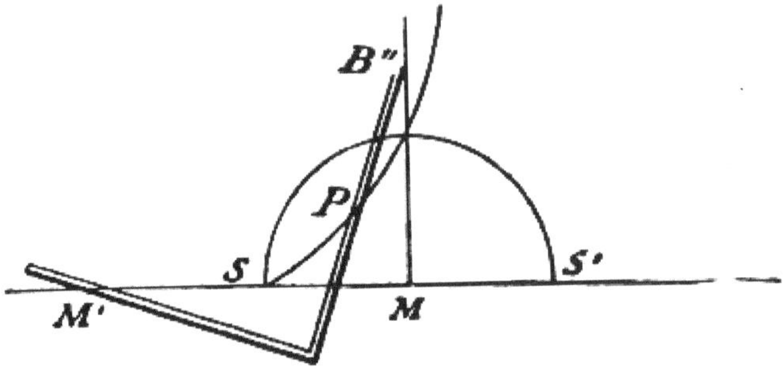

Newton'sche Erzeugung.

Aus der ersten Erzeugung durch Diokles lässt sich ebenso elementar (vgl. a. Samml. Göschen 65 p. 148) die mechanische Herstellung der Kurve von Newton (l. c.) ableiten, welche Montucla l. c. S. 139 beschreibt. Er bedarf dazu nur noch eines Richtscheites, dessen einer Schenkel d ist, Endpunkt B'', und der in der Mitte einen Stift P hat. Dreht man das Richtscheit um den Pol M', so auf SS' gewählt, dass $M'S$ = r ist, so dass B'' auf dem konjugierten Durchmesser zu SS' gleitet, so beschreibt P die Kissoide.

Diokles.

Zenodoros.

Isoperimetrie.

Die Kurve hat die Gleichung $(x^2 + y^2)x = dy^2$, ist also eine Kurve 3. Grades, geht auch durch die beiden unendlich fernen imaginären Kreispunkte, hat die Kreistangenten S' zur Asymptote, ist Fusspunktenkurve, Rollkurve, durch reciproke Radien transformierte der Parabel. Sie ist elementar behandelt l. c., auch vielfach im Journal de Math. spec. Dass die Kurve in S eine Spitze hat wusste schon Proklos, der die Kurve viel erwähnt, Friedl. S. 126 sagt: »όταν δε αι κισσοειδεις γραμμαι συννευουσαι προς έν σημειον, ώσπερ τα του κισσου φυλλα — και γαρ την επωνυμιαν εκειθεν εσχον — ποιωσιν γωνιαν«. Wenn die Kissoidenlinien sich nach einem Punkt zu neigen, wie die Blätter des Efeu — und sie hat ja davon ihren Namen — so bilden sie einen Winkel. Sehr auffallend ist, dass Proklos trotz der häufigen Erwähnung der Kurve den Diokles nicht nennt, so wenig wie Pappos, der ihrer zweimal gedenkt. Aber wenigstens bei Proklos ist im Zusammenhang des Textes die Auslassung des Autornamens ganz sachgemäss, S. 111, 6 z. B. wird von der Einteilung der Kurven durch Gemīnos geredet, wobei die Kissoide (Kittoide) nur als Beispiel einer Figur bildenden Kurve erwähnt wird, woraus übrigens hervorgeht, dass Gemīnos schon die Asymptote der Kurve kannte. So liegt kein Grund vor, dass zuverlässige Zeugnis des Eutokios zu bezweifeln. Und dies um so weniger als Pappos auch den Namen des dritten hervorragenden Mathematikers verschweigt, der um 200 anzusetzen ist, den des Zēnodoros, von dessen Lebensumständen nichts weiter feststeht, als dass er nach Archimedes und vor Quintilian gelebt hat, also ein Spielraum von fast 400 Jahren. Aber Hultsch und Cantor setzen ihn auf Grund seiner Sprache und seines engen Anschluss an den Gedankenkreis des Euklid und Archimedes gewiss mit Recht in die Nähe des Archimedes, vergl. dazu noch W. Schmidt Enestr. 1901 S. 8. Und man kann wohl hinzusetzen, dass der Gegenstand, den er sich zum Vorwurf nahm, auch auf Vorangang des Apollonios schliessen lässt. Mit dem Namen des Zenodoros sind die Probleme, welche wir heute als pars pro toto, isoperimetrische nennen, für immer verknüpft. Er selbst hat zwar seine Schrift, wie Hultsch, Papp. III, 1189 hervorgehoben über Inhalte von gleichen Massen, περι ισομετρων σχηματων genannt, aber man versteht heute unter Isoperimetrie sowohl Untersuchungen über Konfigurationen, die bei gleichen Massen der Begrenzung den grössten Inhalt haben, als diejenigen, welche bei gleichem Inhalte grösste Begrenzung bieten. Es ist jene hochwichtige Problemklasse aus der sich im 18. Jahrh. die Variationsrechnung entwickelte. Die Notiz des Simplicius welche W. Schmidt, Eneström 1901 S. 5 anführt, bezieht sich m. E. nur auf die Kreis- und Kugelmessung durch Archimedes, welcher ja de facto in sehr vielen Fällen den Beweis für die Isoperimetrie des Kreises und der Kugel liefert. Die Schrift selbst ist uns inhaltlich auf dreierlei Art erhalten, a) sowie es scheint, wörtlich, durch den Kommentar des Theon von Alexandrien zum Almagest (Pariser Ausgabe 1821 Halma, 33 ff.), b) freier aber völlig zu a) stimmend durch Pappos, Buch V, S. 308 ff.) c) Abhandlung eines Anonymos über die isoperimetrischen Figuren, welche Hultsch, Papp. III 1138–1165 herausgegeben hat, ebenfalls vielfach wörtlich zu Theons Mitteilung stimmend.

Die Arbeit zerfällt in einen planimetrischen und einen stereometrischen Teil, sie gipfelt in den Sätzen, dass unter allen ebenen Figuren von gleichem Umfange der Kreis den grössten Inhalt hat und unter allen räumlichen Gebilden von gleicher Oberfläche die Kugel das grösste Volumen hat. Dass beide Sätze nicht streng bewiesen sind, braucht kaum bemerkt zu werden, hat doch Jacob Steiner nicht vermocht, den planimetrischen Satz streng zu beweisen, und der Satz über die Isoperimetrie der Kugel ist erst 1884 von H. A. Schwarz mit den Mitteln der höchsten Analysis bewiesen worden.

Der ebene Teil des Werkes ist deutsch bearbeitet von A. Nokk, Programm Freiburg 1860. Nokk hat dort Zenodoros, der bis dahin als Zeitgenosse des Oinopides also auf 500 v. Chr. geschätzt war, als Epigonen des Archimedes erwiesen, auch auf die Bestätigung der Authentizität von Theons Wiedergabe durch Proklos hingewiesen; Friedlein S. 165 Z. 24: εστι γαρ τριγονα τετραπλευρα, καλουμενα παρ' αυτοις ακιδοειδη παρα δε τω Ζηνοδωρω κοιλογωνια. »Es gibt eine dreiwinklige (Figur) mit vier Seiten, von Jenen (Theudios und Euklid?) [Lanzen] spitzenförmig geheissen, vom Zenodoros aber hohlwinklig. Und dieser Ausdruck kommt bei Theon vor. Zu bemerken ist, dass die Winkel auf solche, welche kleiner als der gestreckte, beschränkt waren, d. h. auf solche die im Dreiseit vorkommen konnten und dies noch bei Proklos, der allerdings wie die Neuplatoniker überhaupt, archaistisch ist. Die Figur galt also dem Euklid und Proklos als dreiwinklig, trotz ihrer 4 Ecken und 4 Seiten. Der Ausdruck hohlwinklig ist sehr auffallend, es scheint aus ihm hervorzugehen, dass Zenodoros die Figur schon für vierwinklig ansah und seine Lebenszeit würde dadurch noch herabgedrückt werden, wenn es nicht wahrscheinlicher wäre, dass ein literarisch so gebildeter Autor wie Proklos den Ausdruck eben aus Theons Kommentar entlehnt hat; wodurch dann wieder sein Zeugnis für die Echtheit von Theons Wiedergabe entkräftet würde.

Zenodoros' Satz: Der Kreis ist grösser als das isoperimetrische regelmässige Vieleck.

Als Probe gebe ich Ihnen den Beweis des zweiten Satzes nach Nokk. Wenn ein reguläres Polygon mit einem Kreise gleichen Umfang hat, so hat der Kreis den grösseren Flächeninhalt.

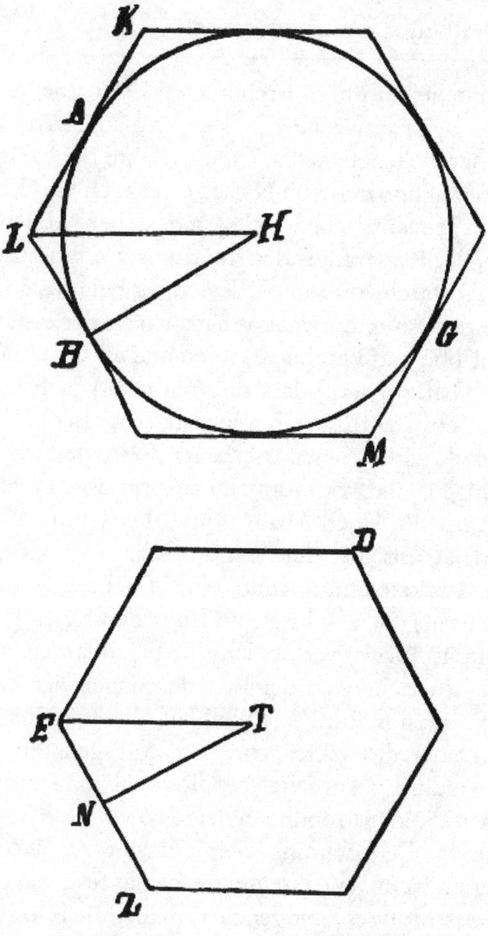

Der Kreis sei *ABG*, das reguläre Polygon von gleichem Umfange *DEZ*. Das Zentrum des Kreises sei *H*, das des Polygons sei *T*, man beschreibe um den Kreis *H* das dem Polygon *DEZ* ähnliche, (Fig.). Verbinde *H* mit *B*, fälle von *T* auf *EZ* das Lot *TN* und ziehe *HL* und *TE*. »Da nun der Umfang des Vielecks *KLM* grösser ist als der Umfang des Kreises *ABG*, wie es vom Archimedes in seiner Schrift über Kugel und Cylinder unterstellt wird, der Umfang des Kreises *ABG* aber, dem des Vielecks *DEZ* gleich ist, so ist auch der Umfang des Vielecks *KLM* grösser als der von *DEZ*. Allein die Vielecke sind ähnlich, mithin *BL* grösser als *NE* und $HB > NT$. Also das Rechteck aus dem Umfang des Kreises und *HB* > als das Rechteck aus dem Umfang des Vielecks und *NT*. Allein das erste Rechteck ist »wie Archimedes gezeigt hat« das doppelte der Kreisfläche und das zweite das doppelte der Fläche des Polygon und somit der Satz bewiesen (allerdings mit Hilfe des Axiom: Archimedes Kugel und Cylinder Annahme 2).

Hipparch von Rhodos.

In diese Epoche der durch Archimedes, Eratosthenes und Apollonios herbeigeführten Erweiterung des mathematisch-physikalischen Gesichtskreises der Hellenen, fällt auch der grösste Beobachter des Himmels unter den Hellenen, Hipparch von Nicaea oder auch von Rhodos. Hipparch ist allerdings beim geozentrischen Weltsystem stehen geblieben, obwohl kurz vorher Seleukos, der Kopernikus des Altertums wie ihn Susemihl nennt, das Weltsystem des Aristarch von Samos, dessen wir beim Psammites gedachten, auf wirkliche Beweise stützte. Seleukos hat auch als der erste auf den Einfluss des Mondes für Ebbe und Flut hingewiesen und als Grund für die Annahme der Rotation der Erde darauf, dass die Flut am Äquator am stärksten ist. Hipparchos muss etwa um 190 geboren sein, seine Beobachtungen von 161 bis 126 sind uns durch Ptolemaios erhalten, seine letzten Beobachtungen, Mondbestimmungen, sind vom Juni 126 aus Rhodos. Ptolemaios nennt ihn Almagest III, 2 p. 140, einen Mann von Arbeits- und Wissenstrieb. Von seinen Schriften ist uns nur eine einzige erhalten, eine Exegese zu den Phainomena des Eudoxos (und Aratos) in 3 Büchern, von Vettori, Florenz 1567 Folio, herausgegeben, kritisch und mit deutscher Übersetzung 1894 Leipz. von Manutius. Es war vermutlich eine Jugendarbeit, weil er darin noch nicht die vielen Abweichungen der Beobachtungen des Eudoxos von den seinen auf die Präzession zurückgeführt hat, die er später genau feststellte und damit die Dauer des Jahres von 365,25 Tagen um 5' reduzierte. Er berechnete ferner die Exzentrizität der Sonnenbahn, wenn auch etwas zu gross, desgleichen die der Mondbahn, legte sowohl die Sonnenbahn als die Mondbahn durch Beobachtung der Fixsterne, welche ihre obere Kulmination hatten wenn jene ihre untere, genau fest, gab die Entfernungen der Sonne und des Mondes weit genauer, (namentlich letztere) an, als seine Vorgänger, kritisierte die bisherigen Planetentheorien, und erklärte die Ungleichheit der Jahreszeiten durch die Annahme der exzentrischen Kreisbahn, welche Kepler vielleicht die Anregung zur Auffindung seines ersten Gesetzes gab. Hipparchs Methode die Sonnendistanz (Parallaxe, d. h. der Winkel unter dem der Erdradius von der Sonne aus gesehen erscheint) mittelst der Mondparallaxe zu bestimmen durch den von ihm gegebenen Satz: »Die Summe der Parallaxen von Sonne und Mond ist gleich der Summe der scheinbaren Halbmesser der Sonne und des Schattenkegels der Erde«, ist theoretisch richtig. — Das Auftreten eines neuen Fixsternes im Jahre 134 brachte ihn auf den Gedanken einer möglichen Eigenbewegung derselben, und er soll (vgl. Gartz und Schaubach) mittelst von ihm erfundener Instrumente, Astrolabien, und verbessertem Visierrohr oder Diopter (Archimedes im Psammites) die Position und scheinbare Grösse des Sternes genau festgestellt haben. Jedenfalls nahm er hier Veranlassung einen Sternkatalog anzulegen und verzeichnete Ptolemaios zufolge selbst 1080

Fixsterne. Aus der Arbeit von Frz. Boll 1901 in München entnehme ich, dass der Sternkatalog des Hipparch zufolge des Fundes von A. Olivieris 1898 höchstens 850 Sterne umfasste, so dass die Meinung Tannerys und Delambres der Ptolomäische Katalog sei der des Hipparch gewesen, hinfällig wird.

Sein Beweggrund war, späteren Astronomen die Erkenntnis zu ermöglichen, nicht nur ob Sterne verschwänden und neue entständen, sondern auch, ob sich die Lage der Fixsterne gegen einander nicht ändere und ob ihre scheinbare Grösse nicht zu- oder abnähme. Diese Beobachtungen führten ihn eben zur Auffindung der Präzession; denn als er die seinigen mit etwa 100 Jahre älteren verglich, fand er, dass sich zwar die Breiten, die sphärischen Abstände von der Ekliptik oder Sonnenbahn, nicht geändert, wohl aber die Längen um den konstanten Betrag von $1^1/_3°$ vergrössert hatten, d. h. also, dass die Äquinoktialpunkte auf der Ekliptik gegen die Bewegung der Sonne hin fortrückten. Wir verdanken auch diese Kunde dem Almagest, die theoretische Erklärung der Präzession durch die Rotation der Erdaxe um die Axe der Ekliptik aus der Anziehung von Sonne, Mond, Jupiter etc. auf dem Wulst des Äquators gab erst D'Alembert.

Heron von Alexandria.

Hipparch wird aber auch als der Begründer der Trigonometrie angesehen, wenn überhaupt von einem solchen (vgl. Ägypten) die Rede sein kann. Theon teilt uns in dem schon erwähnten Kommentar zum Almagest mit, dass jener in einem grösseren Werke περι της πραγματειας των εν τω κυκλω ευθειων eine Sehnentafel gegeben. Siehe hierzu die Bestätigung bei Heron in der Metrik S. 58, 3. 19, wo der Titel (s. u. Heron) angegeben ist. Es steht jetzt so ziemlich fest, dass die ganze Sexagesimalbruchrechnung inkl. Wurzelausziehung Eigentum des Hipparch war (cf. Hultsch, die Sexagesimalrechnungen in den Scholien zu Euklids Elementen, Biblioth. Math. 5, 1904, 225).

Nach arabischen Nachrichten hat er auch über quadratische Gleichungen geschrieben und durch Strabon sind wir über seine Schrift προς Ερατοσθενην gut unterrichtet. In den beiden ersten Büchern gab er eine scharfe und nicht immer gerechte Kritik, denn genaue Längen- und Breitebestimmungen waren dem Eratosthenes nicht möglich, im dritten die Begründung seines eigenen Systems und die Tabellen der Breiten von 12 Städten und Bestimmung der Finsternisse. Wenn man von Eratosthenes Sphragides absieht, ist Hipparch auch als Begründer des sphärischen Koordinatensystems anzusehen.

An Hipparch, den Astronomen, schliessen wir Heron, den Mechaniker an; ὁ μηχανικος nennt ihn Proklos, Fried. 305, 24; 346, 13, und in der Tat ist er in Mechanik und Technik geradeso der Lehrer der Welt gewesen wie Euklid für Geometrie. Ob Heron Nachfolger oder Vorläufer des Hipparch gewesen ist, steht nicht einmal absolut fest. Doch wird in der Metrik die von Theon erwähnte Schrift unter dem Titel περι των εν κυκλω ευθειωνπερι των εν κυκλω ευθειων als vollkommen bekannt zitiert.

Lebenszeit.

Die sogen. Heronische Frage ist eine der diffizilsten, die Ansichten der berühmtesten Historiker schwanken zwischen dem 3. Jahrh. v. Chr. und dem zweiten Jahrh. n. Chr. Ein Forscher von dem Range Diels setzt ihn um 100 n. Chr., De Vaux und Paul Tannery sogar um 200, der Herausgeber der neuesten Gesamtausgabe W. Schmidt setzt ihn etwa auf 56 v. Chr. Dem gegenüber stehen Susemihl, der genaue Kenner der Hellenistik, der ihn um 200 v. Chr. ansetzt und M. Cantor, der ihn um 100 v. Chr. setzt. Ich glaube, dass Cantor im ganzen das Richtige getroffen und neige dazu Herons Geburt etwa um 150 zu setzen und stimme der Beweisführung Edmund Hoppes im Programm des Hamburger Wilhelm-Gymnasiums von 1902 bei, welche ich noch bekräftigt finde durch die von H. Schoene 1903 zum ersten Mal herausgegebene »Metrika«, deren Handschrift R. Schoene 1896 im Codex Constantinopolitanus aufgefunden hatte. Da Programme bekanntermassen wenig bekannt zu werden pflegen, so setze ich den Schluss der Hoppe'schen Arbeit hierher, und um so lieber, als ich bedauerlicherweise vergessen habe, diese tüchtige Arbeit in der 2. Aufl. meiner Methodik von 1907 unter den historischen Programmen anzuführen, obwohl sie mir seit 1903 bekannt war. Hoppe schliesst: Wenn er den älteren Poseidōnios zitiert hat, rückt Heron gänzlich in das zweite Sec. v. Chr. »Dahin passt er auch seinem ganzen Inhalte nach durchaus. Heron steht ausschliesslich auf den Schultern des Archimedes und Ktesibios in seiner Mechanik und Pneumatik, in der Philosophie und Mathematik ist er abhängig von Aristoteles, Platon, Pythagoras und Euklid, welche er alle zitiert. Alles Spätere ist für Heron nicht vorhanden. Heron aber geht über seine Quellen weit hinaus. Die physikalischen Anschauungen, welche er in der Einleitung zur Pneumatik darlegt, hat vor ihm keiner und auch nach ihm keiner. Wohl in Einzelheiten finden sich bei früheren Anklänge, aber ein solch umfassendes Wissen von der Mechanik der Gase, von der Elastizität etc. hat keiner seiner Vorgänger. Nach ihm hat man dies alles nicht mehr verstanden, die römischen Epigonen griechischer Kulturwelt konnten wohl Automaten und Wasserorgeln nachmachen, aber seine physikalischen Gedanken begriffen sie nicht. Das charakterisiert Heron als den letzten einer untergehenden Schule. Darum muss man Heron ansetzen zu einer Zeit, wo Ägypten vor einer Katastrophe stand, nach einer Periode der Blüte. Diese Blüte war unter den Ptolemäern, die Katastrophe war das Einsetzen der Römerherrschaft. Somit spricht alles für den Ausgang des zweiten sec. a. Chr. Macht man, wie Schmidt es will, Philon von Byzanz und Ktesibios zu Zeitgenossen des Archimedes, so wäre möglich für Heron die Zeit am Anfang des zweiten sec. anzunehmen. Setzt man Ktesibios an das Ende des zweiten sec., so bleibt für Heron die Zeit um 100 n. Chr., wie Cantor annimmt, bestehen; ein weiterer Spielraum scheint ausgeschlossen.«

Zu den von Heron benutzten Autoren kommt nach Metrik S. 58 Z. 19 noch Hipparch hinzu und Apollonios de sectione spatii (ἡ του χωριου αποτομη) Schöne S. 162, sowie Dionysodoros dessen Kugelteilung Eutokios gegeben. Auch die Heronische Würfelverdoppelung zeigt den Einfluss des Apollonios. Ungelöst ist auch noch die Frage inwiefern Heron für seine Geschützlehre und seine Lehre vom Luftdruck aus Philon von Byzanz (Φιλων ὁ βυζαντιος.) geschöpft hat. Die Vorstellung, dass schwere Körper schneller fallen müssen als leichte findet sich z. B. bei Beiden. Die Zuverlässigkeit der Literaturangaben des Eutokios ist durch die Auffindung der Mechanik wieder bestätigt worden, Eutokios überschreibt die Lösung mit den Worten »wie Heron in der Einführung in die Mechanik und in den Belopoiika (Anfertigung von Geschützen)« und sie hat sich auch in der Mechanik, Ausgabe von Nix S. 24 gefunden.

Ich möchte zu den Datierungsfragen allgemein bemerken, dass was für Indien gilt mutatis mutandis auch für alle diese Streitfragen gilt. Der gedankliche Zusammenhang, die Darstellung, die Hilfsmittel sind der wichtigste Anhaltepunkt, und der spricht für Heron entschieden für engen Anschluss an Archimedes, wie es insbesondere die Metrika zeigen und für die Cantorsche Auffassung, welche auch von Hultsch geteilt wurde. Auch die sehr sorgfältige Dissertation von R. Meier de Herone aetatis, Leipz. 1905 kommt zum gleichen Resultat. Wie die Heronische Frage hat entstehen können, darüber spricht sich Cantor völlig zutreffend aus. Für $1^1/_2$ Jahrtausend ist wie Euklid für Mathematik so Heron Lehrer für Geodäsie und angewandte Mechanik. Überaus zahlreich, griechisch, lateinisch, arabisch, sind die Codices, Excerpte, Bearbeitungen und ebenso zahlreich sind die Entstellungen und Zusätze, Verschlimmbesserung der Abschreiber und Ausschreiber.

Heron, Werke.

Während die physikalischen Schriften Herons ab und an ediert sind, ist die erste kritische Ausgabe der unter seinem Namen gehenden mathematischen Schriften von Fr. Hultsch, der bei seiner grossen Arbeit über die Schriftsteller der Alten, welche sich mit Messkunst beschäftigten, sich mit Heron beschäftigen musste. Die Hultsche Ausgabe von 1864, für ihre Zeit mustergiltig, gibt uns den griechischen Text möglichst bereinigt, sie enthält die Heronischen Definitionen, die jetzt noch oder wieder für teilweise echt gelten, die Geometria und als Anhängsel einige an sich wichtige Tafeln der Masse, die aber grösstenteils unecht sind, dann die Stereometrie, ein Buch über Flächen- und Raummessung, dann das liber geoponicus, das ein ziemlich dürftiges Excerpt ist, wie der 8. Abschnitt ein ungenaues Excerpt aus der unten zu besprechenden Dioptra, und dann vergleichende Zusätze. Aber nach etwa einem Menschenalter machten grossartige neue Funde (s. u.) eine neue Ausgabe nötig. Sie ist von W. Schmidt, einem Hultsch ebenbürtigen Kenner der antiken math. Schriftsteller, unternommen, als Gesamtausgabe Herons und mit deutscher Übersetzung. Erschienen sind: Band 1, 1899 von W. Schmidt, die »Druckwerke« und »das Automatentheater«, mit einem Supplementheft: die Geschichte der Textüberlieferung und Griech. Wortregister.

Bd. II, 1900 die Mechanik und Katoptrik, erstere von L. Nix aus dem Arabischen, letztere von W. Schmidt; — B. III 1903, die Messungslehre (Metrika) und die Dioptra »Vermessungslehre« von H. Schöne. Leider ist der verhältnismässig jugendliche W. Schmidt Hultsch im Tode vorausgegangen. Aber schon das jetzige genügt um sich von Herons wirklicher Bedeutung ein Bild zu machen, und zeigt, dass der grösste Teil der von Hultsch edierten Schriften höchstens inhaltlich auf Heron zurückgeht. W. Schmidt konnte die Ansicht Hultschs bestätigen, wonach sich Herons Schriften vermutlich auf drei grosse Werke verteilten: 1. Über Feldmesskunst, von denen die grosse Arbeit über die Dioptra die wichtigste ist. 2. Über Mechanik. 3. Über Metrik, d. h. die Lehre vom Inhalt der Flächen und Körper.

Heron, Leben.

Von den Lebensumständen Herons scheint noch festzustehen, dass er in Alexandrien ähnlich wie Pappos einen zahlreichen Schülerkreis um sich gesammelt hatte, sodass seine Werke als Lehrbücher für seine Schüler vielleicht im Auftrage der Regierung entstanden sind. Es ist nicht unwahrscheinlich, dass Heron selbst ägyptischer Nationalität war, was auch seinen Stil erklären würde. Jedenfalls hat er auf ägyptische Feldmesser als Leser und Hörer gerechnet, und war mit den ägyptischen Methoden völlig vertraut. Rätselhaft war lange Zeit die Methode mit der Heron besonders in Metrik und Dioptra die auffallend genauen Quadratwurzeln gezogen und in der Metrik sogar die Kubikwurzel aus 100 (S. 78). G. Wertheim einer der tüchtigsten Schüler M. Cantors hat das Rätsel gelöst. Die kurze Notiz steht Cantor-Schlömilch Hist. litt. Abt. Band 44, 1899 S. 1, es ist so ziemlich das letzte Vermächtnis des Diophantherausgebers.

Herons Wurzelausziehung.

Heron will $\sqrt[3]{100}$ bestimmen. Die Kuben zwischen denen 100 liegt sind 64 und 125, die erstere ist um 36 zu klein, die letztere um 25 zu gross. Die $\sqrt[3]{\ }$ sind bezw. 4 und 5. Daher wird $\sqrt[3]{100}$ gleich 4 + einem Bruche sein. Um den Zähler zu finden multipliziert er 36 mit 5, gibt 180. Der Nenner ist 100 + 180. Der Bruch ist also $^9/_{14}$ und so ergibt sich ihm der Näherungswert $4^9/_{14}$.

Wertheim nimmt nun nicht wie M. Curtze, der Freund und Genosse M. Cantors, die 5 als $\sqrt{25}$ sondern als $\sqrt[3]{125}$ und 100 sieht er nicht wie Curtze als den gegebenen Radikand an, sondern als das Produkt von 4 als $\sqrt[3]{64}$ mit $5^3 - 100$.

»Auf diese Weise stellt sich Herons Verfahren als ein dem doppelten falschen Ansatz analoges dar.«

Ich erinnere, dass schon die ältesten Ägypter die Regula falsi benutzten. Wertheim zeigt, dass die ebenso rätselhaften Näherungswerte des Archimedes für die Quadratwurzeln mit der gleichen Methode gefunden werden können und weist dies an den Grenzwerten des der $\sqrt{3}$ aus der Kreismessung 265153 und 1351780 nach. Dieser Nachweis macht die Erklärung Wertheims wahrscheinlicher als die sachlich einfachere der am selben Ort mitgeteilten von A. Kerber sub. 9. Nov. 1897 an Curtze gesandt.

Sei die zu kleine Wurzel a, und die um 1 grössere schon zu grosse a^1, so ist $(x^3 - a^3) = f = (x - a)(x^2 + ax + a^2)$ annähernd gleich (Zeichen $\sim$): $(x - a)3ax$. Ebenso ist $-f^1 \sim 3a^1x$, und durch Division erhält man $f\text{-}f^1 \sim (x - a)a(x - a^1)a^1$, wenn man $x - a = z$ setzt, so ist $x - a^1 = z - 1$ und $z = fa^1a^1f + af^1$ und dies ist die Korrektion des Heron.

Die Methode würde für die Quadratwurzel ergeben $z = fa + a^1$ also für $\sqrt{63}$; $z = 1415$ aber Heron setzt sie gleich $7^1/_2$, $^1/_4$, $^1/_8$, $^1/_{16}$, (gut ägyptisch), das ist 71516, welches genauer ist als 71415 und für $\sqrt{67500}$ statt 259 den Wert 259419515, was bedeutend genauer als Herons Wert, der auffallend ungenau; es ist seltsam, dass Heron nicht 260 gewählt hat. Aber auch der vierfache falsche Ansatz passt für $\sqrt{63}$ nicht. Denkt man aber an die alte ägyptische Unterteilung und bedenkt, dass die Näherungsformel $\sqrt{a^2 + \varepsilon} \sim a + \varepsilon 2a + 1$ zunächst 71415 gab, so liegt es nahe, dass probeweise 71516 gesetzt wurde. Übrigens findet sich bei Theon von Smyrna ein Kettenbruchverfahren für $\sqrt{2}$, und dieses oder ein sehr ähnlicher Algorithmus ist vermutlich Archimedes und Heron auch bekannt gewesen.

Heron als Schüler des Ktesibios.

Dass Heron nicht nach Caesar gelebt haben kann, das geht schon aus der Abhängigkeit Vitruvs von Heron hervor, die ich schon um deswegen nicht bezweifle, weil Vitruv den Heron nicht erwähnt. Als sein Lehrer gilt Ktesibios, weil ein Werk des Heron die βελοποιικα, Geschützverfertigung, in einigen Handschriften darunter die beste, überschrieben ist Ἡρωνος Κτησιβιου βελοποιικα. Wilhelm Schmidt, der verdienstvolle Neubearbeiter des Heron, verwirft diese Begründung, und mit Recht, spricht sich aber über die Tatsache selbst nicht weiter aus. Mir scheint das Faktum richtig. Dass auch Heron ein Alexandriner, Αλεξανδρευς, gewesen wie Ktesibios steht fest, und dass Ktesibios der ältere war, ebenfalls, und gerade in den »Pneumatika« der Lehre von der mechanischen Anwendung des Luftdrucks, schliesst sich Heron eng an Ktesibios an. Und sehr spricht für das Schülerverhältnis die Stelle bei Proklos, Friedl. S. 41: και ἡ θαυματοποιικη τα μεν δια πνων φιλοτεχνουσα, ὥσπερ και Κτησιβιος και Ἡρων πραγματευονται.

Der Dampf als Motor.

Nach Susemihl lebte Ktesibios unter Ptolemaios Philadelphos und Euergetes I in Alexandrien und zeichnete sich durch Erfindung schwerer Geschütze, die er mit komprimierter Luft trieb, aus. Wohl war die Triebkraft der gepressten Luft schon dem Aristoteles bekannt, aber die Windbüchse hat jener konstruiert, der nicht mit dem anderen Ktesibios, der eine Wasserorgel konstruiert hat »dem Sohn des Bartscherers« zu verwechseln ist. Ktesibios konstruierte auch einen Apparat zur Mauerersteigung, sowie Automaten und schrieb eine theoretische Mechanik. An ihn schliesst sich Heron als praktischer Mechaniker zunächst an, in der Schrift »πνευματικα,« Druckwerke, in 2 Büchern, welche besonders den Luftdruck verwertet, allerdings ohne die heutige Theorie. Die in der Einleitung erwähnte Schrift über die Wasseruhren (wörtlich Stundenzeiger mittelst Wassers) in 4 Büchern ist bis auf ein ganz winziges Fragment verloren. Neben vielen ergötzlichen Spielereien findet sich darin der Heber (Philon) der Heronsbrunnen, der Heronsball, das Gesetz der kommunizierenden Röhren, die Druckpumpe, die Feuerspritze, die nachweislich erste Anwendung des Dampfes als Triebkraft, ein Dampfkessel mit Innenfeuerung und Schlangenrohr als Badeofen etc. Unter den Automaten ist die sich selbst regulierende Lampe, das automatische Restaurant etc.

Anwendungen des Dampfes.

Ich gebe hier II, VI die erste konstatierte Anwendung des Dampfes als Motor, nach W. Schmidts neuer Ausgabe wieder. »Ferner Kugeln, welche sich auf Luft bewegen. Ein Kessel mit Wasser, der an der Mündung verstopft ist, wird unterfeuert, s. Fig. Von der Verstopfung aus erstreckt sich eine Röhre, mit welcher oben eine hohle Halbkugel durch Bohrung in Verbindung gesetzt worden ist. Werfen wir nun ein leichtes Kügelchen in die Halbkugel, so wird es sich ergeben, dass der aus dem Kessel durch die Röhre getriebene Dampf das Kügelchen in die Luft emporhebt, so dass es darauf getragen wird.«

Ist hier der Dampf nur zur Spielerei benutzt, so leistet in II 34 in dem Badeofen, nach seiner Form die einem römischen Meilenstein ähnelt, Miliarion genannt, der Dampf nützliche Dienste. Die Figur bedarf keiner Erläuterung. Wir haben hier einen Dampfkessel mit Innenfeuerung und den Anfang des kupfernen Schlangenrohres, welches etwas später daraus hervorging. Der Dampf steigt durch eine Röhre, welche in das den Deckel durchsetzende Rohr eingeschlossen und darin drehbar ist, in den Mund des kleinen Genius, der nur als Blasebalg für die Kohlenfeuerung dient. Hier wird man wohl wieder sagen müssen, dass es nichts Neues unter der Sonne gibt.

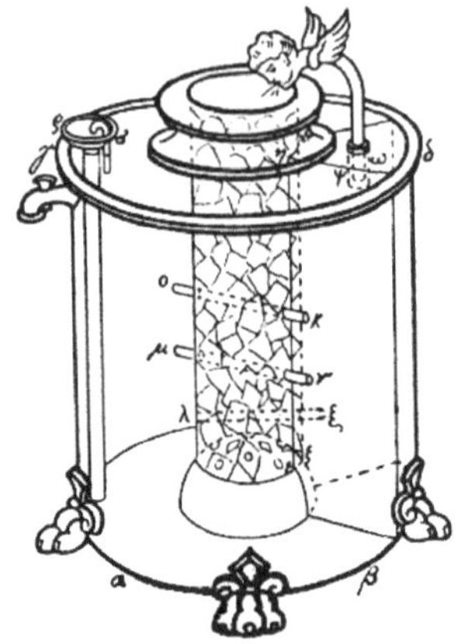

Automatentheater.

An die Pneumatika schliesst sich das »Automatentheater« wie W. Schmidt sinngemäss den eigentlichen Titel Περι αυτοματοποιητικης übersetzt; auch hier wie Heron selbst angibt, in der Einleitung zu den stehenden Automaten, Schmidt I, S. 404, Z. 12, stützt er sich auf Philon. Die Automaten, die heute bei uns nur noch auf den Jahrmärkten und zu Reklamezwecken in den Schaufenstern dienen, abgesehen von den grässlichen Musikautomaten, spielten im 17. und 18. Jahrh. eine sehr grosse Rolle in den Belustigungen auch der Hochgestellten, — ganz wie zur Zeit des Philon und Heron. Ich gebe hier den Bericht des Heron über die Aufführung der Pantomime Nauplios (durch Philon). Der Sage nach war Nauplios der Vater des Palamedes, der den Tod seines Sohnes Palamedes, an den Argivern rächte, den Odysseus um seinen Konkurrenten in der Klugheit zu beseitigen, verursacht hatte. Athene stand ihm bei, sie zürnte besonders Ajax dem Lokrer, der ihr Palladion geschändet hatte. Also: auf der Bühne war das auf Nauplios bezügliche Stück vorbereitet (das Stück selbst: μύθος, vermutlich von Sophokles), das Einzelne verhielt sich so: Zu Anfang öffnete sich die Bühne, dann erschienen zwölf Figuren im Bilde, diese waren auf drei Reihen verteilt. Sie waren als Danaer dargestellt, welche die Schiffe ausbessern und Vorbereitungen treffen um sie ins Meer zu ziehen. Diese Figuren bewegten sich, indem die einen sägten, die andern mit Beilen zimmerten, andere hämmerten, wieder andere mit grossen und kleinen Bohrern arbeiteten. Sie verursachten ein der Wirklichkeit entsprechendes, lautes Geräusch. Nach geraumer Zeit wurden aber die Türen geschlossen und wieder geöffnet, und es gab ein anderes Bild. Man konnte nämlich sehen, wie die Schiffe von den Achäern ins Meer gezogen wurden. Nachdem die Türen geschlossen und wieder geöffnet waren, sah man nichts auf der Bühne als gemalte Luft und Meer. Bald darauf segelten die Schiffe in Kiellinie vorbei. Während die einen verschwanden, kamen andere zum Vorschein. Oft schwammen auch Delphine daneben, die bald im Meere untertauchten, bald sichtbar wurden, wie in Wirklichkeit. Allmählich wurde das Meer stürmisch und die Schiffe segelten dicht zusammengedrängt. Machte man wieder zu und auf, war von den Segelnden nichts zu sehen, sondern man bemerkte Nauplios mit erhobener Fackel und Athene, welche neben ihm stand. Dann wurde über der Bühne Feuer angezündet, wie wenn oben die Fackel mit ihrer Flamme leuchtete. Machte man wieder zu und auf, sah man den Schiffbruch und wie Ajax schwamm. Athene wurde auf einer Schwebemaschine und zwar oberhalb der Bühne emporgehoben, Donner krachte, ein Blitzstrahl traf unmittelbar auf der Bühne den Ajax und seine Figur verschwand. So hatte das Stück, nachdem geschlossen war, ein Ende.

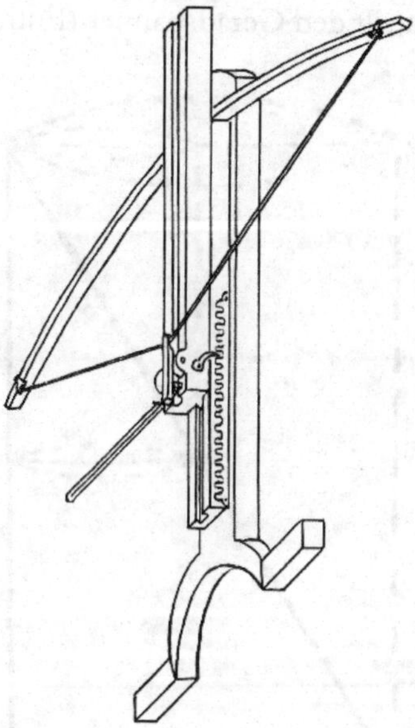

Heron, Euthytonos (Geradspanner).

Es folgen dann die genauen Vorschriften zur Anfertigung der Automaten.

Die Pneumatik zeigt zugleich, wie falsch die Vorstellung ist, dass das Experimentieren erst etwa durch Bacon erfunden sei, z. B. Pneum. 28, 29, aber nicht nur Heron war ein tüchtiger Experimentator, sondern schon Demokrit hat seine physikalischen Theorien auf Experimente gestützt, indem er z. B. Versuche über Filtrierung von Meerwasser angestellt hat.

Geschützverfertigung.

Es folgt die βελοποιικά, den Titel hat H. Degering nicht ohne Geist erklärt als Herons Bearbeitung von Ktesibios Geschützverfertigung; die Frage nach den antiken Geschützen, für die bisher das grosse Werk von Köchly und Major Rüstow ausschlaggebend war, ist durch die Versuche von E. Schramm in Metz in ein neues aber noch nicht abgeschlossenes Stadium getreten. Dass Griechen und Römer über ein sehr hochentwickeltes Geschützwesen verfügten und eigene kaiserliche Waffentechniker, armamentarii imperatoris, besassen ist bekannt; soll doch nach Athenodoros der Winkelspanner des Archimedes einen 12elligen Balken auf die Weite eines Stadions geworfen haben.

Die Figur S. 323 stellt den Geradspanner (Euthytonos) des Heron dar.

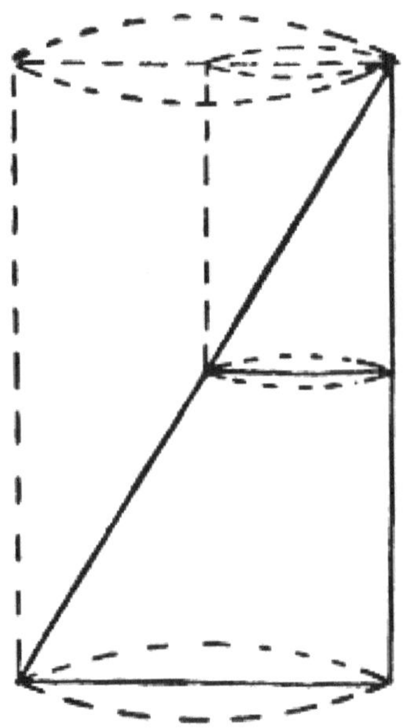

Das Delische Problem.

Der Schluss des Werkes enthält die von Eutokios mitgeteilte Konstruktion für das Delische Problem, welche mit der des Apollonios im Prinzip und mit der des Philon, der als 4. Buch seiner Mechanik ebenfalls über Geschützbau ausführlich gehandelt hat, übereinstimmt. Sollte die Kraft der Geschosse verdreifacht werden, so musste der Cylinder, der den Spanner aufnahm, verdreifacht werden und damit war das Delische Problem gegeben, dessen Lösung sich von der des Apollonios und besonders der des Philon nur sehr wenig, und im Prinzip gar nicht unterscheidet.

Der Bericht des Eutokios ist überarbeitet, der des Pappos III p. 62 scheint fast genau mit dem Original zu stimmen, bis auf geringfügige Zusätze, wie z. B. gleichen Umfang παραλληλογραμμον. Das Original ist zum Schluss vollständig verworren, und ich folge der von Köchly jedenfalls mit Benutzung von Pappos gegebenen Sanierung und nicht der in der Mechanik S. 24 aus dem Arabischen übertragenen. Die Konstruktion des Philon die bei Eutokios sich anschliesst findet sich Köchly S. 238 skizziert.

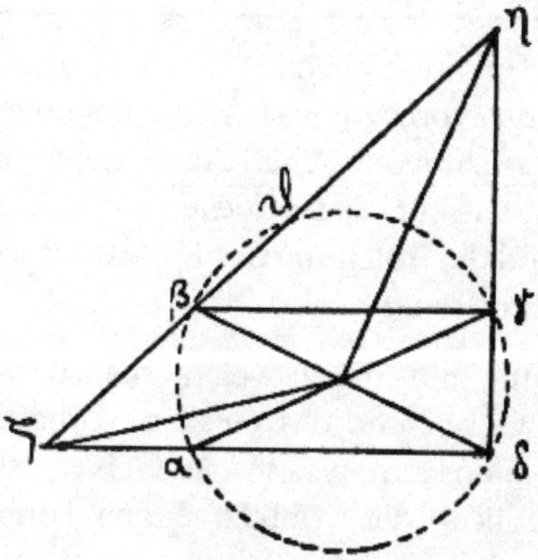

Heron: Es seien αβ, βγ die gegebenen Strecken, senkrecht zu einander, es soll das Rechteck αβγδ vollendet und δγ, δα verlängert worden sein. Du sollst an Punkt β ein Lineal anlegen, das die verlängerten Strecken schneidet und das besagte Lineal bewegen bis die zwei ε mit den Schnitten verbindenden einander gleich sind. Es habe nun das Lineal die Lage der Geraden ζβη und die beiden andern Geraden seien εζ und εη, so behaupte ich, dass αζ, ηγ die mittleren Proportionalen der Strecken αβ, βγ sind.

Der Beweis mittelst $(a + b)(a - b)$ gleich $a^2 - b^2$ (oder auch mit dem Potenzsatz) ist ohne weiteres klar.

Die Konstruktion des Philon führt die Gleichheit von ζε und ηε auf die von ζβ und ηθ zurück, was mittelst geteilten Drehlineals praktisch vorteilhaft ist.

Katoptrik.

Ebenfalls experimenteller Physik gehört Herons Katoptrik, die Lehre vom reflektierten Licht an, die Lehre vom Spiegel, Winkelspiegel, Vexierhohlspiegel, Spiegel zu Geistererscheinungen etc. Sie ist jetzt unter den Werken Herons von W. Schmidt 1901 (Bd. II) herausgegeben, nach einem lat. Manuskript des Wilhelm von Mörbeck, den wir schon bei Archimedes als Übersetzer erwähnten. Das griech. Original wird sich vermutlich im Vatikan finden, jedenfalls hat es sich dort befunden. Die Schrift war unter dem Titel Claudii Ptolemei de Speculis 1518 gedruckt worden. Als die weit über Heron hinausgehende Optik des Ptolemaios in einer aus dem Arabischen übersetzten Optik des Admirals Eugenius Siculus (vgl. die Einleitung W. Schmidts S. 303) erkannt war, bewiesen H. Martin, Rose und Schmidt dass jene frühere Schrift eine verkürzte und verstümmelte Wiedergabe der Katoptrik des Heron sei, von der Kunde existierte.

Reflexionsgesetz.

Heron legt die Emissionstheorie zugrunde, die Sehstrahlen sind eine Art Äthermoleküle, die vom Auge aus mit unendlicher Geschwindigkeit gesandt werden. Seine mathematischen Ableitungen beruhen auf dem Satz: das Licht bewegt sich auf kürzestem Wege (wie s. Z. Fresnel). Ich gebe die Einleitung wörtlich und die Ableitung des Reflexionsgesetzes aus Kp. IV und V dem Sinne nach. Einleitung:

»Da es zwei Sinne gibt, durch welche man nach Platon zur Weisheit gelangt, nämlich das Gehör und das Gesicht, so hat man sein Augenmerk auf beide zu richten. Von dem, was in das Gebiet des Gehörs fällt, beruht die Musik auf der Kenntnis der wohlklingenden Tonbildung und ist, um es kurz zu sagen, die Theorie von dem Wesen der Melodie und den Gesetzen der Tonlehre. Was die Möglichkeit betrifft, dass die Welt entsprechend der musikalischen Harmonie geordnet sei, so stellt die Theorie viele verschiedenartige Behauptungen darüber auf. Wenn man nämlich den ganzen Himmel der Zahl nach in acht Sphären einteilt, nämlich in die der 7 Planeten und in diejenige, welche alle (sieben) umfasst und welche nur die Fixsterne tragt, so ist die Folge, dass bei den Planeten das Vorrücken der Gestirne melodiös und harmonisch wird wegen der gleichmässig starken Bewegungen unter ihnen, wie auch auf dem Instrumente der Leier die Saiten melodisch erklingen. Denn wie man sich vorstellen muss, vernimmt man infolge des Vorrückens der Gestirne durch die Luft gewisse Töne und zwar bald tiefere, bald hellere, je nachdem die einen sich langsamer, die andern sich schneller bewegen. Wie wir also nach dem Anschlagen der Saite die Luftschwingungen erkennen, so gewährt, wie man sich denken muss, uns die Luft dadurch, dass sie infolge der Bewegung der Gestirne durch den Tierkreis ununterbrochen sich verändert und verwandelt (in Schwingungen versetzt wird) einen Akkord.« (Die Sphärenmusik der Pythagoräer.)

Ableitung des Reflexionsgesetzes.

Für den Planspiegel genügt die Figur hier. Es sei ab ein ebener Spiegel, g der Augenpunkt, d das Gesehene. Es ist da g_1 symmetrisch zu g, klar, dass der Weg gad da er gleich der Geraden $g_1$ad kürzer ist als gbd, welcher gleich der gebrochenen Linie $g_1$bd ist.

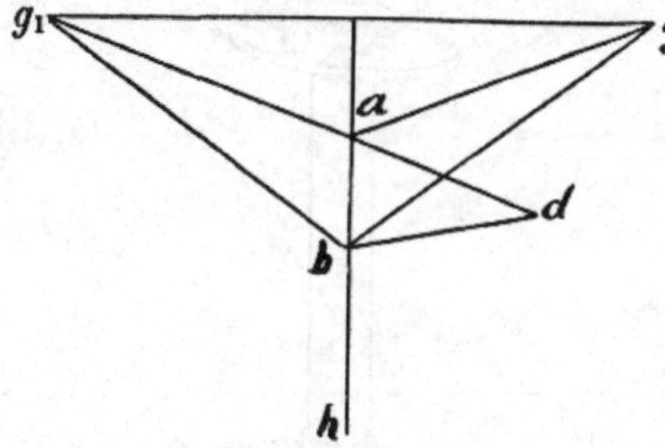

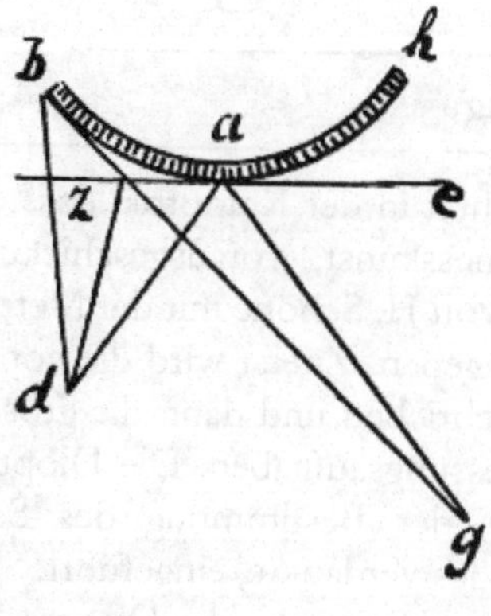

Man denke sich dann einen gekrümmten (Convex) Spiegel, bei dem ab die Peripherie, g das Auge, d das Gesehene sei. Und es sollen ga und ad unter gleichen Winkeln einfallen, gb und bd unter ungleichen. Dann ist nach vorigen Beweis ga + ad $<$ gz + zd und dies $<$ gz + zb + bd $<$ gb + bd (2 Seiten zusammen länger als die dritte).

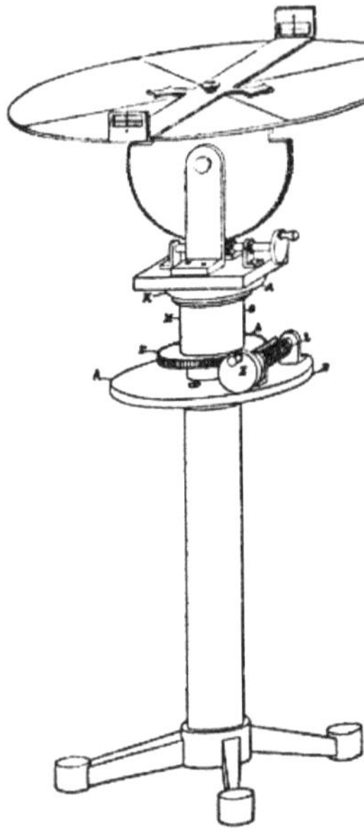

Dioptrik (Feldmessung).

Heron selbst berichtet in der Katoptrik, dass er ihr die Dioptrik, sein Hauptwerk über Feldmesskunst, vorausgeschickt habe; sie ist, in der Schmidtschen Ausgabe von H. Schöne mit der Metrik zusammen nach dem Codex Constp. herausgegeben. Zuerst wird die von Heron sehr wesentlich verbesserte Dioptra beschrieben und dann die grosse Anzahl mittelst ihrer vorgenommenen Vermessungsaufgaben. Die Dioptra hatte Hipparch nach einer Anregung die er der Bestimmung des Sonnendurchmessers im Psammites des Archimedes verdankte, eingeführt. Sie bestand, vgl. Hultsch, Winkelmessung durch die Hipparchische Dioptra Festschrift f. M. Cantor 1899 aus einem soliden Richtscheit, auf dessen Oberfläche senkrecht zu derselben ein kleines Plättchen verschiebbar war, dessen Ränder von einer kleinen Öffnung an einem Plättchen, das fest mit dem oberen Ende des Richtscheits verbunden war, abvisiert werden können. Hipparch hat mit diesem primitiven Instrument die scheinbaren Monddurchmesser bewunderungswürdig genau gemessen. Die Dioptra des Heron, s. Abbild., ist ein sehr vollkommenes Instrument, ihr fehlte wie man sieht zu unserm Theodoliten nichts als die Linsen, und zugleich diente sie als Kanalwage, als Nivellierinstrument, wozu die Plinthe *KL* abgehoben und das Nivellierlineal, s. Abbildung, aufgesetzt wurde. Ebenso sind die zum Gebrauch des Visierinstruments nötigen Schiebelatten mit allem Raffinement ausgeführt. W. Schmidt und H. Schöne haben die Einrichtung festgestellt, ersterer Eneström 1903, 7–12, Schöne, Jahrb. arch. Instit. 14, 1899, S. 91–103. Unter den Messungen erwähne ich den Bau der Mole und den Tunnelbau, sowie die allerdings von der Dioptra unabhängige Bestimmung der Entfernung von Rom und Alexandria. Die Methode für diese Messung ist noch heute giltig, es wird aus der Zeitdifferenz, die durch Eintreten der Mondfinsternis festgelegt ist, der Längenunterschied zwischen beiden Orten bestimmt und dadurch die Entfernung, wenn der Erdradius bekannt ist. Dabei hat Hoppe schon darauf hingewiesen, dass die Annahme des Erdumfanges von 252000 Stadien, also des Wertes von Eratosthenes und nicht die von 240000, welche Ptolemaios nach Poseidonios dem Rhodier gibt, zeigt, dass Heron älter ist als jener.

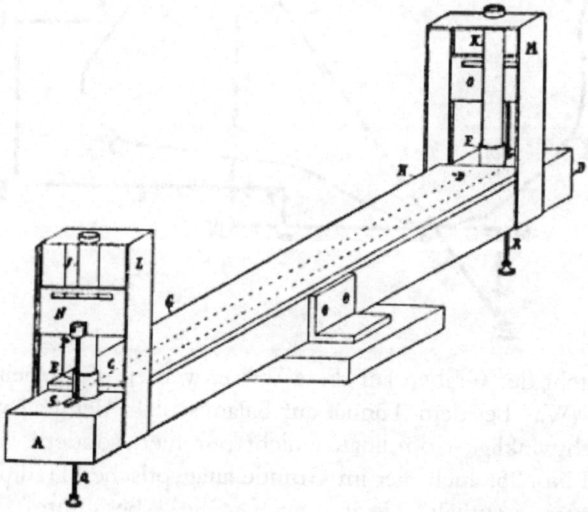

Tunnelbau.

Ich gebe hier den Tunnelbau wieder, Herodot hat III, 60 (W. Schmidt l. c.) schon den Tunnel von Samos des Eupalinos zu den Wunderwerken der Hellenischen Baukunst gerechnet. Die Tunnelbauten dienten den Wasserleitungen. Dioptra XV, »Einen Berg in gerader Linie zu durchgraben, wenn die Mündungen des Grabens im Berg gegeben sind. Man denke sich als des Berges Grundriss (ἔδρα nicht βασις, die Fläche, auf der der Berg ruht) die Linie ΑΒΓΔ s. Fig. S. 330, und als die Mündungen durch welche gegraben werden muss Β und Δ. Ich zog (weil er eine wirklich ausgeführte Arbeit beschreibt) von Β aus auf dem Boden die [Strecke] ΒΕ nach Belieben, und mit der Dioptra von Ε aus rechtwinklig ΕΖ, und dazu von dem beliebigen Ζ mit der Dioptra zu ΖΕ rechtwinklig ΖΗ. Ferner vom beliebigen Η zu ΖΗ rechtwinklig ΗΘ; schliesslich vom beliebigen Θ zu ΘΗ rechtwinklig ΘΚ, und zu ΘΚ rechtwinklig ΚΛ. Nun führte ich die Dioptra längs der Graden

KΛ bis durch Einstellung des Visierlineals im rechten Winkel der Punkt Δ erschien, er möge erschienen sein als die Dioptra in M war. Nun denke man sich EB verlängert bis N und bis zu ihr hin ΔN als Lot.« — Da jetzt ΔN als EZ + HΘ + MK und BN als BE + ZH - (ΘK + MΔ) bestimmt sind, so ist auch ihr Verhältnis und damit die Richtung des Grabens bestimmt.

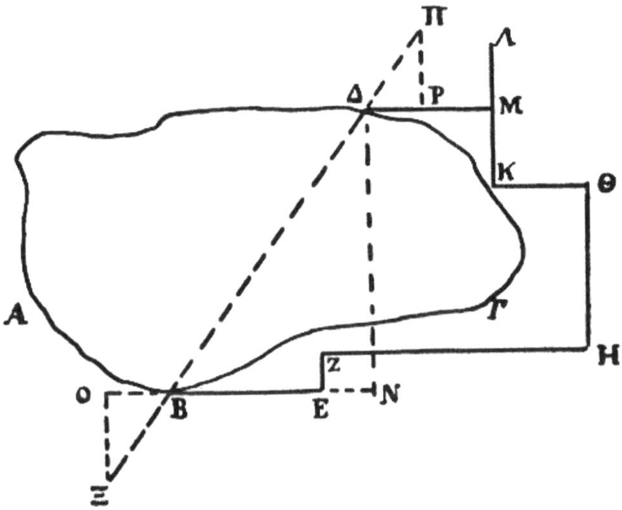

»Entsteht der Graben auf diese Weise, werden die Arbeiter einander begegnen.« (Was bei dem Tunnel auf Salamis nicht der Fall war.) Heron braucht rechtwinklige Coordinaten nicht nur hier, sondern vielfach z. B. No. 24 und No. 25, auch hier im Grunde altägyptischer Tradition folgend. Die Dioptra enthält jetzt auch die berühmte Heronische Dreiecksberechnung aus den 3 Seiten unverstümmelt und übereinstimmend mit der Metrik, von der Hultsch noch 1864 berichtete: Infinitum paene laborem mihi attulit gravissimum illud theorema, quo areae triangularis mensura ex tribus lateribus efficitur. Hultsch hielt sie für in die Dioptra eingeschoben, jetzt sieht man, dass sie ganz naturgemäss dort hingehört im Anschluss an Flächenteilungen; dem Feldmesser ist es durchaus bequem die Seiten zu messen und wenn er geübt ist, sie auch so abzustecken, dass die Differenzen konstant sind.

Mechanik.

Ich komme nun zu dem theoretischen Hauptwerk Herons »des Mechanikers«, die Mechanik. Lange Zeit galten die bei Pappos im 8. Buch als Heronisch angegebenen Fragmente aus dem sogen. βαρουλκος, dem Lastenzieher und der Mechanik für Teile zweier verschiedenen Schriften. Da wurde von Carra de Vaux 1893 in Leyden eine arabische Handschrift gefunden und im Journal Asiatique Ser. 9, 1 und 2 herausgegeben, welche bewies, dass die Fragmente bei Pappos zu einem Werke, der Mechanik, gehören. Da in kurzer Zeit noch drei andere zum selben Archetyp wie die Leydener gehörenden Handschriften gefunden wurden, und die Handschriften sich gegenseitig ergänzten, so nahm Schmidt die arabisch und deutsche Ausgabe der Mechanik von L. Nix als Band 2 in die neue Edition der Heronischen Werke auf. Die Übersetzung ist laut den Handschriften von Kosta ben Luka auf Befehl des Chalifen Abul Abbâs (862–866), Nachfolger Harun al Raschids, angefertigt, gehört also zu den frühen Aneignungen Hellenischen Wissens seitens der Araber. Das Leydener Manuskript ist durch den schon bei Apollonios erwähnten Golius dorthin gebracht worden.

Die Schrift zeigt, dass Heron keineswegs der blosse Praktiker war, sondern die theoretische Mechanik im Anschluss an Aristoteles und Archimedes vollständig beherrschte. Er hat das statische Moment scharf hervorgehoben, das Grundgesetz formuliert: was an Kraft gewonnen wird, geht an Zeit verloren. Er gibt die vollständige Theorie der 5 einfachen Maschinen; Wellrad, Rolle, Flaschenzug, Keil, Schraube, alle auf den Hebel zurückgeführt, (für die Rolle mit einem Fehler in bezug auf feste und lose Rolle), er streift auch die schiefe Ebene. Das dritte Buch ist wieder vorzugsweise praktisch, es handelt von den Mitteln zur Bewegung von Lasten auf Ebenen, und finden wir auf S. 267 den Vorläufer unserer Drahtseilbahnen: die Bergseilbahn zum Transport von Steinblöcken, und daran schliessend die Fruchtpressen, über deren Zusammenhang bezw. Abweichung von den bei Vitruv beschriebenen Hoppe l. c. ausführlich gehandelt hat. Die Schrift enthält in den beiden ersten Büchern auch ein ganzes Teil mathematisch Interessantes, so bei Gelegenheit der Aufgabe zu einem gegebenen Körper einen ähnlichen zu konstruieren, die schon mitgeteilte Lösung der Würfelvervielfältigung auf S. 24, so auf S. 28 die Einführung des Ähnlichkeitspunktes, so auf S. 32 den Proportionalzirkel, auf S. 188 den geom. Beweis, dass die Medianen des Dreiecks sich im Verhältnis 2:1 schneiden und auf S. 196 die Bestimmung eines Punktes aus seinen baryzentrischen Koordinaten.

Die physikalischen Kenntnisse Herons sind in einer vortrefflich übersichtlichen Weise zusammengestellt von Franz Knauff, Progr. des Sophien G. zu Berlin Ostern 1900, für die Druckwerke konnte er schon W. Schmidts Arbeit verwerten.

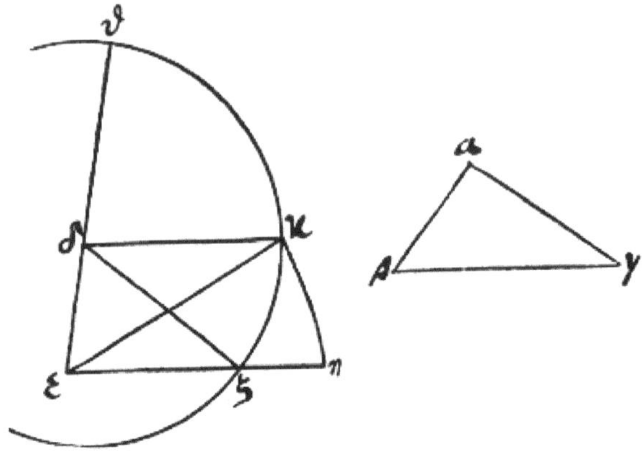

Heron, reine Mathematik.

Ich komme nun zu den eigentlich mathematischen Schriften und beginne mit den Horoi, den Definitionen. Es scheinen überarbeitete Reste seines Euklidkommentars zu sein. Dass sich Heron mit den Elementen stark beschäftigte, geht aus Proklos unzweifelhaft hervor. Ich gebe hier den hübschen direkten Beweis des Satzes: Stimmen 2 Dreiecke in zwei Seiten überein und sind die dritten Seiten ungleich, so sind die ihnen gegenüberliegenden Winkel in derselben Weise ungleich. Die Dreiecke seien $\alpha\beta\gamma$ und $\delta\varepsilon\zeta$ und $\beta\gamma > \varepsilon\zeta$. Man schneide auf $\varepsilon\zeta$ die Strecke $\beta\gamma$ ab bis η und schlage um δ mit $\delta\zeta$ einen Kreis der $\varepsilon\delta$ in θ trifft und um ε mit $\varepsilon\eta$. Dieser Kreis muss den ersten schneiden und zwar zwischen ζ und θ, da η ausserhalb liegt und $\varepsilon\theta > \varepsilon\eta$. (Summe zweier Seiten.) Der Schnitt sei $\varkappa$. Man ziehe $\delta\varkappa$ und $\varepsilon\varkappa$, so ist $\varepsilon\delta\varkappa \cong \beta\alpha\gamma$ und Winkel $\varepsilon\delta\varkappa > \varepsilon\delta\zeta$ d. h. $\alpha > \delta$. Die Schlussformel lautet nicht q. e. d. sondern wiederholt die Behauptung. Hinweisen will ich auf den Ausdruck εν ῥυσει. und auf das öfter gebrauchte Wort »fliessen«. Es unterliegt wohl keinem Zweifel, dass Cavalieri seinen Ausdruck fliessen (fluere), aus Heron entnommen hat, der vielleicht auf Demokrit zurückgeht. Seltsam hat es mich berührt, als ich mein Beispiel für den Begriff Fläche aus den Elem. der Geom. von 1891 bei Heron fand in »Περι επιφανειας.« Hultsch S. 10 Z. 19 »η το ὑδωρ ποτηριω«, nur dass Heron wie es scheint abstinenter war. Der Satz lautet vollständig: der Begriff (Fläche) wird erfasst da wo sich Luft mit Erde oder einem andern festen Körper mischt, oder Luft mit Wasser, oder Wasser mit einem Trinkgefäss oder irgend einem andern Behälter.

Eine deutsche Übersetzung des planimetrischen Teils ist 1861 von Prof. Val. Mayring als Programm von Neuburg a. d. D(onau) verfasst, leider noch vor der Hultschen Sanierung des Textes.

Euklid-Kommentar (An-Nairizi).

In der lateinischen Übersetzung des Kommentars An-Nairîzî (Al-Neirizi) zu den 10 ersten Büchern von Gherardus Cremonensis aus dem 12. Jh. welche M. Curtze 1896 in Krakau auffand, ist der Kommentar des Heron wie es scheint fast vollständig erhalten, und demnach hat Heron nur die acht ersten Bücher kommentiert, und besonders ausführlich das erste und zweite Buch. Auch der Kommentar zeigt, dass Heron ein tüchtiger Geometer ist, unter den vielen Sätzen, die Heron hinzufügt, ist wohl der interessanteste der ohne Ähnlichkeitslehre mit drei Hilfslinien gegebene Beweis des Satzes, dass die drei Hilfslinien, welche der Euklidische Beweis des Pythagoras erfordert, sich in einem Punkte schneiden.

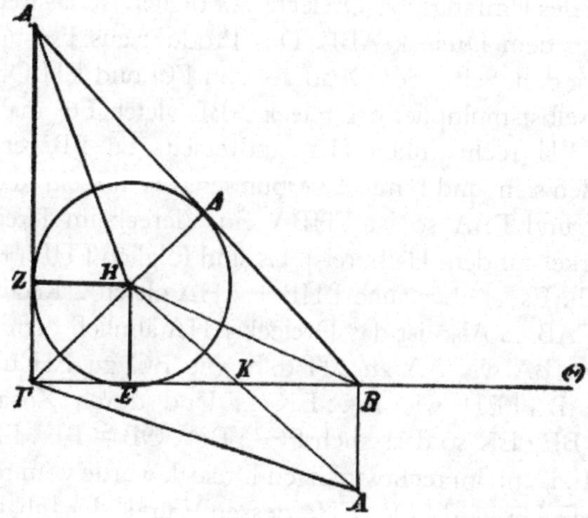

Metrik.

Beweis der Heronischen Formel.

Das Hauptwerk Herons für reine Mathematik sind die »Metrika«. In einem schon lange bekannten Codex in Konstantinopel aus dem XII. Jh., fand R. Schöne neben der Dioptra auch eine vollständige Handschrift der Metrika, die sein Sohn H. Schöne als Band III des Schmidtschen Werkes 1903 herausgab. Das Werk zerfällt in 3 Bücher, Buch I Flächenmessung, Buch II Körpermessung, Buch III Teilung von Flächen und Körpern. Es zeigt, dass die von Hultsch herausgegebene Geometrie, Stereometrie, liber geoponicus, stark überarbeitete Teile dieses Werks sind. Das Buch »Geoponicus« (über Erdarbeit) erinnert sehr stark an den Papyrus Aames und spricht am stärksten für das Wurzeln Herons in ägyptischer Tradition. Buch I findet sich auf S. 20 ff der Beweis der Heronischen Formel wie in der Dioptra: $s = \sqrt{s(s-a)(s-b)(s-c)}$ und zwar sehr elegant und zunächst an dem sog. Heronischen Dreieck 13, 14, 15 exemplifiziert, das aus den beiden ganzzahligen (Pythagoräischen) rechtwinkligen Dreiecken 15, 12, 9 und 13, 12, 5 zusammengesetzt ist; und dann an dem nicht rationalen Dreieck 8, 10, 12. Es wird gefordert sich dann den Inhalt zu verschaffen, ausser der Höhe. Das gegebene Dreieck sei ΑΒΓ und jede der (Strecken) ΑΒ, ΒΓ, ΓΑ sei gegeben: den Inhalt zu finden. Es soll in das Dreieck der Kreis ΔΕΖ eingeschrieben sein, dessen Zentrum Η ist, und in die Verbindungslinie ΑΗ, ΒΗ, ΓΗ, gezogen werden ... Es ist also das Rechteck aus dem Umfang des Dreiecks ΑΒΓ und ΕΗ, dem Radius des Kreises ΔΕΖ, das Doppelte des Dreiecks. ΓΒ werde ausgezogen und ΒΘ dem ΑΔ gleichgesetzt. Es ist also ΓΘ die Hälfte des Umfangs des Dreiecks ... Folglich ist das Rechteck aus ΓΘ und ΕΗ gleich dem Dreieck ΑΒΓ. Das Produkt aus ΓΘ und ΕΗ ist die Wurzel (Pleura d. h. Seite) des Quadrats von ΓΘ und ΕΗ Quadrat; also ist das mit sich selbst multiplierte Dreieck ΑΒΓ gleich $\Gamma\theta^2$ mal EH^2. Es soll einerseits zu ΓΗ rechtwinklig ΗΛ, andrerseits zu ΓΒ rechtwinklig ΒΛ gezogen worden sein, und Γ mit Λ verbunden. Da nun ein Rechter jeder der Winkel ΓΗΑ und ΓΒΛ so ist ΓΗΒΛ ein Viereck im Kreise [Satz vom Peripherienzirkel auf dem Halbkreis]. Es sind folglich ΓΗΒ (+) ΓΛΒ zweien Rechten gleich. Es ist aber auch ΓΗΒ + ΑΗΔ gleich 2 Rechten ... Also ist ΑΗΔ gleich ΓΛΒ. ... Also ist das Dreieck ΑΗΔ ähnlich dem Dreieck ΓΒΛ, folglich ΒΓ zu ΒΛ wie ΑΔ zu ΔΗ d. h. wie ΒΘ zu ΕΗ und umgekehrt ΓΒ : ΒΘ wie ΒΛ : ΕΗ wie ΒΚ : ΕΚ ... Und durch Zusammensetzung ΓΘ : ΒΘ wie ΒΕ : ΕΚ so dass auch $\Gamma\Theta^2 : \Gamma\Theta \,.\, \Theta B = BE \,.\, \Gamma E : \Gamma E \,.\, EK = BE \,.\, \Gamma E : EH^2$. Denn im rechtwinkligen Dreieck wurde vom rechten das Lot ΕΗ gezogen. Daher wird $\Gamma\Theta^2 \,.\, EH^2$, dessen Wurzel der Inhalt des Dreiecks ΑΒΓ war, gleich ΓΘ . ΘΒ . ΕΒ . ΓΕ sein [d. h. also $J^2 = s(s-a)(s-b)(s-c)$].

Die Form des Beweises ist von der Euklids und Archimedes nicht verschieden. Der Beweis selbst sollte von allen Lehrern gekannt sein.

Der Inhalt des Dreiecks 8; 10; 12 ist $\sqrt{1575}$, Heron bestimmt sie zu $39\,{}^1/_2\,{}^1/_8\,{}^1/_{16}$ d. h. $39\,{}^{11}/_{16}$ und das Quadrat weicht von 1575 um noch nicht 0,1 ab.

Es folgt die Ausmessung des Trapezes, das von Heron vielfach zu Aufgaben verwertet wird und neuerdings wieder als Quelle hübscher Elementaraufgaben erkannt ist. Es werden dann die regelmässigen Polygone bis zum 12Eck inklusive einzeln ausgemessen, im Grunde mit den Cotangenten von 180/n, die aber geometrisch und nicht trigonometrisch abgeleitet werden, was einerseits wieder an den Skd der Ägypter erinnert, andererseits für das Alter Herons spricht.

Heron geht dann zur Kreismessung und erwähnt, dass Archimedes in einer (bis dato) verlorenen Schrift: πεϱι πλινθιδων και κυλινδϱων zwischen die Grenzen 211875 : 67441 und 197888 : 62351 eingeschlossen habe, d. h. π bis etwa $^1/_{14000}$ bestimmt hat. Es folgen dann Formeln für die Kreissegmente, Näherungsformeln für Bogen und Flächen. Paul Tannery hat sie mit Hilfe der Integralrechnung, Mem. de Bordeaux 2 V. S. 347, geprüft und sie teilweise von erstaunlicher Genauigkeit gefunden. Er behandelt auch, als Vorläufer von Diophant (s. u.) Quadratische Gleichungen rein arithmetisch, er scheut sich nicht Kreisfläche und Peripherie zu addieren und hat bereits für die 4 Potenz den terminus technicus δυναμοδυναμις d. h. biquadratisch. Zylinder- und Kegelmantel berechnet er wie wir, durch Aufrollen, und für die Kugelfläche hält er sich an Archimedes. Wenn man die Metrik liest, hat man den Eindruck, dass Archimedes zur Zeit des Heron in voller, alles andre überragenden Bedeutung gewesen sei und wird geneigt, Heron nicht mehr als zwei Menschenalter nach ihm anzusetzen.

Das 2. Buch ist der Körpermessung gewidmet, hier kommen die bei Archimedes erwähnten Zitate aus dem »εφοδικον« vor, leider ohne die Beweise.

Den Schluss dieses zweiten Buches habe ich einleitend bei Ägypten auf S. XV angeführt. Der 3. Teil enthält Flächen- und Körperteilungen, es sind Aufgaben die uns meist noch heute als Schüleraufgaben geläufig sind. Ich erwähne die Aufgabe 18: Einen Kreis annähernd in drei gleiche Teile zu teilen. Es wird die Seite des regulären Dreiecks eingetragen, durch das Zentrum die Parallele gezogen, so ist das Segment ΓΔΖΒ ~ $^1/_3$. »Da das Stück, um welches das Segment ΔΓΒ grösser ist als dieses, (nämlich das Drittel, und nicht wie Schöne versehentlich übersetzt, als sie), unerheblich ist im Verhältnis zum ganzen Kreis«. Der Schlusssatz bestätigt, dass Archimedes im 2. Buch περι σφαιρας και κυλινδρου die Kugel im gegebenen Verhältnis geteilt hat.

Wenn ich bei Heron langer verweilt habe, als Ihnen vielleicht wünschenswert erscheint, so tat ich es einerseits weil Heron häufig unterschätzt wurde und andrerseits weil er für die Geschichte der Kultur als Techniker sich würdig Euklid dem reinen Geometer an die Seite stellt, und unter anderen einer der Riesen der Renaissance Leonardo da Vinci die deutlichsten Spuren seines Wirkens zeigt.

Theodosios, Sphärik.

Ich erwähne kurz einige historisch wichtige Namen. Ich nenne Theodosios, möglicherweise aus einem Tripolis, wahrscheinlich aus Bithynien, den Cantor als Zeitgenossen des Geminos ansetzt, während Tannery in seiner Untersuchung über antike Astronomie ihn als Zeitgenossen des Hipparch und als Bithynier ansieht. Seine Sphärik in 3 Büchern ist eine reine Geometrie auf der Kugel, und hat erst im 18. und 19. Jahrh. Nachfolger gefunden, sie hat den Inhalt von Euklids Phänomenen aufgenommen. E. Nizze hat sie 1826 in Stralsund ins Deutsche übertragen mit Erläuterungen und Zusätzen. Sie ist interessant insbesondere auch für die Geometrie des Riemannschen endlichen Raumes. Nizze hat die Sphärik dann 1852 in Berlin griechisch und lateinisch ediert, nachdem A. Nokk darüber ein Programm 1847 in Bruchsal geschrieben. Das griechische Originalwerk ist zuerst 1558 von Joh. Pena mit lateinischer Übersetzung ediert. Schon im 11. Jahrh. wurde durch Platon von Tivoli (nächst Gherard von Cremona der fleissigste Übersetzer) eine arabische Bearbeitung der Sphairika, der Kugelschnitte durch Ebenen, ins Lateinische übersetzt, und 1558 von Maurolycus desgleichen. Aus den vielen Zusätzen des oder der Araber erwähne ich: wenn die gerade Linie aus dem Pole eines Kugelkreises nach dessen Umfange gleich ist der Seite des in diesen Kreis eingeschriebenen Quadrats, so ist der Kreis selbst ein grösster Kreis. Es ist dies die Umkehr des von Theodosios I, 16 gegebenen Satzes. — Eine tüchtige, kritische und sachliche Arbeit über die Sphärik ist das Programm von A. Nokk. Die Arbeit des Theodosios lässt sich noch heute ganz vortrefflich für den Unterricht in der Prima eines Real- oder humanistischen Gymnasiums verwerten. Nokk zeigt wie sich die Kenntnis der Geometrie auf der Kugel kontinuierlich von Autolykos über Euklid zu Theodosios und von da zu Ptolemaios entwickelt. Da neben und vielleicht auch vor der Feldmessung die Astronomie die Quelle der Mathematik ist, so war die Geometrie auf der Kugel schon früh eine Notwendigkeit. Und mit Nokk und Nizze muss man Theodosios, wenn auch als keinen Geometer ersten Ranges, so doch als einen sehr tüchtigen Geometer zweiten Ranges ansehen, dessen Schrift nach Inhalt und Form auf die Zeit des Hipparch oder die nächstfolgende Generation hinweist.

Geminos.

In gleiche Zeit mit Theodosios setzt Cantor Geminus oder Geminos (Γεμινος). Mit ihm beginnt Loria das »silberne Zeitalter« der griechischen Geometrie, das Zeitalter der »Commentatoren«. Von dem grossen Werk Gino Lorias »Le science esatte nell' antica Grecia« standen mir leider nur die drei letzten Bände von 1902 zur Verfügung, und auch diese nur italienisch, da bedauerlicherweise eine deutsche Übersetzung von dem Werke dieses als Mathematiker wie als Historiker der Mathematik gleich hervorragenden Gelehrten noch nicht erschienen ist. Proklos erwähnt den Geminos 18mal, (den Platon 39mal). Besonders wichtig ist 38 das grössere Zitat und 112, 24; 113, 26.

Demnach hat Geminos ähnlich wie in unseren Tagen Papperitz eine Einteilung der mathematischen Disziplinen gegeben, ebenso eine Einteilung der Kurven.

Poseidonios.

Stoa.

Zenon.

Chrysippos.

Stoiker.

Epikuräer.

Das Citat 112 vindiziert dem Geminos den Nachweis der Verschiebbarkeit des Kreises, der Geraden, und der Schraubenlinie auf dem geraden Kreiszylinder und den Satz: wenn von einem Punkt aus an zwei in sich verschiebbare (ὁμοιομερεις) Linien zwei Geraden unter gleichen Winkeln gezogen werden, so sind sie gleich lang. Ich vermute aber, dass diese Betrachtungen aus dem Werke des Apollonios über die Schraubenlinie auf dem Zylinder herrühren. In derselben Schrift hat Geminos auch nach Proklos, Friedl. 113, Z. 4 und 5 die Erzeugung der Spirischen Linien (Schneckenlinien und Wulstschnitte) und der Konchoïden und Kissoïden gelehrt. Besonderen Wert lege ich auf die Stelle S. 176 f., dort erwähnt Proklos, dass Poseidónios, gemeint kann nur der Rhodier sein, die Euklidische Definition: Parallelen sind Asymptoten, dahin umgeändert, dass es Abstandslinien sind, und Geminos hat diese Auffassung akzeptiert. Dies scheint mir für die Datierung des Geminus entscheidend, Poseidónios war der Lehrer des Cicero, um 75 und vermutlich auch des Geminus, so kann dieser nicht gut vor 70 angesetzt werden, was Cantor auch tut. Die Persönlichkeit des Poseidónios, der, obwohl aus Apamea in Syrien nach seinem Wirkungsort meist der Rhodier genannt wird, tritt im Laufe des letzten Dezenniums immer mehr hervor; auch die Philosophie der Mathematik bei Geminus stammt vermutlich ihrem gedanklichen Inhalt nach von ihm vergl. Proklos 80, 20 f., 143, 8 f., 199 und 200. Und dass er auch mit Unterscheidungen und Einteilungen sich beschäftigte, zeigt Proklos S. 170. Aus 200 und besonders aus dem Exkurs zur Konstruktion der Symmetrieaxe geht hervor, dass sich Poseidónios sehr eingehend gerade mit den Elementen der Geometrie beschäftigt hat. Dass Poseidónios als Stoiker sich besonders gegen Epikur richtet ist erklärlich. Die Stoa ist für das Verständnis des römischen Lebens der letzten Zeit der Republik und des Kaiserreichs von grösster Bedeutung, da sie aber für die Geschichte der Naturerkenntnis nur von geringem Wert ist, so will ich mich auf ganz kurze Notizen beschränken. Der Gründer war Zēnon der in der bekannten »bunten Halle« Stoa Poikile lehrte, etwa um 340–325. In engem Anschluss an die Cyniker, an Antisthenes und an seinen Lehrer Krates hielt auch Zēnon Bedürfnislosigkeit für die erste Bedingung zur Glückseligkeit, aber er enthielt sich alles Cynismus. Auch er stellte die Forderung auf, der Natur zu gehorchen, aber diese Natur ist ihm das von der Vernunft gegebene Gesetz. Als das einzige Gut gilt den Stoikern die Tugend und als diese die Herrschaft der Vernunft über die Erregung der Seele. Nie darf der Weise sich hinreissen lassen Lust oder Schmerz zu empfinden, sein Ideal ist etwa der Zustand einer völligen Apathie. Fühlt die Vernunft, dass sie der Affekte nicht Herr werden kann, so hat sie das Mittel durch Selbstmord die Niederlage zu vermeiden. So soll Zenon selbst in hohem Alter durch Selbstmord geendet haben. Der Gegensatz zu Platon und Aristoteles in der älteren Stoischen Schule liegt hauptsächlich in der Ausbildung des Egoismus, zu der die Lehre notwendig führen musste; eine enthusiastische Hingabe an den Staat, an die Gottheit, an die reine Erkenntnis verstiess gegen die Forderung der Affektlosigkeit. Das geistige Haupt der älteren Stoa Chrysippos aus Soloi in Kilikien, der etwa um 240 blühte, hat die Lehren des Zenon, die er schon wesentlich in ihrer praktischen Seite mässigte, streng wissenschaftlich verteidigt. Von seiner ausserordentlichen schriftstellerischen Tätigkeit, durch die er der Stoa erst ihre Verbreitung gegeben nicht nur nach Rom, sondern auch nach Alexandrien, wo er selbst einen Eratosthenes gewann, sind uns nur wenige Bruchstücke durch Plutarch erhalten. Die Hauptquellen über die Stoiker sind Diogenes Laertios und Cicero (De Officiis, Timaeus und vor allem de finibus). Ihre Hauptbedeutung liegt in ihrer Ethik, die sie als praktische Wissenschaft systematisch erfassten. Die Lehre des Chrysipp von den Affekten war von der des Spinoza in der Ethik nicht wesentlich verschieden. Wenn Chrysipp, das Haupt der älteren Stoa, sich stark polemisch gegen den Idealismus wandte, so suchten die Häupter der mittleren Stoa, Panaitios und

Poseidónios um so mehr zu vermitteln, sie sind die Begründer des besonders von Cicero, aber auch sonst von der späteren römischen Zeit vertretenen Eklekticismus der ein mixtum compositum so ziemlich aller Schulen, vielleicht mit Ausnahme der Skeptiker (vergl. oben die Sophisten) war. Panaitios aus Rhodos der mit den vornehmsten Römern seiner Zeit insbesondere mit Lälius und dem jüngeren Scipio befreundet war, trägt durch sein Werk περι του καθηκοντος »über das Geziemende« die moralische Schuld an Ciceros Officien. Panaitios und Poseidónios, der bei ihm gehört hat, erhoben schon die Forderung »die Waffen nieder«, indem sie in dem (Römischen) Weltreich eine moralische Forderung erblickten. Übrigens sehen wir aus Proklos, dass Poseidónios scharf genug gegen die Epikuräer geschrieben hat. Über Epikur und die Epikuräer will ich mich kurz fassen, sie waren besser als ihr Ruf, wenn sie es auch nicht liebten sich über die schwierigen Probleme der Erkenntnistheorie die Köpfe zu zerbrechen. Wenn sie auch im Prinzip an die Lustlehre des Aristippos anknüpften, so war das Ideal der Lust des Epikur und seiner Genossenschaft nicht die rohe Sinnenlust, sondern jene althellenische Tugend der Σωφροσυνη, der temperantia, des Masshaltens. Freilich müssen sie sich in praxi von dieser temperantia ziemlich entfernt haben, ich verweise auf Horaz Epist. I, s. u. besonders I, IV an den Dichter Tibull:

Me pinguem et nitidum bene curata cute vises,
Cum videre voles Epicuri de grege porcum.

»Wenn du fettglänzend mich mit wohlgepflegetem Bäuchlein
Sehen wirst, willst du beschaun ein Schwein Epicurischer Herde.«

Stoiker.

Die Stoiker knüpfen in ihrer Physik ganz direkt an Heraklit und sein Urfeuer an; die neuere Stoa, deren Hauptvertreter Epiktet, Seneca und der treffliche Kaiser Marc Aurel waren, knüpften auch in ihrer Ethik an Heraklit und seine Lehre von der Vergänglichkeit der Dinge und an seinen Pantheismus an, für die praktische Moral und die Weisheitslehre im engeren Sinne gehen sie auf Chrysipp zurück und verwerfen den Eklekticismus des Panaitios und Poseidónios, welche die Lehren der Stoa stark mit platonisch-aristotelischen Gedanken durchsetzt hatten. Poseidónios muss übrigens dem stoischen Ideal des Weisen, der vermöge der Hegemonie der Vernunft alles weiss, fast vollständig entsprochen haben, er wusste so ziemlich alles, was seinerzeit zu wissen war. Dass er nicht nur als Philosoph der Mathematik bedeutend war, sondern auch als Astronom wissen wir aus Ptolemaios, der durch seinen Einfluss beim geozentrischen System stehen blieb, er berechnete die Entfernung der Erde von der Sonne richtiger als Newton.

Dass er auch als Meteorologe bedeutend war, wissen wir durch eine Anzahl bei späteren Schriftstellern mitgeteilter Fragmente. Da ich für Poseidónios nicht über Studien der Originale verfüge, so verweise ich auf W. Chapelle, die »Schrift von der Welt« περι κοσμου, Neue Jahrb. für das klass. Altertum etc. B. XV, 1905 p. 529 ff. und zitiere daraus:

Poseidonios.

»Von der umfassenden Schriftstellerei des Poseidonios ist uns kein Werk erhalten. Aber seine Nachwirkung in der griechischen und römischen, auch der altchristlichen Literatur ist einzig in ihrer Art, seine überragende Bedeutung in ihrem Einfluss auf die Folgezeit nur der des Aristoteles vergleichbar.«

Jüngere Stoa, Marc Aurel.

Wie die Stoiker an Heraklit und sein Feuer für ihre Physik, oder wie es Aristoteles richtiger nennt, für ihre Physiologie anknüpfen, so tun sie das auch in ihrer Metaphysik. Der Logos des Heraklit ist die Weltvernunft, das dem Feuer als Träger des Geschehens, der Veränderung, gegenüberstehende gemeinsame ewige Gesetz, das besonders auf ethischem Gebiet das Werden bestimmt, und eben dieselbe Rolle hat der Logos bei den Stoikern. Ist Heraklit kurz, aphoristisch dunkel, so verweilen die Stoiker sehr ausführlich bei dem Logosbegriff, der dann später, wenn auch stark modifiziert, eine so grosse Rolle bei Philon (s. u.), den Neuplatonikern und den christlichen Gnostikern spielt. Freilich wird, gemäss eines stark materialistischen Zuges der Stoa, auch der Logos materialisiert, verkörperlicht, und die weltgestaltende Kraft wird zum Logos spermatikos, zum Weltsamen, aus dem das Welt-Lebewesen (Zoon) hervorwächst. Ganz an Giordano Bruno erinnert die Stelle bei Marc Aurel, dem philosophischen Kaiser: Der Kosmos ist vorzustellen, wie ein Lebewesen, das im ununterbrochenen Zusammenhang ein Sein und eine Seele hat. —

Um auf Geminos zurückzukommen, so ist von ihm noch ein astronomisches Lehrbuch εισαγωγή εις τα φαινόμενα erhalten, ich werte es höher wie Cantor, schon deswegen, weil darin eine sehr klare Schilderung des Sonnensystems des Hipparch erhalten ist.

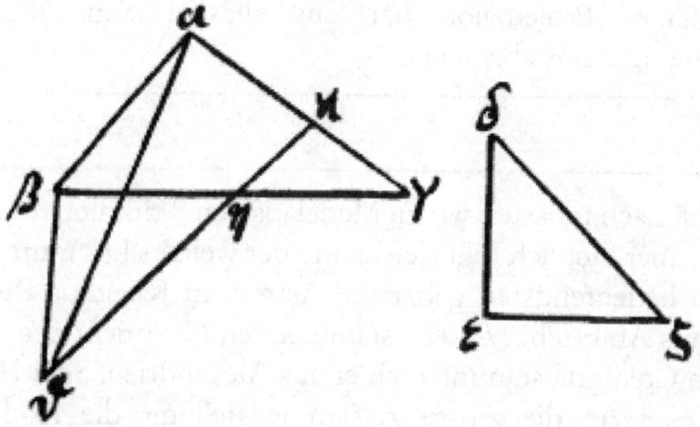

Menelaos.

Ptolemaios.

In die Zeit des Trajan, also vielleicht noch vor Geminos, fällt Menelaos, Mathematiker und Astronom; auch er, wie Heron, aus Alexandria, aber durch Ptolemaios steht fest, dass er auch in Rom im Jahre 98 observiert hat. Denn Ptolemaios hat zwei seiner Fixsternbeobachtungen aufgenommen, während es sehr wahrscheinlich ist, dass er sehr viele und gewissenhafte Beobachtungen von Fixsternen ausgeführt hat, welche Ptolemaios für seinen Katalog zurechtgemacht hat, vgl. A. A. Björnbo, Eneström 1901, S. 196. Proklos teilt uns S. 345 den einfachen Beweis des Satzes mit: der grösseren Seite liegt der grössere Winkel gegenüber, s. Heron, welchen: Μενελαος ὁ Αλεξανδρευς ανευρεν και παρεδωκεν. Menelaos muss also auch über die Stoicheia der Geometrie geschrieben haben. Wenn $\alpha\beta\gamma$ und $\delta\varepsilon\zeta$ die Dreiecke sind und $\alpha\beta = \delta\varepsilon$, $\alpha\gamma = \delta\zeta$ und $\beta\gamma > \varepsilon\zeta$, so trage man $\varepsilon\zeta$ auf $\beta\gamma$ auf bis η und Winkel $\delta\varepsilon\zeta$ an $\beta\eta$ und mache $\beta\theta$ gleich $\delta\varepsilon$, so ist (nach bc, α) $\beta\theta\eta \cong \delta\varepsilon\zeta$, und $\theta\eta$ gleich $\delta\zeta$ gleich $\alpha\gamma$, somit im Dreieck $\theta\alpha\kappa$ Seite $\theta\kappa > \alpha\kappa$ also $\theta\alpha\kappa > \alpha\theta\kappa$, somit da $\alpha\beta\theta$ gleichschenklig $\sphericalangle\, \beta\alpha\gamma >$ als $\sphericalangle\, \beta\theta\eta$ also auch als $\varepsilon\delta\zeta$.

Das Werk des Menelaos über die Geraden im Kreise, d. h. über Sehnenberechnung oder doppelte Sinustafeln, in 6 Büchern, ist als selbständiges Werk verloren gegangen, weil es vermutlich Aufnahme in die Tafel des Ptolemaios gefunden hat. Dagegen sind seine 3 Bücher Sphärik in arabischer und hebräischer Übersetzung erhalten, sie stellen die älteste uns erhaltene sphärische Trigonometrie dar. Die Sphärik enthielt die meisten elementaren Sätze über das sphärische Dreieck, und darunter auch den noch heute nach Menelaos genannten Satz über die Transversale im planen und sphärischen Dreieck, wonach die Produkte der Wechselabschnitte bezw. deren Sinus einander gleich sind. Chasles hat es als wahrscheinlich hingestellt, dass der Satz (für das plane Dreieck) schon in den Porismaten des Euklid gestanden habe. Ptolemaios hat aus diesem Satz die sphärische Trigonometrie mühelos abgeleitet.

Almagest.

Der Zeit nach müssten wir an Menelaos den Arithmetiker Nikomachos anschliessen, aber sachlich fügt sich an ihn der weitaus bekannteste und lange Zeit für den bedeutendsten gehaltene Astronom Klaudios Ptolemaios an. Nach einer aus Arabischer Quelle stammenden Nachricht des zuverlässigen Gherard von Cremona stammt auch er aus Alexandrien. Sein Hauptwerk ist die μεγαλη συνταξις, die grosse Zusammenstellung, die Kodifikation der antiken Astronomie, inkl. der Babylonischen, das wie heute etwa die Theoria motus von Gauss das wesentliche Rüstzeug des Astronomen bildete, von den Arabern schon unter Harun al Raschid und dann gut unter Al-Mamûn von Haggag (siehe Euklid) übersetzt, und gewöhnlich mit latinisierter arabischer Bezeichnung Almagest genannt. Mehr und mehr wird es klar, dass das Werk, so bedeutsam es für die Kulturgeschichte ist, doch im grossen und ganzen tatsächlich nur eine grosse Zusammenstellung gewesen ist. Das Ptolemäische Weltsystem hat sich eigentlich bis Kepler gehalten. Denn Kopernikus sah sich noch wegen der Annahme der Kreisbahnen gezwungen vielfach auf Ptolemaios zurückzugreifen. Freilich ist das was Ptolemaios selbst ersonnen hat, gewiss nicht sehr viel gewesen. Die Exzentrische Sonnenbahn rührt von Hipparch, der Epizykel von Apollonios her, der damit Stillstand und Rückläufigkeit der Planeten (s. o.) befriedigend erklärte. Ptolemaios kombinierte zur Planetenbewegungstheorie die Epizykel des Apollonios mit dem Exzenter des Hipparch und liess die Planeten sich gleichförmig bewegen auf einem Kreise, der in einem Deferenzkreise rollte, dessen Zentrum sich in einem zur Erde exzentrischen Kreise bewegte. Der Almagest ist im höchsten Grade wertvoll, einerseits durch die systematische Durchführung der mathematischen Theorie für die Himmelsbewegungen, andrerseits durch die Nachrichten über die Arbeiten des Hipparch, durch die vollständige ebene Trigonometrie und die fast vollständige Sphärische Trigonometrie des rechtwinkligen Dreiecks, — es fehlt nur die Formel des Djabir (Geber) 11. Jahrh.: $\cos \alpha = \cos a \sin \gamma$ und $\cot \alpha \cot \gamma = \cos b$. Die Ableitung des Additionstheorems für den (doppelten) Sinus, das Verhältnis der Sehne zum Radius, gründete er auf den nach ihm benannten Satz vom Kreisviereck für den Spezialfall, dass die eine Seite der Durchmesser ist. Von meinem subjektiven Standpunkt aus genügt mir schon die Tatsache, dass der Satz (Halma 113) nach Ptolemaios heisst, um dessen Autorschaft zu verwerfen. Er wird vermutlich in des Hipparchs Geraden im Kreise gestanden haben. Auch als Beobachter ist die Wertung des Ptolemaios in jüngster Zeit stark herabgegangen, vgl. den zit. Aufsatz von Björnbo über die fehlerhafte Beobachtung der Präzession und die tadelnswerte Korrektion der älteren Beobachtungen. Doch ist seine Entdeckung der Präzession des Mondes, der Evektion, nicht bestritten. Für sein Geographisches Werk war er jedenfalls auch dem Poseidonios verschuldet, dagegen ist seine Katoptrik das bedeutendste was das Altertum auf diesem Gebiet aufzuweisen hat.

Parallelentheorie.

Durch Proklos p. 191 wissen wir, dass Ptolemaios ein Werk über Parallelentheorie geschrieben hat, es ist, wenn nicht das erste, so doch eins der ersten aus der Bibliothek, welche die 5. Forderung ins Leben gerufen hat. Der Beweis des Parallelenaxioms, den Proklos Friedl. S. 365–66 gibt, ist von Proklos fehlerhaft kritisiert. Er ist nur in der Form mangelhaft, man muss bedenken, dass Ptolemaios wie Poseidónios die Parallelen als Abstandslinien auffasst, womit der zweite Kongruenzsatz (a, b, c) die Gleichheit des Wechselwinkel ohne weiteres gibt. Sein Beweis S. 362 des vom Parallelenaxiom unabhängigen Satzes: »wenn ein Paar innerer Winkel zwei Rechte beträgt, so sind die Linien parallel« ist leider noch immer in den deutschen Lehrbüchern üblich, während von Euklid I, 27 so schlagend einfach mit I, 16 bewiesen wird.

Nikomachos von Gerasa.

Wir kehren jetzt zur Zeit des Menelaos zurück und wenden uns zu Nikomachos von Gerasa, vermutlich nahe bei der im alten Testament erwähnten Stadt Bozra. Wir sehen hier recht deutlich, wie genau die Entwicklung der Mathematik mit den allgemeinen die Zeit beherrschenden Geistesströmungen zusammenhängt.

Um die Zeit des Beginns der christlichen Ära waren die tiefer angelegten Naturen der Nüchternheit der Stoischen und Epikureischen Lehren satt, die sich im Skeptizismus bis zum unvernünftigen Extrem überschlagen hatten. Schon Aristoteles hat verglichen mit Platon, den ich meiner Auffassung des Grenzbegriffs gemäss, als die Vollendung des Pythagoreismus definieren könnte, einen rationalistischen Einschlag, auf den sich die Entwicklung der Naturwissenschaften und der angewandten Mathematik aufbaute, und in den genannten Philosophischen Schulen trat das ideale Element im Geistesleben der Menschheit immer mehr in den Hintergrund, bis es von den Skeptikern geradezu geleugnet wurde. Gegen diese Verflachung des Seelenlebens erhub sich nun in mächtiger Reaktion der neubelebte Idealismus. Während die trostlosen realen, die wirtschaftlichen und sozialen Zustände — man denke nur an den zum Ding im römischen Recht gewordenen Sklaven — die grossen Massen des römischen, von Prätoren und Prätorianern ausgesogenen Weltreichs für die Essäischen Lehren empfänglich machte und sich das Juden-Christentum infolge seines Sozialismus rapide unter ihnen verbreitete, suchten die Gebildeten in der Rückkehr zum Idealismus der alten Schulen, der Pythagoräer und des Platons, die Befriedigung, welche sie im wirklichen Leben und in der Philosophie, die sich den faktischen Zuständen angepasst hatte, nicht fanden.

Mit dem Pythagoreismus lebt zugleich das Interesse für Zahlentheorie, für Arithmetik und für Zahlenmystik, Zahlentheologie — Θεολογουμενα της αριθμητικης. — genannt, wieder auf, und findet in Nikomachos seinen wichtigsten Vertreter.

Nikomachos, Introductio.

Die Theologoumenen sind in dem fälschlich Nikomachos zugeschriebenen Sammelwerke nur fragmentarisch erhalten, das 1543 in Paris gedruckt ist. Weil das Werk von äusserster Seltenheit, ich glaube nur in einem Exemplar vorhanden, und doch von höchster Bedeutung für den Pythagoreismus und die Philosophie oder richtiger Theologie der Neupythagoräer ist, hat Fr. Ast, der verdienstliche Platoforscher, es 1817 zugleich mit dem Hauptwerk des Nikomachos, der Einführung in die Arithmetik, εισαγωγη αριθμητικη. 1817 herausgegeben, die 1538 in Paris vom selben Verlag ediert war und ebenfalls sehr selten geworden. Gestützt auf einen neuen Codex aus Zeitz hat dann 1866 R. Hoche die Eisagoge ediert, höchst bedauerlicher- und schwer begreiflicherweise ohne deutsche oder lateinische Übersetzung.

Das Verdienst, die jetzigen Mathematiker auf Nikomachos hingewiesen zu haben, hat sich G. F. H. Nesselmann in seiner trefflichen »Algebra der Griechen« Berl. 1842 erworben, der ihm 34 Seiten des knapp gehaltenen Buches widmete. Er hat mit Recht hervorgehoben, dass die »Einführung in die Arithmetik« eine neue Epoche der Mathematik bezeichnet, es ist eine wirkliche »Arithmetisierung der griechischen Mathematik« welche nach Nesselmann vom 2. Jahrh. n. Chr. bis zum 14. [Maximus Planudes] gedauert hat. Wie bedeutend das Werk des Nikomachos den Zeitgenossen erschien, erhellt daraus, dass es schon im 2. Jahrh. ins Lateinische von Apulejus aus Madaura übersetzt ist, eine Schrift die fast spurlos verloren gegangen ist, vermutlich weil sie durch die Bearbeitung des Boëtius aus dem 6. Jahrh. verdrängt ist. Apulejus ist für uns insofern von Wert, als er uns die reizende Erzählung von Amor und Psyche, ein Märchen auf orientalisch-mythologischer Grundlage erhalten hat. Ob Boëtius wirklich nach dem Original oder nach der Bearbeitung des Apulejus gearbeitet, scheint mir trotz der an den Patrizier Symmachos, seinen Erzieher, gerichteten Einleitung zweifelhaft. Boëtius hat auch die Musikalische Theorie der Pythagoräer ebenfalls nach Nikomachos der die Tonleiter bis zur zweiten Oktave ausgedehnt hatte, gegeben; vergl. G. Friedleins Ausgabe der Arithmetik, der »Institutio musica« nebst der sogen. Geometrie des Boëtius, dessen Abacus (Rechentisch) mit den »Apices«, den »Staubziffern« der Westaraber so viel Staub aufgewirbelt hat.

Die vom Mathematischen Standpunkt aus minderwertige Arbeit des Boëtius ist schulgeschichtlich von höchster Bedeutung, denn sie ist es gewesen, welche dem arithmetischen Unterricht der Klosterschulen zugrunde lag.

Schon M. Cantor hat sich der Ansicht des Isidorus von Sevilla, der 600 Bischof von Hispalis war und 636 gestorben ist, angeschlossen, dass wir in der Isagoge im wesentlichen das Wissen der Pythagoräer und zwar der Alt- und Neupythagoräer kodifiziert und systematisiert vor uns haben, und in diesem Sinne wird Nikomachos richtig als der Euklid der Arithmetik gekennzeichnet. Der Vergleich mit Philolaos und dem oben zit. Werk des Theon von Smyrna zeigt, dass es der Gedankenkreis der Pythagoräer ist, der uns hier übermittelt wird, wenn auch das Material durch einen an Archimedes und den anderen Grossen gebildeten Mathematiker vermehrt ist.

Nikomachos, Einleitung der Introductio.

Die Einleitung ist sowohl von Nesselmann, als von Cantor und Loria übergangen und doch ist sie vielleicht das interessanteste. Ich werde sie an anderer Stelle ganz geben, hier hebe ich aus ihr hervor: Cap. IV, Hoche p. 9; die Arithmetik, ist dies [die Mutter der anderen Wissenschaften] nicht allein, weil wir sagten, dass sie in dem Intellekt des göttlichen Künstlers den übrigen vorangegangen sei, wie ein die Welt ordnender und vorbildlicher Plan, auf den gestützt der Werkmeister das Ganze etwa wie auf eine Vorlage und ein erstgeprägtes Vorbild das aus Materie Geschaffene in schöne Ordnung brachte und bewirkte, dass es den richtigen Zweck erreichte, sondern auch weil sie von Natur den anderen vorangeht, insofern sie die andern aufhebt, aber nicht von ihnen aufgehoben wird. (Archytas.)

Also eine in Zahlen gegebene Praestabilierte Harmonie. — Ferner: Nikomachos unterscheidet Grössen und Mengen, Cap. II. Grössen sind in einer Vorstellung zusammengefasst (ἡνωμένα) und kontinuierlich (αλληλουχουμενα ein Synonym für συνεχη), Mengen sind diskret (διηϱημενα) und in Nebeneinanderstellung (παϱαθεσει.) wie ein Haufen. Dann fährt er fort: da die Menge, (Anzahl) und die Grösse ihrer Natur nach notwendigerweise unendlich ist, (die Menge von einer bestimmten Wurzel [der Eins] ausgehend, lässt sich ins Unendliche fortsetzen, die Grösse von einer bestimmten Ganzheit aus geteilt, hat keinen letzten Teil und erstreckt sich dadurch ins Unendliche) die Wissenschaften aber durchaus Wissen vom Endlichen und niemals vom Unendlichen sind, so ist wohl klar, dass es von der Grösse und der Menge schlechthin keine Wissenschaft geben würde (denn unbestimmt sind beide, die Menge in bezug auf Vermehrung, die Grösse in bezug auf Verminderung) sondern nur in bezug auf etwas von beiden Abgegrenztes, und zwar von der Menge als begrenzter Vielheit und von der Grösse als begrenzter Grösse.

Hier sieht man, wie klar das Kontinuitätsproblem erfasst ist.

Noch bemerke ich, dass der so berühmte Ausdruck: Quadrivium, für die 4 Wissenschaften Arithmetik, Musik, Geometrie, Astronomie (σφαιρικη ist nicht, wie Nesselmann sagt, Trigonometrie, sondern Astronomie), der von Boëtius aus das Ideal höherer Bildung bezeichnete, eine wörtliche Übersetzung von Kap. IV, Hoche 9 των τεσσαρων μεθοδων ist. [Archytas, Harmonik.]

Es schliesst sich an die Einleitung die Definition der Zahl an, welche wiederum zeigt, dass die Dreiteilung des Zahlbegriffs alt pythagoreisch (platonisch) ist. Die Zahl ist entweder Anzahl (Kardinalzahl, πληθος ὡρισμενον) oder Ordnungszahl (μοναδων συστημα) oder Masszahl (relative Zahl, ποσοτητος χυμα εκ μοναδων συγκειμενον der aus Einheiten zusammengesetzte Strom der Wievielheit).

Nikomachos, Introd. Buch 1.

Das 1. Buch wiederholt nur von Philolaos, Euklid und Eratosthenes gegebenes, Kap. XIII wird das Sieb des Eratosthenes beschrieben. Das Diagramm im Codex von Zeitz ist nicht nur eine Primzahlen- sondern zugleich eine Faktorentabelle, Kap. XIX, Hoche p. 51, findet sich dann das erste Diagramm des kleinen Einmaleins in der uns geläufigen Form:

	μῆκος									
	α	β	γ	δ	ε	ς	ζ	η	θ	ι
βάθος	β	δ	ς	η	ι	ιβ	ιδ	ις	ιη	κ
	γ	ς	θ	ιβ	ιε	ιη	κα	κδ	κζ	λ
	δ	η	ιβ	ις	κ	κδ	κη	λβ	λς	μ
	ε	ι	ιε	κ	κε	λ	λε	μ	με	ν

ϛ ιβ ιη κδ λ λϛ μβ μη νδ ξ

ζ ιδ κα κη λε μβ μθ νϛ ξγ ο

η ιϛ κδ λβ μ μη νϛ ξδ οβ π

θ ιη κζ λϛ με νδ ξγ οβ πα ϟ

ι κ λ μ ν ξ ο π ϟ ϱ

Nikomachos, Introd. Buch 2.

Weit bedeutender ist das zweite Buch, es enthält eine ganz achtbare Zahlentheorie auf altpythagoreischer Grundlage, wie sich Nikomachos, man vgl. A. Boeckhs Philolaos, durchaus auch in seiner Philosophie ganz eng an Philolaos anschliesst. Zunächst kommen Betrachtungen über gewisse, schon den Altpythagoräern geläufige Beziehungen zwischen Ketten von geometrischen Reihen desselben Exponenten, die im Kap. 4 aber nichts Geringeres enthalten als den Binomischen Satz, und zwar im Grunde nach demselben Bildungsgesetz, welches im sog. Pascalschen Dreieck angewandt wird.

Es folgt dann die Lehre von den figurierten Zahlen, von denen die Dreieckszahlen (n2) und die Viereckszahlen, die Quadrate, sowie die Tetraederzahlen (n3) und Würfelzahlen, Kuben, jedenfalls allbekannt waren. Aber die Lehre von den figurierten Zahlen (σχηματιζοντες) ist bei Nikomachos, der an Hypsikles einen Vorgänger hatte, sehr ausführlich behandelt, und sie spielte, man sehe das so wichtige Werk R. Baltzers, Elem. d. Math., von da ab bis in die Mitte des 19. Jahrh. eine grosse Rolle auch im Elementarunterricht. Die p-te Polygonalzahl ist von der Form n + (p - 2)(n2) und der Gnomon im Heronschen Sinne der von n auf (n + 1) überführt ist 1 + (p - 2)n; die Figur zeigt die 5-Ecke der Seiten 1, 2, 3, 4, 5.

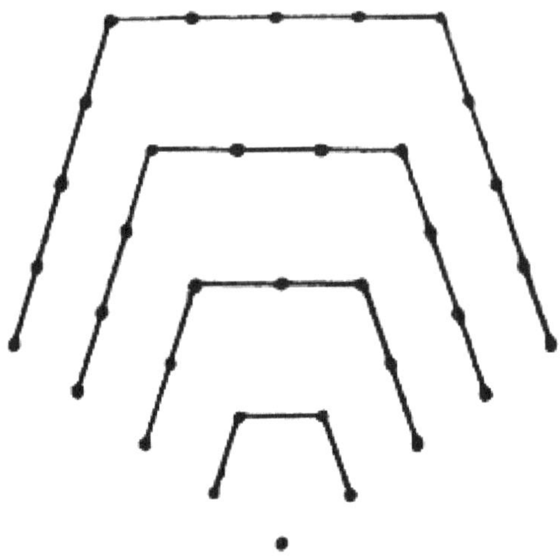

Die n-te (p + 1)-Eckzahl ist gleich der n-ten p-Eckzahl vermehrt um die (n - 1)te Dreieckszahl. Es handelt sich, wie man sieht, um Summation arithmetischer Reihen erster Ordnung. Interessant ist der Satz Kap. 20: $n^3 = \Sigma n(n - 1) + 2k - 1$ wo k von 1 bis n geht. Nicht minder interessant ist Kap. 7, wo die Definitionen des Platon und Aristoteles über Punkt, Linie, Fläche, zwar vereinigt werden, aber die Platonische benutzt wird, um aus dem Ursprung der vorhergehenden die folgenden Zahlen zu definieren; die Flächenzahl ist Summe der (vorhergehenden) Linienzahlen, bezw. Reihe von ihnen, die Körperzahl wiederum von Flächenzahlen.

Proportionenlehre.

Mit Kapitel 21 beginnt dann die ganz ausführliche Lehre von den Proportionen, neu ist vielleicht die Lehre von der vollkommensten, der musikalischen $a : a + b2 = 2aba + b : b$ z. B. $6/9 = 8/12$ welche Pythagoras, wie Jamblichos sagt, aus Babylon nach Griechenland gebracht hat. Mit Unrecht tadelt Nesselmann die Definition des Verhältnis bei Nikomachos; sie heisst: Verhältnis (λογος, ratio) ist das gegenseitige Enthaltensein zweier bestimmter Grössen, denn σχεσις ist bei Nikomachos und allgemein der technische Ausdruck für die σχεσις κατα πηκλικοτητα für die Messung der einen durch die andere.

Aus dem Résumé Nesselmanns hebe ich No. 1 hervor: »Bei Nikomachos erscheint die Arithmetik zum ersten Mal frei von den Fesseln geometrischer Vorstellungen, mit denen sie bei Euklides noch behaftet ist.« (Aber kaum mehr bei Heron.)

Theon.

Auch Nikomachos teilt die altpythagoräische Ansicht, dass die unzerlegbare Eins keine Zahl sei. Diese Ansicht hat sich von Boëtius bis in die Rechenbücher des 18. Jahrh. gehalten, wenn Nikomachos sie auch nicht so klar ausgesprochen hat, wie der vielleicht etwas ältere Astronom Theon von Smyrna in seinem schon mehrfach erwähnten Werk »των κατα το μαθηματικον χρησιμων εις την του Πλατωνος αναγνωσιν; was man an Mathematischem wissen muss, um Platon zu verstehen. Erhalten sind grosse Fragmente der Arithmetik, der Musik, d. h. der theoretischen Lehre von den Intervallen und dem Kontrapunkt, sowie der Astronomie, 1892 von J. Dupuis Griechisch und Französisch ediert. In der Astronomie hängt er von dem Peripatetiker Adrastos ab, der u. a. einen Kommentar zum Timaios verfasst hat. Erwähnung verdient Theon nur, weil sich bei ihm die Kettenbruchentwicklung der $\sqrt{2}$ findet, die sich auch mit einer Nikomachischen Formel berührt, die selbst wieder seltsam an $f(x + 2dx) = f(x) + 2f'(x)dx + f''(x)dx^2$ erinnert, die ihrerseits wieder den Keim zu einer elementaren, wenn auch nicht strengen Ableitung der Taylorschen Reihe birgt. Einen Weg der weder für Theon noch einen andern Pythagoräer gangbar war, der aber geistvoll ist, hat der Norweger T. Bergh, Schlöm-Cantor 31, S. 135 angegeben. Geht man von einem gleichschenklig rechtwinkligen Dreieck aus, dessen Katheten α_{n-1} und δ_{n-1} sind und verlängert beide Katheten um δ_{n-1} und verbindet die freien Endpunkte, so ist $\alpha_n = \alpha_{n-1} + \delta_{n-1}$ und $d_n = 2\alpha_{n-1} + \delta_{n-1}$ und dies sind die Präkursionsformeln für die Näherungswerte des Kettenbruchs $\sqrt{2} = (1 | 2)$, wenn man $\alpha_1 = \delta_1 = 1$ setzen könnte wie Theon tut. Viel wahrscheinlicher ist es, dass wir es hier mit altem Gut der Pythagoräer zu tun haben, bezw. der Platoniker und dass sie nach Auflösung der Diophantischen Gleichung $x^2 + y^2 = z^2$ sich an die Gleichung $x^2 - 2y^2 = \pm 1$ gemacht haben.

Jamblichos, Thymaridas.

Ich schliesse hier gleich Jamblichos geboren etwa 330 in Chalkis in Coelesyrien an, der als Philosoph der Stifter der sogen. Syrischen Abart des Neupythagoreismus oder Neuplatonismus ist, und der ein grosses Werk in 10 Büchern συναγωγή των πυθαγορείων δογμάτων, Sammlung der Pythagoräischen Lehren, geschrieben, deren erstes Buch der Roman: das Leben des Pythagoras, ist und deren 4. Buch die Erläuterungen zu Nikomachos Arithmetik wichtig ist, erstens für das Verständnis des Nikomachos und zweitens weil darin beiläufig das »Epanthema« d. h. Blüte des Thymaridas überliefert wird, möglicherweise eines Altpythagoräers, obwohl der Name »Blüte« indische Reminiscenzen weckt, wo poetische und phantastische Bezeichnungen gang und gäbe waren, und ferner das gänzliche

Fehlen jeder geometrischen Einkleidung auf eine erheblich d. h. mindestens 3 bis 4 Jahrhunderte spätere Zeit weisen. Die Regel selbst ist von Nesselmann, trotz des schlechten Textes und der schlechten Übersetzung des Tenulius der 1668 den Kommentar ediert hat, völlig richtig gestellt »Sind $x\ y^{I}\ y^{II}\ y^{III}\ y^{IV}$ etc. eine Anzahl unbestimmter (Grössen), αοριστων und ist $x + \Sigma\, y_k = a$ d. h. bestimmt (ωρισμενος), und $x + y_k = b_k$, so ist $x = \Sigma\, b_k - a_k n - 1$. Das von mir mehrfach als Gesetz für Datierungen angeführte Prinzip auf den ganzen gedanklichen Zusammenhang zu sehen, bestimmt mich auch den Thymaridas in die Zeit der Arithmetisierung der Mathematik zu setzen. Von eigener Mathematik des Jamblichos wären etwa die Sätze $n^2 = n + 2(1 + 2 + \ldots\ n - 1)$ zu erwähnen. Eine moderne, philologische Ausgabe des Kommentars ist 1894 von I. Pistelli gemacht worden, den als arithmetisches Werk Nesselmann sehr ausführlich S. 236–242 behandelt hat.

Plotin.

Auch die Philosophie des Jamblichos, obwohl ihn Proklos im Kommentar zum Timaios den Göttlichen nennt und obwohl der Kaiser Julianus Apostata für ihn schwärmte, ist nur eine phantastische und vielleicht absichtlich unklar gehaltene Ausführung der Lehren des Porphyrios oder vielmehr des Plotin, interessant wäre es allerdings, den babylonischen und besonders den indischen Einflüssen bei Jamblichos nachzugehen, z. B. für die Rolle, welche Opfer und Gebet in seiner Lehre spielen. Plotin den man vielleicht statt Neuplatoniker den neuen Platon nennen könnte, ist das geistige Haupt der Schule und durch seinen Einfluss auf Augustinus, den grossen kirchlichen Neuplatoniker, den Plotins Lehre vom Sünder zum Heiligen wandelte, kulturgeschichtlich von grösster Bedeutung, und ich bedaure aufrichtig m. H., dass ich für Plotin zur Zeit nicht über Quellenstudien verfüge. Plotin war aber auch mathematisch gebildet und gab in Rom mathematischen Unterricht, und Augustins ungeheurem Einfluss auf die Abendländische Kirche wenigstens von 400–1200 danken wir die Berücksichtigung der Arithmetik als Wissenschaft in den Kathedralschulen.

Plotin ist 202 oder 205 in Lykopolis in Ägypten (Siwet = Assiut) geboren, seine philosophische Bildung hat er in Alexandrien erhalten, dem Brennpunkt des wissenschaftlichen Lebens in der Schlussperiode der antiken Welt. Dort weilte er vom 18. bis 28. Lebensjahre als Schüler des Neuplatonikers Ammonios, Saccas, d. h. der Lastträger genannt. Dieser hat wie es scheint nichts geschrieben, aber wie bedeutend er war, zeigen seine Schüler, Longin, Origenes und Plotin, der von allen anderen Lehrern unbefriedigt, zehn Jahre in seiner Schule blieb.

Philon von Alexandria.

Mehr noch als dem Ammonios verdankte Plotin den Schriften Philons. Philon, etwa von 28 v. Chr. bis 50 n. Chr. war zwar äusserlich strenger Israelit, aber er hatte in die heiligen Schriften des Judentums eine Symbolik hineininterpretiert, welche seiner eigenen Philosophie oder richtiger Religion entsprach. Unter dem Einfluss stoischer (Heraklitischer) essäischer und christlicher Lehren, kann man die seine als eine Lehre von der Zweieinigkeit Gottes und des Logos, der zugleich Heiliger Geist und Gottes Sohn, bezeichnen. Die Symbolische Deutung der heiligen Schriften, welche sich im gewissen Sinne schon bei Platon und Aristoteles und ihren Schülern findet, die den Konflikt mit der Volksreligion vermeiden wollten, hat sich von Philon ab bis heute in der Theologie erhalten. Von Philon hat Plotin die Askese und die Ekstase, d. i. die Vereinigung mit Gott oder Erfassung (αφή) Gottes. Dieses Gottwerden der Menschen durch Kasteiung, Gebet und Busse, weist wiederum nach Indien, wo solche gottgewordene Menschen noch heute verehrt werden. Und auch in der Allgemeinheit und damit Leerheit des eigentlichen Gottesbegriffs wurzelt Plotin in Philon.

Plotin.

Um 243 nahm Plotin an dem Feldzug Gordian III. gegen die Parther teil, wozu ihn das Interesse an der persischen Religion, an dem was Zarathustra sprach, antrieb. In der Askese und Ekstase und auch in dem Dualismus zwischen Ormuz und Ahriman fanden sich enge Beziehungen zu seinen eigenen Gedanken. Nach dem unglücklichen Ausgang des Feldzugs ging er nach Rom, und er muss schon damals berühmt gewesen sein, da er in der Weltstadt zahlreichen Zulauf fand und den Kaiser Galienus selbst zu seinen Schülern zählte. In Rom lehrte er von 244–268, dann zog er sich schwer leidend auf ein Landgut bei Minturnae in Campanien zurück, wo sich seine Seele aus ihrem Körper befreite. Die Vorlesungsnotizen, welche Plotin etwa mit 60 Jahren niedergeschrieben, wurden in seinem Auftrag von seinem Lieblingsschüler Porphyrios redigiert und in 6 Enneaden d. h. in 6 Büchern zu 9 Abschnitten herausgegeben.

Der wesentliche Unterschied zwischen Plotin und Platon liegt in der Ideenlehre. Die Ideen, die bei Platon aus der Erfahrung der Einzelnen abstrahierte grundlegende Konzeptionen der gesamten Vernunft der Menschheit sind, welche als solche ewige Dauer und regulative Kraft besitzen, werden zu Ideen oder Gedanken a priori der von der Gottheit ausstrahlenden Vernunft, des Logos bei Philo, des Noũs (νοῦς) bei Plotin. Die Emanation stellt sich Plotin etwa vor, wie wir die Radiumemanationen.

Die Gottheit selbst bleibt unbewegt und ohne Teilnahme, an dem was sie ausstrahlt, sie ist das Eine schlechtweg, das **το εν** der Pythagoräer und steht so hoch über uns, dass wir eigentlich gar nichts von ihr aussagen können als jene Ausstrahlung. Bei den späteren Neuplatonikern, insbesondere bei Proklos ist der Begriff der Gottheit so leer geworden, dass er besser als mit der Eins mit der Null verglichen werden könnte. Der Noūs selbst aber zeigt schon eine Entzweiung, eine Trennung in Denkkraft und Gedanken. Abbild und Erzeugung des Noūs, der von Gott emanierenden Weltvernunft, ist die Psyche und sie, die Seele, erzeugt, mittelst des Substrats der Materie, der Hyle, die sie durchdringt wie etwa das Licht ein Medium, die Körperwelt, an deren Leiden oder richtiger Reizungen die wahrnehmende Empfindung eigentlich keinen Anteil hat. Da die Psyche Funktion der Vernunft und diese wieder Funktion Gottes ist, so ist es dem Menschen gegeben nach Ähnlichkeit mit Gott zu streben und darin liegt die Tugend. Ja durch Abtöten des Sinnlichen und völliges Versenken in die religiöse Betrachtung des Einen kann es gelingen zur Ekstase, d. h. zur Vereinigung mit Gott zu kommen und in diesem Zustand war Plotin nach Angabe des Porphyrios viermal. Die späteren Neuplatoniker, wie Apollonios von Thyana und Jamblichos, knüpften an diesen Zustand, der etwa dem entspricht, was die heutigen Mystiker »Trans« nennen an, um die Möglichkeit des Prophezeiens und der Wundertaten zu begründen.

Ich möchte noch hervorheben, dass die Quelle der Schopenhauerschen Ästhetik eigentlich bei Plotin liegt. Nach jenem liegt das Wesen der Kunst in der intuitiven Erfassung der im Objekt zur Erscheinung kommenden Idee, d. h. der bestimmten Abstufung des Willens an sich, losgelöst von jeder Beziehung auf das individuelle erkennende Subjekt, und der Wert der künstlerischen Betrachtung darin, dass »das Ixionsrad« des eigenen Wollens stille steht und wir vor dem Schönen und durch das Schöne zum reinen willenlosen Subjekte der Erkenntnis werden. Plotin sagt, Enneade V, 81: Nicht in der blossen Symmetrie, sondern in der Herrschaft des Hohen über das Niedere, der Ideen über den Stoff, der Seele über den Leib, der Vernunft und des Guten über die Seele, liegt das Wesen der Schönheit.

Porphyrios.

Porphyrios hat bei Plotin auch Mathematik gelernt, er wird von Proklos des öfteren erwähnt, ich führe S. 311 den Beweis von I 18 an: Der grösseren Seite liegt der grössere Winkel gegenüber, den ich unsern Schulen wieder gewinnen möchte: Wenn $\alpha\beta\gamma$ das Dreieck und $\alpha\beta < \alpha\gamma$, so mache man $\alpha\beta$ mit $\beta\varepsilon$ gleich $\beta\gamma$, dann ist $\alpha\varepsilon\gamma$ gleichschenklig und Winkel $\varepsilon = \varepsilon\gamma\beta + \gamma$ und ε noch kleiner als β nach I, 16, dem Satz vom Aussenwinkel.

Diophant.

Den Schluss und zugleich den Gipfel der Hellenistischen Arithmetisierung der Mathematik bildet Diophantos von Alexandrien.

Seine αριθμητικά bedeuten den durch eine weite Kluft von allem anderen getrennten Höhepunkt dessen, was die Griechen auf arithmetischem Gebiet geleistet haben. Sein Werk ist so einzigartig, dass es keineswegs ausgeschlossen ist, dass Indische und Babylonische Einflüsse wirksam gewesen sind. Seine Lebenszeit ist wahrscheinlich das Ende des 4. Jahrhunderts nach Christi, wie Nesselmann l. c. festgestellt hat. Dass Pappos ihn nicht erwähnt, kann ich mir nur dadurch erklären, dass er nach Pappos geschrieben. Alles was wir von ihm wissen, steht im Epigramm 19 der von Maximus Planudes, einem byzantinischen Mönch, aus älteren Exzerpten gesammelten Anthologie:

Hier das Grabmal deckt Diophant, ein Wunder zu schauen,Durch arithmetische Kunst lehrt sein Alter der Stein.Knabe zu sein gewährte ein Gott ihm ein Sechstel des Lebens;Noch ein Zwölftel dazu, spross auf der Wange der Bart.Und ein Siebentel mehr, sieh Hymens Fackel entbrannte,Fünf der Jahre darnach, teilt er ein Söhnlein ihm zu.Ach unglückliches Kind! Halb hatte das Alter des VatersEs erreicht, da nahm's Hades der Schaurige auf.Noch vier Jahre ertrug er den Schmerz, der Wissenschaft lebend,Und nun künde das Ziel, welches er selber erreicht.

Also mit 33 Jahren verheiratet und mit 84 gestorben.

Fermatsche Satz.

So berühmt Diophant als Arithmetiker heute ist, so wenig wurde sein Werk von den Griechen der folgenden Zeit verstanden, nur ganz wenige und verstümmelte Handschriften seines Werkes sind erhalten, alle, auch die jüngst gefundenen vom selben Archetyp stammend. Ein einziger Grieche, der schon genannte Maximus Planudes, der in der ersten Hälfte des XIV. Jahrh. lebte, hat Scholien zu den beiden ersten Büchern geschrieben. Dagegen haben sich die Araber verhältnismässig früh des Diophant bemächtigt und kein geringerer als Abul Wafa, der die Mondvariation festgestellt hat, übersetzte die Schrift gegen Ende des 10. Jahrh. Das bisher noch nicht aufgefundene Werk findet sich vielleicht auch noch in Leyden. In Europa hat zuerst Regiomontan, decus Germaniae, wie ihn Petrus Ramus nennt, 1464 zu Venedig einen Diophant-Codex gesehen. Die erste zwar mangelhafte, aber vollständige Übersetzung ins Lateinische veröffentlichte 1575 Wilhelm Xylander oder Holzmann zu Augsburg, sie ist eine bibliographische Rarität. Die erste Textausgabe mit lateinischer Version und vielen Zusätzen und Erläuterungen rührt von Gaspard Bachet, sieur de Méziriac her, — Paris 1622, der durch seine »Problèmes plaisants et délectables« (1612) so bekannt ist. Eine zweite Ausgabe von Bachets Arbeit veranstaltete S. Fermat; die Ausgabe ist an sich sehr mangelhaft, aber sie enthält die berühmten Randbemerkungen seines Vaters Pierre Fermat, Frankreichs grössten Mathematikers, darunter den berühmten Fermatschen Satz: Die Gleichung $x^n + y^n = z^n$ ist wenn $n > 2$ nicht in ganzen (rationalen) Zahlen lösbar. Diese Anmerkungen haben die moderne Zahlentheorie, die Arithmetica sublimior wie Gauss sie nannte, geschaffen. Eine neue sehr sorgfältig redigierte Ausgabe ist von P. Tannery 1893 geschaffen. G. Wertheim hat 1890 eine tadellose deutsche Übersetzung der Arithmetik und der Schrift über Polygonalzahlen des Diophant und der Anmerkungen Fermats gegeben.

Von den 13 Büchern, welche Diophant selbst in dem Einleitungsschreiben an einen gewissen Dionysios erwähnt, sind uns in den Handschriften nur 6 erhalten, aber die allgemeine Ansicht geht dahin, dass das Verlorene sich im wesentlichen nur auf die Behandlung der gemischt quadratischen Gleichungen bezogen habe und wissenschaftlich der Verlust zu verschmerzen. Dagegen scheint der Verlust eines andern Werkes der »Porismata« (vergl. Euklid) schwerer zu wiegen, wenigstens nach dem Satz zu urteilen, den Diophant selbst zitiert: die Differenz zweier (rat.) Kubikzahlen (a und b) ist stets die Summe zweier (rat.) Kubikzahlen. Von Vieta gelöst: $x = a(a^3 - 2b^3)a^3 + b^3$; $y = b(2a^3 - b^3)a^3 + b^3$.

Das erste was wir aus den Arithmetica hervorheben, ist dass bis auf eine einzige vermutlich eingeschobene Aufgabe V, 13, Wertheim S. 209 niemals die Zahlen seiner Aufgaben durch Linien oder sonst geometrisch versinnlicht sind. Er spricht zwar oft von rechtwinkligen Dreiecken, aber er meint stets drei Zahlen a, b, c, welche der Gleichung $a^2 + b^2 = c^2$ genügen. Zweitens gehen auf Diophant die nach ihm genannten Aufgaben der unbestimmten Analytik zurück, obwohl eine diophantische Gleichung in unserem Sinne bei ihm nicht vorkommt. Erst Bachet hat die Gleichung $ax + by = c$ allgemein in ganzen Zahlen aufgelöst. Diophant begnügt sich mit rationalen Zahlen und was die Hauptsache, er gibt immer nur eine Lösung. Das was speziell an indischen Einfluss denken lässt, liegt erstens in der Systemlosigkeit und zweitens darin, dass eigentlich, wenn man vom ersten Buch absieht, der Lehre von den gewöhnlichen Gleichungen ersten Grades, nirgends allgemeine Methoden vorkommen, sondern jede Aufgabe durch eigene oft sehr merkwürdige Kunstgriffe gelöst wird. Oft ist die Aufgabe allgemein gefasst und wird durch willkürliche Annahmen eingeschränkt.

Ganz eigenartig ist auch die Bezeichnung bei Diophant; vergl. Nesselmann l. c. Kap. 7. Für die Unbekannte die bei ihm αϱιθμός »die Zahl« heisst, hat er ein Zeichen ς oder auch ςο, das man früher für das Schlusssigma hielt. T. L. Heath, Diophantos of Alex. Cambr. 1885 hat mit guten Gründen behauptet, dass es die Abbreviatur von αϱιθμός ist. Das Quadrat der Unbekannten, unser x^2 heisst wie gewöhnlich δύναμις, Zeichen δ$^{\bar{υ}}$; x^3 desgleichen κύβος, Zeichen κ$^{\bar{υ}}$, x^4 bei ihm wie durch die Metrika nachgewiesen bei Heron: δυναμοδύναμιν [Biquadrat] δδ$^{\bar{υ}}$δ, x^5 δυναμοκυβος δκ$^{\bar{υ}}$, x^6 κυβοκυβος, κκ$^{\bar{υ}}$. Bestimmte Zahlen (ὡϱιζομενοι) heissen μοναδες, Zeichen μ^{ο}, zum Unterschiede von den αοϱιστοι den zunächst unbestimmten, also wie bei Jamblichos, $^1/_x$ heisst αϱιθμοστον; $^1/_{x^2}$ δυναμοστον u. s. f.

Kein Zeichen bedeutet die Addition, welche damals also noch als die Hauptoperation galt, sie heisst ὑπαϱξις; die Subtraktion heisst λειψις, Zeichen ein umgekehrtes ψ also ᛦ oder ↑. Bei (x - a)(x - b) findet sich die Regel: Minus × Minus ist plus (λ.λ ist ὑπαϱξις), doch schliesst Diophant negative Zahlen wie auch irrationale Zahlen prinzipiell aus. Cantor sagt mit Recht, dass sich bei Diophant schon eine hoch entwickelte Buchstabenrechnung findet. Immerhin ist ihr die Vieta'sche sehr überlegen.

Ich gebe nach Cantor die Gleichung 10x + 30 = 11x + 15.

ςς^{οι} αϱα ι̅ μ^{ο} λ ἰσοι εισιν ςς^{οις} ι̅α̅ μονασι ι̅ε (Unbekannte nun zehn und Einheiten 30 sind gleich Unbekannten 11 und Einheiten 15.) M. H. Cantor hat wiederum recht, wenn er sagt dies ist eine Stenographie aber noch keine Symbolik.

Die Gleichheit wird übrigens oft nur durch ἰ ausgedrückt.

Diophant, Beispiele.

Als Beispiel N. 1 gebe ich Ihnen I, 9 Werth. 15. Von zwei gegebenen Zahlen eine und dieselbe Zahl zu subtrahieren, so dass die erhaltenen Reste in einem gegebenen Verhältnis stehen.

Es muss jedoch dieses Verhältnis grösser sein als das in welchem die grössere der beiden gegebenen Zahlen zur kleineren steht.

Die Bedingung ist nötig damit x > 0 wird.

Es soll [z. B.] von 20 und 100 dieselbe Zahl abgezogen werden und so gewählt werden, dass der grössere Rest das 6fache des kleineren ist.

100 - x, 20 - x die Reste, 120 - 6x = 100 - x die Gleichung.

Wird die abzuziehende Grösse auf beiden Seiten addiert und sodann Gleiches vom Gleichen subtrahiert, so erhält man 5x = 20, x = 4.

Es folgt die Probe, man kann wohl sagen bedauerlicherweise.

Beispiel 2: I, 32, W. 37. Zwei so beschaffene Zahlen zu finden, dass ihre Summe 20 und die Differenz ihrer Quadrate 80, (auch diese Aufgabe ist allgemein gestellt und wird am Beispiel allgemein gelöst).

Wir setzen die Differenz beider Zahlen 2x, so wird die grössere x + 10, die kleinere 10 - x betragen. Nun ist noch zu bewirken, dass die Differenz ihrer Quadrate 80 ist, sie ist aber 40x, also die grössere 12, die kleinere 8.

II, 9. W. 52. Zweite Lösung der Aufgabe eine gegebene Quadratzahl (16), in zwei Quadrate zu zerlegen.

x sei die eine Seite, die andere gleich einem um die Seite des gegebenen Quadrats verminderten beliebigen Vielfachen von x, etwa 2x - 4, x = 165, y = 125.

Zu dieser Aufgabe bemerkt Fermat am Rand:

Dagegen ist es ganz unmöglich, einen Kubus in zwei Kuben, ein Biquadrat in 2 Biquadrate und allgemein irgend eine Potenz ausser dem Quadrat in zwei Potenzen von demselben Exponenten zu zerfällen. Hierfür habe ich einen wahrhaft wunderbaren Beweis entdeckt, aber der Rand ist zu klein ihn zu fassen. —

M. H. es gibt seit 200 Jahren wohl keinen wirklichen Mathematiker, der nicht versucht hatte, den Fermatschen Satz zu beweisen, aber es ist selbst Euler, Dirichlet und Kummer nicht gelungen. Kummer hat mit der ad hoc geschaffenen Theorie der idealen Primzahlen den Satz bewiesen, mit Ausnahme der sogn. Bernoullischen Zahlen. Aber dass Fermat sich getäuscht habe, ist beinahe ausgeschlossen.

III, 22. Vier Zahlen der Beschaffenheit zu finden, dass das Quadrat ihrer Summe ein Quadrat bleibt, wenn jede der vier Zahlen zu ihm addiert oder von ihm subtrahiert wird.

D. h. also $s^2 \pm x$; $s^2 \pm y$; $s^2 \pm z$; $s^2 \pm u$ sollen Quadrate sein.

Ich gebe die Lösung dieser wahrlich nicht leichten Aufgabe, die sich zu stellen schon Mut erfordert, nach Wertheim 110 ff., sie hat wie der Zusatz Fermats beweist sein Interesse in hohem Grade erregt und ihn u. a. zu dem Satz geführt: eine Primzahl von der Form 4n + 1 ist nur einmal Hypotenuse eines rechtwinkligen Dreiecks, ihr Quadrat ist es zweimal, ihr Kubus dreimal, ihr Biquadrat viermal usw. in inf. Lösung: In jedem rechtwinkligen Dreieck bleibt das Quadrat über der Hypotenuse ein Quadrat, wenn man das doppelte Produkt beider Katheten zu demselben addiert oder subtrahiert.

Daher suche ich zunächst vier rechtwinklige Dreiecke mit gleichen Hypotenusen; das ist aber dasselbe wie die Aufgabe: ein beliebiges Quadrat viermal in je 2 Quadrate zu teilen und wir haben schon (II, 10) gelernt, ein gegebenes Quadrat auf unzählig viele Arten in zwei Quadrate zu zerlegen.

Wir nehmen also zwei rechtwinklige Dreiecke, deren Seiten in den kleinsten Zahlen ausgedrückt sind, wie etwa 3, 4, 5 und 5, 12, 13. Multiplizieren wir jetzt alle Seiten eines jeden mit der Hypotenuse des andern, so wird das erstere die Seiten 39, 52, 65 haben und das zweite die Seiten 25, 60, 65, und wir erhalten zwei rechtwinklige Dreiecke mit gleichen Hypotenusen.

Ihrer Natur nach lässt sich ferner die Zahl 65 in je 2 Quadrate zweimal zerfällen, nämlich in 16 und 49 sowie in 64 und 1. Dies rührt daher, dass 65 durch Multiplikation von 13 und 5 entsteht von denen jede sich in 2 Quadrate zerlegen lässt. [: $(a^2 + b^2)(c^2 + d^2) = (ac + bd)^2 + (ad - bc)^2 = (ad + bc)^2 + (ac - bd)^2$, diese Formel aus der Theorie der quadratischen Formen, das ist die Quelle der Aufgabe]. Ich nehme nun die Seiten der Quadrate 49 und 16 nämlich 7 und 4 und bilde vermittelst dieser das rechtwinklige Dreieck, dasselbe hat die Seiten 33, 56, 65 [$a^2 - b^2; 2ab; a^2 + b^2$]. Ebenso nehme ich die Seiten der Quadrate 64 und 1 nämlich 8 und 1, das rechtwinklige Dreieck hat die Seiten 16, 63, 65. Nun habe ich vier rechtwinklige Dreiecke mit gleichen Hypotenusen.

Indem ich jetzt zu der ursprünglich gestellten Aufgabe schreite, setze ich die Summe der 4 gesuchten Zahlen gleich 65x, jede einzelne derselben aber gleich x^2 mit einem Koefficienten, der das Vierfache der Fläche eines der 4 Dreiecke ist [2ab], also die erste Zahl gleich 4056 x^2, die zweite gleich 3000 x^2, die dritte gleich 3696 x^2, die vierte gleich 2016 x^2. Es ist dann die Summe der vier Zahlen 12768 x^2 = 65 x, und daraus ergibt sich x = 6512678. Daher werden die vier Zahlen Brüche mit dem gemeinschaftlichen Nenner 163021824 sein und zwar hat die erste Zahl den Zähler 17136600, die zweite 12675000, die dritte 15615600, die vierte 8517600.

Diese Aufgabe gehört mit zu denen, welche es am begreiflichsten erscheinen lassen, dass ein Mathematiker solchen Ranges von einem Zeitalter des Verfalles nicht mehr begriffen wurde.

IV, 11. $x^3 + y^3 = x + y$. Diophant findet durch ein Verfahren, dass nur zu begreifen ist, wenn man annimmt, dass er die allgemeine Lösung $x = \pm 1 - k^2(1 + k)^2 - k; y = \pm 1 + 2k(1 + k)^2 - k$ kannte, x = 5/7; y = 8/7, er setzte k = 1/4 in der ersten (+) Lösung und nicht wie Wertheim S. 129 angibt k = 1/2; (auch k = -3/2 in der zweiten negativen Lösung ist richtig), merkwürdig ist, dass auch x = 3/7 und y = 8/7 eine richtige Lösung ist, da 4 - 4p + 2r = o ist. V 34, W. 233: Drei Quadratzahlen zu finden, so dass das Produkt derselben, wenn es um jede der Zahlen vermehrt wird, ein Quadrat bildet.

Wir setzen $u^2v^2w^2 = x^2$ und suchen dann drei Quadrate, von denen jedes, wenn es um 1 vermehrt wird, wieder ein Quadrat gibt. Das kann vermittels jedes rechtwinkligen Dreiecks geschehen. Ich wähle also drei rechtwinklige Dreiecke 3, 4, 5; 5, 12, 13; 8, 15, 17; so wird das eine Quadrat 916 x^2, das zweite 25144 x^2, das dritte 64225 x^2 sein, und jedes derselben bleibt ein Quadrat, wenn es um eins vermehrt wird. Nun soll noch das Produkt der drei Zahlen gleich x^2 sein. Das Produkt ist aber 14400518400 x^6. Das soll gleich x^2 sein. Wird alles durch x^2 dividiert so folgt 14400518400 $x^4 = 1$, also 120720 $x^2 = 1$. Nun ist die Einheit eine Quadratzahl. Wenn daher auch 120720 x^2 ein Quadrat wäre, so würde die Aufgabe gelöst sein. Dem ist aber nicht so.

Diophant führt die Aufgabe nicht durch, seine Lösung ist 254; 25681; 916. Die Aufgabe ist von Fermat wieder hergestellt. Diophant nimmt drei rechtwinklige Dreiecke $a_1\ b_1\ c_1$; $a_2\ b_2\ c_2$; $a_3\ b_3\ c_3$ und setzt $u = a_1b_1\ x$; $v = a_2b_2\ x$; $w = a_3b_3\ x$. Dann hat man nur noch zu sorgen, dass $a_1a_2a_3b_1b_2b_3$ oder auch $a_1\ a_2\ a_3\ b_1\ b_2\ b_3$ gleich $a_1\ b_1\ a_2\ b_2\ a_3\ b_3$ eine Quadratzahl ist, was keine Schwierigkeit macht.

VI 3. Ein rechtwinkliges Dreieck zu finden, so dass die Zahl, welche den Flächeninhalt ausdrückt, eine Quadratzahl wird, wenn sie um eine gegebene Zahl vermehrt wird.

Diese recht schwierige Aufgabe ist in Wertheim S. 256 und 257 allgemein und ihre Erweiterung durch Vieta (Zetetica V, 9) angegeben.

VI 26. Die letzte Aufgabe Diophants: Ein rechtwinkliges Dreieck von der Beschaffenheit zu finden, dass die eine seiner Katheten ein Kubus, die andere die Differenz zwischen einem Kubus und seiner Seite, und die Hypotenuse die Summe eines Kubus und seiner Seite sei.

Hypotenuse $x^3 + x$, Kathete $x^3 - x$, die andere ist dann $2x^2$ und soll gleich einen Kubus sein. Es sei $2x^2 = x^3$, so ist $x = 2$, also ist 6, 8, 10 eine Lösung.

An die Weiterführung dieser Aufgabe durch Bachet hat Fermat eine Reihe wichtiger zahlentheoretischer Sätze geknüpft, wie z. B. $x^4 \pm y^4$ ist niemals ein Quadrat, und $n(n + 1)2$ nur wenn n gleich 2 ist gleich p^2, welche beide von Euler bewiesen sind. (Werth. S. 294.)

Die Schrift über die Polygonalzahlen, so interessant sie an sich ist, steht doch an Bedeutung der Arithmetik unvergleichlich nach, so dass ich auf sie nicht näher eingehe, wertvoller als sie sind Fermats Anmerkungen.

Die Beispiele aus der Arithmetik genügen, um zu zeigen, wie gross Diophant als Arithmetiker dasteht, dabei ist er, soweit unsre Kenntnis bis jetzt reicht, fast ohne Vorläufer, von dem einzigen Heron etwa abgesehen.

Nikomachos verschwindet gegen Diophant vollständig, und sein Ruhm beruht nur darauf, dass sein Verständnis verglichen mit Diophant nur die geringe Bildung erforderte, welche sich in den Stürmen der Völkerwanderung mit ihren politischen und religiösen Umwälzungen erhalten konnte.

Pappos aus Alexandria.

Von dem letzten und grössten Arithmetiker der Hellenen gehen wir zu ihrem letzten grossen Geometer zurück, zu Pappos, auch er Alexandreus. Auch von seinen Lebensverhältnissen wissen wir so gut wie nichts, doch macht die Äusserung des Proklos ὁι περι Ἡρωνα και Παππον es wahrscheinlich, dass er als Lehrer in Alexandrien tätig war und das wird noch mehr als durch diese immerhin der Auslegung fähige Stelle, durch den Inhalt und Zweck seines Hauptwerkes gesichert, das ganz und gar in der Absicht geschrieben ist, Studierenden eine richtige und tüchtige Ausbildung für reine und angewandte Mathematik zu sichern. Auseinandersetzungen wie die über Analysis und Synthesis, Kritiken, wie die allerdings nicht ganz gerechtfertigte, über das Näherungsverfahren zur Lösung des Delischen Problems (III, Anfang), die Auswahl der Schriften, an die er seine eigenen Lemmata anknüpft, zeigen hohes pädagogisches Interesse und Erfahrung. Hultsch und Cantor setzen seine Lebenszeit auf das Ende des dritten Jahrhunderts, gestützt auf eine Notiz, auf welche der bekannte Philologe Usener hingewiesen hat, dass er unter Diokletian gelebt habe. Für diese Datierung spricht der ganze Inhalt seiner Werke, insbesondere zeigt das höchst lebhafte Interesse, das er für Sphärik und Astronomie, speziell für Klaudios Ptolemaios bekundet, dass er nicht mehr als etwa 100 Jahre nach diesem anzusetzen ist. Zur Syntaxis und zwar höchst wahrscheinlich zur ganzen und nicht nur zu den vier ersten Büchern hat er einen Kommentar (Scholion) geschrieben, von dem ein Teil, der sich auf das 5. und 6. Buch bezieht, in der an Schätzen reichen Laurentiana zu Florenz gefunden und eine Einleitung, welche die Dimensionen der Erde, Umfang und Inhalt behandelt und eine Definition der Astronomie gibt im Vaticanus 184. Hultsch macht es im hohen Grade wahrscheinlich, dass der Ptolemaios-Kommentar des von nur öfter erwähnten Theon von Alexandrien, etwa 100 Jahre später, wesentlich aus dem des Pappos geschöpft sei.

Pappos hat auch Kommentare zu den Daten und den Elementen des Euklid geschrieben, von denen Fragmente bei Eutokios und Proklos erhalten sind, und die auch von Marinos aus Neapolis (Sichem in Palästina), einem Schüler und Nachfolger des Proklos im Rektorat der Akademie, dem wir die Erhaltung von Euklids Daten verdanken, erwähnt werden. Ich nenne hier Friedl. S. 249–50 den Beweis der Gleichheit der Basiswinkel im gleichschenkligen Dreieck, weil der auf die Symmetrie des gleichschenkligen

Dreiecks begründete Beweis meist Bolzano (Betrachtungen etc. p. 17 § 25) zugeschrieben wird, der Quellenangaben noch nicht für erforderlich hielt. Der Beweis bei Proklos zeigt allerdings, dass auch Pappos den leitenden Grundsatz des Euklid, die dritte Dimension in der Planimetrie zu vermeiden, nicht recht erfasst hat.

Pappos, Collectiones.

Erhalten ist uns, obwohl nirgends von den späteren hellenistischen oder römischen Autoren erwähnt, sein Hauptwerk die Synagoge (συναγωγή, nicht συναγωγαι) in 8 Büchern, von denen das erste und ein grosser Teil des zweiten verloren ist. Die Reste des zweiten Buches hat 1688 Wallis herausgegeben. Unter dem Titel: Pappi Alexandrini mathematicae collectiones hat Federico Commandino 1588 die Bücher 3–8 lateinisch herausgegeben, wie alle Arbeiten dieses Mannes für ihre Zeit ausgezeichnet. Die einzige Gesamtausgabe Griech. und Lat. hat Fr. Hultsch 1876–78 geschaffen, sie ist geradezu vorbildlich geworden, Cantor sagte in der Besprechung des letzten Bandes (Cantor-Schlömilch 1873): Hultsch hat uns mit einer klassischen Ausgabe eines klassischen Schriftstellers beschenkt. An dem index graecitatis, der 125 enggedruckte Seiten umfasst, hat er ein ganzes Jahr lang gearbeitet, nachdem er viele Jahre auf die Collation der Codices verwandt hat und im Vaticanus graecus 218 aus dem 12. Jahrh. den Archetyp sämtlicher anderen festgestellt hatte. Rudio nennt den Index geradezu ein Lehrbuch der griechischen mathematisch-technischen Sprache. Die Verdienste des am 6. April 1906 verstorbenen Philologen um die Geschichte der Mathematik hat F. Rudio, Eneström Ser. III, Bd. VIII meisterlich geschildert, und in diesem Nachruf findet sich auch eine Analyse der Synagoge (= Sammlung), welche an Klarheit nichts zu wünschen übrig lässt, und die einfach abzuschreiben vielleicht das zweckmässigste wäre. Trotz dessen halte ich es angezeigt, was ich 1903 gesagt, hier zu wiederholen. Die Sammlung des Pappos ist für uns die Hauptquelle der griechischen Geometrie, sie zeigt, dass Pappos einerseits im höchsten Grade literarisch gebildet war und vielleicht noch vor oder zur Zeit Caracallas anzusetzen wäre, andererseits aber selbst ein produktiver Geometer von hohem Range war, wie z. B. seine Quadrierung des von der sphärischen Spirale abgeschnittenen Stück der Halbkugel (Hultsch S. 682) und seine Lösung der Proprosition 43 des IV. Buches zeigen. Insbesondere ist schon so ziemlich die ganze Steinersche Geometrie, die Arbeiten Steiners über Isoperimetrie eingeschlossen, in nuce bei Pappos zu finden, vor allem der grundlegende Satz von der Constanz des anharmonischen Verhältnisses und die vollständige Theorie der Involution. Die im Altertum so viel umworbene Lehre von den Proportionen id est die Auflösung der Gleichung ersten Grades hat er unter einem einzigen einfachen Gesichtspunkt dargestellt. Er gibt den Inhalt fast aller bedeutenden mathematischen Werke bis auf seine Zeit mit grosser Gewissenhaftigkeit und unter Angabe der Namen und hat uns so, wie wir ja gesehen haben, in Stand gesetzt, eine ganze Anzahl verlorener Werke der Heroen entweder ganz oder teilweise zu rekonstruieren. Ich nenne nur die Porismata und die Topoi pros Epiphaneian des Euklid, das 8. Buch der Konika und das Taktionsproblem des Apollonios, die Schrift des Zenodoros über die Isoperimetrischen Figuren, die Archimedischen halbregulären Körper etc. Höchst wichtig ist auch, dass wir durch ihn in Stand gesetzt sind, die Arabischen Quellen auf ihre Zuverlässigkeit zu prüfen, wobei sich die ersten islamitischen Jahrhunderte als durchaus zuverlässig erwiesen haben, z. B. für die Mechanik des Heron, die Wahlsätze des Archimedes. Dabei begleitet er diese Schriften überall mit wertvollen eigenen Bereicherungen. Im VI. Buch sehen wir, wie tief die Griechen auch in die Theorie der krummen Flächen eingedrungen waren, bei der stereometrischen Erzeugung der Quadratrix, die an Archytas erinnert aber weit über ihn hinausgeht. Buch IV, Prop. 30 Hultsch p. 264 findet sich die Quadrierung der Spiralfläche, worauf ich schon in einem Frankfurter Vortrag hingewiesen habe.

Kugelspirale.

Wie man einsieht, dass in der Ebene eine Spirale erzeugt (γινομένη ist durch existere nicht sinngemäss wiedergegeben) wird wenn ein Punkt sich auf einem, einen Kreis beschreibenden Strahl bewegt und in der Stereometrie [z. B. auf den Cylinder- oder Kegelflächen ist unnötige Konjektur von H.] wenn ein Punkt sich auf einer die Oberfläche beschreibenden Kante bewegt, so lässt sich auch eine auf der Kugel sich ergebende Spirale begreifen, beschrieben auf folgende Weise.

Auf einer Kugel gehöre zum Pol Θ der grösste Kreis KΛM und von Θ aus soll der Viertelkreis eines Hauptkreises ΘNK beschrieben worden sein und der Kreis ΘNK, um den ruhenden [Punkt] Θ auf der Oberfläche [der Kugel] gedreht, möge in sich selbst wieder zurückversetzt worden sein und irgend ein Punkt auf demselben von Θ aus in Bewegung gesetzt, möge nach K gelangt sein; er beschreibt nun auf der Oberfläche eine gewisse Schneckenlinie wie es ΘOIK ist, und welchen Umfang eines grössten Kreises man auch von Θ aus beschreiben möge, so hat er zum Bogen KΔ das Verhältnis, welches ΘΔ [siehe Figur] zu ΘO hat. Ich behaupte nun, dass wenn ausserhalb [nämlich als Nebenfigur] der Quadrant ΔBΓ eines Hauptkreises auf der Kugel gelegt wird um das Zentrum Δ und [die Sehne] ΓΔ gezogen wird, so geht daraus hervor [der Satz]: wie die Halbkugel [sich] zu [dem] zwischen der Spirale ΘOIK und dem Bogen KNΘ abgeschnittenen [Stück der Kugel]fläche [verhält], so der Sektor ABΓΔ zu dem Segment ABΓ.

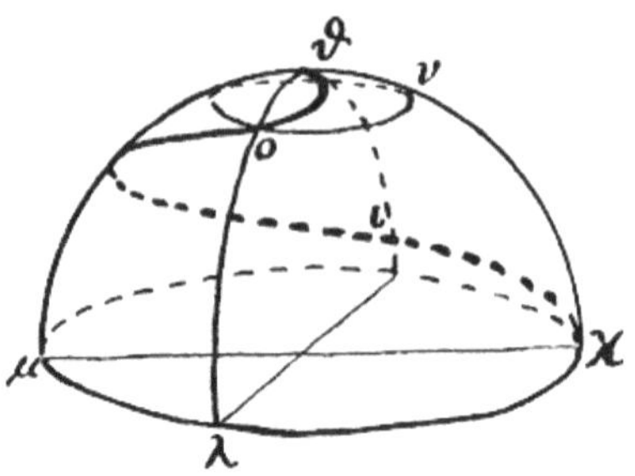

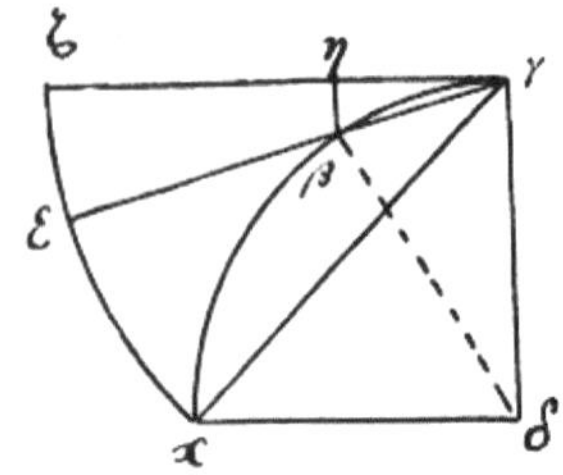

Pappos'sche Aufgabe.

Der Beweis, dass die Fläche $(2\pi - 4)r^2$ ist, kann mit Integralrechnung ohne weiteres geführt werden, aber der Beweis des Pappos, obwohl an Archimedes gebildet, ist doch ein beredtes Zeugnis für seine Veranlagung. Das IV. Buch und die im VII. Buch gegebene »Guldinsche« Regel: das Volumen des Rotationskörpers ist gleich dem Produkt der Meridianfläche in den Weg ihres Schwerpunktes zeigt uns, dass die Griechen in der Theorie der krummen Oberfläche ungefähr so weit gekommen sind, wie wir durch Euler und Gauss; vermutlich infolge verlorener Werke insbesondere von Archimedes und Apollonios (περι κοχλιου). Ebenfalls im VII. Buch, dem bedeutsamsten für die Wertung des Pappos als Geometer, löst er die sogen. Castillonsche Aufgabe, ein Dreieck zu konstruieren, dessen Seiten durch je einen festen Punkt gehen und das einem gegebenen Kreise einbeschrieben ist, die später von Giordano da Ottajano auf ein beliebiges n-Eck erweitert wurde, in dem speziellen Falle, dass die drei Punkte auf einer Geraden liegen. Hier im VII. Buch kommt er bei Besprechung des Ortes zu drei und vier Geraden (Apollonios) auf die noch heute nach Pappos benannte Aufgabe: wenn eine Anzahl Geraden gegeben sind, den Ort des Punktes zu bestimmen der so beschaffen ist, dass die von ihm nach den Geraden unter gegebenen Winkeln gezogenen Strecken in zwei Gruppen eingeteilt werden können, so dass die Produkte der Gruppen ev. mit Wiederholung oder mit gegebenen Hilfsfaktoren, zu einander ein bestimmtes Verhältnis haben. Dabei ist die Bemerkung wesentlich, dass wenn die Zahl der Linien 6 übersteigt, eins oder beide Produkte keinen geometrischen Sinn haben, aber »οι βραχὺ προ ημών«, die kurz vor ihm lebenden Mathematiker, interpretierten ihn. Die Aufgabe wird dann für beliebig viele Geraden von Pappos völlig als geometrisch klare aufgestellt. Und nun fügt er hinzu: weil er sich (der ungenauen Arbeiten) seiner Vorgänger schäme und selbst sehr viel Wertvolleres und Nützliches bewiesen habe, und um zu zeigen, dass wenn er dieses von sich »ausposaune« (φθεγξάμενος) er kein leerer Prahler sei, gibt er die »Guldinsche Regel«. Die Buchstabenrechnung im Rest des zweiten Buches ist schon bei Apollonios erwähnt; wir können den Eindruck der Synagoge des Pappos dahin zusammenfassen, dass wir jedenfalls in der Geometrie nicht wesentlich über die Griechen hinausgelangt sind, selbst die Konstruktionen mit einer Zirkelöffnung, die sogen. Mascheroni-Konstruktionen finden sich bei Pappos.

Niedergang der Hellenischen Kultur.

Mit Pappos und Diophant endet die Entwicklung der Hellenischen Mathematik jäh und in den folgenden Jahrhunderten sind es nur einige wenige Kommentatoren, deren ich schon im Laufe der Vorlesung wiederholt gedacht habe, welche noch ein Verständnis für die Leistungen der Vorfahren besassen und übermittelten. Da war aus dem 4. Jahrh. Theon von Alexandrien und seine Tochter Hypatia zu nennen, aus dem fünften Proklos, dessen produktive Befähigung nach dem Beweis des Parallelenaxioms und der wirren Kosmologie in keinem günstigen Lichte erscheint. Im 6. Jahrh. sammelte sich um den Baumeister der Sophienkirche in Konstantinopel Isidoros von Milet eine Schar eifriger Freunde der Mathematik, aus der Eutokios von Askalon, der Kommentator des Archimedes und Apollonios auch als Mathematiker hervorragt. Ebenfalls im 6. Jahrh. lebte Simplikios, der wichtigste Kommentator des Aristoteles, dessen wir bei den Lunulae Hippocratis gedachten. Er gehörte zu den Lehrern der Akademie Athen, welche mit dem Rektor Damaskios nach Persien zu Kosroë wanderten und Euklid zu den Persern und damit zu den Arabern brachten. Nicht unbedeutende Spuren einer Eukliderklärung des Simplikios hat uns Al-Neirizi aufbewahrt. Von da ab sank das Hellenentum rapide; hatten schon vom 4. Jahrhundert ab Christentum, Völkerwanderung, das im Gegensatz zu dem auf freie Individualität der Gebildeten gegründeten Hellenismus, mit einen starken Tropfen demokratischen Öles gesalbte Cäsarentum höchst ungünstig eingewirkt, so wurden von nun ab die Hellenen in Asien geistig von den Moslimen und in Europa geistig und körperlich von den Slaven aufgerieben. Aber meine Aufgabe ist es nicht den Untergang der Götter Griechenlands zu schildern.

Römer.

Ich müsste mich nun zu den Römern wenden, aber Rom hat eine Kultur im hellenischen Sinne nie besessen. Ihre Verdienste um die praktischen Wissenschaften, um das bürgerliche Recht und das Verwaltungsrecht, sind gewiss nicht zu unterschätzen. Ist doch das Napoleonische Préfet und Souspréfet noch heute nichts anderes als der römische Prätor und Proprätor. Als Wegebauer haben die Römer ihresgleichen nicht gehabt, und gross stehen sie in Kriegs-Kunst und -Wissenschaft da. Aber auf geistigem Gebiet besteht ihr Verdienst darin den konzentrierten griechischen Geistesextrakt so verwässert zu haben, dass

Germanen und Kelten ihn in dieser Form vertragen und assimilieren konnten, und so in jener grossen Epoche, die wir Renaissance nennen, für das wirkliche Hellenentum empfänglich wurden.

Das einzige Gebiet der Mathematik, auf dem die Römer eine gewisse, wenn auch stark von Ägypten beeinflusste Selbständigkeit zeigten, war die Feldmesskunst, aber die römischen Agrimensoren oder wie sie nach ihrem ziemlich rohen Massinstrument hiessen, die Gromatiker hat M. Cantor in seinen Agrimensoren und daraus in seinen Vorlesungen erschöpfend behandelt.

Schluss.

Ich ziehe es vor, hier am Schluss noch einmal auszusprechen, dass über die Hellenen hinaus nur der eine Galilei einen wahrhaft weittragenden neuen Gedanken in die mathematische und philosophische Erkenntnis der Natur hineingetragen hat, als er durch schärfere Erfassung des Kontinuitätsproblems zur Geschwindigkeit die Beschleunigung, zur Statik die Dynamik hinzufügte.

Zur Stütze meiner Ansicht zitiere ich aus dem Briefe R. Baltzers an F. Hultsch (Hultsch Pap. p. 1231–32) die Stelle: »Sie werden staunen über diese Leistung der Griechen: ich bin auch nicht wenig erstaunt, als ich diese Wahrnehmung machte, um so mehr als dies wirkliche »analytische« Geometrie ist. Aber die Griechen dürfen dieselbe doch nicht gehabt haben, sonst hätte Descartes die Erfindung der analytischen Geometrie nicht machen können!«

(Heute nach Auffindung des Ephodion kann man diesen Satz noch einmal hinschreiben, und statt »analytische Geometrie« Differentialrechnung setzen und für »Descartes« Newton oder wen man sonst will.)

Und damit m. H. glaube ich meine Aufgabe gelöst zu haben.

Nachwort.

Um die starke Betonung der Hellenischen Philosophie zu motivieren, möchte ich hier nachträglich noch den folgenden Eröffnungsvortrag hinzufügen.

Meine Herren! Wenn ich Hellenische Philosophie und Mathematik gewissermassen in einen Begriff zusammengezogen habe, analog dem Mittelalterlichen Musica et Arithmetica, so rechtfertigt sich dies dadurch, dass gerade in der schöpferischen Periode der griechischen Philosophie und Mathematik, von Thales an bis Aristoteles eingeschlossen, die beiden Wissenschaften nicht getrennt werden können und grade für die Elementare Mathematik, — ich möchte sie die bildende Mathematik nennen — meines Erachtens nach bis auf den heutigen Tag nicht getrennt werden dürfen.

Wenn ich nun systematischer Philosoph wäre, so müsste ich damit beginnen Ihnen des längeren und breiteren auseinanderzusetzen, was Philosophie ist, aber m. H., in Scheffels Ekkehard sagt der Hunnenführer auf die Frage was Philosophie sei: es ist auf hunnisch schwer zu erklären. So will auch ich mich kurz fassen und nur sagen, dass ich in der Philosophie die Methode sehe die Welt der äusseren und inneren Erfahrung in ihrer Notwendigkeit zu begreifen, oder wie Spinoza sagt, diese Welt zu erfassen sub specie aeterni. H. Cohen bezeichnet in seiner grossartigen Ethik des reinen Willens von 1901, welche in 5 Jahren die zweite Auflage erlebt hat, die Aufgabe der Philosophie dahin: die Wissenschaft selbst und die Kultur überhaupt zum Verständnis ihrer Voraussetzung zu bringen. Dabei ist unter Kultur allerdings etwas anderes zu verstehen als die »Bezwingung der rohen Energie der Natur für die Nutzbarmachung unserer Kräfte«. Kultur ist viel mehr; alle drahtlose Telegraphie, Röntgenstrahlen und Luftballons, geben noch keine Gesittung, welche im wesentlichen in der Freimachung der ethischen Werte besteht, darin, dass im einzelnen, und gerade über je mehr Kräfte er verfügt um so stärker, das Bewusstsein seiner Verantwortlichkeit der Allgemeinheit gegenüber, gegenüber dem Staate und der Menschheit geweckt und ausgebildet wird.

Der von mir betonte Gesichtspunkt der Notwendigkeit, das Streben nach zwingender Folgerichtigkeit, ist es gerade was Mathematik und Philosophie verbindet, und von Anfang bis Ende die Mathematik zum Hauptgegenstand philosophischer Betrachtung gemacht hat, wenigstens soweit es sich um den ältesten ihrer Hauptzweige, die Erkenntnistheorie handelt. Erst viel später hat sich die Methode, das heisst die Zusammenfassung grosser Gruppen von Erkenntnissen unter einen Gesichtspunkt, den Trieben und Gesetzen des menschlichen Handelns zugewandt, es musste erst die Theorie der Unsittlichkeit, wie sie von den

Sophisten ausgebildet war, praktisch in dem Regiment der 30 Tyrannen und theoretisch durch Sokrates zerstört werden, es musste und zwar zumeist bei den Römern eine juristische Wissenschaft erwachsen, ehe eine systematische Philosophische Ethik, insbesondere bei den Stoikern möglich wurde. Freilich findet sich eine wissenschaftliche Behandlung der Ethik, die sich aber nur auf einzelne Fragen, wie Tugend, Gerechtigkeit, Freundschaft bezieht, schon bei Platon und nicht minder bei Aristoteles und vor beiden schon bei Demokrit. Was uns von den sogenannten 7 Weisen — es sind ihrer beiläufig gesagt, wenn man nachzählt 22 — überliefert ist, sind meistens sprichwörtliche oder besser »geflügelte« Worte, welche sich auf vernunftgemässes praktisches Handeln beziehen, wie das bekannte des Chilon oder Solon »μηδὲν ἄγαν, Alles mit Mass«; und »Ηρεμια χρω, Nutze die Zeit;« das Delphische »γνωθι σαυτον, Erkenne dich selbst.« »Mit der Notwendigkeit kämpfen auch die Götter vergebens.« (Schiller hat die Anagke durch die »Dummheit« ersetzt, die ja auch Zwangsvorstellungen liefert). Periander und Hesiod haben beide den Spruch geliefert: das Halbe ist mehr als das Ganze, was besonders für Festreden zu beherzigen wäre. Aber auch die grossen Dichter der Hellenen wie Homer und besonders Hesiod erkannten es an, dass der Mensch zum Unterschied vom Tier sittlichen Gesetzen untertan sei. Ich zitiere nach der Übersetzung von F. Blass aus Hesiod die Stelle:

Also hat ja den Menschen bestimmt der Kronide die Satzung: Zwar den Fischen und Tieren des Felds und geflügelten Vögeln Setzt er einander zu fressen, denn Recht ist nicht unter ihnen. Aber den Menschen verlieh er das Recht.

Der dritte Zweig der Philosophie ist ganz modern, die Philosophie der Kunst, welche die allgemeinen und notwendigen Gesetze des Ästhetisch-Wirksamen aufzustellen hat. Die Poëtik des Aristoteles ist eigentlich mehr eine Technologie für den Dichter, der Laokoon Lessings legt praktisch den Unterschied zwischen der bildenden und beschreibenden Kunst fest. Erst bei Kant, Schiller, der gerade hier seine selbständige Stellung als Philosoph, Vischer und vor allem bei Schopenhauer haben wir eine reine Ästhetik.

Hängen Mathematik und Philosophie in und durch den Trieb ihren Gegenstand unter dem Gesichtspunkt der Notwendigkeit zu fassen, also so recht in der Wurzel zusammen, so sehen wir beide in ihren Anfängen mit der Theologie auf das innigste verwachsen. Bei den Indern ist wie im europäischen Mittelalter, die Philosophie aus dieser Verbindung eigentlich nie gelöst worden, so tiefsinnig auch die philosophischen Gedanken gerade der indischen Theologen sind, da man den Buddhismus in seiner reinen Form eigentlich geradezu als ein philosophisches System bezeichnen könnte. Der Druck, den das Unendliche auf das Endliche ausübt, die Übermacht der kosmischen Erscheinungen, denen der Mensch hilflos, machtlos, gefesselt, religatus gegenübersteht, erzeugen das religere, die ehrfurchtsvolle Achtung, die Religion, und die Welt bevölkert sich mit Personifikationen der Naturkräfte, wie denn Zeus, der Nationalgott der Hellenen, wie ursprünglich aller Arier, die Personifikation des Tageslichtes ist. Bei den rohen Naturvölkern wie z. B. auch ursprünglich bei den Ägyptern entwickelt sich der Fetischdienst, dann bei den begabteren eine Mythologie und im Laufe der Zeit eine Theologie, welche nichts anders ist als eine untrennbare Verbindung der Religion mit der Philosophie. Ich wage zu sagen, dass die Religion bis auf den heutigen Tag die einzige Form ist, in der die ethischen Errungenschaften der Philosophie dem Volke nutzbar gemacht werden können, von den 10 Geboten der Israeliten, dem tat twam asi, dieses [Andere] bist du, der Inder, bis zu dem »Liebe deinen Nächsten wie dich selbst« des Christentums. Und auch für die Mathematik, die angewandte wie die reine, ist der mit der Ausbildung der Theologie sich entwickelnde Gottesdienst von höchster Bedeutung gewesen, Kultus und Kultur sind nicht nur wortverwandt. Der Dienst der die Welt regierenden Gottheit, die Formen in denen der Mensch seine Unterwerfung unter die Götter zum Ausdruck bringt, ihre Gunst zu erringen, ihren Zorn abzuwenden sucht, Opfer und Gebet, sind hervorgerufen durch die unbewusste Erkenntnis, dass der einzelne und wäre er der König der Allheit untersteht, und in eben dieser Erkenntnis sahen wir das Wesen des Sittlichen. Der Tempel der Gottheit muss orientiert werden, das Eigentum das sie schützt, wenn es im Schweisse des Angesichts erworben (Gesetze des Manu), muss abgegrenzt, vermessen werden. Die Astronomie der Babylonier steht in engster Beziehung zur religiösen Verehrung der Gestirne, die wichtigen Probleme der Flächenmessung und Vervielfältigung und der Würfelverdoppelung knüpfen bei Indern und Griechen unmittelbar an das Opfer an, ebenso wie das arithmetische Problem der Zahlenzerlegung in Quadrate ein uralt chaldäisches ist, das mit der Zahlenmystik, selbst ein Ausfluss astrologischen Kultus, gesetzt ist.

Eine weitere Verbindung zwischen Philosophie, Mathematik und Theologie besteht in ihrer gemeinsamen Beziehung zu Poesie und Kunst. Die älteste Poesie ist die religiöse, die Veden, die Edda, die Hymnen Homers, die Psalmen der Hebräer. Andrerseits haben Homer und Hesiod den Griechen zwar nicht ihre Götter aber doch ihren Olymp gegeben. Und an die religiösen Gedichte knüpfen die Lehrgedichte der Philosophen an, die schwungvolle Einleitung des Parmenideischen Lehrgedichts ist die Quelle von Goethes Zueignung. Ein grosser Dichter ist ohne eine grosse einheitliche Weltanschauung überhaupt nicht denkbar, und wie es Dichter gab welche Philosophen waren, ich nenne Schiller und Shakespeare, hat es auch Philosophen gegeben, welche Dichter waren, wie Platon und Schopenhauer.

Ihrerseits steht auch die Mathematik, die reine wie die angewandte, in ganz direkter Beziehung zur dichterischen Phantasie und zur ästhetischen Schönheit. Ich sehe ganz von der grossen Bedeutung ab, welche Symmetrie und Eleganz für die Gebilde der Algebra und Geometrie haben, sondern verweise auf die Rolle, welche die schöpferische Phantasie für die Produktion der grossen Mathematiker gehabt und bemerke dass Perspektive und darstellende Geometrie von Künstlern wie Alberti, Leonardo, Dürer, für die Kunst geschaffen sind. Ich erinnere auch an Schiaparellis Ausspruch: Das Grundprinzip aller Astronomischen Systeme von Pythagoras bis Kopernikus ist die Überzeugung von der Schönheit und Einfachheit des Kosmos gewesen.

Und in der einzig dastehenden Befähigung für das Schöne liegt der Grund, warum gerade die Hellenische Philosophie und Mathematik der Träger der Bildung gewesen ist und sein wird. Wie die Hellenen politisch besiegt, das Barbarentum der Römer niedergezwungen, so hat in der Renaissance das erneute Hervorsprudeln der hellenischen Quellen das Mittelalter hinweggespült, und drei Jahrhunderte später ist es wieder das Hellenentum gewesen, welches verbunden mit dem tiefen sittlichen Ernst der Germanen im Neuhumanismus die seichte Periode, welche wir Aufklärungszeit nennen, überwunden hat, und ohne dass Kant und Goethe nicht zu verstehen sind. Denn auch die Schönheit der Wahrheit ist weder vorher noch nachher, je so tief empfunden worden, wie von dem Volke, für das das καλον καγαθον καλεθες, das Schöne, Gute, Wahre, ein einziger Begriff gewesen. Gerade in der Jetztzeit, in der die sich häufenden Entdeckungen auf physikalischem und chemischem Gebiete die Macht des Menschen und sein Selbstbewusstsein ins Ungemessene steigernd, eine rohe Anbetung des materiellen Genusses grossgezogen haben, da hat sich wieder der Hellenische Geist mächtig erhoben, der mit Platon, Aristoteles, Lessing das Streben nach der Wahrheit um der Wahrheit willen als das höchste als das befriedigendste Gut empfindet.

M. H.! Das Gesetz der Kontinuität, wie es nicht nur die griechische sondern jede Wissenschaft beherrscht, gilt auch für die Hellenische Kultur. Von Anfang an durch die grosse Küstenentwicklung und die vielen Häfen ihres Landes auf das völkerverbindende Meer hingewiesen, haben sie regsamsten Geistes von den Ägyptern und durch Vermittlung der Phönizier von den Babyloniern gelernt und den Einfluss des Orients auf allen Gebieten des Wissens und der Kunst erlitten, aber ebenso sicher ist es, dass sie diese Einflüsse von Anfang an selbständig verarbeiteten, »dass sie,« um mit Ostwald zu reden, »diese fremden Kulturen nicht kopierten«, wohl aber verwerteten. Insbesondere gilt diese Selbständigkeit für die Hellenische Philosophie und Mathematik. Die Philosophie anfänglich auf Naturerklärung gerichtet, nimmt schon mit Anaximander scharf den Weg zur Naturerkenntnis, die bei Demokrit ihren Höhepunkt erreicht, um mit Platon und Aristoteles die Erkenntnistheorie und Wissenschaftslehre überhaupt zu bemeistern. Aus Ägypten und Babylonien haben wir bisher keine Spur davon gefunden, dass der Menschengeist selbständig der Natur gegenübergetreten, die Semiten begnügen sich ihrer eminent religiösen Veranlagung nach mit der Tatsache: »Im Anfang schuf Gott Himmel und Erde.« In Betracht könnten nur die Inder kommen, besonders die Vaisesikaphilosophie; aber m. E. liegt die Sache gerade umgekehrt, und sowohl der Atomismus derselben als z. B. die Einführung des Äther als fünftes Element, das die Schallwellen fortlenkt, sind Hellenischem Einfluss zuzuschreiben.

Die wichtigste Quelle für die Geschichte der Hellenischen Philosophie ist das erste Buch der Metaphysik des Aristoteles und für Mathematik der Kommentar des Proklos, besonders das sogenannte Mathematikerverzeichnis. Beide beginnen mit Thales dem Milesier, so beginnt denn die Geschichte der Philosophie wie der Mathematik mit Thales dem Jonier.

Ergänzung zur Lehre der Pythagoreer.

Da mir bis vor kurzen die gründliche Dissertation von W. Bauer, der ältere Pythagoreismus, Bern 1897, entgangen war, so sehe ich mich veranlasst, den Abschnitt über die Pythagoreer zu ergänzen. Zu diesem Zwecke muss ich etwas näher auf Anaximander den Jonischen »Physiologen« eingehen, sowie auf die Orphiker. Anaximander hat sicher eine Schrift peri physeos geschrieben, welche noch dem Theophrast vorlag. Ob er sein Apeiron als Stoff oder als Kraft gedacht hat oder was das wahrscheinlichste, als beides zugleich, ist zweifelhaft. In der sehr merkwürdigen Stelle Aristoteles Phys. 14. 203^b 6 (Diels Frag. S. 14) werden fünf Quellen seines Unendlichkeitsbegriffs angegeben: die Zeit, die Auflösung des Continuums, der Fortgang in der Begrenzung des Begrenzten (die Compositio continui), die Zahl, der Raum (»das ausserhalb des Himmels«). Nicht minder interessant ist die Stelle bei Simplicius (Diels 13 oben): Anaximander nennt das Unendliche Prinzip und Element der Dinge. Nicht das Wasser oder ein anderes der sogenannten (vier) Elemente, sondern ein anderes Wesen, das Apeiron, sei das Prinzip, aus dem alles entstanden sei, die Welten und ihre Ordnungen. Woraus aber den Dingen die Entstehung stammt, eben dahin geht auch ihr Untergang nach Notwendigkeit; denn sie zahlen einander Strafe und Busse der Zeitfolge gemäss. In diesem Satz ist a) die Unveränderlichkeit des Unendlichen dem Endlichen gegenüber ausgesprochen, b) in dem Nebeneinanderstellen von Prinzip und Element, arche und stoicheion, wird gesagt, dass etwas vom Unendlichen Bestandteil der Dinge sei und c) in dem letzten Satz, der bei Diels gesperrt gedruckt ist, liegt eine Ahnung von dem

Gesetz der Erhaltung der Energie. Jedes Entstehende entsteht auf Kosten anderer und büsst dafür durch seinen Untergang.

Wie aus dem Urstoff, dem Unendlichen, die vier Elemente hervorgegangen, darüber fehlen bestimmte Angaben. Nach Aristoteles und Theophrast scheint das Apeiron qualitätslos gedacht und die Elemente sind durch Bewegung ausgeschieden. Zuerst trennten sich das Warme und Kalte, wie etwa Glas- und Harz-Elektrizität durch Reibung. Zum Unterschiede von Thales hat Anaximander den ernsthaften Versuch gemacht den Kosmos und die Naturerscheinungen wissenschaftlich zu erklären, dabei bekunden die Angaben, dass er die Schiefe der Ekliptik gekannt habe und die Gestirne als Götter betrachtet, Babylonischen Einfluss. — Die Erde selbst dachte er sich in Form eines Cylinders, dessen Höhe $^1/_3$ des Durchmessers, im Mittelpunkte des Kosmos ruhend, vermutlich infolge einer Ahnung der sich gegenseitig aufhebenden Wirkungen, denn der Kosmos ist bei ihm vielleicht zuerst als Kugel gedacht. Geworden ist die Erde infolge der fortgesetzten Austrocknung durch das umgebende Feuer, insbesondere die Sonne, weshalb auch die Meere allmählich austrocknen. (Aristoteles Meteorol. II, 1, 353^b 6). Aus dem Urschlamm sind dann durch die belebende Wirkung der Sonne die Organismen entstanden, und hier ist also diese Wandlung der Sonnenenergie zuerst verwertet. Mit das interessanteste ist, dass, wie Zeller zuerst hervorgehoben, Anaximander als Vorläufer Darwins angesehen werden kann. Er wies darauf hin, dass ein so hilfloses Wesen wie das Menschenkind sofort hätte zugrunde gehen müssen und so meinte er, dass die Menschen sich aus alligatorähnlichen Tieren entwickelt hätten (was ja so manchen Zug in der Menschennatur erklären würde) bis ihre Entwicklung soweit gediehen, dass sie ihre Panzer abwerfen und am Lande leben konnten.

Aristoteles erwähnt in der historischen Übersicht in der Metaphysik den grössten der Physiologen nicht, sein Apeiron passt eben in keine der vier Archai des Kapitel III, obwohl das Wort von ihm herrührt, aber der ausserordentliche Fortschritt gegen Thales ist dem Aristoteles nicht entgangen. Die grossen Probleme der Materie und der Substanz sind hier in voller Deutlichkeit erfasst, um nie wieder aus der Philosophie zu verschwinden, und in seinem Apeiron ist noch vor den Pythagoreern der Versuch gemacht vom unmittelbar gegebenen Stoff zu abstrahieren und ihn durch eine gedankliche Hypothese zu ersetzen. Das Apeiron des Anaximander ist eine der Quellen der Pythagoreischen Kosmogonie. Nicht minder wichtig ist die eigentümliche theologisch-poetische Bewegung welche man als Orphische bezeichnet, für deren Verständnis ich Erwin Rohdes klassischer »Psyche« (1894) den meisten Dank schulde. Das Jahrhundert von 620 etwa bis 520 kann man als die griechische Sturm- und Drangperiode bezeichnen. Neben jonischen Denkern ein nicht minder stürmischer Drang nach religiöser Vertiefung. Die eleusynischen Mysterien, deren Inhalt der

Unsterblichkeitsgedanke oder richtiger das Fortleben der Seele nach dem Tode bildete, gewannen zahlreiche Teilnehmer aus dem ganzen Hellas und es entwickelte sich eine philosophisch-theologische Spekulation welche zu einem abgeschlosseneren systematischeren Kultus führte, als ihn die vielfach lokalisierte Volksreligion darbot, eben die Orphik.

Die Orphiker, nach dem durch die Sage von Orpheus in der Unterwelt bekannten Thrakischen Sänger benannt, verehrten auch Thrakiens Gott den Bakchos oder Dionysos. Das älteste Zeugnis über sie gibt Herodot (2, 81) der die Übereinstimmung ägyptischer Priester-Vorschriften mit den »orphischen und bakchischen« Geheimdiensten hervorhebt, die in Wahrheit ägyptisch und pythagoreisch seien, d. h. nach ägyptischem Vorbilde von Pythagoras eingeführt seien, etwa um die Mitte des 6. Jahrhunderts. Orphische Gemeinden bildeten sich in Griechenland und Gross-Griechenland (Unteritalien) mit ganz festen heiligen Schriften und festem Kult. Rohde sagt: »Die Verbindung von Religion und einer halbphilosophischen Spekulation war eine kennzeichnende Eigentümlichkeit der Orphiker und ihrer Schriftsteller,« von denen ich als den wichtigsten Pherekydes von der Insel Syros erwähne, bekannt durch seine Theologia, einem Seitenstück zu der Hesiod Theogonie. Die ganze Lehre trägt einen allegorischen Charakter, ich erwähne nur den Abschluss.

Am Ende der sich in Geschlechterfolge entwickelnden Götterreihe steht der Sohn des Zeus und der Persephone, Dionysos, der als Unterweltgott Zagreus genannt ist. Der Name bedeutet »starker Jäger«, — das ζα ist eine Nebenform von δια welches in der Komposition gleich dem lateinischen per die Bedeutung des Simplex tunlichst verstärkt — und bezieht sich auf den Tod, den Hades. Dem Zagreus hat Zeus (Zas) schon als Kind die Herrschaft über die Welt anvertraut, ihn überfallen die Feinde des Zeus und der sittlichen Ordnung, die Titanen und nach heftigen Kampfe wird er zerrissen. Nur das Herz rettet Athene, überbringt es dem Zeus, der es verschlingt. Aus ihm entspringt der neue Dionysos, des Zeus und der Semele Sohn, in dem Zagreus wieder auflebt. Die Titanen stellen die Urkraft der Bösen dar, sie zerrissen den Einen in viele Teile, durch Frevel breitet sich das Eine, die Gottheit, in die Vielheit der Dinge dieser Welt aus (Anaximander!). Aber die Gottheit entsteht wieder als Einheit im Dionysos. Zeus zerschmettert die Titanen durch seinen Blitzstrahl, aus ihrer Asche entsteht das Geschlecht der Menschen, die also ihrem Ursprung nach eine Spottgeburt von Dreck und Feuer sind, von Gutem aus Zagreus, von Bösem aus dem Titanischen Elemente. Damit ist dem Menschen sein Weg vorgezeichnet, er soll sich von dem titanischen Elemente befreien und zurückkehren zu Gott von dem ein Teil in ihm lebendig ist. Oder was dasselbe, der Mensch soll sich frei machen von den Banden des Körpers in dem die Seele gefesselt ist wie in einem Kerker. Aber der Weg ist lang, der Tod trennt zwar Seele und Körper, aber die Seele, die beim Austritt aus ihrem Leibe frei in der Luft schwebt, wird in einen neuen Körper eingeatmet und so durchwandelt sie den weiten Kreis der Notwendigkeit. Ja sie kann sogar wie ein periodischer Dezimalbruch immer dieselben Zustände in derselben Reihenfolge durchlaufen. Nur eine Hilfe gibt es, die Askese in der gänzlichen Versenkung in die Gottheit.

Wie man sieht sind zeitlich und inhaltlich die indischen buddhistischen Einflüsse unverkennbar. Pythagoras nun trat, Rohde zufolge, dem ich völlig beipflichte, in die orphische Gemeinde von Kroton, die er reformierte. Und zwar ist der Modus der stets befolgte und einzig Erfolg verheissende, die Sitten, Gebräuche, den Kult liess er unangetastet, die Dogmatik änderte er; Askese, Seelenwanderung, ja Musik und Heilkunst übernahm er von den Orphikern.

Die ursprüngliche Lehre selbst zu erkennen, wird dadurch erschwert, dass wir den Pythagoreismus zuerst in der verhältnismässig späten Darstellung des Philolaos besitzen. Philolaos aber zeigt nicht nur den Einfluss des Anaximander und zwar positiv im Apeiron und negativ in der Betonung der Einzigheit des Kosmos, sondern auch den des Heraklit für die Rolle die das Feuer im Kosmos, einem pythagoreischen Ausdruck, spielt. Dass Heraklit in Unteritalien schon kurz nach 500 bekannt war, ist ja erwiesen. Aber auch die vier Elemente des Empedokles und Momente aus der Weltschöpfung des Anaxagoras nahm Philolaos auf. Ob das formgebende Prinzip oder der ordnende Nous von einem Zentralpunkt dynamisch wirken, ist dasselbe. Allerdings lagen dem Aristoteles vermutlich auch noch ältere Quellen als Philolaos vor. Was nun die sehr dankenswerte Dissertation von W. Bauer (1897) betrifft, so scheint mir die Argumentation etwas durch die vorgefasste Meinung des Verfassers beeinflusst, der die Quellen je nach dieser wertet, um z. B. gegen Zeller einen eignen pythagoreischen Gott zu konstruieren, der dann von dem Nous des Anaxagoras nicht wesentlich verschieden wäre. Von Aristoteles nimmt er weg, Syrion und Stobaios legt er zu, das umfassende Feuer ist keineswegs als ein zusammenfassendes gekennzeichnet, periecho ist nicht synecho, und die »Lauterkeit der Elemente« selbst bezieht sich nicht auf Materie und Form sondern auf die vier Elemente selbst. Das umgebende Feuer erklärt sich einerseits durch die Auszeichnung die Anfang und Ende besitzen und »Anfang und Ende reichen einander die Hände«. Das von der zentralen Hestia zur Erhaltung des Kosmos verbrauchte Feuer wird von da aus ersetzt, durch den »Atemzug des Weltalls«.

Darin pflichte ich Herrn Bauer bei, dass die Betonung der Gegensätze, die orphisch ist, vielleicht das ursprüngliche ist. Man muss aber unterscheiden zwischen dem Apeiron, dem Peras und dem Perainon, d. h.

zwischen Stoff und Form und Formgebung und das formgebende Prinzip, die Seele wie des Menschen so der Welt, ist, wenn man das Wort brauchen will, der eigentliche »Gott« der Pythagoreer, nämlich die Harmonie, welche die Gegensätze zur Vereinigung zwang und darin erhält. Auch für sie lagen orphische vielleicht auch Heraklitische Anregungen vor.

Von der Harmonie zur Zahlenlehre der Aristotelischen Darstellung ist aber nur ein kleiner Sprung, denn wenn die Ordinalzahl, wie ich an anderer Stelle gesagt habe, der major domus der Zeit ist, so ist es die relative, die Verhältniszahl, für die Harmonie, die eben nur in Verhältniszahlen zum Ausdruck kommt. Die Erfindung des Monochords ist von diesem Prinzip geleitet worden; jedes Kind, das an einer Saite klimpert, weiss, dass die kürzere den helleren Ton gibt, aber nur wer den Gedanken erfasst hat, dass die Harmonie in Zahlenverhältnissen ihre Objektivierung finden muss, wird versuchen messend einfache Verhältnisse herzustellen. So sind es die Pythagoreer, die sicher noch vor Platon die Bedeutung der relativen Zahl erkannt haben, und hier liegt vielleicht ihr grösstes Verdienst um die Mathematik. Hiermit hängt auch die ihnen eigentümliche Auffassung der Einheit zusammen, die keine Zahl ist, wie wir das ja noch in den Rechenbüchern des 18. Jahrh. nach Chr. lesen können, sondern eine Grösse, und ich weise hier auf den Zusammenhang mit Galilei hin und auf die Stelle Aristoteles Metaph. XIII 6, 1080, 6, 16.

Zum Schluss noch ein paar Worte über das »Kenon,« das Leere, der Pythagoreer, denn hier liegt die Grundlage für den wichtigen Begriff des »μὴ ὄν« des Nichtseienden, das schliesslich bei Demokrit und Platon geradezu positiven oder besser konstruktiven Inhalt empfängt.

Dieses Leere scheint mir nichts anderes zu sein als eine Vermischung von Zeit und Raum, die im »Kenon« zwar noch ungeschieden, aber doch schon als Sonderungsprinzipien (principia individuationis nach Schopenhauer) erkannt sind. Sie werden aus dem Apeiron jenseits der zehnten Sphäre, der des umgebenden Feuers, eingesogen um die im Kosmos zur ordnungsgemässen Trennung und Bewegung der Sphären verbrauchte Zeit und Raum zu ersetzen. Die Polemik des Parmenides gegen das Nichtseiende ist also noch mehr gegen die Pythagoreer als gegen Heraklit gerichtet, denn sie ist gegen Zeit und Raum und Bewegung gerichtet. Aber dieses Kenon, dieses me on ist dann von Demokrit aufgenommen, der in dem Leeren der Pythagoreer, den Poren des Empedokles und den unzählig vielen unendlich kleinen Elementen des Anaxagoras die Bausteine fand, aus denen er mittelst der Differentiale der Masse, des Raumes und der Bewegung, die unerschütterlichen Grundlagen der physikalisch-chemischen oder richtiger der mathematischen Naturbeschreibung geschaffen hat.